南昌航空大学学术文库

席夫碱类复合吸波材料

Schiffbase Composite Electromagnetic Wave Absorbing Materials

刘崇波　著

北　京
冶　金　工　业　出　版　社
2018

内 容 提 要

吸波材料是指能吸收或者大幅减弱投射到它表面的电磁波能量，从而减少电磁波干扰的一类材料。在工程应用上，除要求吸波材料在较宽频带内对电磁波具有高的吸收率外，还要求它具有质量轻、耐温、耐湿、抗腐蚀等性能；在军事方面，吸波材料作为隐身技术的关键，是提高武器系统生存、突防能力的有效手段，已广泛用于战斗机、坦克、潜水艇等；在民用方面，随着电子技术的广泛应用，无线电广播、移动电话、电视以及微波技术等行业的迅速发展和普及，环境中的电磁波辐射越来越严重，吸波材料的应用也越来越引起大家的关注。

全书共分为5章。第1章绪论，介绍隐身及吸波材料的应用、吸波材料的分类、席夫碱类吸波材料的机理；第2章介绍长链共轭聚Schiff碱及其盐的制备和吸波性能；第3章介绍手性聚Schiff碱复合吸波材料的制备与性能研究；第4章介绍手性单胺类Schiff碱及配合物的合成与复合材料的性能研究；第5章介绍二茂铁基手性聚Schiff碱的合成及复合吸波材料的性能研究。在此基础上，还对席夫碱类化合物作为吸波材料的研究方向进行了展望。

本书许多内容直接取自本课题组多年的研究成果，反映了该领域的最新研究进展，可供材料专业、化学专业，以及其他相关专业的大学生和研究生参考阅读，也可供从事吸波材料的研究工作人员使用。

图书在版编目(CIP)数据

席夫碱类复合吸波材料/刘崇波著. —北京：冶金工业出版社，2018.10
ISBN 978-7-5024-7942-8

Ⅰ.①席… Ⅱ.①刘… Ⅲ.①席夫碱—吸波材料—研究
Ⅳ.①O625.63

中国版本图书馆CIP数据核字（2018）第239707号

出 版 人　谭学余
地　　址　北京市东城区嵩祝院北巷39号　邮编　100009　电话　(010)64027926
网　　址　www.cnmip.com.cn　电子信箱　yjcbs@cnmip.com.cn
责任编辑　夏小雪　美术编辑　彭子赫　版式设计　禹　蕊
责任校对　石　静　责任印制　李玉山
ISBN 978-7-5024-7942-8
冶金工业出版社出版发行；各地新华书店经销；固安华明印业有限公司印刷
2018年10月第1版，2018年10月第1次印刷
169mm×239mm；20.75印张；412千字；321页
79.00元

冶金工业出版社　投稿电话　(010)64027932　投稿信箱　tougao@cnmip.com.cn
冶金工业出版社营销中心　电话　(010)64044283　传真　(010)64027893
冶金书店　地址　北京市东四西大街46号(100010)　电话　(010)65289081(兼传真)
冶金工业出版社天猫旗舰店　yjgycbs.tmall.com

前　言

现代战争是陆、海、空、天、电一体的多元空间战争，大量高科技被应用到其中，武器装备的隐身性能更是各国研究的重中之重。从美国 B-2、F-22 和 F-35 隐形战机，俄罗斯的 T-50 隐形战机到我们国家自主研发的 J-20、J-31 隐形战机，无一例外都必须具备良好的隐身性能，这样才能适应现代战争的需要；而本书介绍的吸波材料是隐身技术的关键，重中之重。日常生活中随着电子技术的广泛应用，无线电广播、移动电话、电视以及微波技术等事业的迅速发展和普及，环境中的电磁波辐射对人体健康的危害越来越严重，国内外生物学、医学等方面的研究表明电磁辐射通过热效应、非热效应及累积效应等可对人体造成生物损伤；另外电磁波通讯器件所产生的电磁波干扰问题也日益严重，可能导致重要信息的泄露。

在军事方面，吸波材料作为隐身技术的关键，是提高武器系统生存、突防能力的有效手段，已广泛用于战斗机、坦克、潜水艇等；在民用方面，随着电子技术的广泛应用，无线电广播、移动电话、电视以及微波技术等事业的迅速发展和普及，环境中的电磁波辐射越来越严重，吸波材料的应用也越来越引起大家的关注。

在工程应用上，除要求吸波材料在较宽频带内对电磁波具有高的吸收率外，还要求它具有质量轻、耐温、耐湿、抗腐蚀等性能。因此，制备“薄、轻、宽、强”的吸波材料，不仅是提升我国国防实力、航空兵器作战能力的关键技术之一，对提高我国电子产品在世界市场竞争力也有重要意义，而且日益成为对电磁污染公益性防护的重要基础。

在过去的十年里，我所在课题组先后获得了两项国家自然科学基金“新型 Schiff 碱稀土配合物的设计合成、结构、吸波性能及构效关系研究（No. 20961007）”和“基于螺旋结构的手性 Schiff 碱聚合物的设计合成、吸波性能和构效关系研究（No. 21264011/B040101）”的资助；两项航空科学基金：“手性席夫碱聚合物的制备和吸波性能研究（2010ZF56023）”和“基于螺旋结构的手性杂化吸波材料的设计合成和吸波性能研究（2014ZF56020）”；两项军工企业委托项目：“雷达-红外兼容隐身材料（HF200902055）”和“长链共轭席夫碱复合高聚物基吸波材料研究（GH201002011）”等。在这些项目的资助下，我们课题组一直致力于席夫碱类化合物的吸波性能研究，在熊志强老师、刘辉林、徐荣臻、李恒农、杨高山、李琳等研究生的共同努力和勤奋钻研下，取得了不错的成绩，复合材料在2~18GHz的最大反射率达到了-50dB以下。发表SCI论文2篇，获得国家发明专利授权14项。

本书共分为5章。第1章绪论，介绍了隐身及吸波材料的应用、吸波材料的分类、席夫碱类吸波材料的机理；第2章介绍了长链共轭聚Schiff碱及其盐的制备和吸波性能；第3章介绍了手性聚Schiff碱复合吸波材料的制备与性能研究；第4章介绍了手性单胺类Schiff碱及配合物的合成与复合材料的性能研究；第5章介绍了二茂铁基手性聚Schiff碱的合成及复合吸波材料的性能研究。在此基础上，还对席夫碱类化合物作为吸波材料的研究方向进行了展望。

在本书出版过程中，得到了我的工作单位——南昌航空大学的资助，在此表示感谢。期望已久的《席夫碱类复合吸波材料》一书就要正式出版了，这是我们课题组集体智慧的结晶，希望它的出版会对工作在相关领域的科研工作者和研究生有所帮助，这是我们最大的愿望。

由于作者水平有限，书中不当之处在所难免，希望广大读者提出宝贵意见。

刘崇波

2018年夏于南昌航空大学至善园

目　　录

1 绪　　论

1.1 概述

隐身技术，也称作低可侦测性技术，是通过特殊设计、表面材质或装置，减少物体被侦测到的机会或缩短其可被侦测距离的科技。当前此等科技的主要应用在于军事用途，通过降低我方武器装备等目标物的信号特征，使对方难以发现、识别、追踪及攻击，从而提高我方战略或战术目标的达成率，以及战场存活率。隐形战机便是使用这种科技而且最具代表性的军事武器之一。现代电子通信技术和雷达探测系统的迅速发展，极大地提高了战争中目标搜索和跟踪的能力，传统作战武器所受到的威胁越来越严重。隐身技术作为提高武器系统生存、突防能力的有效手段，已经成为集陆、海、空、天、电、磁六维一体的立体化现代战争中最重要、最有效的突防技术，受到世界各国的高度重视。

所谓吸波材料，指能吸收或者大幅减弱投射到它表面的电磁波能量，从而减少电磁波干扰的一类材料。在工程应用上，除要求吸波材料在较宽频带内对电磁波具有高的吸收率外，还要求它具有质量轻、耐温、耐湿、抗腐蚀等性能。

在战场上最早被记载的雷达波吸收材料是纳粹德国于第二次世界大战时，涂布在潜艇表面以防止雷达探测的高分子泡棉与炭黑混合物。经过一段探索时期，美国及其他少数军事科技先进国于20世纪60~70年代陆续投入技术的全面发展，然后自20世纪80年代起开始将各种发展成熟的隐身技术应用在武器装备上。当前战场上的侦测系统，主要运用无线电波段（例如雷达）、红外线波段、可见光及声波（例如声纳）等原理；相应于此，军事隐身技术的研究发展也以抑制雷达、红外线、可见光、声波等面向的可侦测性为主。无线电波段侦测是目前最主要的侦测手段，而无线电波段侦测中使用最广的当属雷达，雷达在许多侦测手段上的有效探测距离和追踪的精确度最高，压制雷达的侦测能力是隐身技术研究上的主要项目。目前公开的技术方面包括：减少反射讯号的强度，改变反射讯号的方向，以及降低自身发散的讯号[1,2]。

减少雷达反射讯号以达隐身效果的方式包括运用雷达波吸收材料（Radar-Absorbing Material，RAM）、等离子隐身技术，以及改变外型设计等。在武器结构材料或是表面涂料上，使用雷达波吸收材料是一种较早获得应用的做法，是目前最成熟最主要的隐身手段。如美国的F-22猛禽战斗机，俄罗斯的T-50战斗机以及中国的歼-20隐形战机均采用了不同类型的雷达波吸收材料。F-22猛禽战斗机大量采用复合隐身材料，复合材料占整个结构重量的26%，在重点部位（如进气道和机翼前后缘）用吸波涂层涂覆于结构吸波材料的表面，高频雷达信号被表面吸波涂层吸收，低频雷达信号则被结构吸波材料吸收[3]。等离子隐身技术是利用等离子吸收电磁波的特性来取代雷达波吸收材料，可在不改变外型的情况下将雷达反射截面积降低10倍以上，这个技术的理论基础很早就出现，不过目前尚未有正式公开或证实已研发成功的成品。现阶段以俄罗斯最热衷于开发等离子隐身技术，因为俄罗斯并未跟美国一样有开发出隐身涂料与隐身外型，故以传统外型的战斗机加上等离子隐身系统进行试验，但至今仍遇到耗电量大的问题而有待改善。中国自主研发的歼-20隐形战机据称局部采用等离子隐身技术，而其他重点部位采用反无源探测涂料，使中国四代重型歼击机在隐身性能方面与F-22处于同一水平。计算雷达反射截面积（Radar Cross Section，RCS）是一种衡量物体将讯号反射到雷达讯号接收装置强度的方式；截面积越大，表示在该方向上反射的讯号强度越大，该物体也就越容易被雷达侦测到。减少雷达反射截面积的主要方式，是利用物体的外型将入射的讯号反射到其他方向上，使得雷达无法在该方向上取得足够的讯号强度。美国的F-117夜鹰战斗机、B-2隐身轰炸机以及F-22猛禽战斗机都是外型隐身的典型应用。降低自身散发的讯号除了抵销入射的讯号之外，还必须严格控制自己发出的各种讯号，包括雷达、通信以及其他电子装备散发出来的噪声。

在民用方面，随着电子技术的广泛应用，无线电广播、移动电话、电视以及微波技术等事业的迅速发展和普及，射频设备的功率成倍提高，地面上的电磁辐射大幅度增加，环境中的电磁波辐射越来越严重，对人体、生物体的健康造成的危害呈快速上升趋势，被称为世界第四大公害。伴随着社会的发展与科学技术的日益进步，电磁波的各项便利性应用，已经渗透到社会和家庭生活的各个角落。无论是广播、通信还是医疗和工业方面的应用都给我们的生活带来了前所未有的便利。然而随着这些产品的广泛应用，其所产生的负面作用也逐渐显现。据调查，一些基站附近高层居民楼窗口处的电磁辐射功率密度高达400$\mu W/cm^2$，远远超过了《环境电磁波卫生标准》中规定的安全区环境电磁波允许的辐射强度限值10$\mu W/cm^2$；更严重的是电磁能量每年以7%~14%的速度快速增长，也就是说环境电磁能量密度25年后可增加26倍，50年后将增加700倍。在我们生活的有限空间内，电磁污染的情况已经非常严重。电磁污染问题已成为继水污染、大气污染和噪声污染之后的第四大污染，世界卫生组织也将其列入环境保护项目[4]。有不少人预言，电磁污染将会是这个世纪内最重要的物理污染，电磁污染将会对信息安全及各种电子系统造成严重危害，极大地影响着人们的生活。将吸波材料用于电子设备，可减少电磁波的辐射强度，从而减少电磁污染以确保人体健康，同时也可以提高设备的抗电磁干扰能力；用在高功率雷达、微波设备上，能防止电磁波泄漏，保护操作人员免受电磁辐射的伤害；用于通信、天线等设备上，以减小外界干扰，提高设备的灵敏度和通信质量；还可涂覆于房屋建筑的墙壁上，减少辐射对人体的危害及对室内电子设备的干扰，解决信息工作的安全问题[5]。

随着现代科学技术的迅猛发展，隐身技术在军事以及民用的重要性越来越显著。由于电子技术和雷达探测系统的迅猛发展及其探测目标的可靠性，雷达吸波材料成为最重要的隐身材料，是当前重点发展的隐身技术。

1.2　雷达波吸收材料的吸波机制

电磁波也称作电磁辐射，是由于时变磁场与时变电场的互相激发而产生的[6]。雷达波吸收材料是指能够有效吸收入射电磁波并使其衰减无反射的一类材料，它通过材料的各种不同的损耗机制将入射电磁波转化成热能或者是其他能量形式而达到吸收电磁波目的。

电磁波在空气中沿直线传播。当电磁波与其他媒介接触时，其他媒介与空气媒介两者的传输阻抗不匹配，因而电磁波不能继续传播下去，而是在新的媒介中发生反射和衍射，反射部分会继续回到空气中，衍射部分可以与媒介相互作用并将电磁波转化为热能或其他形式的能量，从而消耗电磁波的能量。

当在空气中传播的电磁波与吸波界面垂直相遇时，反射系数 R 可用如下公式表示：

$$R=\frac{Z-Z_0}{Z+Z_0}=\frac{Z_{in}-1}{Z_{in}+1} \tag{1-1}$$

式中，Z 和 Z_0分别为电磁波在吸波材料和空气中的传输阻抗；$Z_{in}=Z/Z_0$为吸波材料界面的传输阻抗。当 $Z=Z_0$时，空气与吸波材料的传输阻抗相等，反射系数 R 为 0。因此在设计吸波材料时，可以从材料的传输阻抗方面考虑，以减少电磁波的界面反射。

根据传输线理论，其界面处的传输阻抗 Z_{in}可以表示为：

$$Z_{in}=\sqrt{\frac{\mu_r}{\varepsilon_r}}\tanh\left(j\frac{2\pi fd}{c}\sqrt{\varepsilon_r\mu_r}\right) \tag{1-2}$$

式中　ε_r—— 吸波材料的复介电常数，$\varepsilon_r=\varepsilon'-j\varepsilon''$；

μ_r—— 吸波材料的复磁导率，$\mu_r=\mu'-j\mu''$；

f—— 电磁波的传播频率；

d—— 吸波材料的厚度；

c—— 光速。

吸波材料的反射损耗可以表示为：

$$R(\mathrm{dB}) = 20\log_{10}\left|\frac{Z_{\mathrm{in}} - 1}{Z_{\mathrm{in}} + 1}\right| \tag{1-3}$$

由以上公式可以看出，吸波性能主要由吸波材料的电磁参数、厚度以及电磁波的频率决定。其中起决定性作用的是电磁参数，其反映材料自身的内部特性。复介电常数和复磁导率为复数，实部代表储能能力，虚部代表损耗能力。通过测定材料的电磁参数，可以研究材料的吸波性能及吸波机理[7~9]。

进入材料内部的电磁波主要通过共振吸收与极化弛豫损耗来消耗衰减能量。可以用介电损耗角正切与磁损耗角正切表示吸波材料的电磁损耗能力，公式分别为：

$$\tan\delta_{\mathrm{E}} = \varepsilon''/\varepsilon' \tag{1-4}$$

$$\tan\delta_{\mathrm{M}} = \mu''/\mu' \tag{1-5}$$

式中，$\tan\delta_{\mathrm{E}}$为介电损耗角正切；$\tan\delta_{\mathrm{M}}$为磁损耗角正切。

因此，在尽量满足材料与空气传输阻抗匹配的前提下，介电损耗角正切和磁损耗角正切越大，越有利于对电磁波的衰减[10, 11]。

在吸波材料研究过程中发现，性能优异的吸波材料必须具备两个要点：(1) 阻抗匹配条件。能使入射电磁波最大限度地进入材料内部而不被反射掉，即反射系数 R 为 0，具有阻抗匹配特性[12]。根据电磁波传输理论：$R = (Z_1 - Z_0)/(Z_1 + Z_0)$，其中 Z_0为常数 1，为自由空间波阻抗，$Z_1 = (\mu/\varepsilon)^{1/2}$，其中 ε 和 μ 分别是材料的复介电常数和复磁导率。理想的匹配是电磁波由自由空间进入介质时，反射系数 $R = 0$ 须 $Z_1 = Z_0$，即 $\mu = \varepsilon$，也就是说需选择复介电常数和复磁导率基本相等的材料，然而这样的理想材料目前还找不到，而且复介电常数和复磁导率通常是随频率变化而变化的，因此只能尽可能地使之相匹配。(2) 衰减条件。能迅速将进入材料的电磁波最大限度地衰减掉，具有衰减特性。当介质有损耗时，介质的复磁导率 μ 和复介电常数 ε：$\mu = \mu' - i\mu''$，$\varepsilon = \varepsilon' - i\varepsilon''$，损耗大小可以用电损耗因子 $\tan\delta_{\mathrm{E}} = \varepsilon''/\varepsilon'$和磁损耗因子 $\tan\delta_{\mathrm{M}} = \mu''/\mu'$表示[13]（$\delta_{\mathrm{E}}$、$\delta_{\mathrm{M}}$ 分别为电损耗角和磁损耗角）。因此，复介电常数虚部 ε''和复磁导率虚部 μ''越大，损耗就越大，吸收的电磁波也就越多。由上面两点可知，提高吸波性能的基本途径是在提高介质电损耗和磁损耗的同时，还必须符合阻抗匹配条件，通常单一品种的吸收材料很难同时满足阻抗匹配和强吸收的特点。如果将材料进行多元复合，在尽可能匹配的条件下通过调节电磁参数是提高吸收的有效途径。

1.3 吸波材料的分类

一般有如下三种方法对吸波材料进行分类。

按照不同的吸波材料制备工艺的不同和承受能力的差异，将其分成涂覆型与结构型。涂覆型指的是吸收剂与黏合剂混合后，制作成涂层覆盖在材料的表面；

结构型是将材料制成夹心结构或者直接将吸收剂均匀地分散到层状结构的材料中。

根据电磁波的损耗机理，吸波材料有三种类型。一是电介质类型材料，它是一类和电极有关的介质损耗吸收机制，即通过介质反复极化产生的“摩擦”作用将电磁能转化成热能耗散掉。电介质极化过程包括：电子云位移极化，极性介质电矩转向极化，电铁体电畴转向极化以及壁位移等。如钛酸钡的损耗机制大部分来源于介质的极化弛豫损耗；二是磁介质类型材料，如铁氧体等，这一类型主要通过铁磁共振吸收来衰减能量。此类吸收机制是一类和铁磁性介质的动态磁化过程有关的磁损耗，此类损耗可以细化为：磁滞损耗，旋磁涡流、阻尼损耗以及磁后效应等，其主要来源是和磁滞机制相似的磁畴转向、磁畴壁位移以及磁畴自然共振等[14,15]；三是电阻类型材料，电阻型损耗，主要依靠介质的电阻。此类吸收机制与材料的电导率有关，即电导率越大，载流子引起的宏观电流（包括电场变化起起的电流以及磁场变化引起的涡流）越大，从而有利于电磁能转化成为热能。当然电流率也不宜过大，否则在材料表面产生趋肤电流，趋肤电流会向外反射电磁波，致使吸波性能下降。比如碳纤维、石墨、导电高分子就属于这类吸波材料。吸波材料的吸波效果是由介质内部各种电磁机制来决定，如电介质的德拜弛豫、共振吸收、界面弛豫磁介质畴壁的共振弛豫、电子扩散和微涡流等[16,17]。

目前常用的雷达波吸波材料可以应对的电磁波频段范围是2~18GHz，也就是一般雷达波频率，当然应用在更高和更低频段上的吸波材料也是有的。吸波材料大体可以分成涂层型、板材型和结构型；从吸波机理上可以分成电吸收型、磁吸收型；从结构上可以分为吸收型、干涉型和谐振型等吸波结构。

按研究时期的不同，可以将材料分为传统型和新型吸波材料。金属微粉、铁氧体等，是属于传统型材料，它们具有质量大与吸收频带小的缺点。新型吸波材料则弥补了传统吸波材料的一些缺陷，具有质量轻、稳定性好、吸波效果好等优点，例如导电高聚物和手性材料等。手性材料因其具有独特的螺旋结构以及对频率的低敏感性，在制备轻质、强吸收、频带宽的吸波材料方面具有广阔应用前景。

1.3.1 金属微粉及铁磁合金微粉

金属微粉指的是单质金属或金属合金微粒，金属微粉粒子的大小一般是在0.5~20μm之间。金属微粉通常有羰基铁、羰基钴、羰基镍等，还包括利用各种化学方法将羰基化合物分解制成的具有磁性的金属微粉粒子，磁滞损耗和涡流损耗是金属微粉吸收电磁波的损耗机制[18]。金属微粉颗粒大小会影响电磁波的吸收效果，因而目前在实际应用中作为吸波材料使用的金属微粉颗粒一般

≤30μm[19]。Wen 等人[20]制备了具有不同形貌的羰基铁粉，并研究不同的形貌对羰基铁粉的吸波性能的影响，发现片状的羰基铁粉与球状的羰基铁粉比较时，片状的羰基铁粉具有更好的吸波效果。磁性金属粉末存在的缺点有：频率特性不好，吸收频带窄，为了克服这些缺点，会将磁性金属粉末与其他导电型吸波材料复合使用来拓宽频带。

不定形的铁磁合金微粉材料具有很高的饱和磁化率及电阻率，可获得较大的介电常数且其导磁系数能在较大的频率范围下维持较大值。铁磁合金微粉的电磁吸收机理包括磁滞损耗、涡流损耗和共振损耗。铁磁合金微粉吸波材料包括羰基铁粉、羰基镍粉、坡莫合金粉及钴镍合金粉等。铁磁合金微粉具有微波磁导率较高、温度稳定性好（居里温度高达 770K）等优点，其不足之处在于：抗氧化、耐酸碱能力差、在低波段（<2GHz）吸波性能不理想、密度大。铁磁合金微粉在吸波领域的应用研究也在进一步的深入。法国巴黎大学研究了微米级 Ni、Co 粉末的吸波性能，发现在 1~8GHz 内有最大值，如 1.4μm 的 Ni 粉，f=1.4GHz 时，μ'= 8，μ''=5[21]。为了提高金属微粉的抗氧化能力和分散性，谢建良等人[22]采用有机物表面包覆方法在片状金属磁性微粉表面包覆硅烷偶联剂，吸波涂层最大吸收率由包覆前的-9.4dB 提高到包覆后的-10.4dB；小于-8dB 的吸收带宽由包覆前的 4.3GHz 增加到包覆后的 8.2GHz。包覆后的金属磁性微粉吸收剂由于介电常数明显降低，减少了吸波涂层的阻抗失配，使吸波涂层吸收带宽和吸收性能都有明显改善。

1.3.2　铁氧磁体

所谓铁氧磁体是指以氧化铁结构为基础，但其中的铁原子用其他金属取代或部分取代的磁性材料，常见的铁氧磁体吸材料包括钡系铁氧体、钴系铁氧体、镍系铁氧体、锶铁氧体等。铁氧磁体之晶体结构往往是影响其磁性能和吸波性能的重要因素，因此大部分铁氧磁体都具有特定晶形（包括尖晶石系、六方晶系及石榴石系三类）。铁氧磁体吸收电磁波的主要吸收机制是自然共振和畴壁共振，波损耗由磁滞损耗、涡流损耗和剩余损耗三部分组成[23]。由于强烈的铁磁共振吸收和磁导率的频散效应，铁氧磁体吸波材料具有吸收强、吸收频带宽的特点，是目前隐身领域应用最广泛的吸收剂之一。国内铁氧体吸波材料的水平在 8~18GHz 频率范围内，全频段吸收率为 10dB，面密度约为 5kg/m^2，厚度约为 2mm。近年来，对铁氧体吸收剂的研究主要集中在六角晶系铁氧体，其吸收机理主要为电子自旋磁矩的自然共振。汪忠柱等人[24]采用化学共沉淀法制备掺杂 Zn^{2+}、Co^{2+}、Ti^{4+} 等金属离子的平面型六角晶系 W 型 $BaZn_{2-x}Co_xFe_{15.8}Ti_{0.2}O_{27}$（$x$=0.8、1.1）吸收剂，在 2~30GHz 频率范围，对雷达波的最大衰减为-25dB，反射率小于-8dB 能够覆盖 6~30GHz 频率范围。周克省等人[25,26]采用溶胶-凝胶法制备了镧掺杂W型钡铁氧体 $Ba_{1-x}La_xCo_2Fe_{16}O_{27}$（$x=0$、0.1、0.2、0.3）吸收剂，当 $x=0.2$ 时，样品吸收效果最好，在微波频率为12GHz时最大吸收峰为-16.2dB，小于-10dB频宽为4.0GHz。阮圣平等人[27,28]采用柠檬酸盐法和溶胶-凝胶法分别制备了M型 $BaFe_{12}O_{19}$ 纳米粉体和 $Ba(Zn_{1-x}Co_x)_2Fe_{16}O_{27}$ 纳米粉体，在6.8~18GHz频率范围，$BaFe_{12}O_{19}$ 纳米粉体对电磁波的最大反射衰减为-25dB，$Ba(Zn_{1-x}Co_x)_2Fe_{16}O_{27}$ 纳米粉体对电磁波的最大反射衰减为-28dB，二者小于-10dB频宽均达6GHz。

铁氧体吸波材料对电磁波的损耗同时包括介电损耗和磁损耗，其中最主要的损耗机制为剩余损耗中的铁磁自然共振吸收[29]。目前，对铁氧体的研究集中在锌铁氧体和镍铁氧体以及二者的复合铁氧体[30]。Ni-Zn铁氧体是比较适合用在几百MHz频区域的吸波材料，因其具有高电阻率、低涡流及低的介电损耗[31]。Dong Changshun等人[32]制备了一种M型钡铁氧体 $BaCo_xTi_xFe_{12-2x}O_{19}$，测定的该种铁氧体的复磁导率虚部值在报道出来的铁氧体吸波材料中是最高的，与其他铁氧体相比，具有-10dB以下吸收的频带明显变宽。Cai Xudong等人[33]研究了LiZn铁氧体的吸波性能，在厚度4mm、频率6.4~8.6GHz的理论吸收率 $R<-10$dB，峰值可达-14dB，与La掺杂后，在6.2GHz处的峰值达到了-30.2dB，-10dB的带宽由2.2GHz变为3.0GHz。Zhao Donglin等人[34]研究的Ni-Zn铁氧体吸波材料的峰值可达-49.1dB，相应的厚度为3mm，$R<-10$dB的频率为2.7~3.3GHz。E. J. Silvia等人[35]制备了一系列钇掺杂的Ni-Zn铁氧体吸波材料，在2~30MHz均具有-40dB以下的吸收率，最大可达到-60dB以下。

1.3.3 纳米吸波剂

纳米材料独特的结构由于其自身具有量子尺寸效应、宏观量子隧道效应、小尺寸和界面效应，导致它产生许多特异性能。独特的结构性能使纳米材料具有良好的吸波特性，同时兼有宽频带、兼容性好和厚度薄等特点[36~39]。纳米材料的优异特性为吸波材料提供了新的微波损耗机理。纳米吸波材料主要有纳米金属与合金吸波剂、纳米氧化物吸波剂、纳米陶瓷吸波剂、纳米金属微粉等。纳米材料由于本身比表面积大、表面原子比例高，界面极化和多重散射是其重要的吸波机制，另外量子尺寸效应使纳米粒子的电子能级发生分裂，分裂的能级间隔有些正处于微波的量级范围（10^{-2}~10^{-5}eV），有可能成为新的吸收通道[40]，从而有利于微波传播，进而影响微波的吸收[41]。陈利民等人[42]研究波段具有优异的微波吸收特性，最高吸收可达99.95%。法国最近宣布研制成功一种宽频带雷达吸波材料涂层纳米CoNi超微粉，该材料复磁导率，在0.1~18GHz频段内，均大于6，大大超过金属微粉磁导率理论值3的限制，美国研制的“超黑粉”纳米吸波材料，对雷达波的吸收率大于99%。磁性纳米颗粒、纳米颗粒膜和多层膜是纳米材料作隐身材料的主要形式。

1.3.4 碳系吸收剂

碳系吸收剂包含有石墨、炭黑、碳纤维、碳纳米管等。石墨和炭黑多与高分子进行掺杂，可以提升复合材料的导电性，从而提升吸波效果；复合材料的电导率会随炭黑和石墨含量而变化，一般来说，含量越大，电导率也会更高，这一类型的复合材料在 X 和 Ku 波段具有良好的吸波性能[43]。

碳纤维指的是像纤维一样的碳材料，它可以通过有机纤维或低分子烃气体加热而成。当电磁波进去碳纤维内部后，在纤维之间发生了散射，可以衰减电磁波，同时碳纤维还具有介电损耗，可以更好的吸收电磁波。短切碳纤维经过低温处理以后，性能较好，可以单独作为吸波材料使用[44]。

碳纳米管是一种由碳原子组成的新材料，形状类似于将石墨原子层弯曲成管状结构。碳系吸收剂的介电常数较大，这不利于吸波材料的阻抗匹配，因而导致碳纳米管在单独使用时吸波效果不好，目前一般会将碳纳米管与磁损耗型吸收剂如磁性粒子等进行掺杂达到提高吸收强度的目的。Zheng 等人[45]发现，与普通的 Co 粒子相比，通过简单的催化热解反应制成的 Co/CNTs 材料的电磁性能和吸波强度都得到了加强。碳纳米管与聚合物的复合可以提高聚合物的介电损耗。例如，利用轻质的碳纳米管与重量大的铁氧体复合可以制备质轻且兼具电磁损耗的吸波材料。据 R. Che 等人[46]报道，CNT/$CoFe_2O_4$纳米材料是一种具有优良的吸波性能和宽吸波频带的吸波材料。Parveen Saini 等人[47]制备了一种聚苯胺-CNT/聚苯乙烯复合材料，通过实验表明该材料在 12.4~18.0GHz 范围内的吸波效果得到了加强。T. H. Ting 等人[48]研究了聚苯胺/MWCNT 复合材料在比例为 1/2、1/1、2/1 和 3/1 时对电磁波的吸收情况，实验结果表明加入聚苯胺后吸波材料在高频的吸收频带变宽。

石墨烯作为一种新型的碳材料，具有许多优点，例如密度较低、导热性较高、电阻率低、电子迁移率高等，但纯石墨烯单一用作吸波材料存在较多的不足，现阶段对纯石墨烯的吸波性能研究相对较少，大部分重点放在研究石墨烯复合吸波材料。

1.3.5 导电高聚物

导电高聚物是一种具有高分子量和一定的电导率的物质。有机高分子导电聚合物吸波材料具有密度轻，可通过掺杂调节导电性和电、磁参量，兼容性好，可大面积涂布，易于复合加工成型和实现工业化生产等优点，故而近年来得到快速的发展。导电高聚物一般以具有 π-共轭体系的高分子经受分子掺杂后而获得，聚合物掺杂可在一定范围内提高其电导率达几个数量级[49]，属电损耗型吸波剂。

根据电磁波吸收原理，吸波材料具有磁损耗是展宽频带和提高吸收率的关键，因此改善导电高聚物的磁损耗是解决导电高聚物雷达吸波材料实用化的关键[50]。本征型导电聚合物主要有聚乙炔、聚噻吩、聚苯胺、聚吡咯等，理论上该类导电高聚物的导电机理主要依靠的是孤子、极化子和双极化子等作为载流子进行电荷传导[51]。导电高聚物吸波剂主要有聚乙炔、聚吡咯、聚噻吩、聚苯胺等[52]。另一类则是普通高分子与金属或碳材料复合而成的具有良好导电性的复合型高聚物材料。导电高聚物导电性可在绝缘体、半导体和金属体之间调节，导电高聚物的电导率变化范围较大，当材料呈半导体特性（即电导率 $\sigma = 10^{-4} \sim 1S/m$），导电高聚物的吸波效果可以得到一定提升[53]。聚苯胺是其中一类具有多样化应用价值的导电高聚物，聚苯胺的制作工艺简单，在环境中稳定性较好，容易通过掺杂控制电导率。本征型的聚苯胺无法实现良好的阻抗匹配和宽频吸收[54]。R. Faez 等人[55]以 EPDM 经 DBSA 掺杂的聚苯胺混炼制成微波吸收剂，测量在 8~18GHz 频段内的雷达反射率，发现在 8~12GHz 范围具有宽频吸收效果，此效应可能与聚苯胺的分子量分布范围有很大关系。廖海星等人[56]分别以浓 H_2SO_4、HCl 和 $FeCl_3$掺杂的聚苯胺，发现浓 H_2SO_4-PANI-$FeCl_3$ 材料具有较大的磁损耗，将它们按一定的比例混合，可以合成出平均衰减为 13.37dB、最大衰减为 26.7dB、密度为 0.7g/cm^3、频宽为 10.34~14GHz 吸收微波的材料。Li Yanjun 等人[57]为了解决聚苯胺吸收强度低和吸收频带窄的缺点，将普通聚苯胺变成有机磁体聚苯胺，通过改变形貌增强聚苯胺的阻抗匹配。M. S. S. Dorraji 等人[58]制备了一种聚苯胺/Fe_3O_4/ZnO 纳米吸波材料，并测定其吸波性能；样品在最佳的比例时在 X 波段低于-10dB 的吸收可覆盖 90%，频带宽为 8.4~11.6GHz。

席夫碱是分子中含有—C═N—基团的一类具有代表性的含氮有机配体，它由醛或酮的羰基（$\diagdown$C═O$\diagup$）和伯胺、肼及其衍生物的胺基（—NH_2）缩合而成，最初由 H. Schiff[59] 1864 年首先发现而得名，在美国化学文摘中将其归于 Schiff base 和 Imines 类。席夫碱—C═N—基团杂化轨道上的 N 原子具有孤对电子，赋予它重要的化学和生物学上的意义。1987 年美国成功将视黄基席夫碱盐应用于吸波涂料，席夫碱特殊的电、磁和光学性能使得国内外学者对此类新型吸波材料开始了探索性研究。利用二醛或二酮与二胺的反应可以制备聚席夫碱。席夫碱类化合物经掺杂或成盐处理后，其导电和吸波性能会得到明显的改善。有机导电类席夫碱由于电磁参量可调而备受关注，成为近年来吸波材料领域研究的重点。导电类席夫碱材料主要包括小分子席夫碱及其配合物，聚合长链席夫碱及其碘掺杂、视黄基席夫碱及其配合物等。

1.3.6 手征吸波材料

手征材料又称旋波材料，主要有本征手征材料和结构手征材料两种，它们都能减少电磁波的反射并能吸收电磁波。手征材料吸波机理主要是旋波作用，手征介质中产生由于电场变化而引起的磁偶极矩以及磁场变化而引起的电偶极矩，从而导致电磁波在旋波介质中的衰减。理论研究认为手征材料可以通过调节手征参数的三个变量来调节吸波材料的电磁波传输特性，易于实现阻抗匹配，满足无反射要求，手性材料的频率敏感性比电磁参数小，可达到宽频吸收的效果[60~63]。

（1）金属手性微体。金属手性微体研究的时间比较长，其优点包括以下：弹性大、耐磨性好、优良烧结性、良好导电性等。实际应用中，金属手性微体需要掺进环氧树脂或者石蜡基体中作为吸波材料，因而会导致整个复合材料出现密度大和尺寸厚的缺点。制作手性材料的方法比较简单，Tinoco 等人[64]将铜丝绕成了螺旋圈便使其具备了手性的特征。将螺线圈作为手性体加入含有铁晶矿砂与 425 级水泥的细骨料中，使其混合均匀后测定样品的吸波性能发现，该种具有手性的混凝土材料手性吸波混凝土在 10MHz 以下低频段具有良好的屏蔽效能[65]。G. C. Sun[66]在 Fe_3O_4-聚苯胺复合材料中加入具有手性的铜螺线圈，复合材料的最强反射损耗得到一定的提高。章平[67]选用细铜丝烧制成铜螺旋体，研究了螺旋体在基质中的含量对手性参数及电磁参数的影响，结果发现在频率为 8.5～11.5GHz 时手性螺旋体浓度为 1.6%～3.2%时吸波效果最好。

（2）螺旋碳纤维。螺旋碳纤维具有特殊的卷曲几何结构的手性吸波材料，它的螺旋结构可以通过交叉偏振来提高电磁匹配，从而产生更高的电磁损耗。Zheng Tianliang 等人[68]制备了一种经过修饰的手性螺旋碳纤维，修饰后材料的吸波效果可达到-18dB 以下，与未修饰前相比有明显的提升。Liu Lei[69]用均相沉淀还原法将 Ni 纳米粒子沉积到手性螺旋碳纤维中，再与百分之十的石蜡复合后测试吸波效果，在 3.5mm 时可达到-16dB 以下的吸收。

（3）手性导电高聚物。手性高聚物是一种有旋光性的高分子，且导电性能良好。手性导电高聚物的合成方法有以下两种：1）在单体聚合时使用手性诱导剂，加入手性诱导剂后可在高聚物分子中获得空间螺旋构象，具有手性的导电聚苯胺是按照类似的方法合成的；2）可以直接选取手性单体作为起始原料，例如手性二胺与二酮类发生缩聚反应生成具有螺旋结构的导电高分子（手性导电聚噻吩、聚吡咯）。朱俊廷等人[70]利用手性樟脑磺酸通过二次掺杂获得手性聚苯胺，用该手性聚苯胺制备厚度为 1.5mm 的涂层，其最大吸收强度为-12.8dB，与掺杂盐酸的聚苯胺相比吸波效果更好。

手性导电聚 Schiff 碱是一种新型的高分子吸波材料，是结合导电 Schiff 碱以及手性材料优势于一体的具有潜在吸波应用价值的材料。选择不同的手性单体以及通过化学反应对聚合物碳链进行修饰，可以得到性能比较稳定的手性导电聚 Schiff 碱。本课题组[71]通过原位聚合反应合成了一种手性聚 Schiff 碱银配合物，在厚度为 5mm 时，可达到最大反射损耗-45.6dB。Xu Fengfang 等人[72]制备的手性聚苯胺/钡铁氧体复合材料，在厚度仅为 0.9 mm 时达到了最大反射损耗-30.5dB。手性材料展现了良好的吸波性能。

参 考 文 献

[1] 张卫东，冯晓云，孟秀兰．国外隐身材料研究进展［J］. 宇航材料工艺，2000（3）：1~4.

[2] 孟新强．隐身技术的研究与应用现状［J］. 雷达与对抗，1999（3）：1~6.

[3] 黄云霞．微波吸收剂的制备与性能研究［D］. 西安：西安电子科技大学，2009.

[4] Eerbert L K. Biolgic effect of environmental electromagnetism［M］. New York: Springer-Verlag, Inc, 1981.

[5] 杜尚丰．导电氧化锌粉体的制备和性能研究［D］. 北京：中国科学院过程工程研究所，2005.

[6] 解仑，李一玫，王先梅．电磁场与电磁兼容［M］. 北京：电子工业出版社，2012.

[7] Vinoy K J, Jha R M. Radar absorbing materials from theory to design and characterization［M］. Boston: Kluwer Academic Publishers, 1996.

[8] Michielssen E, Sajer J, Ranjithan S, et al. Design of lightweight broad-band microwave absorbers using genetic algorithms［J］. IEEE Transactions on Microwave Theory and Techniques, 1993, 41（6）: 1024~1031.

[9] 邢丽英．隐身材料［M］. 北京：机械工业出版社，2003.

[10] 张晓林．石墨烯基复合材料的制备及其吸波性能［D］. 哈尔滨：哈尔滨工业大学，2011.

[11] 邵蔚，赵乃勤，师春生，等．吸波材料用吸收剂的研究及应用现状［J］. 兵器材料科学与工程，2003，26（4）：65~68.

[12] 高峰，吴茜．各种减小雷达截面的方法与机理［J］. 电讯工程，1999（1）：1~4.

[13] 周克省，黄可龙，孔德明，等．纳米无机物/聚合物复合吸波功能材料［J］. 高分子材料科学与工程，2002，18（3）：15~19.

[14] 阳开新．铁氧体吸波材料及其应用［J］. 磁性材料及器件，1996，27（3）：19~23.

[15] 徐超，卢佃清，刘学东，等．$Ni_{1-x}Co_xFe_2O_4$铁氧体纳米粉末的磁性能和微波吸收特性研究［J］. 材料科学与工程学报，2009，27（3）：451~454.

[16] Su C, Luan C, Jin T. Effect of stainless steel containing fabrics on electromagnetic shielding effectiveness［J］. Textile Research Journal, 2004, 74（1）: 51~54.

[17] 韩志全．软磁铁氧体的单畴晶粒临界尺寸与功耗［J］. 磁性材料及器件，2008，39（2）：7~11.

[18] 张健，张文彦，奚正平，等．隐身吸波材料的研究进展［J］. 稀有金属材料与工程，2008，37（4）：504~508.

[19] Wu L Z, Ding J, Jiang H B, et al. Particle size influence to the microwave properties of iron

based magnetic particulate composites [J]. Journal of magnetism and magnetic materials, 2005, 285 (1): 233~239.

[20] Wen F, Zuo W, Yi H, et al. Microwave-absorbing properties of shape-optimized carbonyl iron particles with maximum microwave permeability [J]. Physica B: Condensed Matter, 2009, 404 (20): 3567~3570.

[21] 方亮，龚荣州，官建国．雷达吸波材料的现状与展望 [J]. 武汉工业大学学报，1999，21 (6): 21~24.

[22] 谢建良，陆传林，邓龙江，等．偶联剂包覆片状金属磁粉电磁特性研究 [J]. 电子科技大学学报，2008，37 (2): 293~296.

[23] 张海军，姚熹，张良莹，等．X、U 铁氧体的溶胶-凝胶合成及微波性能研究 [J]. 功能材料，2003，34 (1): 39~43.

[24] 汪忠柱，毕红，林玲，等．六角晶系 BaZnCoTi-W 型铁氧体的吸波性能研究 [J]. 安徽大学学报（自然科学版），2006，30 (2): 64~66.

[25] 周克省，刘利强，邓联文，等．W 型 $Ba_{1-x}La_xCo_2Fe_{16}O_{27}$的微波吸收性能 [J]. 中南大学学报（自然科学版），2008，39 (6): 1170~1174.

[26] 周克省，刘利强，邓联文，等．W 型 $Ba_{0.8}La_{0.2}Co_2Fe_{16}O_{27}$微波吸收材料的制备与表征 [J]. 功能材料，2008，39 (8): 1276~1279.

[27] 阮圣平，王兢，刘永刚，等．$BaFe_{12}O_{19}$纳米复合材料微波吸收性能的研究 [J]. 吉林大学学报（理学版），2003，41 (1): 70~72.

[28] 阮圣平，吴凤清，王永为，等．钡铁氧体纳米复合材料的制备及其微波吸收性能 [J]. 物理化学学报，2003，19 (3): 275~277.

[29] Sugimoto S, Haga K, Kagotani T, et al. Microwave absorption properties of Ba M-type ferrite prepared by a modified coprecipitation method [J]. Journal of Magnetism & Magnetic Materials, 2005, 291 (2): 1188~1191.

[30] 王璟．W 型钡铁氧体吸波材料的制备及其性能研究 [D]. 长沙：国防科技大学，2005.

[31] Li L, Tu X, Peng L, et al. Structure and static magnetic properties of Zr-substituted Ni-Zn ferrite thin films synthesized by sol-gel process [J]. Journal of Alloys and Compounds, 2012, 545: 67~69.

[32] Dong C, Wang X, Zhou P, et al. Microwave magnetic and absorption properties of M-type ferrite $BaCo_xTi_xFe_{122x}O_{19}$ in the Ka band [J]. Journal of Magnetism and Magnetic Materials, 2014, 354: 340~344.

[33] Xu C, Jian W, Li B. Microwave absorption properties of Li-Zn ferrites hollow microspheres doped with La and Mg by self-reactive quenching technology [J]. Journal of Alloys and Compounds, 2016, 657: 608~615.

[34] Zhao D L, Lv Q, Shen Z M. Fabrication and microwave absorbing properties of Ni-Zn spinel ferrites [J]. Journal of Alloys and Compounds, 2009, 408: 634~638.

[35] Silvia E J, Paula G B. Structural and electromagnetic properties of yttrium-substituted Ni-Zn ferrites [J]. Ceramics International, 2016, 42: 7664~7668.

[36] 杜新瑜．纳米隐身材料研究概况 [J]. 纳米科技，2004 (2)：24~27.

[37] 朱长纯，邓宁．碳纳米管薄膜对电磁波吸收特性的研究 [J]. 西安交通大学学报，2000，34 (12)：102~104.

[38] 邓建国，王建华，贺传兰．纳米微波吸收剂研究现状与进展 [J]. 宇航材料工艺，2002 (5)：5~9.

[39] 曹茂盛，高正娟，朱静．CNTs/Polyester 复合材料的微波吸收特性研究 [J]. 材料工程，2003 (2)：34~36.

[40] 焦桓，罗发，周万城．纳米吸波材料研究与发展趋势 [J]. 宇航材料工艺，2001，31 (5)：9~11.

[41] 王国强，章平，邹勇，等．纳米复合高分子电磁参数及吸波性能的研究 [J]. 华中科技大学学报，2001，29 (7)：89~91.

[42] 陈利民，元家钟．纳米 γ-(Fe,Ni) 合金颗粒的微观结构及其微波吸收特性 [J]. 微波学报，1999，4 (15)：312~316.

[43] Wen B, Zhao J, Duan Y, et al. Electromagnetic wave absorption properties of carbon powder from catalysed carbon black in X and Ku bands [J]. Journal of Physics D: Applied Physics, 2006, 39 (9): 1960~1962.

[44] Tang N, Zhong W, Au C, et al. Synthesis, microwave electromagnetic, and microwave absorption properties of twin carbon nanocoils [J]. The Journal of Physical Chemistry C, 2008, 112 (49): 19316~19323.

[45] Zheng Z, Xu B, Huang L, et al. Novel composite of Co/carbon nanotubes: Synthesis, magnetism and microwave absorption properties [J]. Solid State Sciences, 2008, 10: 316~320.

[46] Che R, Zhi C, Liang C, et al. Fabrication and microwave absorption of carbon nanotubes/ $CoFe_2O_4$ spinel nanocomposite [J]. Applied Physics Letters, 2006, 88: 033105-1~033105-3.

[47] Parveen S, Veena C, Singh B P, et al. Enhanced microwave absorption behavior of polyaniline-CNT/polystyrene blend in 12.4~18.0GHz range [J]. Synthetic Metals, 2011, 161: 1522~1526.

[48] Ting T H, Jau Y N, Yu R P. Microwave absorbing properties of polyaniline/multi-walled carbon nanotube composites with various polyaniline contents [J]. Applied Surface Science, 2012, 258: 3184~3190.

[49] Stein E R, Park J S. The electromagnetic interference shielding of polypyrrole impregnated conducting polymer composites [J]. Polymer Composites, 1991, 12 (4): 289~292.

[50] 马建标，等．功能高分子材料 [M]. 北京：化学工业出版社，2000.

[51] 孙晶晶，李建保，张波，等．陶瓷吸波材料的研究现状 [J]. 材料工程，2003，(2)：43~47.

[52] Naishadham K. Shielding effectiveness of conductive polymers [J]. IEEE Transactions on Electromagnetic Compatibility, 1992, 34 (1): 47~50.

[53] Phang S W, Daik R, Abdullah M H. Poly (4,4′-diphenylene diphenylvinylene) as a non-magnetic microwave absorbing conjugated polymer [J]. Thin Solid Films, 2005, 477 (1): 125~

130.

[54] Nakamura T. Snoek's limit in high-frequency permeability of polycrystalline Ni-Zn, Mg-Zn, and Ni-Zn-Cu spinel ferrites [J]. Journal of Applied Physics, 2000, 88: 348~353.

[55] Faez R, Martin I M, De Paoli M A. The influence of processing time and composition in microwave absorption of EPDM/PAni blends [J]. Synthetic Metals, 2002, 83: 1568~1571.

[56] 廖海星, 喻克雄, 刘敏. 不同质子酸掺杂聚苯胺的吸波性能研究 [J]. 襄樊学院学报, 2005, 2(26): 32~35.

[57] Li Y J, Ma L, Gan M G, et al. Magnetic PANI controlled by morphology with enhanced microwave absorbing property [J]. Materials Letters, 2015, 140: 192~195.

[58] Dorraji M S S, Rasoulifard M H, Khodabandeloo M H. Microwave absorption properties of polyaniline-Fe_3O_4/ZnO-polyester nanocomposite: Preparation and optimization [J]. Applied Surface Science, 2016, 366: 210~218.

[59] Schiff H. Mittheilungen aus dem Universitäts laboratorium in Pisa: Eineneue Reihe organischer Basen [J]. Annalen, 1864, 131: 118~119.

[60] Wu L Z, Ding J, Jiang H B, et al. Particle size influence to the microwave properties of iron based magnetic particulate composites [J]. Journal of magnetism and magnetic materials, 2005, 285 (1): 233~239.

[61] Wen F, Zuo W, Yi H, et al. Microwave-absorbing properties of shape-optimized carbonyl iron particles with maximum microwave permeability [J]. Physica B: Condensed Matter, 2009, 404 (20): 3567~3570.

[62] Hou C L, Li T H, Zhao T K, et al. Electromagnetic wave absorbing properties of multi-wall carbon nanotube/Fe_3O_4 hybrid materials [J]. New Carbon Materials, 2013, 28 (3): 184~190.

[63] Wang B M, Guo Z Q, Han Y, et al. Electromagnetic wave absorbing properties of multi-walled carbon nanotube/cement composites [J]. Construction and Building Materials, 2013, 46: 98~103.

[64] Tinoco I, Freeman P. The optical of oriented copper helices [J]. Journal of Physical Chemistry, 1957, 61: 1196~2000.

[65] 康青, 姜双斌, 赵明凯. 手性吸波混凝土电磁屏蔽性能的实验研究 [J]. 后勤工程学院学报, 2005 (2): 47~49

[66] Sun G C, Yao K L, Liao H X, et al. Microwave absorbing characteristics of chiral materials with Fe_3O_4-polyaniline composite matrix [J]. International Journal of Electronics, 2000, 87 (6): 735~740.

[67] 章平. 螺旋结构手性材料的研制及性能测量 [D]. 武汉: 华中师范大学, 2006.

[68] Zheng T, Wang Y, Zheng K, et al. Electromagnetism and Absorptivity of the Modified Micro-coiled Chiral Carbon Fibers [J]. Chinese Journal of Aeronautics, 2007, 20: 559~563.

[69] Lei L, Ke Z, Ping H, et al. Synthesis and microwave absorption properties of carbon coil-carbon fiber hybrid materials [J]. Materials Letters, 2013, 110: 76~79.

[70] 朱俊廷, 黄艳, 周祚万. 手性聚苯胺的制备及电磁学性能研究 [J]. 材料导报, 2009, 23

(5): 32~35.

[71] Li H N, Liu C B, Dai B, et al. Synthesis, conductivity, and electromagnetic wave absorption properties of chiral poly Schiff bases and their silver complexes [J]. Journal of Applied Polymer Science, 2015, 42498: 1~8.

[72] Xu F F, Ma L, Gan M Y, et al. Preparation and characterization of chiral polyaniline/barium hexaferrite composite with enhanced microwave absorbing properties [J]. Journal of Alloys and Compounds, 2014, 593: 24~29.

2　长链共轭 Schiff 碱的制备及其复合材料吸波性能研究

2.1　概述

长链共轭 Schiff 碱是指具有共轭长链结构的一类 Schiff 碱，既包括含有共轭长链的小分子 Schiff 碱，也包括共轭长链聚 Schiff 碱。图 2-1 为长链共轭 Schiff 碱的分子结构式。该类材料的主链是含单、双键的共轭长链，在雷达波作用时，Schiff 碱以单、双键的共轭来传递电荷，其原子会进行短暂而轻微的重新排列，从而使其复介电常数和复磁导率发生改变，达到吸收雷达波的目的。

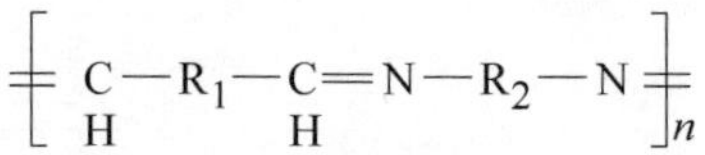

$$\left[\underset{H}{C} - R_1 - \underset{H}{C} = N - R_2 - N \right]_n$$

图 2.1　长链共轭 Schiff 碱的分子结构式

（R_1、R_2为 $\left(CH_2 \right)_n$ 或 —⟨苯环⟩— 或者 —⟨吡啶环⟩— ）

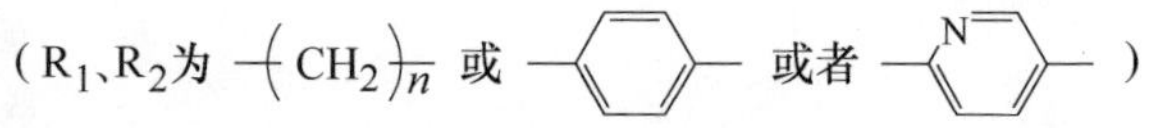

2.1.1　电性能的研究

导电类 Schiff 碱就材料损耗机理来说，属于电损耗型吸波剂。万梅香等人通过大量研究表明，当导电有机聚合物电导率处于半导体范围（$10^{-2} \sim 10^{2}$S/m）时具有优异的吸波性能，即具有半导体特性的导电有机聚合物具有良好的微波吸收特性。人们对 Schiff 碱及 Schiff 碱盐的导电性能作了许多探索性研究，国内外这方面报道较多。如：S. Ilhan 等人[1]用 2,6-二氨基吡啶，1,7-二(2-甲酰苯基)-1,4,7-三氧庚烷获得一种新的大环 Schiff 碱，再与过渡金属盐（Pb^{2+}，Ni^{2+}，Cu^{2+}）形成配合物，它们在 DMF-DMSO 混合溶液中的电导率最高大于 1S/m。H. Nishikawa 等人[2]，利用 2-氯-1,2-二(4-硝基)乙酮、异丙基磺酸钠和丙酮反应获得三种 Schiff 碱化合物，再与过渡金属盐（Ni^{2+}，Cu^{2+}）反应得到相应 Schiff 碱配合物，并研究它们的热稳定性及电导率的温度依赖性，发现当温度升高时，电导率明显变大，当温度为 295K 时，电导率最高达 5.3×10^{-1} S/m。K. İsmet 等人[3]用邻联茴香胺分别和水杨醛，4-羟基苯甲醛，香草醛，3-乙氧基羟基苯甲醛反应获得四种单核酚醛树脂 Schiff 碱，结果显示邻联茴香胺与水杨醛形成的 Schiff

碱化合物的导电性约是其他 Schiff 碱化合物的 130 倍。R. S. Joseyphus 等人[4]利用双甘氨肽、咪唑-2-甲醛和过渡金属盐（Co^{2+}，Ni^{2+}，Cu^{2+}）反应得到相应四齿 Schiff 碱配合物，利用阻抗光谱研究它们的介电性和导电性，发现频率在 10～10^5Hz 范围内，频率越高，它们的介电性和导电性越好。H. Hassib 等人[5]考查了 5,7-二羟基-6-甲酰基-2-甲苯基-4-酮缩乙二胺 Schiff 碱，作者研究其在不同温度范围 300K $<T<$ 420K 和频率范围 0.1～20kHz 的介电性和导电性，在 $T>$350K 时，其介电常数和介电损耗率随温度和频率的增加而减小。K. İsmet 等人[6]利用三聚氰胺分别和水杨醛、3-羟基苯甲醛、4-羟基苯甲醛反应获得三种新颖的 Schiff 碱化合物，结果显示多聚 Schiff 碱化合物比单核 Schiff 碱化合物有更高的导电性。范丛斌等人[7]用铝盐和银盐掺杂合成视黄基 Schiff 碱盐，利用红外光谱表征视黄基 Schiff 碱盐的结构，测试产物的密度、熔点与导电性能，制得的掺杂铝盐电导率为 5.41×10^{-4}S/m、银盐电导率达 0.953S/m。

人们对长链共轭聚 Schiff 碱导电性能的研究集中在碘掺杂上。研究发现，共轭聚 Schiff 碱碘掺杂后导电性有的可增加约 8 个数量级，达到半导体水平，并且发现掺杂材料具有良好的稳定性及电导性。李春生等人[8]以对苯二胺分别与 4 种不同的醛或酮缩聚合成了 4 种主链结构相同而侧基各异的共轭聚 Schiff 碱，通过红外、元素分析等手段对聚合物进行表征，同时研究本征态和碘掺杂态的电导率，发现碘掺杂后电导率从 10^{-9}～10^{-10}S/m 提高到 10^{-1}～10^{-2}S/m。B. Suanta 等人[9]利用 6 种不同的二元胺通过溶液聚合合成 6 种新型 Schiff 碱聚合物，通过黏度测试、元素分析、X 射线衍射、DSC 等手段进行表征，并通过 TG 进行热稳定性分析，所得 Schiff 碱在 303K 时，本征态和碘掺杂态的电导率分别在 10^{-9}～10^{-14}S/m 和 10^{-7}～10^{-4}S/m 范围内；电导率与温度服从经验关系式 $\sigma=\sigma_0\exp(-E_a/RT)$。K. İsmet[10]在碱性介质中用 2,3-二[(2-羟基-3-甲氧苯基)亚甲基]二胺基嘧啶通过氧化缩聚合成 PHMPMDA(poly-2,3-bis[(2-hydroxy-3-methoxyphenyl)methylene] diamin pyridine）Schiff 碱聚合物，并将其与 Co^{2+}、Ni^{2+}和 Cu^{2+}等金属离子生成聚合物-金属离子配合物，在室温与大气压力下采用四探针测试法测试掺杂与未掺杂的 Schiff 碱及其金属配合物的电导率，发现当使用碘作为掺杂剂时，Schiff 碱低聚物及其金属配合物电导率提高 2 个数量级。长链共轭聚 Schiff 碱导电性能的研究除了用碘掺杂外还有其他类型的掺杂。D. H. Wang 等人[11]利用对苯二胺、邻苯二胺与乙二醛合成的两种聚合长链 Schiff 碱，分别掺杂聚苯胺并讨论了 Schiff 碱的结构、反应物的量和酸度对导电性的影响，进一步研究发现，当掺杂的聚苯胺质量分数占 1.5%时，该混合物的电导率达到最高，分别为 2.8S/m 和 3.7S/m。熊小青等人[12]以二茂铁甲醛和对苯二胺为原料在中性条件下合成小分子二茂铁基 Schiff 碱，利用 Friedel-Crafts 反应合成新型导电聚二茂铁基 Schiff 碱，然后用二价金属盐($ZnCl_2$、$CoCl_2$、$SnCl_2$)对其进行掺杂，得到导电聚合物，测试产物的电导率和磁性能，实验结果表明：未掺杂前本征态电导率在 $10^{-6}\sim10^{-7}$S/m 范围内，经金属盐掺杂后，电导率可提高 4~5 个数量级，表明它们可用作有机半导体材料。

2.1.2 磁性能的研究

近年来，有不少关于 Schiff 碱磁性的研究，通过调整聚 Schiff 碱的分子结构或者选择不同的金属离子形成配合物获得了具有各种磁性能的有机磁性体，这些有机磁体具有相对较高的磁饱和强度，磁性能范围广。与传统的无机磁性材料相比，它具有密度低，加工性能好等优点。在电子通信、微波通讯、航空航天等领域有望获得应用[13~18]。R. M. Bernd 等人[19]报道了由同种 Schiff 碱得到的两种不同的磁性化合物，交叉旋化合物[$Fe(L)(HIm)_{1.80}$]和磁性化合物[$Fe(L)(MeOH)_{1.83}$]（L=2-乙基-(E,E)-2,2′-[1,2-苯基-亚胺次甲基]-2-[3-去氧基丁酸]，MeOH 为甲醇；HIm 为咪唑)，发现交叉旋[$Fe(L)(HIm)_{1.80}$]在 $T_{1/2}=330$K 时有低旋和高旋的相互转化，并讨论高交叉自旋的[$Fe(L)(MeOH)_{1.83}$]在低温 $T_c=9.5$K 时自动相互转化降低。Béla Paizs 等人[20]利用量子化学方法研究中子和质子化多烯 Schiff 碱的双键旋转动力学，实验表明：就中子或质子化 Schiff 碱在 B_3LPY/6-31G(d) 中描述了亚胺基团的双电键电子旋转，电子有旋转就有磁性。国内在 Schiff 碱磁性方面的研究也取得了不错的成果，孙维林等人[21]以 2,4-二氨基-6-苯基-1,3,5-三嗪，2,2′-二氨基-4,4′-联噻唑（DABT)，对苯二甲醛，邻苯二甲醛及乙二醛等为原料，合成 6 个含芳杂环聚 Schiff 碱，并制备了 2 个 Fe^{2+}配合物。利用 FTIR 和^{1}H-NMR 对聚合物的结构进行表征，通过对其中 3 个聚 Schiff 碱的热失重分析，表明聚合物具有良好的耐热性能，借助多功能材料物理特性测试系统测定配合物的磁性能，测定结果表明这些配合物具有相对较高的磁饱和强度，且有典型的 S 型磁滞回线，表明配合物是有机软铁磁体。

2.1.3 吸波性能的研究

视黄基 Schiff 碱材料是美国卡耐基-梅隆大学最早研制的一种吸波材料，由于其吸波性能优异，对雷达波的衰减可达 80%以上，而质量只为铁氧体的 1/10，具备质量轻、带宽、吸波性能优良的优点。国内外许多学者对视黄基 Schiff 碱及其配合物的吸波性能进行了研究。王少敏等人[22]利用维生素 A 醋酸酯水解后氧化成视黄醛再分别与乙二醛，对苯二胺反应，然后与无水三氯化铁反应生成相应的视黄基 Schiff 碱铁配合物，利用波导法在接近实际电磁环境的 X 波段（8.2~12.4GHz）测试其复介电常数、复磁导率，通过电磁参数计算出反射率小于-9dB 的频带为 8.2~10.7GHz。王蓓等人[23]用视黄基 Schiff 碱盐与碳纤维复合，发现视黄基 Schiff 碱盐能明显地提高碳纤维的吸波性能。丁春霞等人[24]合成了视黄基 Schiff 碱银的配合物，在 2~18GHz 范围内测试发现在 5.6~7.7GHz 频带，其反射率小于-10dB，最好的反射率为-16dB。王少敏等人[25]利用对苯二甲酰氯、三聚氰胺、视黄醛和三氯化铁反应合成大分子视黄基 Schiff 碱铁配合物，并对其介电常数，磁导率进行了测试，实验结果显示在 9.0~12.1GHz 频带，反射率小于-11dB，同时也发现芳香族视黄基 Schiff 碱配合物的吸波性能优于脂肪族，由此认为芳香族的大 π 键参与共轭，使化合物具有更多的 π 电子，电子离域更大，使电损耗增大，并能形成较理想的共平面络合物，从而提高吸波性能。本课题组目前正在对长链共轭聚 Schiff 碱金属配合物吸波材料进行研究，研究发现一些长链共轭聚 Schiff 碱金属配合物的电导率接近半导体范围（10^{-2}~10^{2}S/m），并具有一定的吸波性能。

2.2 缩二醛二胺共轭长链聚 Schiff 碱及其盐的合成与表征

缩二醛二胺类 Schiff 碱是二醛与二胺经缩聚反应合成的一种共轭长链聚 Schiff 碱聚合物。与其他导电高分子相比，聚 Schiff 碱在主共轭链上引入了含有未成键电子对的杂原子氮，使得聚合物的电荷分布发生了较大变化，提高了分子中电子的非定域化程度。由于共轭链长度对导电高分子材料导电能力有影响，π 电子运动的波函数在沿着分子链方向有较大的电子云密度，并且随着共轭链长度的增加，这种趋势更加明显，导致聚合物电导率的增加。同时在 Schiff 碱主链上引入过渡金属，也将对 Schiff 碱聚合物的电导率产生变化。设计合成了 3 种缩二醛二胺类长链 Schiff 碱，分别是缩乙二醛对苯二胺 Schiff 碱、缩对苯二醛对苯二胺 Schiff 碱和缩对苯二醛-3,3′-二甲基联苯胺 Schiff 碱，并在此基础上掺杂过渡金属，制得相应的聚合长链 Schiff 碱盐。用元素分析、红外光谱、紫外-可见吸收光谱和凝胶色谱对这些化合物进行了表征，确定了其结构，用四探针电导率仪测试其在室温下的导电性能。

2.2.1 缩乙二醛对苯二胺 Schiff 碱（化合物 1）的合成与表征

2.2.1.1 缩乙二醛对苯二胺 Schiff 碱的合成

（1）合成路线。

$$n\mathrm{H_2N}-\mathrm{C_6H_4}-\mathrm{NH_2} + n\mathrm{OHC}-\mathrm{CHO} \longrightarrow \left[\mathrm{N}-\mathrm{C_6H_4}-\mathrm{N}=\mathrm{CH}-\mathrm{CH} \right]_n$$

（2）实验方法。向 250mL 的圆底烧瓶中依次加入 0.02mol(2.16g) 对苯二胺，80mL 乙醇和 0.02mol(1.2mL) 乙二醛，在 75℃ 下回流反应 8h。减压抽滤，滤饼用无水乙醇洗涤，干燥，得红色粉末 2.35g，产率 90.4%。

2.2.1.2　缩乙二醛对苯二胺 Schiff 碱的表征

（1）熔点：高于 300℃。

（2）红外光谱分析。所得缩乙二醛对苯二胺 Schiff 碱的红外光谱如图 2-2 所示。在 1604.7cm^{-1}处的特征峰属于 C═N 双键的伸缩振动吸收峰；1508.9cm^{-1}处的特征峰是由 C═C 双键的面内振动引起的，归属于苯环的骨架振动；1304.8cm^{-1}和 1161.4cm^{-1}处的特征峰由芳香族的 C—N 键存在产生的；829.2cm^{-1}出现较强吸收峰归属于苯环的对位取代。

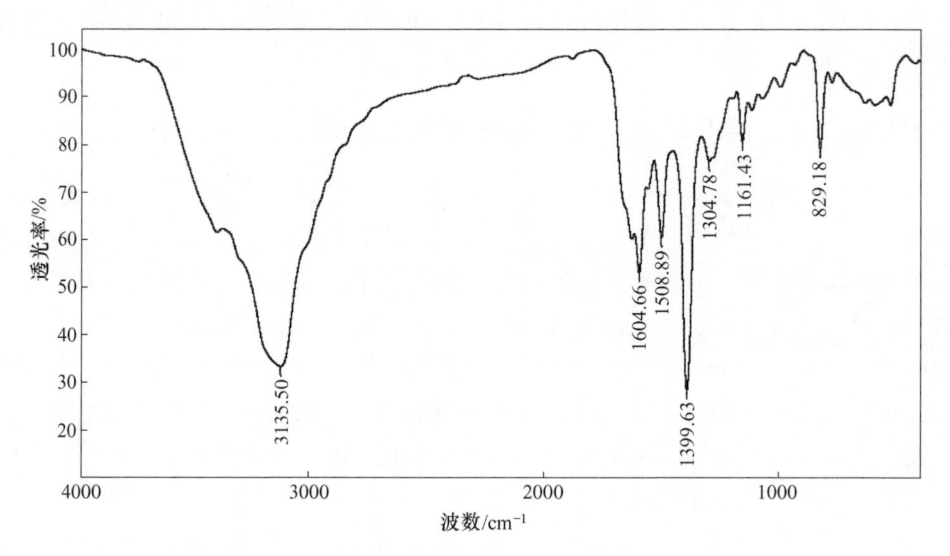

图 2-2　缩乙二醛对苯二胺 Schiff 碱的红外光谱

（3）聚合物分子量分析。所得聚 Schiff 碱的数均分子量 Mn = 1283，重均分子量 Mw = 1382，分散系数 PDI = 1.1。

2.2.2　缩乙二醛对苯二胺 Schiff 碱铁盐（化合物 1a）的合成与表征

2.2.2.1　缩乙二醛对苯二胺 Schiff 碱铁盐的合成

（1）合成路线。

$$n\mathrm{H_2N}-\langle\bigcirc\rangle-\mathrm{NH_2}+n\mathrm{OHC}-\mathrm{CHO}\xrightarrow{\mathrm{FeCl_3}}\left[\mathrm{N}-\langle\bigcirc\rangle-\overset{+}{\underset{\mathrm{Fe}^{+-}}{\mathrm{N}}}=\mathrm{CH}-\mathrm{CH}\right]_n$$

（2）实验方法。向 250mL 的圆底烧瓶中依次加入 0.02mol(2.16g)对苯二胺，80mL 乙醇，0.02mol(1.2mL)乙二醛和一定量的无水 $FeCl_3$，在 75℃条件下回流反应 10h。减压抽滤，产物用无水乙醇冲洗数次，干燥，得深褐色粉末。

2.2.2.2 缩乙二醛对苯二胺 Schiff 碱铁盐的表征

(1) 熔点：高于 300℃。

(2) 红外光谱分析。所得缩乙二醛对苯二胺 Schiff 碱铁盐的红外光谱如图 2-3 所示。在 1613.1cm^{-1}处的特征峰属于 C═N 双键的伸缩振动吸收峰，因为 Fe 离子的掺杂使原来 Schiff 碱 C═N 双键的伸缩振动吸收峰由 1604.7cm^{-1}蓝移到 1613.1cm^{-1}；1571.6cm^{-1}和 1521.3cm^{-1}处的特征峰是由 C═C 双键的面内振动引起的，归属于苯环的骨架振动；1301.6cm^{-1}、1175.9cm^{-1}和 1114.8cm^{-1}处的特征峰由芳香族的 C—N 键存在产生的；825.4cm^{-1}出现较强吸收峰归属于苯环的对位取代。

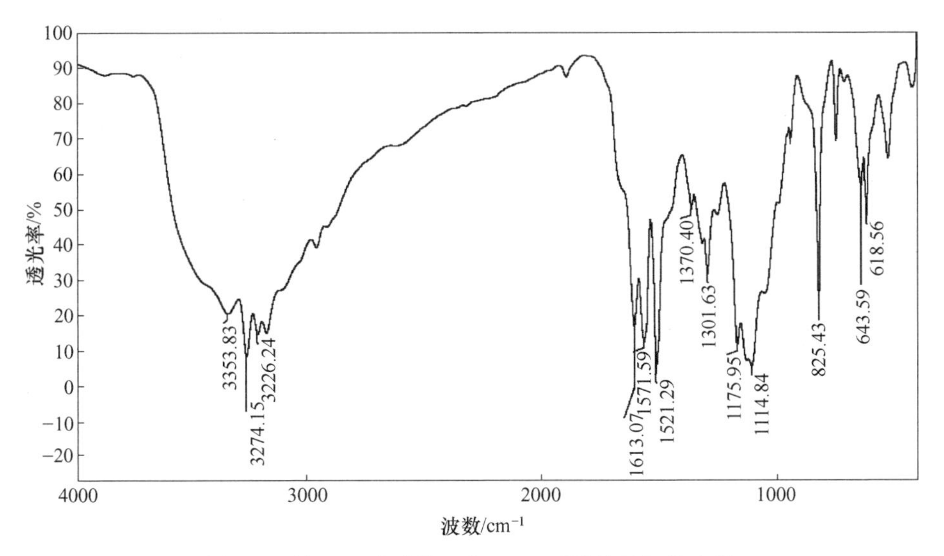

图 2-3 缩乙二醛对苯二胺 Schiff 碱铁盐的红外光谱

2.2.3 缩乙二醛对苯二胺 Schiff 碱银盐（化合物 1b）的合成与表征

2.2.3.1 缩乙二醛对苯二胺 Schiff 碱银盐的合成

(1) 合成路线。

$$nH_2N-C_6H_4-NH_2+nOHC-CHO\xrightarrow{AgNO_3}\left[N-C_6H_4-\overset{+}{\underset{\underset{Ag}{+-}}{N}}=CH-CH\right]_n$$

(2) 实验方法。向 250mL 的圆底烧瓶中依次加入 0.02mol(2.16g) 对苯二胺，80mL 乙醇，0.02mol(1.2mL) 乙二醛和一定量的 $AgNO_3$，在 75℃条件下回流反应

10h。减压抽滤，产物用无水乙醇冲洗数次，干燥，得褐色粉末。

2.2.3.2 缩乙二醛对苯二胺 Schiff 碱银盐的表征

（1）熔点：高于 300℃。

（2）红外光谱分析。所得缩乙二醛对苯二胺 Schiff 碱银盐的红外光谱如图 2-4 所示。在 1612.9cm^{-1}处的特征峰属于 C═N 双键的伸缩振动吸收峰，因为 Ag 离子的掺杂使原来 Schiff 碱 C═N 双键的伸缩振动吸收峰由 1604.7cm^{-1}蓝移到 1612.9cm^{-1}；1571.6cm^{-1}和 1521.3cm^{-1}处的特征峰是由 C═C 双键的面内振动引起的，归属于苯环的骨架振动；1301.5cm^{-1}、1175.8cm^{-1}和 1114.2cm^{-1}处的特征峰由芳香族的 C—N 键存在产生的；825.4cm^{-1}出现较强吸收峰归属于苯环的对位取代。

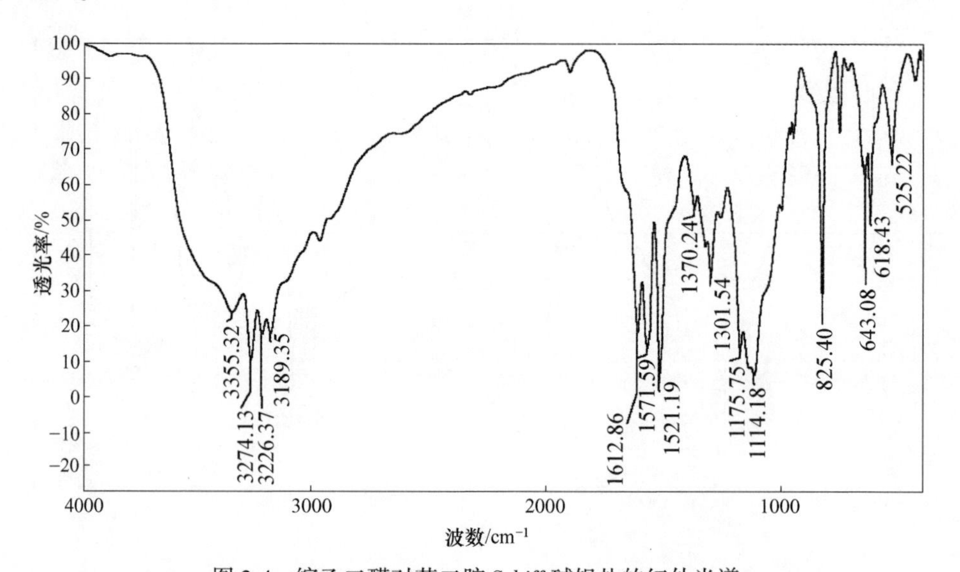

图 2-4 缩乙二醛对苯二胺 Schiff 碱银盐的红外光谱

2.2.4 缩乙二醛对苯二胺 Schiff 碱铜盐（化合物 1c）的合成与表征

2.2.4.1 缩乙二醛对苯二胺 Schiff 碱铜盐的合成

（1）合成路线。

$$nH_2N-C_6H_4-NH_2 + nOHC-CHO \xrightarrow{CuCl_2} \left[N-C_6H_4-\overset{+}{\underset{\overset{+-}{Cu}}{N}}=CH-CH \right]_n$$

（2）实验方法。向 250mL 的圆底烧瓶中依次加入 0.02mol(2.16g)对苯二胺，80mL 乙醇，0.02mol(1.2mL)乙二醛和一定量的 $CuCl_2 \cdot 2H_2O$，在 75℃条件下回

流反应 10h。减压抽滤，产物用无水乙醇冲洗数次，干燥，得黑紫色粉末。

2.2.4.2 缩乙二醛对苯二胺 Schiff 碱铜盐的表征

（1）熔点：高于 300℃。

（2）红外光谱分析。所得缩乙二醛对苯二胺 Schiff 碱铜盐的红外光谱如图 2-5 所示。在 1613.9cm^{-1}处的特征峰属于 C═N 双键的伸缩振动吸收峰，因为 Cu 离子的掺杂使原来 Schiff 碱 C═N 双键的伸缩振动吸收峰由 1604.7cm^{-1}蓝移到 1613.9cm^{-1}；1570.7cm^{-1}和 1516.5cm^{-1}处的特征峰是由 C═C 双键的面内振动引起的，归属于苯环的骨架振动；1301.8cm^{-1}、1177.6cm^{-1}和 1113.3cm^{-1}处的特征峰由芳香族的 C—N 键存在产生的；827.9cm^{-1}出现较强吸收峰归属于苯环的对位取代。

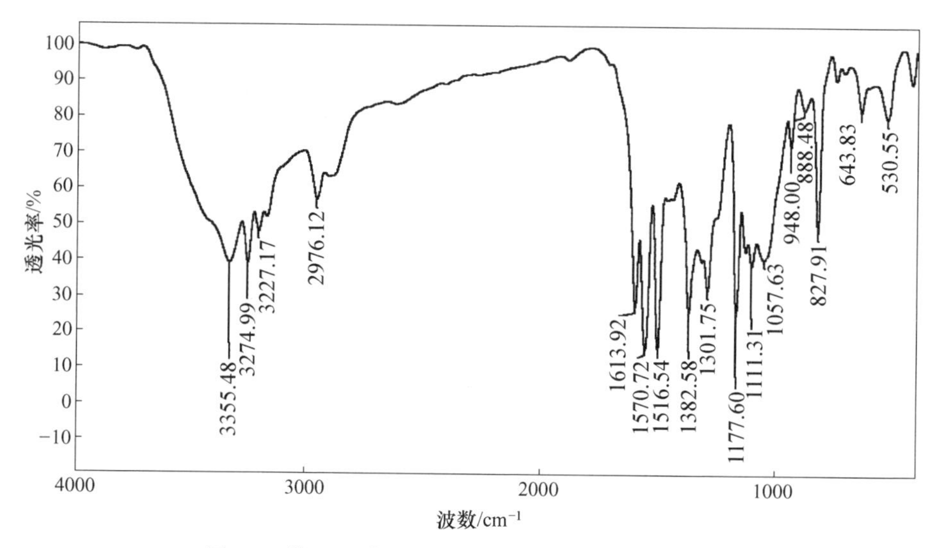

图 2-5 缩乙二醛对苯二胺 Schiff 碱铜盐的红外光谱

2.2.5 缩对苯二醛对苯二胺 Schiff 碱（化合物 2）的合成与表征

2.2.5.1 缩对苯二醛对苯二胺 Schiff 碱的合成

（1）合成路线。

$$nH_2N-C_6H_4-NH_2+nOHC-C_6H_4-CHO \longrightarrow \left[N-C_6H_4-N=CH-C_6H_4-CH \right]_n$$

（2）实验方法。向 250mL 的圆底烧瓶中依次加入 0.02mol(2.16g)对苯二胺，80mL 无水乙醇和 0.02mol(2.68g)对苯二甲醛，在 70℃条件下回流反应 8h。减压抽滤，产物用无水乙醇冲洗数次，干燥，得黄色粉末 4. 00g，产率 89. 3%。

2. 2. 5. 2　缩对苯二醛对苯二胺 Schiff 碱的表征

（1）熔点：大于 300℃。

（2）红外光谱分析。所得缩对苯二醛对苯二胺 Schiff 碱的红外光谱如图 2-6 所示。在 1688. 6cm^{-1}处的特征峰属于 C═O 伸缩振动吸收峰；在 1598. 8cm^{-1}处的特征峰属于 C═N 双键的伸缩振动吸收峰；1563. 6cm^{-1}和 1519. 4cm^{-1}处的特征峰是由 C═C 双键的面内振动引起的，归属于苯环的骨架振动；1300. 4cm^{-1}、1202. 3cm^{-1} 和 1137. 3cm^{-1} 处的特征峰由芳香族的 C—N 键存在产生的；838. 7cm^{-1}出现较强吸收峰归属于苯环的对位取代。

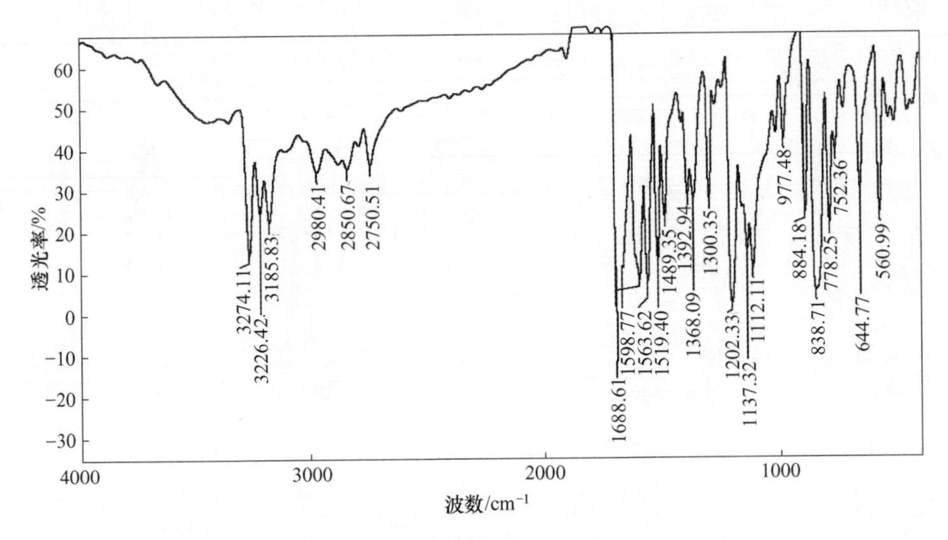

图 2-6　缩对苯二醛对苯二胺 Schiff 碱的红外光谱

（3）聚合物分子量分析。所得聚 Schiff 碱的数均分子量 Mn = 1344，重均分子量 Mw = 1400，分散系数 PDI = 1. 04。

2.2.6　缩对苯二醛对苯二胺 Schiff 碱铁盐（化合物 2a）的合成与表征

2. 2. 6. 1　缩对苯二醛对苯二胺 Schiff 碱铁盐的合成

（1）合成路线。

$$nH_2N-C_6H_4-NH_2+nOHC-C_6H_4-CHO\xrightarrow{FeCl_3}\left[N-C_6H_4-\overset{+}{\underset{\underset{Fe}{+-}}{N}}=CH-C_6H_4-CH\right]_n$$

（2）实验方法。向 250mL 的圆底烧瓶中依次加入 0. 02mol(2. 16g) 对苯二胺，

80mL 无水乙醇，0.02mol(2.68g)对苯二甲醛和一定量的无水 $FeCl_3$，在 70℃ 条件下回流反应 10h。减压抽滤，产物用无水乙醇冲洗数次，干燥，得到棕黄色粉末。

2.2.6.2 缩对苯二醛对苯二胺 Schiff 碱铁盐的表征

（1）熔点：大于 300℃。

（2）红外光谱分析。所得缩对苯二醛对苯二胺 Schiff 碱铁盐的红外光谱如图 2-7 所示。在 1689.7cm^{-1}处的特征峰属于 C═O 伸缩振动吸收峰；在 1607.5cm^{-1}处的特征峰属于 C═N 双键的伸缩振动吸收峰，因为 Fe 离子的掺杂使原来 Schiff 碱 C═N 双键的伸缩振动吸收峰由 1598.8cm^{-1}蓝移到 1607.5cm^{-1}；1575.2cm^{-1}和 1483.1cm^{-1}处的特征峰是由 C═C 双键的面内振动引起的，归属于苯环的骨架振动；1298.6cm^{-1}和 1187.5cm^{-1}处的特征峰由芳香族的 C—N 键存在产生的；840.2cm^{-1}出现较强吸收峰归属于苯环的对位取代。

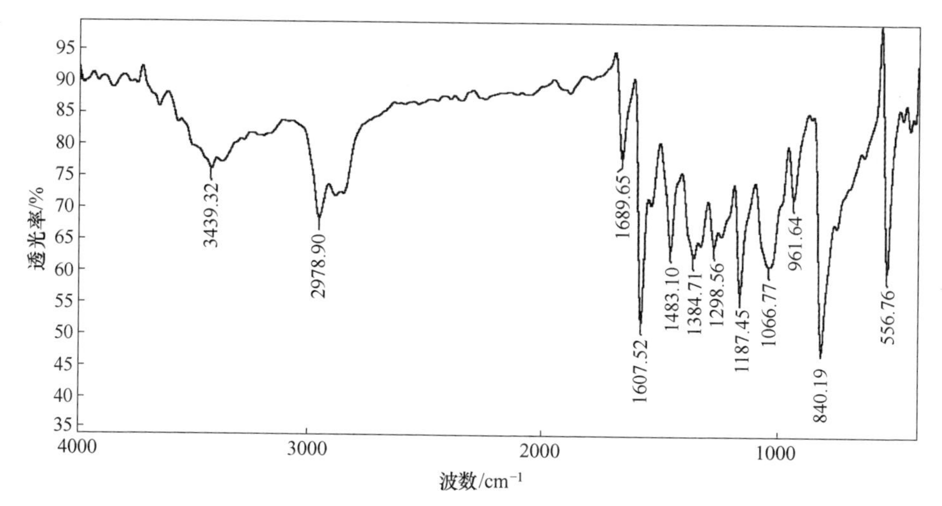

图 2-7 缩对苯二醛对苯二胺 Schiff 碱铁盐的红外光谱

2.2.7 缩对苯二醛对苯二胺 Schiff 碱银盐（化合物 2b）的合成与表征

2.2.7.1 缩对苯二醛对苯二胺 Schiff 碱银盐的合成

（1）合成路线。

$$nH_2N-C_6H_4-NH_2+nOHC-C_6H_4-CHO\xrightarrow{AgNO_3}\left[-N-C_6H_4-\overset{+}{\underset{\underset{Ag^-}{+}}{N}}=CH-C_6H_4-CH-\right]_n$$

（2）实验方法。向 250mL 的圆底烧瓶中依次加入 0.02mol(2.16g)对苯二胺，

80mL 无水乙醇，0.02mol(2.68g)对苯二甲醛和一定量的 $AgNO_3$，在 70℃条件下回流反应 10h。减压抽滤，产物用无水乙醇冲洗数次，干燥，得黑色粉末。

2.2.7.2　缩对苯二醛对苯二胺 Schiff 碱银盐的表征

（1）熔点：大于 300℃。

（2）红外光谱分析。所得缩对苯二醛对苯二胺 Schiff 碱银盐的红外光谱如图 2-8 所示。在 1692.0cm^{-1}处的特征峰是 C═O 伸缩振动吸收峰；在 1612.9cm^{-1}处的特征峰是 C═N 双键的伸缩振动吸收峰，因为 Ag 离子的掺杂使原来 Schiff 碱 C═N 双键的伸缩振动吸收峰由 1598.8cm^{-1}蓝移到 1612.9cm^{-1}；1576.9cm^{-1}和 1487.2cm^{-1}处的特征峰是由 C═C 双键的面内振动引起的，归属于苯环的骨架振动；1300.0cm^{-1}、1272.6cm^{-1}和 1192.8cm^{-1}处的特征峰由芳香族的 C—N 键存在产生的；842.9cm^{-1}出现较强吸收峰归属于苯环的对位取代。

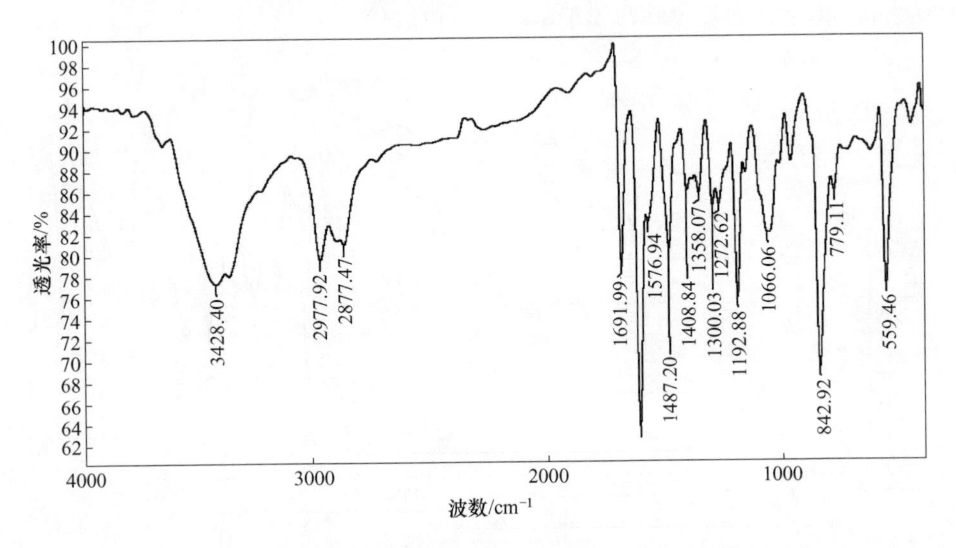

图 2-8　缩对苯二醛对苯二胺 Schiff 碱银盐的红外光谱

2.2.8　缩对苯二醛对苯二胺 Schiff 碱铜盐（化合物 2c）的合成与表征

2.2.8.1　缩对苯二醛对苯二胺 Schiff 碱铜盐的合成

（1）合成路线。

$$n\,H_2N-C_6H_4-NH_2 + n\,OHC-C_6H_4-CHO \xrightarrow{CuCl_2} \left[N-C_6H_4-\overset{+}{\underset{\overset{+}{Cu^{-}}}{N}}=CH-C_6H_4-CH= \right]_n$$

（2）实验方法。向 250mL 的圆底烧瓶中依次加入 0.02mol(2.16g)对苯二胺，

80mL 无水乙醇，0.02mol(2.68g)对苯二甲醛和一定量的 $CuCl_2 \cdot 2H_2O$，在 70℃条件下回流反应 10h。减压抽滤，产物用无水乙醇冲洗数次，干燥，得紫黑色粉末。

2.2.8.2 缩对苯二醛对苯二胺 Schiff 碱铜盐的表征

（1）熔点：大于 300℃。

（2）红外光谱分析。所得缩对苯二醛对苯二胺 Schiff 碱铜盐的红外光谱如图 2-9 所示。在 1694.2cm^{-1}处的特征峰是 C═O 伸缩振动吸收峰；在 1612.0cm^{-1}处的特征峰是 C═N 双键的伸缩振动吸收峰，因为 Cu 离子的掺杂使原来 Schiff 碱 C═N 双键的伸缩振动吸收峰由 1598.8cm^{-1}蓝移到 1612.0cm^{-1}；1569.3cm^{-1}和 1517.3cm^{-1}处的特征峰是由 C═C 双键的面内振动引起的，归属于苯环的骨架振动；1303.9cm^{-1}和 1195.2cm^{-1}处的特征峰由芳香族的 C—N 键存在产生的；848.0cm^{-1}出现较强吸收峰归属于苯环的对位取代。

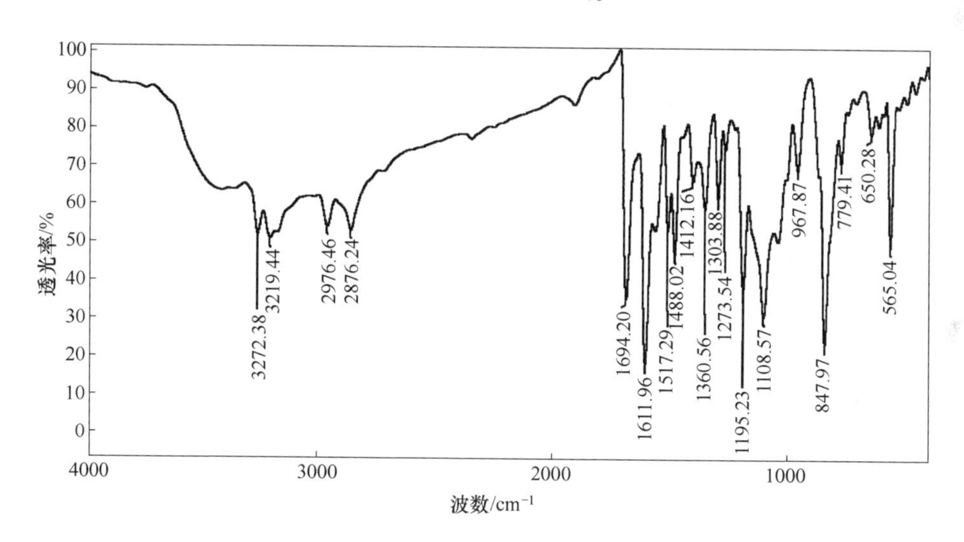

图 2-9 缩对苯二醛对苯二胺 Schiff 碱铜盐的红外光谱

2.2.9 缩对苯二醛-3,3′-二甲基联苯胺 Schiff 碱（化合物 3）的合成与表征

2.2.9.1 缩对苯二醛-3,3′-二甲基联苯胺 Schiff 碱的合成

（1）合成路线。

$$nH_2N-C_6H_3(CH_3)-C_6H_3(CH_3)-NH_2+nOHC-C_6H_4-CHO \longrightarrow \left[N-C_6H_3(CH_3)-C_6H_3(CH_3)-N=CH-C_6H_4-CH \right]_n$$

（2）实验方法。向 250mL 的圆底烧瓶中依次加入 0.02mol（4.24g）3,3′-二甲基联苯胺，100mL 四氢呋喃，0.5g 无水氯化锌和 0.02mol（2.68g）对苯二甲醛，在 75℃条件下回流反应 10h。减压抽滤，产物用四氢呋喃洗涤干净，干燥，得黄绿粉末 5.59g，产率 85.3%。

2.2.9.2　缩对苯二醛-3,3′-二甲基联苯胺 Schiff 碱的表征

（1）熔点：大于 300℃。

（2）红外光谱分析。所得缩对苯二醛-3,3′-二甲基联苯胺 Schiff 碱的红外光谱如图 2-10 所示。在 1604.3cm^{-1}处的特征峰属于 C═N 双键的伸缩振动吸收峰；在 1492.9cm^{-1}处的特征峰是由 C═C 双键的面内振动引起的，归属于苯环的骨架振动；1296.5cm^{-1} 和 1234.4cm^{-1} 处的特征峰由芳香族的 C—N 键存在产生的；888.0cm^{-1}、825.8cm^{-1}和 809.7cm^{-1}出现较强吸收峰归属于苯环的 1，2，4 位取代。

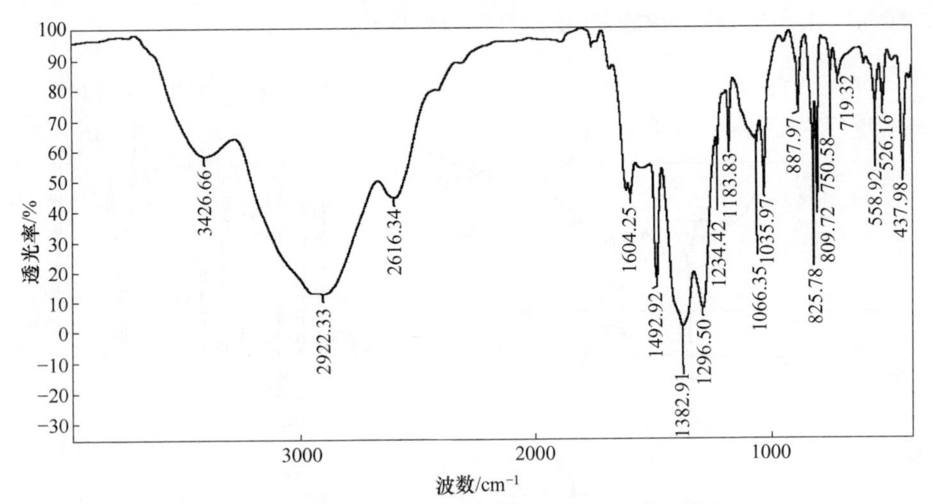

图 2-10　缩对苯二醛-3,3′-二甲基联苯胺 Schiff 碱的红外光谱

（3）聚合物分子量分析。所得聚 Schiff 碱的数均分子量 Mn=1607，重均分子量 Mw=1675，分散系数 PDI=1.04。

2.2.10　缩对苯二醛-3,3′-二甲基联苯胺 Schiff 碱铁盐（化合物 3a）的合成与表征

2.2.10.1　缩对苯二醛-3,3′-二甲基联苯胺 Schiff 碱铁盐的合成

（1）合成路线。

$$n\mathrm{H_2N{-}C_6H_3(CH_3){-}C_6H_3(CH_3){-}NH_2} + n\mathrm{OHC{-}C_6H_4{-}CHO} \xrightarrow{\mathrm{FeCl_3}} \left[=\mathrm{N{-}C_6H_3(H_3C){-}C_6H_3(CH_3){-}\overset{+}{N}(\overset{+}{Fe}{}^{-}){=}CH{-}C_6H_4{-}CH{=}N}= \right]_n$$

（2）实验方法。向 250mL 的圆底烧瓶中依次加入 0.02mol(4.24g)3,3′-二甲基联苯胺，100mL 四氢呋喃，0.5g 无水氯化锌，0.02mol(2.68g)对苯二甲醛和一定量的无水 $FeCl_3$，在 75℃条件下回流反应 10h。减压抽滤并用四氢呋喃洗涤产物，干燥，得灰绿色粉末。

2.2.10.2　缩对苯二醛-3,3′-二甲基联苯胺 Schiff 碱铁盐的表征

（1）熔点：大于 300℃。

（2）红外光谱分析。所得缩对苯二醛-3,3′-二甲基联苯胺 Schiff 碱铁盐的红外光谱如图 2-11 所示。在 1623.25cm^{-1}处的特征峰属于 C═N 双键的伸缩振动吸收峰，因为 Fe 离子的掺杂原来 Schiff 碱的 C═N 双键的伸缩振动吸收峰由 1604.3cm^{-1}蓝移到 1623.3cm^{-1}；1583.7cm^{-1}和 1493.5cm^{-1}处的特征峰是由 C═C 双键的面内振动引起的，归属于苯环的骨架振动；1301.9cm^{-1}和 1203.0cm^{-1}处的特征峰由芳香族的 C—N 键存在产生的；884.3cm^{-1}和 808.7cm^{-1}出现较强吸收峰归属于苯环的 1，2，4 位取代。

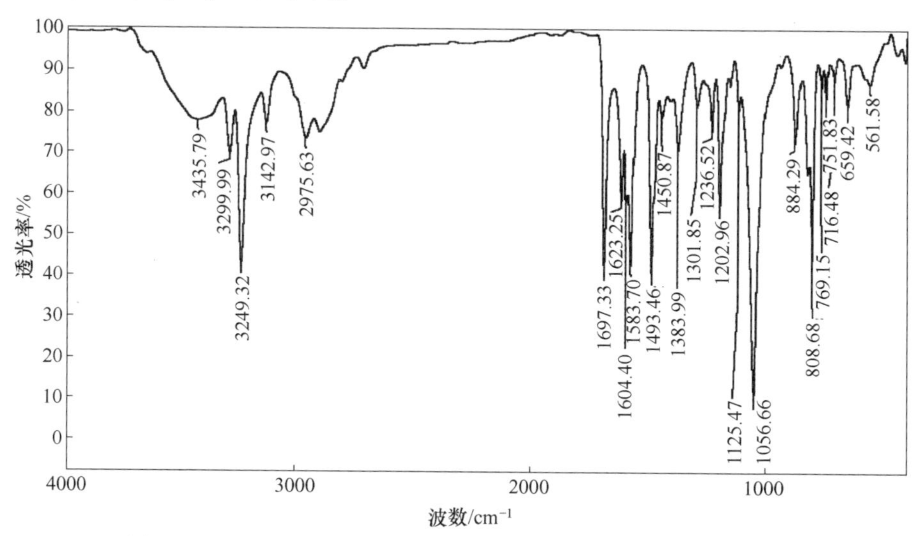

图 2-11　缩对苯二醛-3,3′-二甲基联苯胺 Schiff 碱铁盐的红外光谱

2.2.11　缩对苯二醛-3,3′-二甲基联苯胺 Schiff 碱银盐（化合物 3b）的合成与表征

2.2.11.1　缩对苯二醛-3,3′-二甲基联苯胺 Schiff 碱银盐的合成

（1）合成路线。

$$nH_2N-C_6H_3(CH_3)-C_6H_3(CH_3)-NH_2+nOHC-C_6H_4-CHO\xrightarrow{AgNO_3}\left[=N-C_6H_3(CH_3)-C_6H_3(CH_3)-\overset{+}{N}(\overset{+}{Ag^-})=CH-C_6H_4-CH=N=\right]_n$$

（2）实验方法。向 250mL 的圆底烧瓶中依次加入 0. 02mol(4. 24g)3,3′-二甲基联苯胺，100mL 四氢呋喃，0. 5g 无水氯化锌，0. 02mol(2. 68g)对苯二甲醛和一定量的 $AgNO_3$，在 75℃条件下回流反应 10h。减压抽滤并用四氢呋喃洗涤数次，干燥，得红色粉末。

2. 2. 11. 2　缩对苯二醛-3,3′-二甲基联苯胺 Schiff 碱银盐的表征

（1）熔点：大于 300℃。

（2）红外光谱分析。所得缩对苯二醛-3,3′-二甲基联苯胺 Schiff 碱银盐的红外光谱如图 2-12 所示。在 1623. 14cm^{-1}处的特征峰属于 C═N 双键的伸缩振动吸收峰，因为 Ag 离子的掺杂原来 Schiff 碱的 C═N 双键的伸缩振动吸收峰由 1604. 3cm^{-1}蓝移到 1623. 1cm^{-1}；1584. 1cm^{-1}、1568. 4cm^{-1}和 1480. 3cm^{-1}处的特征峰是由 C═C 双键的面内振动引起的，归属于苯环的骨架振动；1301. 6cm^{-1}和 1202. 9cm^{-1}处的特征峰由芳香族的 C—N 键存在产生的；884. 0cm^{-1}、829. 2cm^{-1}和 808. 1cm^{-1}出现较强吸收峰归属于苯环的 1，2，4 位取代。

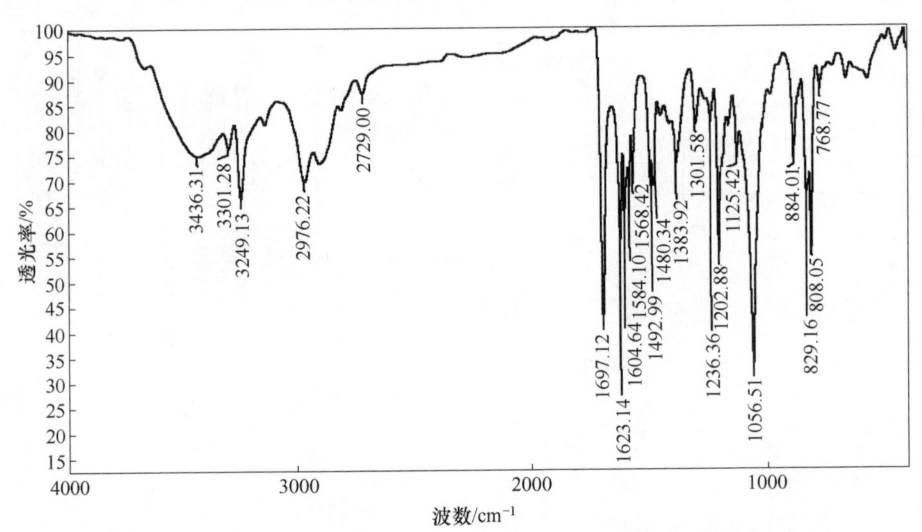

图 2-12　缩对苯二醛-3,3′-二甲基联苯胺 Schiff 碱银盐的红外光谱

2.2.12　缩对苯二醛-3,3′-二甲基联苯胺 Schiff 碱铜盐（化合物 3c）的合成与表征

2. 2. 12. 1　缩对苯二醛-3,3′-二甲基联苯胺 Schiff 碱铜盐的合成

（1）合成路线。

$$nH_2N-C_6H_3(CH_3)-C_6H_3(CH_3)-NH_2+nOHC-C_6H_4-CHO\xrightarrow{CuCl_2}\left[-N-C_6H_3(CH_3)-C_6H_3(CH_3)-\overset{+}{N}(\overset{+}{Cu}^{-})=CH-C_6H_4-CH=N-\right]_n$$

（2）实验方法。向250mL的圆底烧瓶中依次加入0.02mol(4.24g)3,3′-二甲基联苯胺，100mL四氢呋喃，0.5g无水氯化锌，0.02mol(2.68g)对苯二甲醛和一定量的$CuCl_2 \cdot 2H_2O$，在75℃条件下回流反应10h。减压抽滤并用四氢呋喃洗涤数次，干燥，得青绿色粉末。

2.2.12.2 缩对苯二醛-3,3′-二甲基联苯胺Schiff碱铜盐的表征

（1）熔点：大于300℃。

（2）红外光谱分析。所得缩对苯二醛-3,3′-二甲基联苯胺Schiff碱铜盐的红外光谱如图2-13所示。在1622.4cm^{-1}处的特征峰属于C═N双键的伸缩振动吸收峰；1563.2cm^{-1}和1480.5cm^{-1}处的特征峰是由C═C双键的面内振动引起的，归属于苯环的骨架振动；1299.4cm^{-1}和1198.6cm^{-1}处的特征峰由芳香族的C—N键存在产生的；876.7cm^{-1}和817.7cm^{-1}出现较强吸收峰归属于苯环的1,2,4位取代。

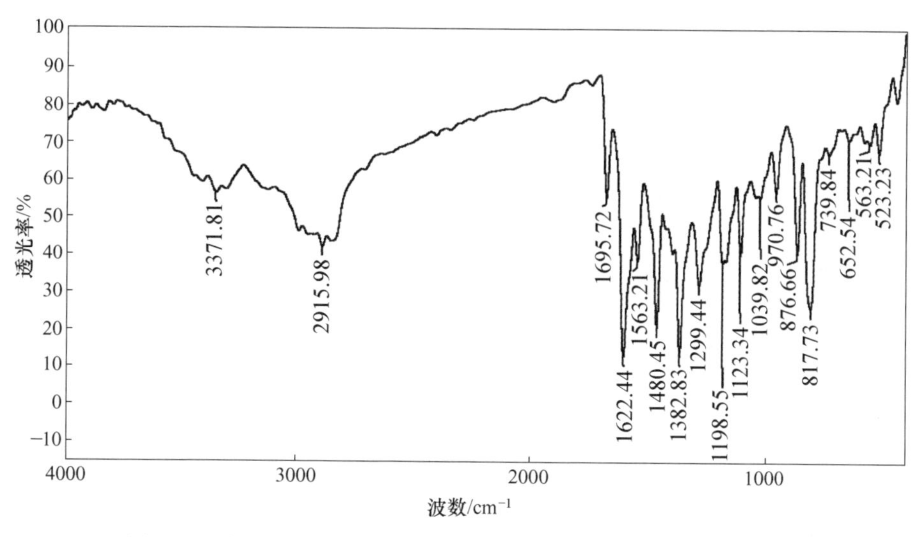

图2-13 缩对苯二醛-3,3′-二甲基联苯胺Schiff碱铜盐的红外光谱

2.2.13 结果与讨论

2.2.13.1 IR分析

长链共轭Schiff碱及其盐的特征吸收峰见表2-1。

从表2-1得出长链共轭Schiff碱及其盐的亚胺基（C═N）特征吸收峰在1600~1630cm^{-1}。长链共轭Schiff碱与其对应的盐相比，亚胺基（C═N）的特征吸收峰发生蓝移，例如，缩乙二醛对苯二胺Schiff碱C═N的特征吸收峰在

1605cm^{-1}，而缩乙二醛对苯二胺 Schiff 碱铁盐 C═N 的特征吸收峰在 1613cm^{-1}、缩乙二醛对苯二胺 Schiff 碱银盐 C═N 的特征吸收峰在 1612cm^{-1}、缩乙二醛对苯二胺 Schiff 碱铜盐 C═N 的特征吸收峰在 1611cm^{-1}，这与长链共轭 Schiff 碱主链结构中亚胺基（C═N）中的氮原子与金属离子掺杂剂发生配位作用，形成配位键及聚合物的结构有关系。在长链共轭 Schiff 碱盐中，C═N 双键上的氮原子与金属离子发生配位反应，引起 Schiff 碱盐亚胺基（C═N）的特征吸收峰蓝移。

表 2-1 长链共轭 Schiff 碱及其盐的特征吸收峰

长链共轭 Schiff 碱及其盐	红外数据 $\nu_{C═N}$/cm^{-1}
缩乙二醛对苯二胺 Schiff 碱（化合物 1）	1605
缩乙二醛对苯二胺 Schiff 碱铁盐（化合物 1a）	1613
缩乙二醛对苯二胺 Schiff 碱银盐（化合物 1b）	1613
缩乙二醛对苯二胺 Schiff 碱铜盐（化合物 1c）	1614
缩对苯二醛对苯二胺 Schiff 碱（化合物 2）	1599
缩对苯二醛对苯二胺 Schiff 碱铁盐（化合物 2a）	1608
缩对苯二醛对苯二胺 Schiff 碱银盐（化合物 2b）	1613
缩对苯二醛对苯二胺 Schiff 碱铜盐（化合物 2c）	1612
缩对苯二醛-3,3′-二甲基联苯胺 Schiff 碱（化合物 3）	1604
缩对苯二醛-3,3′-二甲基联苯胺 Schiff 碱铁盐（化合物 3a）	1623
缩对苯二醛-3,3′-二甲基联苯胺 Schiff 碱银盐（化合物 3b）	1623
缩对苯二醛-3,3′-二甲基联苯胺 Schiff 碱铜盐（化合物 3c）	1622

2.2.13.2 紫外分析

用紫外-可见光谱考察了缩二醛二胺类长链共轭 Schiff 碱及其盐吸收光谱，研究了它们吸收光谱的特征变化，如图 2-14 和图 2-15 所示。

从图 2-14 中可以看出缩乙二醛对苯二胺 Schiff 碱及其盐在 200～600nm 范围有 3 个吸收谱带。最强吸收峰出现在 200～215nm 之间，归属于苯环的 π-π^* 电子跃迁。250～270nm 处的吸收峰可归属为亚胺基—C═N—的 π-π^* 电子跃迁；在最长波段 400～450nm 处的吸收峰可归属于整个 Schiff 碱共轭链中的 π-π^* 跃迁。

此外，从图中还可以看出缩乙二醛对苯二胺 Schiff 碱盐的紫外吸收峰较缩乙二醛对苯二胺 Schiff 碱的紫外吸收峰发生了不同程度的红移。其中亚胺基（C═N）所在的 250～270nm 波段，缩乙二醛对苯二胺 Schiff 碱的吸收峰在 251nm 处，缩乙二醛对苯二胺 Schiff 碱铁盐的吸收峰在 262nm 处，缩乙二醛对苯二胺 Schiff 碱银盐的吸收峰在 252nm，缩乙二醛对苯二胺 Schiff 碱铜盐的吸收峰在 257nm。

缩乙二醛对苯二胺 Schiff 碱在成盐之后紫外吸收光谱会发生红移是由于长链共轭 Schiff 碱主链结构中亚胺基（C═N）中的氮原子与金属离子掺杂剂发生配位作用，N 的孤对电子被金属离子从 π 占有轨道中拉出来加入到金属离子空轨道中，使 Schiff 碱的共轭效应增强，键能趋于平均化，电子发生跃迁所需能量减少而使吸收光谱红移。

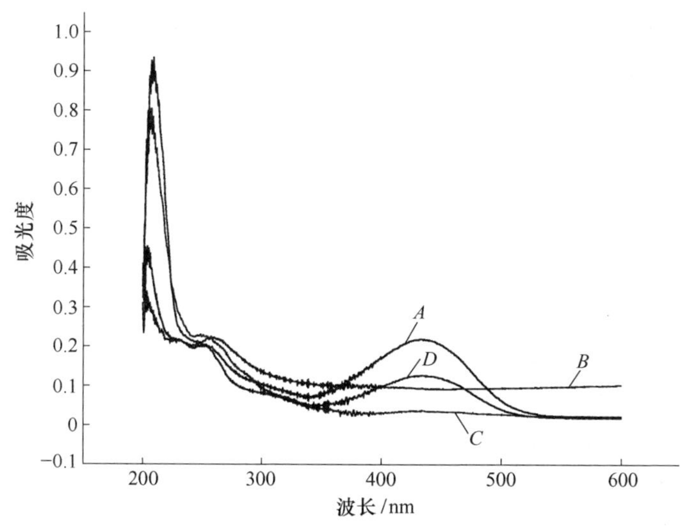

图 2-14 缩乙二醛对苯二胺 Schiff 碱及其盐的紫外光谱

A—化合物 1；*B*—化合物 1a；*C*—化合物 1b；*D*—化合物 1c

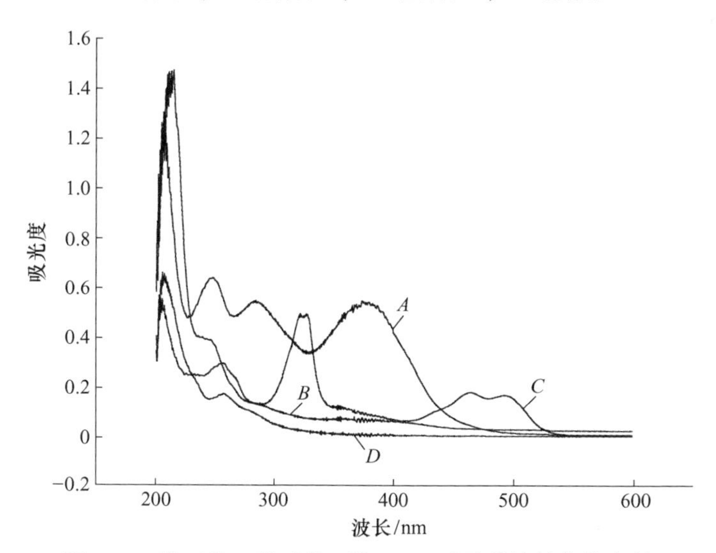

图 2-15 缩对苯二醛对苯二胺 Schiff 碱及其盐的紫外光谱

A—化合物 2；*B*—化合物 2a；*C*—化合物 2b；*D*—化合物 2c

从图 2-15 中可以看出缩对苯二醛对苯二胺 Schiff 碱及其盐在 200~600nm 范

围有4个吸收谱带。最强吸收峰出现在200~220nm之间，归属于苯环的π-π*电子跃迁。240~260nm处的吸收峰可归属为亚胺基—C═N—的π-π*电子跃迁；在最长波段350~500nm处的吸收峰可归属于整个长链Schiff碱共轭链中的π-π*跃迁。

此外，从图中还可以看出缩对苯二醛对苯二胺Schiff碱盐的紫外吸收峰较缩对苯二醛对苯二胺Schiff碱的紫外吸收峰发生了不同程度的红移。其中亚胺基（C═N）所在的240~260nm波段，缩对苯二醛对苯二胺Schiff碱的吸收峰在246nm处，缩对苯二醛对苯二胺Schiff碱铁盐的吸收峰在258nm处，缩对苯二醛对苯二胺Schiff碱银盐的吸收峰在249nm，缩对苯二醛对苯二胺Schiff碱铜盐的吸收峰在258nm。缩对苯二醛对苯二胺Schiff碱在成盐之后紫外吸收光谱会发生红移是由于长链共轭Schiff碱主链结构中亚胺基（C═N）中的氮原子与金属离子掺杂剂发生配位作用，N的孤对电子被金属离子从π占有轨道中拉出来加入到金属离子空轨道中，使Schiff碱的共轭效应增强，键能趋于平均化，电子发生跃迁所需能量减少而使吸收光谱红移。

从图2-16中可以看出缩对苯二醛-3,3′-二甲基联苯胺Schiff碱及其盐在205~400nm范围有2个吸收谱带。最强吸收峰出现在205~220nm之间，归属于苯环的π-π*电子跃迁。280~300nm处的吸收峰可归属为亚胺基—C═N—的π-π*电子跃迁。

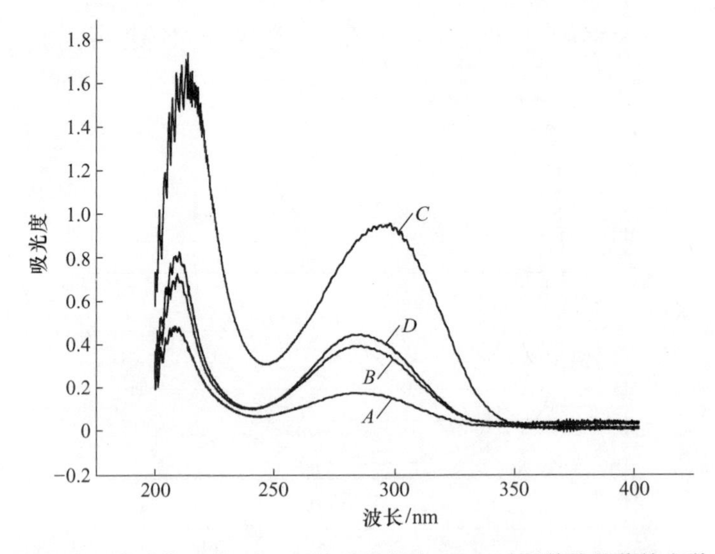

图2-16 缩对苯二醛-3,3′-二甲基联苯胺Schiff碱及其盐的紫外光谱

A—化合物3；*B*—化合物3a；*C*—化合物3b；*D*—化合物3c

此外，从图中还可以看出缩对苯二醛-3,3′-二甲基联苯胺Schiff碱盐的紫外吸收峰较缩对苯二醛-3,3′-二甲基联苯胺Schiff碱的紫外吸收峰发生了不同程度

的红移。其中亚胺基（C═N）所在的 280～300nm 波段，缩对苯二醛对苯二胺 Schiff 碱的吸收峰在 283nm 处，缩对苯二醛对苯二胺 Schiff 碱铁盐的吸收峰在 285nm 处，缩对苯二醛对苯二胺 Schiff 碱银盐的吸收峰在 297nm，缩对苯二醛对苯二胺 Schiff 碱铜盐的吸收峰在 285nm。缩对苯二醛-3,3′-二甲基联苯胺 Schiff 碱在成盐之后紫外吸收光谱会发生红移是由于长链共轭 Schiff 碱主链结构中亚胺基（C═N）中的氮原子与金属离子掺杂剂发生配位作用，N 的孤对电子被金属离子从 π 占有轨道中拉出来加入到金属离子空轨道中，使 Schiff 碱的共轭效应增强，键能趋于平均化，电子发生跃迁所需能量减少而使吸收光谱红移。

2.2.13.3　导电性分析

长链共轭 Schiff 碱及其盐的外观与电导率见表 2-2。

表 2-2　长链共轭 Schiff 碱及其盐的外观与电导率

长链共轭 Schiff 碱及其盐	外观	电导率/S · cm^{-1}
缩乙二醛对苯二胺 Schiff 碱（化合物 1）	红色	2.51×10^{-8}
缩乙二醛对苯二胺 Schiff 碱铁盐（化合物 1a）	深褐色	5.67×10^{-7}
缩乙二醛对苯二胺 Schiff 碱银盐（化合物 1b）	褐色	8.08×10^{-7}
缩乙二醛对苯二胺 Schiff 碱铜盐（化合物 1c）	黑紫色	1.22×10^{-7}
缩对苯二醛对苯二胺 Schiff 碱（化合物 2）	黄色	9.87×10^{-9}
缩对苯二醛对苯二胺 Schiff 碱铁盐（化合物 2a）	棕黄色	6.21×10^{-8}
缩对苯二醛对苯二胺 Schiff 碱银盐（化合物 2b）	黑色	1.02×10^{-7}
缩对苯二醛对苯二胺 Schiff 碱铜盐（化合物 2c）	紫黑色	3.10×10^{-8}
缩对苯二醛-3,3′-二甲基联苯胺 Schiff 碱（化合物 3）	黄绿色	4.57×10^{-8}
缩对苯二醛-3,3′-二甲基联苯胺 Schiff 碱铁盐（化合物 3a）	灰绿色	5.21×10^{-7}
缩对苯二醛-3,3′-二甲基联苯胺 Schiff 碱银盐（化合物 3b）	红色	7.23×10^{-7}
缩对苯二醛-3,3′-二甲基联苯胺 Schiff 碱铜盐（化合物 3c）	青绿色	8.29×10^{-8}

从表 2-2 可以得出：

（1）长链共轭 Schiff 碱在掺杂金属离子以后，颜色有了明显变化，如缩乙二醛对苯二胺 Schiff 碱为红色，而缩乙二醛对苯二胺 Schiff 碱铁盐为深褐色，缩乙二醛对苯二胺 Schiff 碱银盐为褐色，缩乙二醛对苯二胺 Schiff 碱铜盐为黑紫色，表明 Schiff 碱与金属离子之间发生了反应，生成了长链共轭 Schiff 碱盐。

（2）长链共轭 Schiff 碱在掺杂金属离子以后，生成的长链共轭 Schiff 碱盐的电导率比未掺杂前的长链共轭 Schiff 碱电导率提高。长链共轭 Schiff 碱电导率在

10^{-8}~10^{-9}S/cm 的范围，电导率很低。长链共轭 Schiff 碱在掺杂金属离子成盐后，电导率有所提高，提高 1~2 个数量级。Schiff 碱与金属离子发生配位反应，出现了电荷转移并形成电中性 CT 配合物，CT 配合物的形成导致聚合物分子链上产生荷电点（极子或双极子），它贯穿于整个共轭体系，使长链共轭聚 Schiff 碱分子内的电导率得到提高。

2.3　缩二酮二胺共轭长链聚 Schiff 碱及其盐的合成与表征

缩二酮二胺类聚 Schiff 碱是二酮与二胺经缩聚反应合成的一种共轭长链 Schiff 碱聚合物。苯醌类 Schiff 碱有类似于聚苯胺主链结构，因而有较好的导电性能、独特的掺杂机制以及很强的化学稳定性。本节以对苯醌（对苯二酮）和 3 种胺为原料设计合成了 3 种缩二酮二胺类长链聚 Schiff 碱，分别是缩对苯醌对苯二胺 Schiff 碱、缩对苯醌联苯胺 Schiff 碱和缩对苯醌-3,3′-二甲基联苯胺 Schiff 碱，用元素分析、红外光谱、紫外-可见吸收光谱和凝胶色谱对这些化合物进行了表征，确定了其结构。在此基础上掺杂过渡金属，制得相应的聚合长链 Schiff 碱盐。用四探针电导率仪测试其在室温下的导电性能。

2.3.1　缩对苯醌对苯二胺 Schiff 碱（化合物 4）的合成与表征

2.3.1.1　缩对苯醌联苯胺 Schiff 碱的合成

（1）合成路线。

nH$_2$N—⟨苯环⟩—NH$_2$ + nO═⟨醌环⟩═O ⟶ [═N—⟨苯环⟩—N═⟨醌环⟩═N]$_n$

（2）实验方法。向 250mL 的圆底烧瓶中依次加入 0. 02mol(2. 16g)对苯二胺，80mL 四氢呋喃，0. 3g 无水氯化锌和 0. 02mol(2. 16g)对苯醌，在 75℃条件下回流反应 8h。减压抽滤，滤饼用四氢呋喃洗涤，干燥，得褐色粉末 3. 32g，产率 83. 8%。

2.3.1.2　缩对苯醌联苯胺 Schiff 碱的表征

（1）熔点：高于 300℃。

（2）红外光谱分析。所得缩对苯醌联苯胺 Schiff 碱的红外光谱如图 2-17 所示。在 1559. 2cm^{-1} 处的特征峰属于醌环 N ═ Q ═ N 的伸缩振动吸收峰；1515. 9cm^{-1}和 1497. 2cm^{-1}的特征峰是由 C═C 双键的面内振动引起的，归属于苯环的伸缩振动吸收峰；1275. 0cm^{-1}和 1235. 9cm^{-1}的特征峰由芳香族的 C—N 键存在产生的；828. 4cm^{-1}出现较强吸收峰归属于苯环的对位取代。

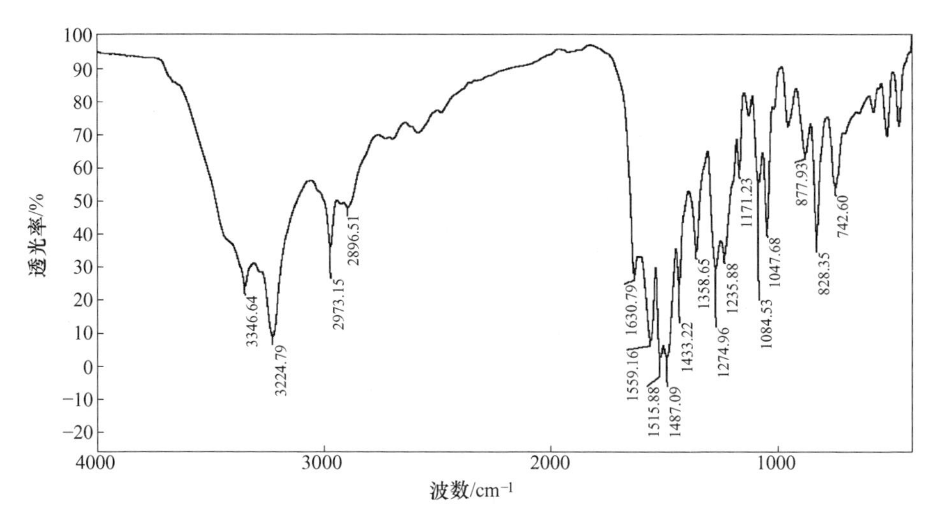

图 2-17　缩对苯醌联苯胺 Schiff 碱的红外光谱

（3）聚合物分子量分析。所得聚 Schiff 碱的数均分子量 Mn = 1292，重均分子量 Mw = 1393，分散系数 PDI = 1.08。

2.3.2　缩对苯醌对苯二胺 Schiff 碱铁盐（化合物 4a）的合成与表征

2.3.2.1　缩对苯醌对苯二胺 Schiff 碱铁盐的合成

（1）合成路线。

$$nH_2N-C_6H_4-NH_2 + nO=C_6H_4=O \xrightarrow{FeCl_3} \left[-N-C_6H_4-\overset{+}{\underset{\overset{+}{Fe}^{-}}{N}}=C_6H_4=N-\right]_n$$

（2）实验方法。向 250mL 的圆底烧瓶中依次加入 0.02mol(2.16g)对苯二胺，80mL 四氢呋喃，0.3g 无水氯化锌和 0.02mol(2.16g)对苯醌和一定量的无水 $FeCl_3$，在 75℃条件下回流反应 10h。减压抽滤，产物用四氢呋喃洗涤数次，干燥，得黑色粉末。

2.3.2.2　缩对苯醌对苯二胺 Schiff 碱铁盐的表征

（1）熔点：高于 300℃。

（2）红外光谱分析。所得缩对苯醌对苯二胺 Schiff 碱铁盐的红外光谱如图 2-18 所示。在 1577.4cm^{-1}处的特征峰属于醌环 N═Q═N 的伸缩振动吸收峰，因为 Fe 离子的掺杂原来 Schiff 碱的醌环 N═Q═N 的伸缩振动吸收峰由 1559.2cm^{-1}蓝移到 1577.4cm^{-1}；1521.0cm^{-1}的特征峰是由 C═C 双键的面内振动引起的，归属于苯环的伸缩振动吸收峰；1285.6cm^{-1}、1226.6cm^{-1}和 1137.2cm^{-1}的特征峰由芳香族的 C—N 键存在产生的；825.4cm^{-1}出现较强吸收峰归属于苯环的对位取代。

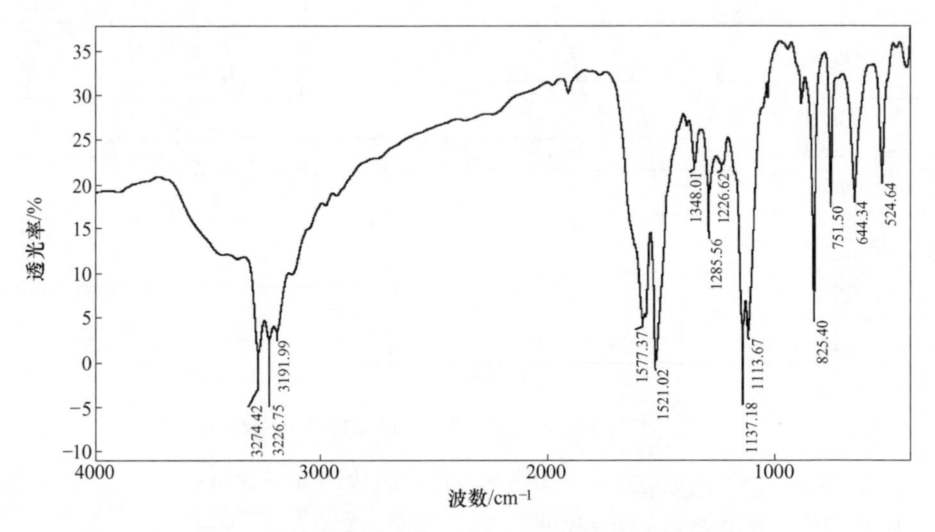

图 2-18　缩对苯醌对苯二胺 Schiff 碱铁盐的红外光谱

2.3.3　缩对苯醌对苯二胺 Schiff 碱银盐（化合物 4b）的合成与表征

2.3.3.1　缩对苯醌对苯二胺 Schiff 碱银盐的合成

（1）合成路线。

$$n\mathrm{H_2N{-}C_6H_4{-}NH_2} + n\mathrm{O{=}C_6H_4{=}O} \xrightarrow{\mathrm{AgNO_3}} \left[{=}\mathrm{N{-}C_6H_4{-}\overset{+}{N}(Ag^{+}_{-}){=}C_6H_4{=}N} \right]_n$$

（2）实验方法。向 250mL 的圆底烧瓶中依次加入 0.02mol(2.16g) 对苯二胺，80mL 四氢呋喃，0.3g 无水氯化锌和 0.02mol(2.16g) 对苯醌和一定量的 $AgNO_3$，在 75℃条件下回流反应 10h。减压抽滤，产物用四氢呋喃洗涤数次，干燥，得棕色粉末。

2.3.3.2　缩对苯醌对苯二胺 Schiff 碱银盐的表征

（1）熔点：高于 300℃。

（2）红外光谱分析。所得缩对苯醌对苯二胺 Schiff 碱银盐的红外光谱如图 2-19 所示。在 1572.2cm^{-1}处的特征峰属于醌环 N═Q═N 的伸缩振动吸收峰，因为 Ag 离子的掺杂原来 Schiff 碱的醌环 N═Q═N 的伸缩振动吸收峰由 1559.2cm^{-1}

蓝移到 $1572.2cm^{-1}$；$1518.9cm^{-1}$的特征峰是由 C═C 双键的面内振动引起的，归属于苯环的伸缩振动吸收峰；$1284.9cm^{-1}$和 $1113.6cm^{-1}$的特征峰由芳香族的C—N键存在产生的；$826.1cm^{-1}$出现较强吸收峰归属于苯环的对位取代。

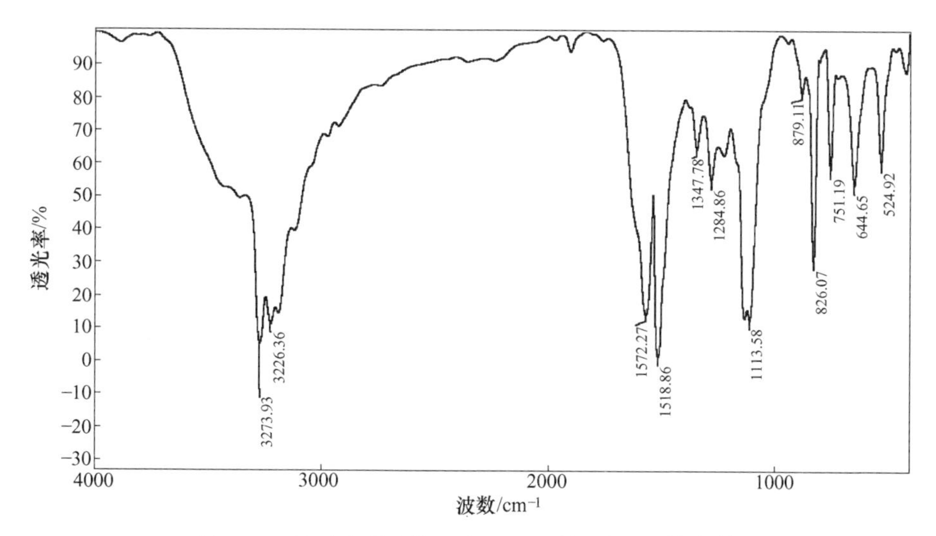

图 2-19 缩对苯醌对苯二胺 Schiff 碱银盐的红外光谱

2.3.4 缩对苯醌对苯二胺 Schiff 碱铜盐（化合物 4c）的合成与表征

2.3.4.1 缩对苯醌对苯二胺 Schiff 碱铜盐的合成

（1）合成路线。

$$nH_2N-C_6H_4-NH_2+nO=C_6H_4=O\xrightarrow{CuCl_2}\left[-N-C_6H_4-\overset{+}{\underset{\overset{+-}{Cu}}{N}}=C_6H_4=N-\right]_n$$

（2）实验方法。向 250mL 的圆底烧瓶中依次加入 0.02mol(2.16g)对苯二胺，80mL 四氢呋喃，0.3g 无水氯化锌，0.02mol(2.16g)对苯醌和一定量的 $CuCl_2 \cdot 2H_2O$，在 75℃条件下回流反应 10h。减压抽滤，产物用四氢呋喃洗涤数次，干燥，得黑色粉末。

2.3.4.2 缩对苯醌对苯二胺 Schiff 碱铜盐的表征

（1）熔点：高于 300℃。

（2）红外光谱分析。所得缩对苯醌对苯二胺 Schiff 碱铜盐的红外光谱如图 2-20 所示。在 $1569.6cm^{-1}$处的特征峰属于醌环 N═Q═N 的伸缩振动吸收峰，因为 Cu 离子的掺杂使原来 Schiff 碱的醌环 N═Q═N 的伸缩振动吸收峰由

1559. 2cm^{-1}蓝移到 1569. 6cm^{-1}；1517. 5cm^{-1}的特征峰是由 C═C 双键的面内振动引起的，归属于苯环的伸缩振动吸收峰；1280. 2cm^{-1}和 1115. 7cm^{-1}的特征峰由芳香族的 C—N 键存在产生的；825. 1cm^{-1}出现较强吸收峰归属于苯环的对位取代。

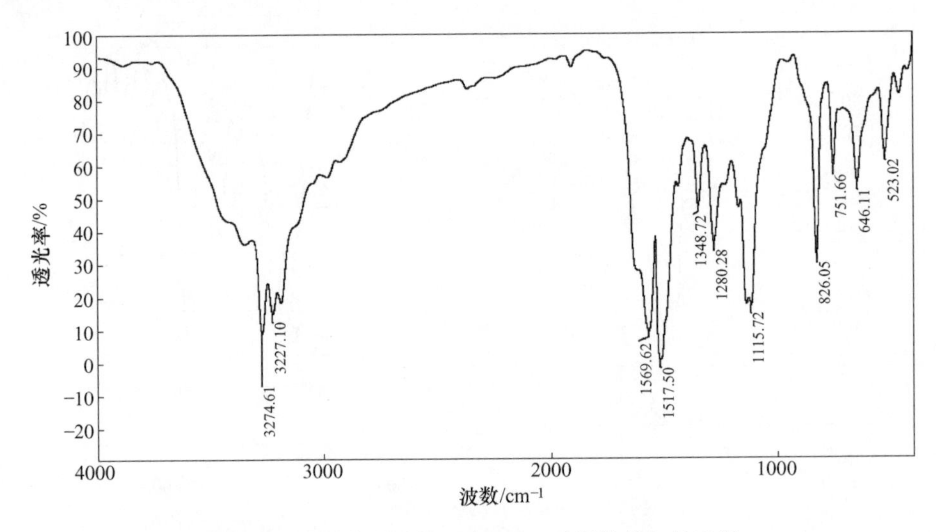

图 2-20　缩对苯醌对苯二胺 Schiff 碱铜盐的红外光谱

2.3.5　缩对苯醌联苯胺 Schiff 碱（化合物 5）的合成与表征

2.3.5.1　缩对苯醌联苯胺 Schiff 碱的合成

（1）合成路线。

$$nH_2N-C_6H_4-C_6H_4-NH_2+nO{=}C_6H_4{=}O \longrightarrow \left[{=}N-C_6H_4-C_6H_4-N{=}C_6H_4{=}N\right]_n$$

（2）实验方法。向 250mL 的圆底烧瓶中依次加入 0. 02mol(3. 68g)联苯胺，100mL 四氢呋喃，0. 5g 无水氯化锌和 0. 02mol(2. 16g)对苯醌，在 75℃条件下回流反应 10h。减压抽滤，产物用四氢呋喃洗涤数次，干燥，得棕色粉末 4. 61g。产率 84. 2%。

2.3.5.2　缩对苯醌联苯胺 Schiff 碱的表征

（1）熔点：高于 300℃。

（2）红外光谱分析。所得缩对苯醌联苯胺 Schiff 碱的红外光谱如图 2-21 所示。在 1567. 2cm^{-1} 处的特征峰属于醌环 N ═ Q ═ N 的伸缩振动吸收峰；1497. 8cm^{-1}处的特征峰是由 C═C 双键的面内振动引起的，归属于苯环的伸缩振动吸收峰；1293. 2cm^{-1}、1233. 4cm^{-1}和 1136. 2cm^{-1}的特征峰由芳香族的 C—N 键存在产生的；816.5cm^{-1}出现较强吸收峰归属于苯环的对位取代。

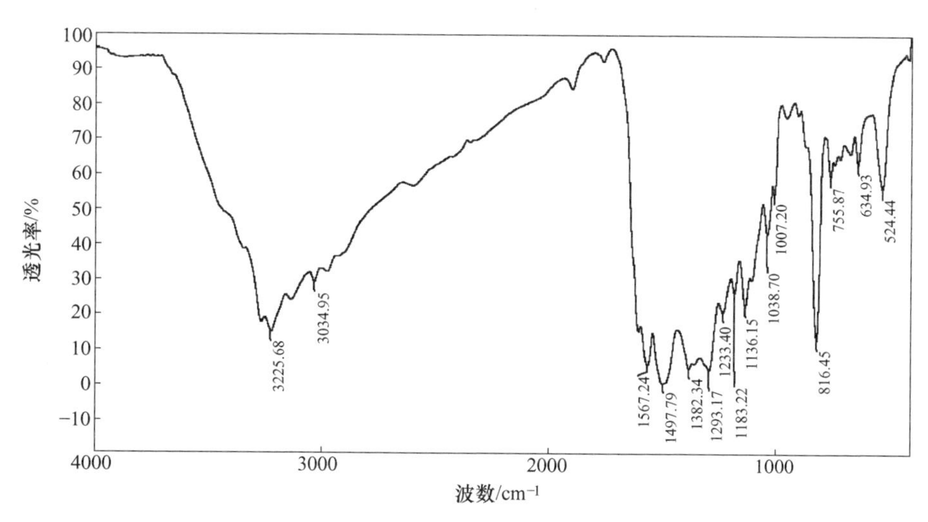

图 2-21 缩对苯醌联苯胺 Schiff 碱的红外光谱

（3）聚合物分子量分析。所得聚 Schiff 碱的数均分子量 Mn = 1258，重均分子量 Mw = 1274，分散系数 PDI = 1.01。

2.3.6 缩对苯醌联苯胺 Schiff 碱铁盐（化合物 5a）的合成与表征

2.3.6.1 缩对苯醌联苯胺 Schiff 碱铁盐的合成

（1）合成路线。

$$nH_2N-Ar-Ar-NH_2+nO=Ar=O\xrightarrow{FeCl_3}\left[-N-Ar-Ar-\overset{+}{\underset{\overset{+\ -}{Fe}}{N}}=Ar=N-\right]_n$$

（2）实验方法。向 250mL 的圆底烧瓶中依次加入 0.02mol（3.68g）联苯胺，100mL 四氢呋喃，0.5g 无水氯化锌，0.02mol（2.16g）对苯醌和一定量的无水 $FeCl_3$，在 75℃条件下回流反应 10h。减压抽滤，产物用四氢呋喃洗涤数次，干燥，得黑色粉末。

2.3.6.2 缩对苯醌联苯胺 Schiff 碱铁盐的表征

（1）熔点：高于 300℃。

（2）红外光谱分析。所得缩对苯醌联苯胺 Schiff 碱铁盐的红外光谱如图 2-22 所示。在 1574.1cm^{-1}处的特征峰属于醌环 N═Q═N 的伸缩振动吸收峰，因为 Fe 离子的掺杂原来 Schiff 碱的醌环 N═Q═N 的伸缩振动吸收峰由 1567.2cm^{-1}蓝移到 1574.1cm^{-1}；1501.7cm^{-1}处的特征峰是由 C═C 双键的面内振动引起的，归属于苯环的伸缩振动吸收峰；1226.7cm^{-1}和 1136.6cm^{-1}的特征峰由芳香族的 C—N 键存在产生的；835.8cm^{-1}出现较强吸收峰归属于苯环的对位取代。

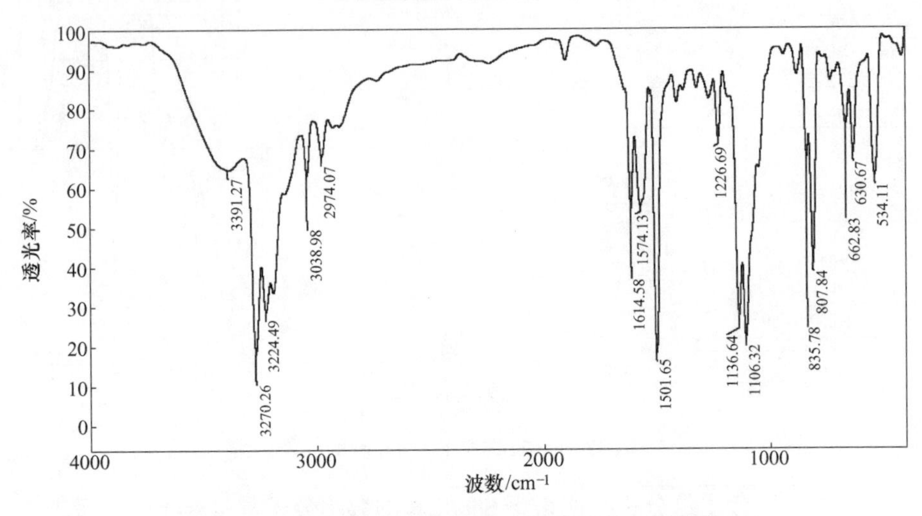

图 2-22　缩对苯醌联苯胺 Schiff 碱铁盐的红外光谱

2.3.7　缩对苯醌联苯胺 Schiff 碱银盐（化合物 5b）的合成与表征

2.3.7.1　缩对苯醌联苯胺 Schiff 碱银盐的合成

（1）合成路线。

$$nH_2N-C_6H_4-C_6H_4-NH_2+nO=C_6H_4=O\xrightarrow{AgNO_3}\left[N-C_6H_4-C_6H_4-\overset{+}{\underset{\overset{+-}{Ag}}{N}}=C_6H_4=N\right]_n$$

（2）实验方法。向 250mL 的圆底烧瓶中依次加入 0.02mol(3.68g)联苯胺，100mL 四氢呋喃，0.5g 无水氯化锌，0.02mol(2.16g)对苯醌和一定量的 $AgNO_3$，在 75℃条件下回流反应 10h。减压抽滤，产物用四氢呋喃洗涤干净，干燥，得褐色粉末。

2.3.7.2　缩对苯醌联苯胺 Schiff 碱银盐的表征

（1）熔点：高于 300℃。

（2）红外光谱分析。所得缩对苯醌联苯胺 Schiff 碱银盐的红外光谱如图 2-23 所示。在 1583.9cm^{-1}处的特征峰属于醌环 N═Q═N 的伸缩振动吸收峰，因为 Ag 离子的掺杂原来 Schiff 碱的醌环 N═Q═N 的伸缩振动吸收峰由 1567.2cm^{-1}蓝移到 1583.9cm^{-1}；1500.2cm^{-1}的特征峰是由 C═C 双键的面内振动引起的，归属于苯环的伸缩振动吸收峰；1115.3cm^{-1}的特征峰由芳香族的 C—N 键存在产生的；823.2cm^{-1}出现较强吸收峰归属于苯环的对位取代。

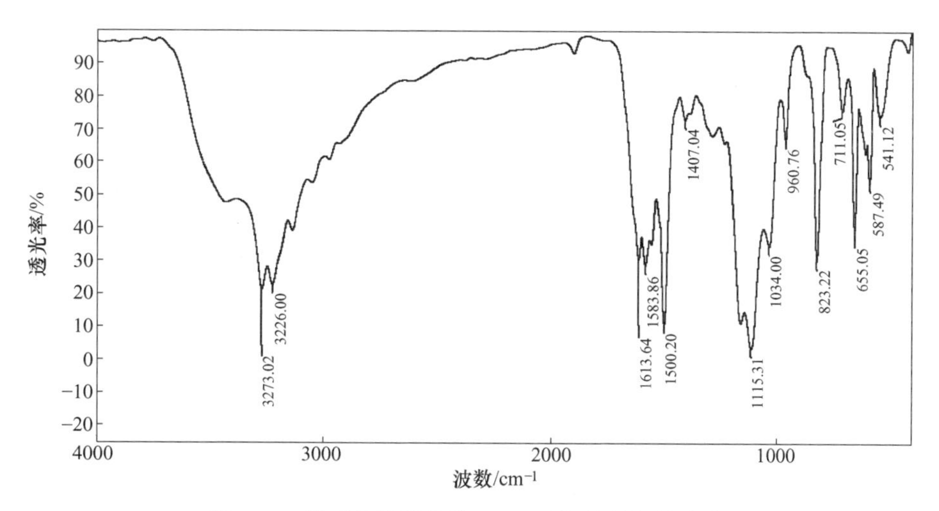

图 2-23 缩对苯醌联苯胺 Schiff 碱银盐的红外光谱

2.3.8 缩对苯醌联苯胺 Schiff 碱铜盐（化合物 5c）的合成与表征

2.3.8.1 缩对苯醌联苯胺 Schiff 碱铜盐的合成

（1）合成路线。

$$nH_2N-C_6H_4-C_6H_4-NH_2+nO=C_6H_4=O \xrightarrow{CuCl_2} \left[-N-C_6H_4-C_6H_4-\overset{+}{\underset{\overset{+-}{Cu}}{N}}=C_6H_4=N-\right]_n$$

（2）实验方法。向 250mL 的圆底烧瓶中依次加入 0.02mol(3.68g) 联苯胺，100mL 四氢呋喃，0.5g 无水氯化锌，0.02mol(2.16g) 对苯醌和一定量的 $CuCl_2 \cdot 2H_2O$，在 75℃条件下回流反应 10h。减压抽滤，滤饼用四氢呋喃洗涤，干燥，得黑色粉末。

2.3.8.2 缩对苯醌联苯胺 Schiff 碱铜盐的表征

（1）熔点：高于 300℃。

（2）红外光谱分析。所得缩对苯醌联苯胺 Schiff 碱铜盐的红外光谱如图 2-24 所示。在 1570.1cm^{-1}处的特征峰属于醌环 N═Q═N 的伸缩振动吸收峰，因为 Cu 离子的掺杂原来 Schiff 碱的醌环 N═Q═N 的伸缩振动吸收峰由 1567.2cm^{-1}蓝移到 1570.1cm^{-1}；1493.8cm^{-1}的特征峰是由 C═C 双键的面内振动引起的，归属于苯环的伸缩振动吸收峰；1287.1cm^{-1}、1239.9cm^{-1}和 1181.9cm^{-1}的特征峰由芳香族的 C—N 键存在产生的；819.0cm^{-1}出现较强吸收峰归属于苯环的对位取代。

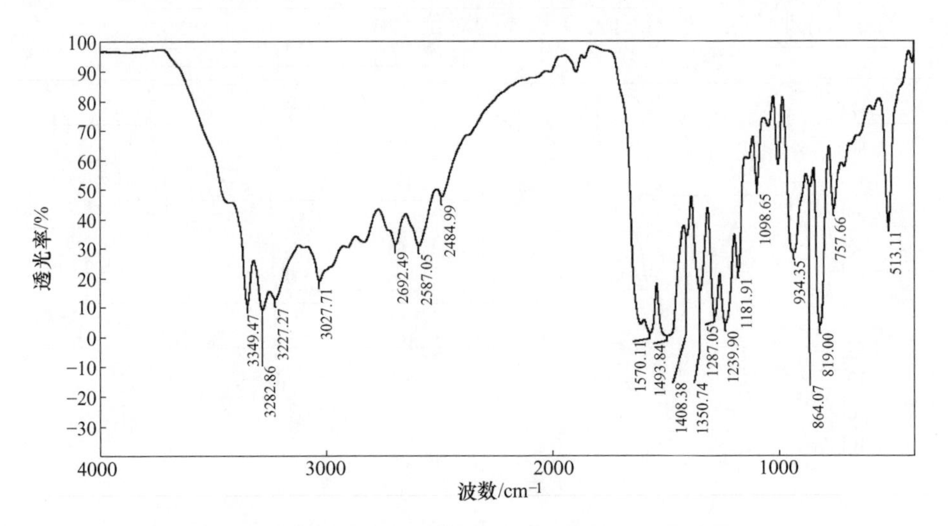

图 2-24　缩对苯醌联苯胺 Schiff 碱铜盐的红外光谱

2.3.9　缩对苯醌-3,3′-二甲基联苯胺 Schiff 碱（化合物 6）的合成与表征

2.3.9.1　缩对苯醌-3,3′-二甲基联苯胺 Schiff 碱的合成

（1）合成路线。

$n H_2N$–(3,3′-二甲基联苯)–NH_2 + nO=(对苯醌)=O ⟶ [=N–(3,3′-二甲基联苯)–N=(醌环)=N]$_n$

（2）实验方法。向 250mL 的圆底烧瓶中依次加入 0.02mol(4.24g)3,3′-二甲基联苯胺，100mL 四氢呋喃，0.5g 无水氯化锌和 0.02mol(2.16g)对苯醌，在 75℃条件下回流反应 10h。减压抽滤，产物用四氢呋喃洗涤数次，干燥，得棕色粉末 4.93g，产率 81.62%。

2.3.9.2　缩对苯醌-3,3′-二甲基联苯胺 Schiff 碱的表征

（1）熔点：高于 300℃。

（2）红外光谱分析。所得缩对苯醌-3,3′-二甲基联苯胺 Schiff 碱的红外光谱，如图 2-25 所示。在 1568.0cm^{-1}处的特征峰属于醌环 N═Q═N 的伸缩振动吸收峰；1493.5cm^{-1}处的特征峰是由 C═C 双键的面内振动引起的，归属于苯环的伸缩振动吸收峰；1285.2cm^{-1}和 1183.6cm^{-1}的特征峰是芳香族 C—N 键的伸缩振动

吸收峰；880.0cm^{-1}和 814.1cm^{-1}出现较强吸收峰归属于苯环的 1，2，4 位取代。

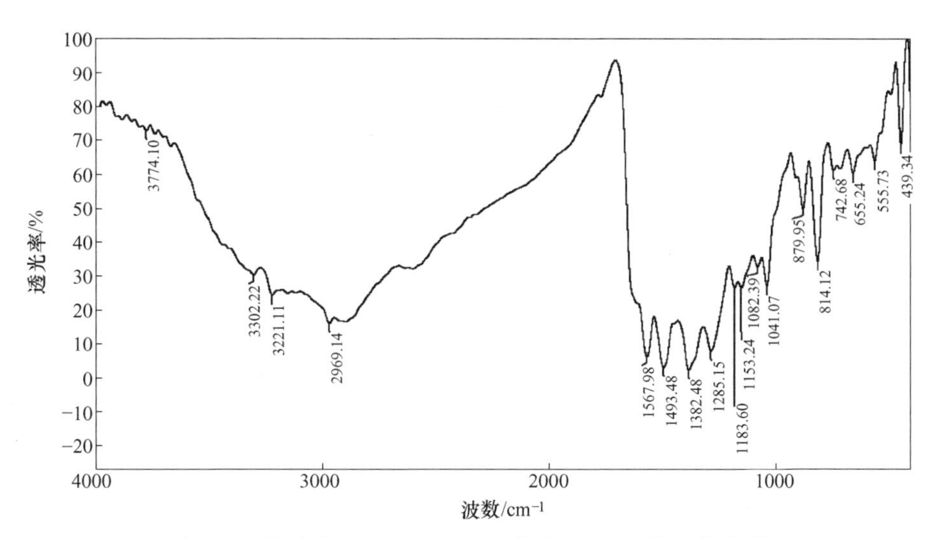

图 2-25 缩对苯醌-3,3′-二甲基联苯胺 Schiff 碱的红外光谱

（3）聚合物分子量分析。所得聚 Schiff 碱的数均分子量 Mn = 1271，重均分子量 Mw = 1383，分散系数 PDI = 1.09。

2.3.10 缩对苯醌-3,3′-二甲基联苯胺 Schiff 碱铁盐（化合物 6a）的合成与表征

2.3.10.1 缩对苯醌-3,3′-二甲基联苯胺 Schiff 碱铁盐的合成

（1）合成路线。

$$n\mathrm{H_2N}\text{—}(\mathrm{H_3C})\mathrm{C_6H_3}\text{—}\mathrm{C_6H_3}(\mathrm{CH_3})\text{—}\mathrm{NH_2} + n\mathrm{O{=}C_6H_4{=}O} \xrightarrow{\mathrm{FeCl_3}} \left[\text{—N—}(\mathrm{H_3C})\mathrm{C_6H_3}\text{—}\mathrm{C_6H_3}(\mathrm{CH_3})\text{—}\overset{+}{\underset{\mathrm{Fe}^{+-}}{\mathrm{N}}}{=}\mathrm{C_6H_4}{=}\mathrm{N}\text{—}\right]_n$$

（2）实验方法。向 250mL 的圆底烧瓶中依次加入 0.02mol(4.24g)3,3′-二甲基联苯胺，100mL 四氢呋喃，0.5g 无水氯化锌，0.02mol(2.16g)对苯醌和一定量的无水 $FeCl_3$，在 75℃条件下回流反应 10h。减压抽滤，产物用四氢呋喃洗涤数次，干燥，得黑色粉末。

2.3.10.2 缩对苯醌-3,3′-二甲基联苯胺 Schiff 碱铁盐的表征

（1）熔点：高于 300℃。

（2）红外光谱分析。所得缩对苯醌-3,3′-二甲基联苯胺 Schiff 碱铁盐的红外光谱如图 2-26 所示。在 1582.7cm^{-1}处的特征峰属于醌环 N═Q═N 的伸缩振动吸

收峰，因为 Fe 离子的掺杂原来 Schiff 碱的醌环 N═Q═N 的伸缩振动吸收峰由 1568.0cm^{-1}蓝移到 1582.7cm^{-1}；1495.0cm^{-1}处的特征峰是由 C═C 双键的面内振动引起的，归属于苯环的伸缩振动吸收峰；1238.1cm^{-1}和 1194.3cm^{-1}的特征峰是芳香族 C—N 键的伸缩振动吸收峰；880.5cm^{-1}和 810.7cm^{-1}出现较强吸收峰归属于苯环的 1，2，4 位取代。

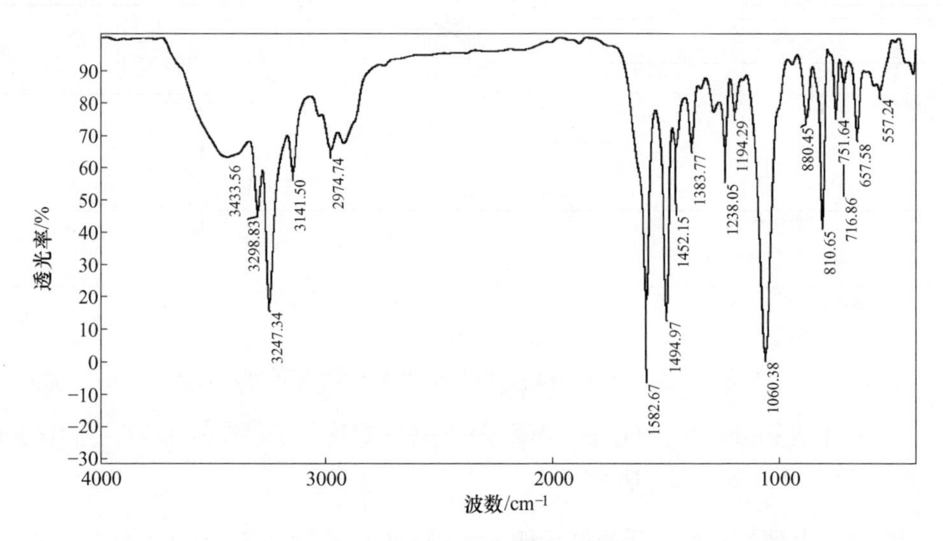

图 2-26　缩对苯醌-3,3′-二甲基联苯胺 Schiff 碱铁盐的红外光谱

2.3.11　缩对苯醌-3,3′-二甲基联苯胺 Schiff 碱银盐（化合物 6b）的合成与表征

2.3.11.1　缩对苯醌-3,3′-二甲基联苯胺 Schiff 碱银盐的合成

（1）合成路线。

$$nH_2N-\text{C}_6\text{H}_3(CH_3)-\text{C}_6\text{H}_3(CH_3)-NH_2 + nO{=}\text{C}_6\text{H}_4{=}O \xrightarrow{AgNO_3} \left[-N-\text{C}_6\text{H}_3(CH_3)-\text{C}_6\text{H}_3(CH_3)-\overset{+}{\underset{\overset{+}{Ag^-}}{N}}{=}\text{C}_6\text{H}_4{=}N- \right]_n$$

（2）实验方法。向 250mL 的圆底烧瓶中依次加入 0.02mol(4.24g)3,3′-二甲基联苯胺，100mL 四氢呋喃，0.5g 无水氯化锌，0.02mol(2.16g)对苯醌和一定量的 $AgNO_3$，在 75℃条件下回流反应 10h。减压抽滤，产物用四氢呋喃洗涤数次，干燥，得黑色粉末。

2.3.11.2　缩对苯醌-3,3′-二甲基联苯胺 Schiff 碱银盐的表征

（1）熔点：高于 300℃。

（2）红外光谱分析。所得缩对苯醌-3,3′-二甲基联苯胺 Schiff 碱银盐的红外光谱如图 2-27 所示。在 1573.4cm^{-1}处的特征峰属于醌环 N═Q═N 的伸缩振动吸收峰，因为 Ag 离子的掺杂原来 Schiff 碱的醌环 N═Q═N 的伸缩振动吸收峰由 1568.0cm^{-1}蓝移到 1573.4cm^{-1}；1495.6cm^{-1}处的特征峰是由 C═C 双键的面内振动引起的，归属于苯环的伸缩振动吸收峰；1271.1cm^{-1}和 1116.0cm^{-1}的特征峰是芳香族 C—N 键的伸缩振动吸收峰；877.0cm^{-1}和 816.0cm^{-1}出现较强吸收峰归属于苯环的 1，2，4 位取代。

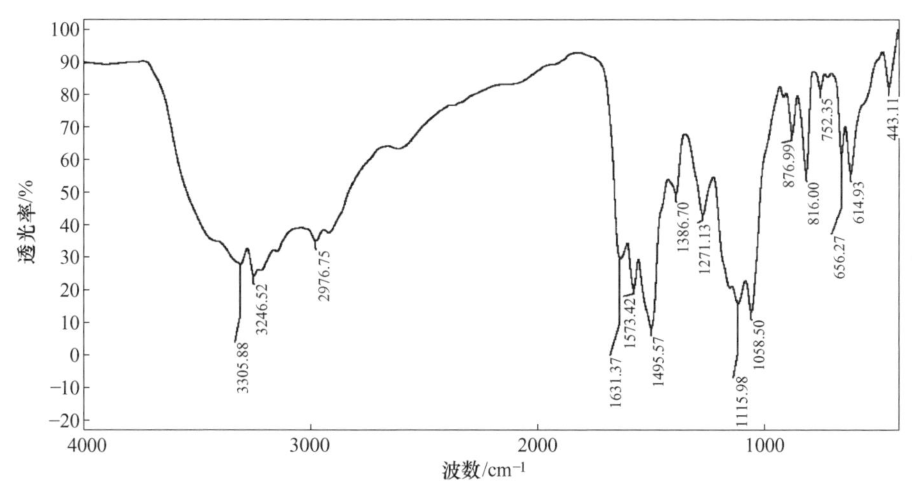

图 2-27 缩对苯醌-3,3′-二甲基联苯胺 Schiff 碱银盐的红外光谱

2.3.12 缩对苯醌-3,3′-二甲基联苯胺 Schiff 碱铜盐（化合物 6c）的合成与表征

2.3.12.1 缩对苯醌-3,3′-二甲基联苯胺 Schiff 碱铜盐的合成

（1）合成路线。

$$nH_2N-C_6H_3(CH_3)-C_6H_3(CH_3)-NH_2 + nO{=}C_6H_4{=}O \xrightarrow{CuCl_2} \left[N-C_6H_3(CH_3)-C_6H_3(CH_3)-\overset{+}{\underset{\underset{Cu}{+-}}{N}}{=}C_6H_4{=}N \right]_n$$

（2）实验方法。向 250mL 的圆底烧瓶中依次加入 0.02mol(4.24g)3,3′-二甲基联苯胺，100mL 四氢呋喃，0.5g 无水氯化锌，0.02mol(2.16g)对苯醌和一定量的 $CuCl_2·2H_2O$，在 75℃条件下回流反应 10h。减压抽滤，产物用四氢呋喃洗涤数次，干燥，得黑色粉末。

2.3.12.2 缩对苯醌-3,3′-二甲基联苯胺 Schiff 碱铜盐的表征

（1）熔点：高于 300℃。

（2）红外光谱分析。所得缩对苯醌-3,3′-二甲基联苯胺 Schiff 碱铜盐的红外光谱如图 2-28 所示。在 1571.4cm^{-1}处的特征峰属于醌环 N═Q═N 的伸缩振动吸收峰，因为 Cu 离子的掺杂原来 Schiff 碱的醌环 N═Q═N 的伸缩振动吸收峰由 1568.0cm^{-1}蓝移到 1571.4cm^{-1}；1493.3cm^{-1}处的特征峰是由 C═C 双键的面内振动引起的，归属于苯环的伸缩振动吸收峰；1271.1cm^{-1}和 1116.0cm^{-1}的特征峰是芳香族 C—N 键的伸缩振动吸收峰；882.2cm^{-1}和 810.4cm^{-1}出现较强吸收峰归属于苯环的 1，2，4 位取代。

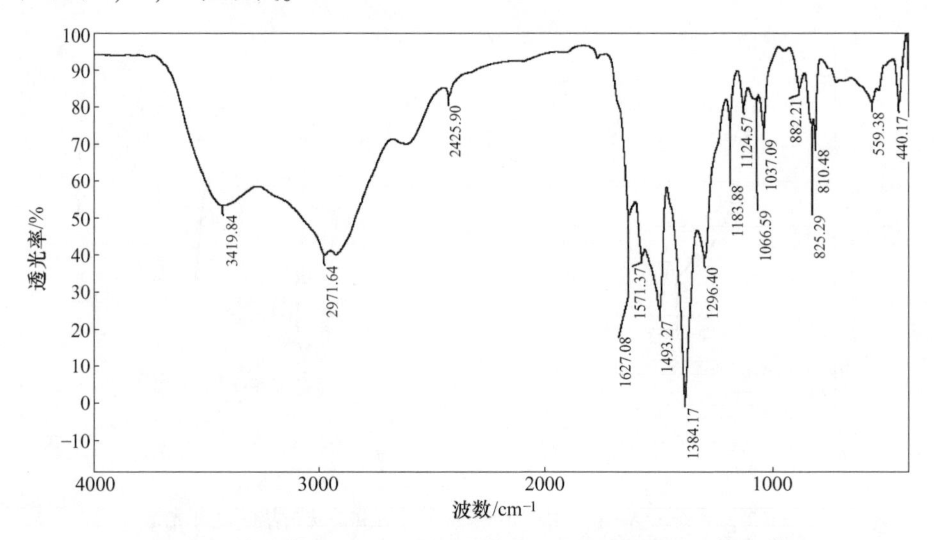

图 2-28　缩对苯醌-3,3′-二甲基联苯胺 Schiff 碱铜盐的红外光谱

2.3.13　结果与讨论

2.3.13.1　IR 分析

长链共轭 Schiff 碱及其盐的特征吸收峰见表 2-3。

表 2-3　长链共轭 Schiff 碱及其盐的特征吸收峰

长链共轭 Schiff 碱及其盐	红外数据 $\nu_{C=N}/cm^{-1}$
缩对苯醌对苯二胺 Schiff 碱（化合物 4）	1559
缩对苯醌对苯二胺 Schiff 碱铁盐（化合物 4a）	1577
缩对苯醌对苯二胺 Schiff 碱银盐（化合物 4b）	1572
缩对苯醌对苯二胺 Schiff 碱铜盐（化合物 4c）	1570
缩对苯醌联苯胺 Schiff 碱（化合物 5）	1567
缩对苯醌联苯胺 Schiff 碱铁盐（化合物 5a）	1574
缩对苯醌联苯胺 Schiff 碱银盐（化合物 5b）	1584

续表 2-3

长链共轭 Schiff 碱及其盐	红外数据 $\nu_{C=N}/cm^{-1}$
缩对苯醌联苯胺 Schiff 碱铜盐（化合物 5c）	1570
缩对苯醌-3,3′-二甲基联苯胺 Schiff 碱（化合物 6）	1568
缩对苯醌-3,3′-二甲基联苯胺 Schiff 碱铁盐（化合物 6a）	1582
缩对苯醌-3,3′-二甲基联苯胺 Schiff 碱银盐（化合物 6b）	1573
缩对苯醌-3,3′-二甲基联苯胺 Schiff 碱铜盐（化合物 6c）	1571

从表 2-3 得出：缩对苯二酮二胺类长链共轭 Schiff 碱及其盐的醌环（N═Q═N）特征吸收峰在 1560~1585cm^{-1}。长链共轭 Schiff 碱与其对应的盐相比，醌环（N═Q═N）的特征吸收峰发生蓝移，例如，缩对苯醌联苯胺 Schiff 碱 C═N 的特征吸收峰在 1559cm^{-1}，而缩对苯醌联苯胺 Schiff 碱铁盐的吸收峰则移动到 1577cm^{-1}、缩对苯醌联苯胺 Schiff 碱银盐的吸收峰则移动到 1572cm^{-1}、缩对苯醌联苯胺 Schiff 碱铜盐的吸收峰则移动到 1570cm^{-1}，这是因为长链共轭 Schiff 碱主链结构中醌环（N═Q═N）中的氮原子与金属离子掺杂剂发生配位作用，形成配位键及聚合物的结构有关系。

2.3.13.2　紫外分析

用紫外-可见光谱考察了缩二酮二胺类长链共轭 Schiff 碱及其盐吸收光谱，研究了它们吸收光谱的特征变化，如图 2-29~图 2-31 所示。

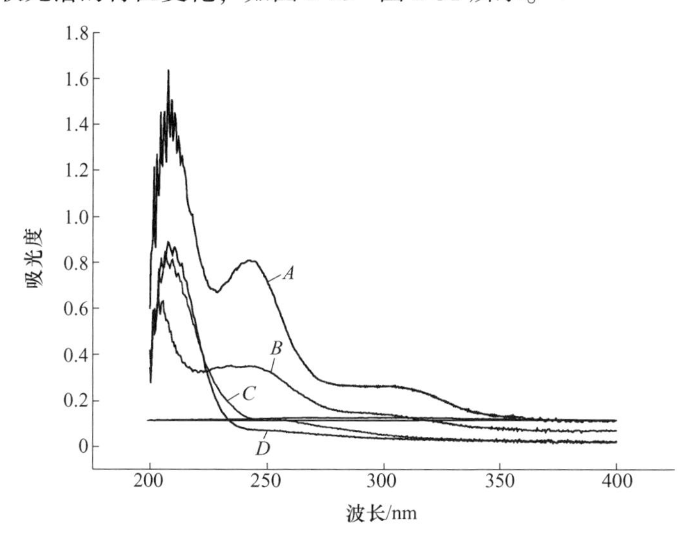

图 2-29　缩对苯醌对苯二胺 Schiff 碱及其盐的紫外光谱

A—化合物 4；*B*—化合物 4a；*C*—化合物 4b；*D*—化合物 4c

从图 2-29 中可以看出缩对苯醌对苯二胺 Schiff 碱及其盐在 200～400nm 范围有 3 个吸收谱带。最强吸收峰出现在 200～210nm 之间，归属于苯环的 π-π* 电子跃迁。240～255nm 处的吸收峰可归属为主链醌环（N═Q═N）上的 π-π* 电子跃迁。

此外，从图中还可以看出缩对苯醌对苯二胺 Schiff 碱盐的紫外吸收峰较缩对苯醌对苯二胺 Schiff 碱的紫外吸收峰发生了不同程度的红移。其中醌环（N═Q═N）所在的 240～255nm 波段，缩对苯醌对苯二胺 Schiff 碱的吸收峰在 242nm 处，缩对苯醌对苯二胺铁盐的吸收峰在 245nm 处，缩对苯醌对苯二胺银盐的吸收峰在 252nm，缩对苯醌对苯二胺 Schiff 碱铜盐由于在溶液中的溶解度较低，浓度较小，峰值不明显。缩对苯二酮二胺类长链共轭 Schiff 碱在成盐之后紫外吸收光谱会发生红移是由于长链 Schiff 碱主链结构中醌环（N═Q═N）中的氮原子与金属离子掺杂剂发生配位作用，N 的孤对电子被金属离子从 π 占有轨道中拉出来加入到金属离子空轨道中形成配位键，使 Schiff 碱的共轭效应增强，键能趋于平均化，电子发生跃迁所需能量减少而使吸收光谱红移。

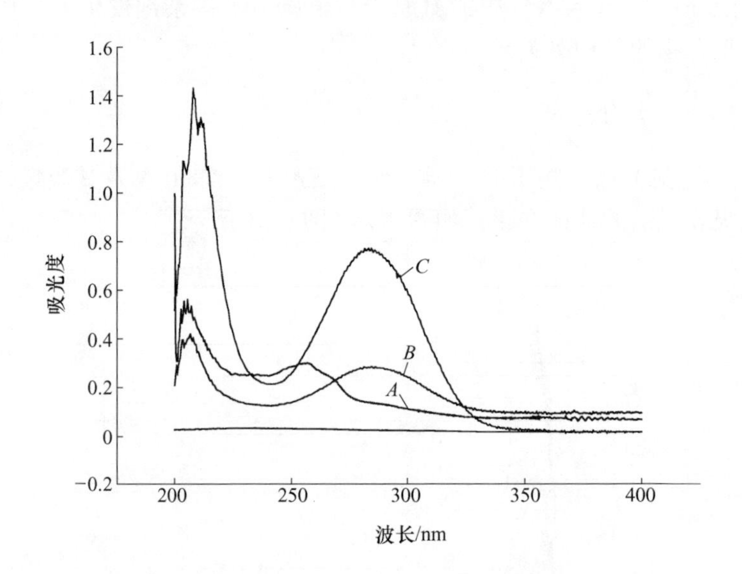

图 2-30　缩对苯醌联苯胺 Schiff 碱及其盐的紫外光谱

A—化合物 5；*B*—化合物 5a；*C*—化合物 5b

从图 2-30 中可以看出缩对苯醌联苯胺 Schiff 碱及其盐在 200～400nm 范围有 3 个吸收谱带。最强吸收峰出现在 200～210nm 之间，归属于苯环的 π-π* 电子跃迁。240～255nm 处的吸收峰可归属为主链醌环（N═Q═N）上的 π-π* 电子跃迁。

此外，从图中还可以看出缩对苯醌联苯胺 Schiff 碱盐的紫外吸收峰较缩对苯醌联苯胺 Schiff 碱的紫外吸收峰发生了不同程度的红移。其中醌环（N═Q═N）所在的 240~255nm 波段，缩对苯醌联苯胺 Schiff 碱的吸收峰在 242nm 处，缩对苯醌联苯胺 Schiff 碱铁盐的吸收峰在 245nm 处，缩对苯醌联苯胺 Schiff 碱银盐的吸收峰在 252nm，缩对苯醌联苯胺 Schiff 碱铜盐由于在溶液中的溶解度较低，浓度较小没有测试其紫外光谱。缩对苯二酮二胺类长链共轭 Schiff 碱在成盐之后紫外吸收光谱会发生红移是由于长链 Schiff 碱主链结构中醌环（N═Q═N）中的氮原子与金属离子掺杂剂发生配位作用，N 的孤对电子被金属离子从 π 占有轨道中拉出来加入到金属离子空轨道中形成配位键，使 Schiff 碱的共轭效应增强，键能趋于平均化，电子发生跃迁所需能量减少而使吸收光谱红移。

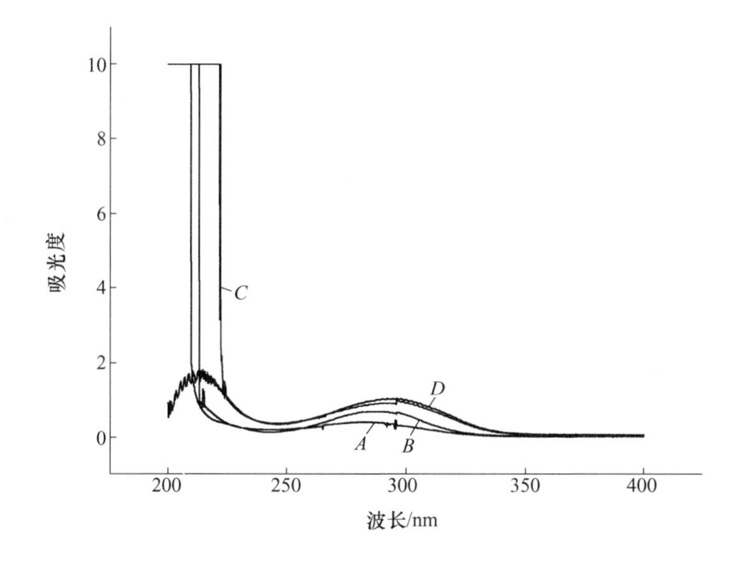

图 2-31 缩对苯醌-3,3′-二甲基联苯胺 Schiff 碱及其盐的紫外光谱

A—化合物 6；*B*—化合物 6a；*C*—化合物 6b；*D*—化合物 6c

从图 2-31 中可以看出缩对苯醌-3,3′-二甲基联苯胺 Schiff 碱及其盐在 200~400nm 范围有 2 个吸收谱带。最强吸收峰出现在 215nm 左右，归属于苯环的 π-π^* 电子跃迁。280~300nm 处的吸收峰可归属为主链醌环（N═Q═N）上的 π-π^* 电子跃迁。

此外，从图中还可以看出缩对苯醌-3,3′-二甲基联苯胺 Schiff 碱盐的紫外吸收峰较缩对苯醌-3,3′-二甲基联苯胺 Schiff 碱的紫外吸收峰发生了不同程度的红移。其中醌环（N═Q═N）所在的 280~300nm 波段，缩对苯醌-3,3′-二甲基联苯胺 Schiff 碱的吸收峰在 284nm 处，缩对苯醌-3,3′-二甲基联苯胺 Schiff 碱铁盐的吸收峰在 290nm 处，缩对苯醌-3,3′-二甲基联苯胺 Schiff 碱银盐的吸收峰在 295nm，缩对苯醌-3,3′-二甲基联苯胺 Schiff 碱铜盐的吸收峰在 296nm 处。缩对苯二酮二胺类长链共轭 Schiff 碱在成盐之后紫外吸收光谱会发生红移是由于长链 Schiff 碱主链结构中醌环（N═Q═N）中的氮原子与金属离子掺杂剂发生配位作用，N 的孤对电子被金属离子从 π 占有轨道中拉出来加入到金属离子空轨道中形成配位键，使 Schiff 碱的共轭效应增强，键能趋于平均化，电子发生跃迁所需能量减少从而使吸收光谱红移。

2.3.13.3 导电性分析

长链共轭 Schiff 碱及其盐的外观与电导率见表 2-4。

表 2-4 长链共轭 Schiff 碱及其盐的外观与电导率

长链共轭 Schiff 碱及其盐	外观	电导率/S · cm^{-1}
缩对苯醌对苯二胺 Schiff 碱（化合物 4）	褐色	2.43×10^{-8}
缩对苯醌对苯二胺 Schiff 碱铁盐（化合物 4a）	黑色	2.51×10^{-6}
缩对苯醌对苯二胺 Schiff 碱银盐（化合物 4b）	棕色	1.27×10^{-5}
缩对苯醌对苯二胺 Schiff 碱铜盐（化合物 4c）	黑色	5.20×10^{-7}
缩对苯醌联胺 Schiff 碱（化合物 5）	棕色	4.14×10^{-8}
缩对苯醌联苯胺 Schiff 碱铁盐（化合物 5a）	黑色	6.56×10^{-6}
缩对苯醌联苯胺 Schiff 碱银盐（化合物 5b）	褐色	3.00×10^{-5}
缩对苯醌联苯胺 Schiff 碱铜盐（化合物 5c）	黑色	8.11×10^{-7}
缩对苯醌-3,3′-二甲基联苯胺 Schiff 碱（化合物 6）	棕色	1.77×10^{-9}
缩对苯醌-3,3′-二甲基联苯胺 Schiff 碱铁盐（化合物 6a）	黑色	7.23×10^{-7}
缩对苯醌-3,3′-二甲基联苯胺 Schiff 碱银盐（化合物 6b）	黑色	4.26×10^{-7}
缩对苯醌-3,3′-二甲基联苯胺 Schiff 碱铜盐（化合物 6c）	黑色	6.39×10^{-8}

表 2-4 列出了长链共轭 Schiff 碱及其盐的外观与电导率，从表可以得出：

（1）缩对苯二酮二胺类长链共轭 Schiff 碱在掺杂金属离子以后，颜色有所变化，如缩对苯醌联苯胺 Schiff 碱为棕色，而缩对苯醌联苯胺 Schiff 碱铁盐和缩对苯醌联苯胺 Schiff 碱铜盐则为黑色，表明 Schiff 碱与金属离子之间发生了反应，生成了长链共轭 Schiff 碱盐。

（2）缩对苯二酮二胺类长链共轭 Schiff 碱在掺杂金属离子以后，生成的长链共轭 Schiff 碱盐的电导率比未掺杂前的长链共轭 Schiff 碱电导率有所提高。长链共轭 Schiff 碱电导率在 $10^{-8}\sim10^{-9}$S/cm 的范围，电导率很低。缩对苯二酮二胺类长链共轭 Schiff 碱在掺杂金属离子成盐后，电导率有较大提高，一般提高 2~3 个数量级，尤其是掺杂银离子的 Schiff 碱盐电导率提高较多，在 3~4 个数量级；

Schiff 碱铁盐次之，而 Schiff 碱铜盐的电导率提高的较少。缩对苯二酮二胺类长链共轭 Schiff 碱在成盐后电导率提高，是因为缩对苯二酮二胺类长链共轭 Schiff 碱的醌环（N═Q═N）中的氮原子与金属离子掺杂剂发生配位作用，使—N═中孤对电子与金属离子进入金属离子空轨道形成配位键，出现了电荷转移并形成电中性 CT 络合物，CT 络合物的形成导致聚合物分子链上产生荷电点，使长链共轭聚 Schiff 碱分子内的电导率得到提高。

2.4 聚 Schiff 碱及其盐复合材料的制备与性能研究

近年来，在复合材料领域中聚合物/导电材料 X 的研究已经成为一个极为重要的研究方向，导电材料 X 作为复合材料理想的功能和增强材料添加到聚合物中，对改善聚合物性能已显示出巨大的应用潜力。共轭高分子与导电材料 X 的复合能够除了两者的结合能产生功能复合之外，另一个原因是导电材料 X 高度离域化的 π 键可与共轭聚合物的 π 电子形成 π-π 非共价键作用，π 电子发生部分交叠，使能量进一步降低，从而形成一种稳定结构，得到导电材料 X/聚合物复合材料。

2.4.1 复合材料的制备

本节采用原位聚合法制备导电材料 X 掺杂聚 Schiff 碱复合材料，再将制备的 X 掺杂聚 Schiff 碱与磁性材料 A 直接混合均匀并碾细，得到导电材料 X 掺杂聚 Schiff 碱/磁性材料 A 复合材料。同样采用原位聚合法制备导电材料 X 掺杂聚 Schiff 碱盐复合材料，将制备的 X 掺杂聚 Schiff 碱盐与磁性材料 B 直接混合均匀并碾细，得到导电材料 X 掺杂聚 Schiff 碱盐/磁性材料 B 复合材料。制备复合材料所用的聚 Schiff 碱是缩乙二醛对苯二胺 Schiff 碱（化合物 1）和缩对苯醌联苯胺 Schiff 碱银盐（化合物 5b）。制备的流程如图 2-32 和图 2-33 所示。

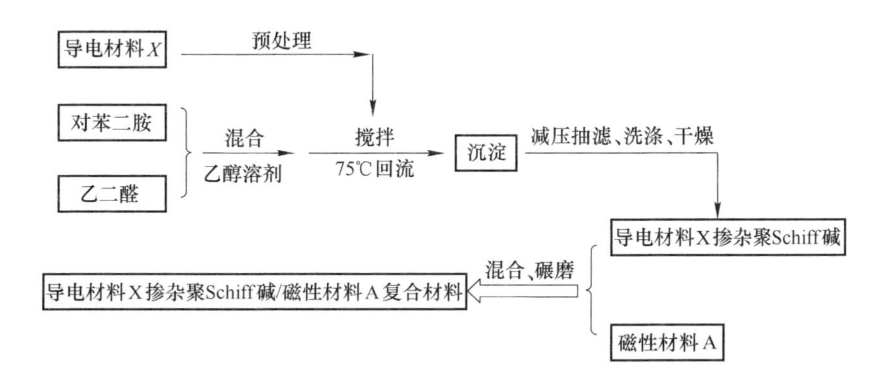

图 2-32 导电材料 X 掺杂聚 Schiff 碱/磁性材料 A 复合材料的制备流程图

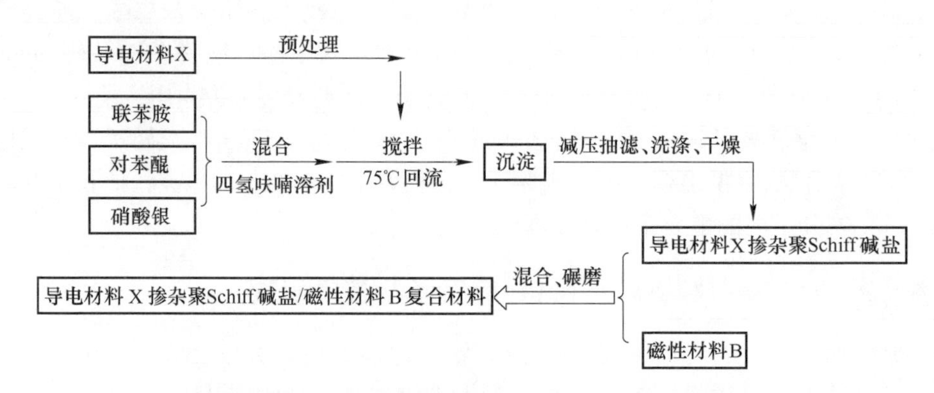

图 2-33　导电材料 X 掺杂聚 Schiff 碱盐/磁性材料 B 复合材料的制备流程图

2.4.1.1　导电材料 X 掺杂聚 Schiff 碱盐/磁性材料 A 复合材料的制备过程

本节采用原位聚合法制备导电材料 X 掺杂聚 Schiff 碱材料，再与磁性材料 A 混合得到导电材料 X 掺杂聚 Schiff 碱/磁性材料 A 复合材料。制备复合材料所用的聚 Schiff 碱是由乙二醛与对苯二胺合成的缩乙二醛对苯二胺 Schiff 碱（化合物 1），具体制备过程如下：

（1）将对苯二胺溶于无水乙醇中配成 10g/L 的溶液，再加入预处理过的导电材料 X，超声分散 30min，得到分散均匀的悬浊液。

（2）将以上悬浊液置于电磁搅拌下回流反应，反应温度为 75℃，并缓慢加入质量分数为 40% 的乙二醛溶液，加入的乙二醛与对苯二胺的摩尔比为 1∶1，反应 8h 形成暗红色浑浊液。

（3）将所得产物减压过滤，分别用乙醇和水洗涤固体产物，在 100℃ 干燥至恒重，即得到 X 掺杂聚 Schiff 碱材料。

（4）取以上 X 掺杂聚 Schiff 碱材料与一定量的磁性材料 A 混合，混合均匀后碾细即得到导电材料 X 掺杂聚 Schiff 碱/磁性材料 A 复合材料。

2.4.1.2　导电材料 X 掺杂聚 Schiff 碱盐/磁性材料 B 复合材料的制备过程

制备导电材料 X 掺杂聚 Schiff 碱盐/磁性材料 B 复合材料所选的聚 Schiff 碱盐是缩对苯醌联苯胺银盐（化合物 5b），复合材料的制备方法具体如下：

（1）将对苯醌溶于四氢呋喃溶液中配成 0.005g/mL 的溶液，再加入硝酸银及预处理过的导电材料 X，超声分散 30min，得到分散均匀的悬浊液。

（2）将以上悬浊液置于电磁搅拌下回流反应，反应温度为 75℃，并缓慢加入配好的 0.005g/mL 联苯胺四氢呋喃溶液，加入的联苯胺与对苯醌的摩尔比为 1∶1，反应 8h 形成棕黑色浑浊液。

（3）将所得产物减压过滤，分别用四氢呋喃和水洗涤固体产物，在 100℃ 干燥至恒重，即得到 X 掺杂聚 Schiff 碱盐材料。

（4）取以上 X 掺杂聚 Schiff 碱盐与一定量的磁性材料 B 混合，混合均匀后碾细即得到导电材料 X 掺杂聚 Schiff 碱盐/磁性材料 B 复合材料。

2.4.2 复合材料的测试与表征

本实验主要应用 IR、SEM、TGA、四探针电导率测试等测试方法对自制的导电材料 X 掺杂聚 Schiff 碱、导电材料 X 掺杂聚 Schiff 碱盐、导电材料 X 掺杂聚 Schiff 碱/磁性材料 A 复合材料及导电材料 X 掺杂聚 Schiff 碱盐/磁性材料 B 复合材料的物理和化学性能进行表征，并用矢量网络分析仪测试它们的吸波性能（主要是电磁参数和反射率）。

（1）红外表征。红外光谱是将样品与 KBr 压成薄片，在傅里叶变换红外光谱仪上测量，波数范围为 4000～400cm^{-1}，波数精度为 0.01cm^{-1}。

（2）微观形貌表征。微观形貌用 SEM 表征，SEM 测试是用日本 HITACHI 公司生产的 S-4800 扫描电镜对样品的表面形貌进行观察，扫描电压为 1.0kV。由于样品的导电性能差，因此对试样进行喷金处理，然后进行扫描电子显微镜测试。

（3）热失重测试。TGA 曲线在 200F3 型差示扫描量热仪上测得，程序升温为 20℃/min，扫描温度范围：50～700℃，记录样品的重量随温度的变化情况。

（4）电导率测试。电导率的测试：取一定量研细的样品，用压片机在 15MPa 下，保压 2min，压制成厚度均匀的圆形薄片（直径 30mm，厚度≤2mm），用广州四探针科技有限公司研究生产的 RTS-8 四探针电导率仪测试样品的电导率。其测试原理如图 2-34 所示。由式（2-1）计算电导率：

$$\sigma = 1/\rho \tag{2-1}$$

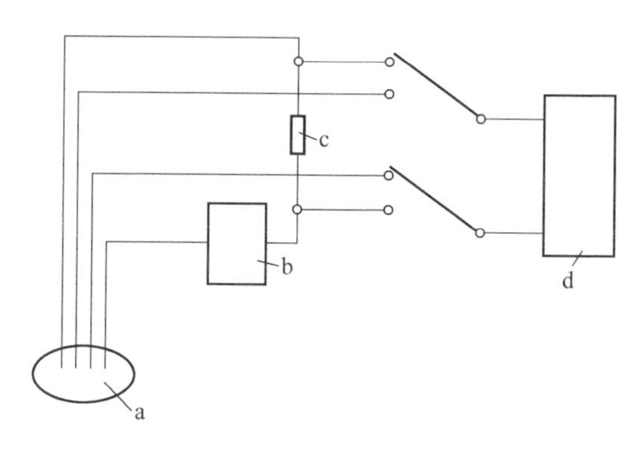

图 2-34 四探针法测量电导率原理示意图

a—样品；b—恒流电流；c—标准电阻；d—数字电压表

式中　σ——电导率，S/cm；

　　　ρ——电阻率，Ω·cm。

（5）吸波性能测试。吸波性能测试主要是对材料的电磁参数和雷达波波反射率进行测试。材料的电磁性质借助于综合参数——复介电常数 ε'、ε''和复磁导率 μ'、μ''表征，它们决定着介质中电磁能的积蓄和消耗。雷达波吸收剂的电磁参数是吸收剂的基本物理性能参数，也是吸波材料电磁参数优化设计的基础。吸收剂电磁参数数据的测试采用波导型反射传输法测量系统。雷达吸波材料（RAM）反射率是吸波材料的又一重要指标，它表示了吸波材料相对于金属平板反射的大小。常用的测量 RAM 反射率的方法有：弓形法、远场 RCS 法、空间样板平移法等。弓形法是 20 世纪 40 年代末美国海军研究实验室（NAL）发明的，该方法是国际上应用最广泛的吸波材料评价方法，正如它的名字指出的那样，分离的发射与接收天线安装在被测 RAM 样板上方的半圆架子上，样板置于弓形框的圆心，通过改变天线在弓形框上的位置，可以测试出不同入射角的 RAM 反射率，其系统如图 2-35 所示。本实验按照 GJB 2038—1994 雷达吸波材料反射率测试方法，采用弓形法测试系统测试材料的反射率。实验采用的矢量网络分析仪型号为：安捷伦 8722ES。

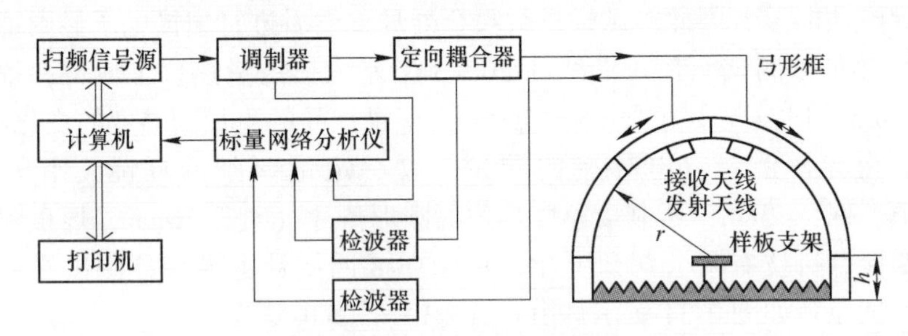

图 2-35　RAM 反射率弓形测试法系统组合方框图

电磁参数测试：将复合材料放入熔融的石蜡中均匀混合，混合物中的复合材料的质量分数为 50%，样品厚度为 2.0mm。采用安捷伦 HP8722ES 矢量网络分析仪测量样品的电磁参数，测量频率范围为 2~18GHz。

RAM 反射率测试：将复合材料放入熔融的石蜡中均匀混合，混合物中的复合材料的质量分数为 50%，将混好的复合材料和石蜡混合物涂覆于 RAM 衬板（RAM 衬板为标准板，良导体铝或铝合金板，尺寸为 180mm×180mm×2mm，尺寸公差为±0.10mm，表面平面度小于 0.10mm，两表面平行度小于 0.15mm，衬板材料的电导率大于 3.50×10^7S/m）上，反射率测试参照标准 GJB 2038—1994。测试方法采用 102-RAM 反射率弓形测试法测量，在微波暗室内，天线装置在共性框上，实现利用自由空间的 RAM 发射率测量。测试仪器：安捷伦 8722ES 矢量网络分析仪。测试系统：频率范围为 2~18GHz，工作方式为扫频，极化组合为线极化，动态范围 40dB。

2.4.3 结果与讨论

2.4.3.1 IR 分析

导电材料 X 掺杂聚 Schiff 碱的红外谱图如图 2-36 所示。在 $1604cm^{-1}$处的特征峰属于醌环的伸缩振动吸收峰；$1588.6cm^{-1}$、$1505.9cm^{-1}$处的特征峰是由 C═C 双键的面内振动引起的，归属于苯环的伸缩振动吸收峰；$1254.7cm^{-1}$ 和 $1163.3cm^{-1}$的特征峰由芳香族的 C—N 键存在产生的；$828.9cm^{-1}$出现较强吸收峰归属于苯环的对位取代。

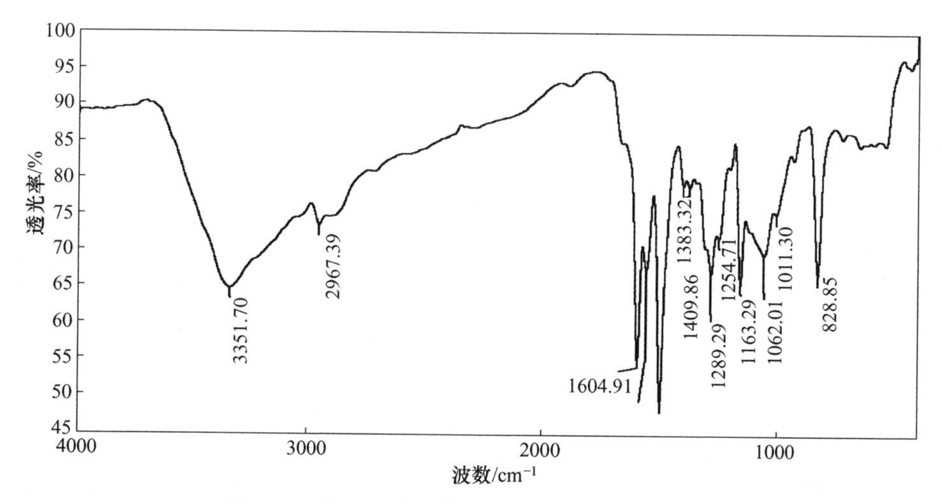

图 2-36 导电材料 X 掺杂聚 Schiff 碱的红外谱图

导电材料 X 掺杂聚 Schiff 碱盐的红外谱图如图 2-37 所示。在 $1569.9cm^{-1}$处的特征峰属于醌环的伸缩振动吸收峰；$1611.8cm^{-1}$、$1497.7cm^{-1}$处的特征峰是由 C═C双键的面内振动引起的，归属于苯环的伸缩振动吸收峰；$1240.2cm^{-1}$ 和 $1181.7cm^{-1}$的特征峰由芳香族的 C—N 键存在产生的；$818.5cm^{-1}$出现较强吸收峰归属于苯环的对位取代。

2.4.3.2 微观形貌表征（SEM 分析）

图 2-38 为导电材料 X 掺杂聚 Schiff 碱复合材料的 SEM 图。从图 2-38a 可见，导电材料 X 的长度较长且较直，粗细均匀，并且缺陷较少。从图 2-38b 中可以看出制备的聚 Schiff 碱为球型颗粒，且颗粒大小比较均匀，粒径尺寸在 1～3μm 之间，在图中可以明显地看到导电材料 X 被聚 Schiff 碱颗粒所包覆。从图 2-38c、d 中可以看出，导电材料 X 分布于聚 Schiff 碱颗粒中，并与聚 Schiff 碱颗粒形成一种网状结构，聚 Schiff 碱颗粒就是这个网络的节点，导电材料 X 则是连接各个节

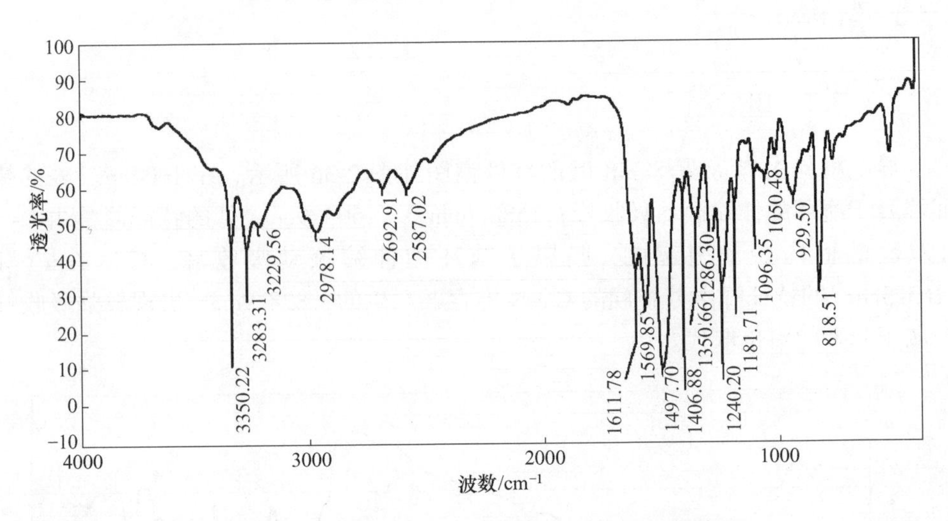

图 2-37　导电材料 X 掺杂聚 Schiff 碱盐的红外谱图

a　b　c　d

图 2-38　导电材料 X 掺杂聚 Schiff 碱复合材料的 SEM 图

点的丝线。

图 2-39a~d 为导电材料 X 掺杂聚 Schiff 碱盐复合材料的 SEM 图。从图 2-39a~d 中看到导电材料 X 分布于聚 Schiff 碱盐颗粒中，并与聚 Schiff 碱盐颗粒形成一种网状结构。在图 2-39d 中可以看出制备的聚 Schiff 碱盐为形状不规则的颗粒，且颗粒大小在 3~10μm 不等，可以明显地看到导电材料 X 被聚 Schiff 碱盐颗粒包覆所形成的网状整体。

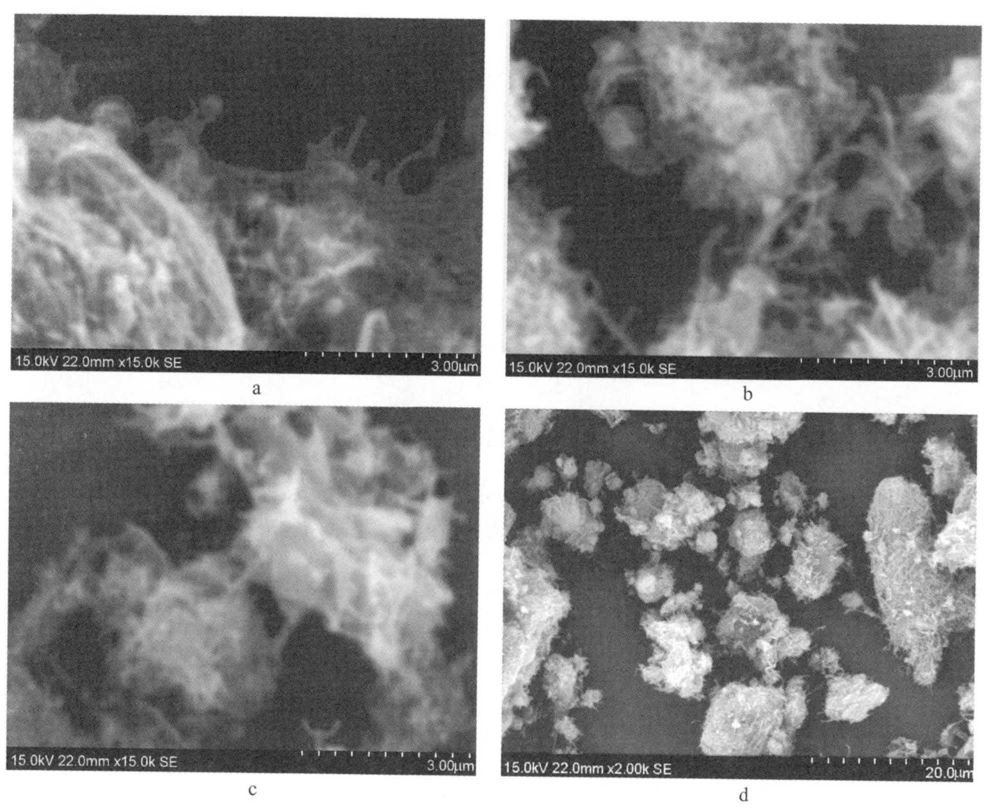

图 2-39 导电材料 X 掺杂聚 Schiff 碱盐复合材料的 SEM 图

通过以上复合材料的形貌测试，可以清楚地看到，聚 Schiff 碱或者聚 Schiff 碱盐与导电材料 X 进行了很好的复合，整个复合材料通过导电材料 X 很好的“串联起来”，这种网状包覆结构的复合材料能充分发挥导电材料 X 和聚 Schiff 碱（盐）自身的特性，同时能将两者的优点结合，起到协同增效的作用。

2.4.3.3 热失重测试

聚合物的热分解温度反映了聚合物材料对热的稳定性。热失重法（TGA）是在程序控制温度下，测量物质的质量与温度关系的一种技术。热失重法记录的是

TGA 曲线，它是以质量作纵坐标、从上向下表示质量减少；以温度（T）或时间（t）作横坐标，自左向右表示增加。图 2-40 和图 2-41 导电材料 X 掺杂聚 Schiff 碱及导电材料 X 掺杂聚 Schiff 碱盐复合材料的质量随温度的变化情况是聚合物的热失重（TGA）曲线，测定环境是在氮气氛围下，升温速度为 20℃/min，扫描温度范围为 50~700℃。

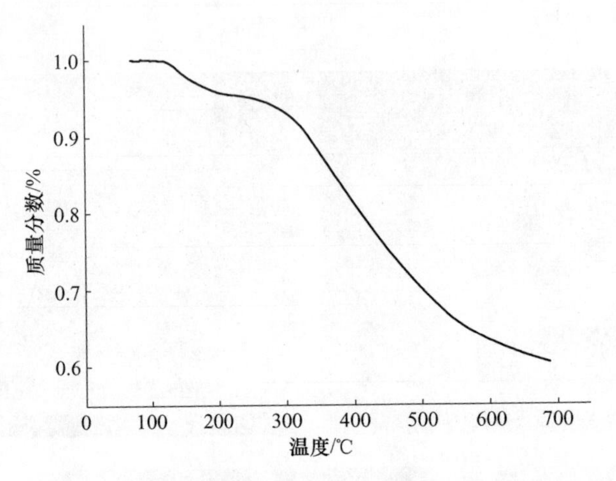

图 2-40　导电材料 X 掺杂聚 Schiff 碱的热重曲线

从图 2-40 中可以看出导电材料 X 掺杂聚 Schiff 碱热失重 5%的温度为 244℃，导电材料 X 掺杂聚 Schiff 碱热失重温度在 200℃以上，说明该复合材料的热稳定性相对较好。

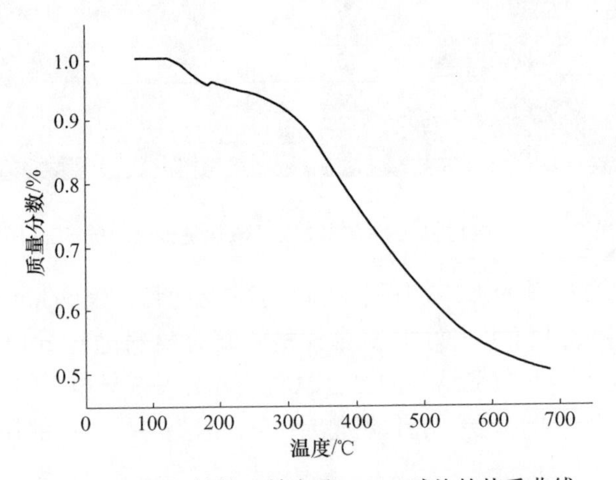

图 2-41　导电材料 X 掺杂聚 Schiff 碱盐的热重曲线

从图 2-41 中可以看出导电材料 X 掺杂聚 Schiff 碱盐热失重 5%的温度为 233℃，导电材料 X 掺杂聚 Schiff 碱盐热失重温度在 200℃以上，说明该复合材料有较好的热稳定性。

2.4.3.4 电导率测试

为了研究导电材料X掺杂量对整个复合物电导率的影响，制备复合材料过程中掺杂了不同质量的导电材料X，测试它们的电导率，测试结果见表2-5和表2-6。

表2-5 不同质量导电材料X掺杂Schiff碱的电导率

缩乙二醛对苯二胺Schiff碱（化合物1）与导电材料X的质量比	复合物电导率/$S \cdot cm^{-1}$
1∶0	$10^{-9} \sim 10^{-8}$
20∶1	$<10^{-6}$
10∶1	$<10^{-6}$
5∶1	0.005～0.04
3∶1	0.01～0.062
2.5∶1	0.08～0.3
2∶1	0.1～0.8
1.5∶1	0.35～2
1∶1	1～5

表2-6 不同质量导电材料X掺杂Schiff碱盐的电导率

缩对苯醌联苯胺Schiff碱银盐（化合物5b）与导电材料X的质量比	复合物电导率/$S \cdot cm^{-1}$
1∶0	$10^{-8} \sim 10^{-5}$
20∶1	10^{-5}
10∶1	10^{-4}
5∶1	0.01～0.09
3∶1	0.01～0.15
2.5∶1	0.08～0.5
2∶1	0.2～1.3
1.5∶1	0.5～3
1∶1	1～10

比较掺杂导电材料X之后的长链共轭Schiff碱发现，长链共轭Schiff碱及其盐本身的电导率较低，在掺杂一定量的导电材料X以后，复合物的电导率有了一定程度的增加，随着导电材料X质量的增加，复合物电导率变大。复合物电导率的变化是因为导电材料X与长链共轭Schiff碱进行了复合。聚合物中的电传导，不仅是共轭链内的传导，而且包含着分子链间及颗粒间的电传导。通过与导电材

料 X 复合，提高了长链共轭 Schiff 碱的分子链间紧密度，使 Schiff 碱大分子间及颗粒间连接起来，更有利于分子链间和颗粒间的电传导。在复合材料的 SEM 图中就能明显发现导电材料 X 在颗粒间所起“串联”作用。

电导率是吸波材料的一个极其重要的物理参数，研究发现当材料电导率处于半导体范围（10^{-4} ~ 10S/cm）时，雷达波吸收材料吸波性能较好。因此，选择电导率在半导体范围的复合材料进行吸波性能测试。

2.4.3.5　Schiff 碱复合材料吸波性能测试

A　Schiff 碱复合材料的电磁参数测试

本实验用安捷伦 8722ES 矢量网络参数扫频测量系统测量样品在不同微波频率下的复介电常数和复磁导率的实部与虚部，扫频范围为 2 ~ 20GHz，每隔 0.08GHz 测量一次数据。测试的复合材料为导电材料 X 掺杂聚 Schiff 碱/磁性材料 A 复合材料。其电磁参数测试结果如图 2-42 所示。

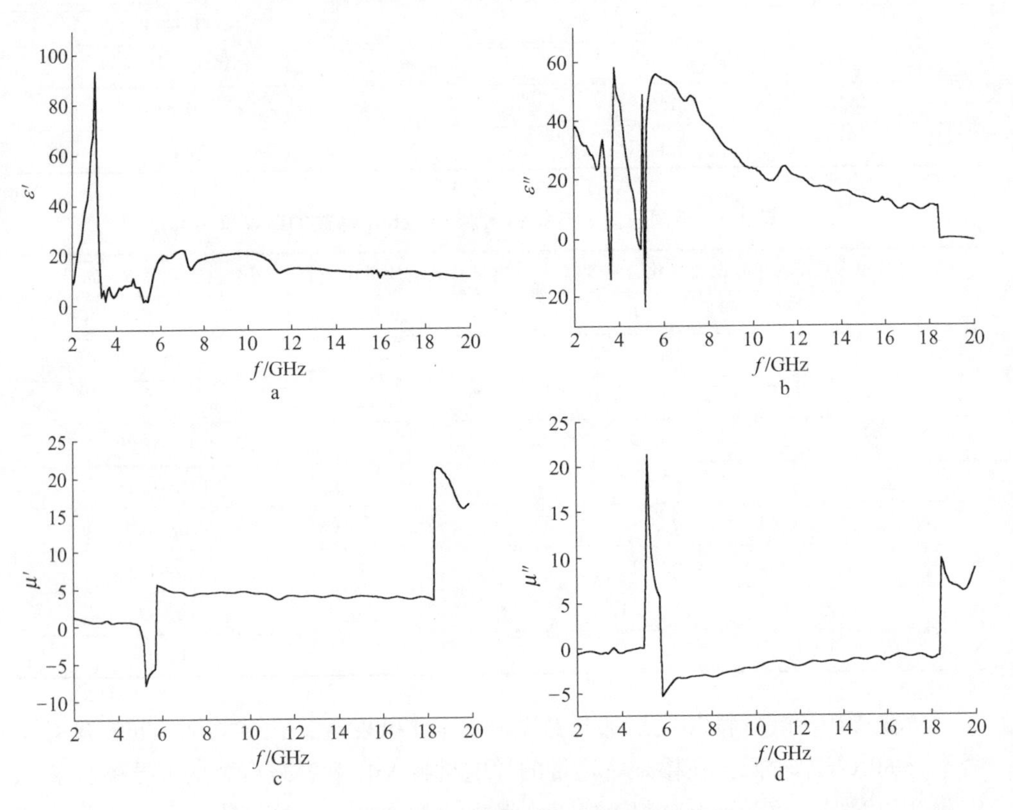

图 2-42　2 ~ 20GHz 波段内电磁参数测试结果

a—ε'值；b—ε''值；c—μ'值；d—μ''值

图2-42a~d分别为复合材料的复介电常数实部ε'，复介电常数虚部ε''，复磁导率实部μ'，复磁导率虚部μ''随频率变化的关系曲线。图2-42a中，复介电常数实部ε'值随着频率增长先变大后变小，之后再增大后变小，在3GHz时，ε'值最大；图2-42b中复介电常数虚部ε''值随着频率增长先变小，之后再增大后变小，在3.5GHz和5.1GHz时，ε''值最小，在5~20GHz，虚部ε''值缓慢变小趋于稳定；图2-42c中，复磁导率实部μ'值在2~5GHz范围的值较低，接近0，μ'值在5.1~6GHz较小，在6~18GHz范围内μ'值稳定在5左右；图2-42d中复磁导率虚部μ''值基本处于0左右，在4~5GHz则有个较高的峰值。

B Schiff碱复合材料的反射率测试

本实验用安捷伦8722ES矢量网络分析仪测量样品在不同微波频率下的雷达波反射率。实验测试了两组复合材料样品。第一组为导电材料X掺杂聚Schiff碱/磁性材料A复合材料（所用的聚Schiff碱为化合物1，即缩乙二醛对苯二胺Schiff碱），第二组为导电材料X掺杂聚Schiff碱盐/磁性材料B复合材料（所用聚Schiff碱盐为化合物5b，即缩对苯醌联苯胺Schiff碱银盐）。

第一组a：测试的样品是聚Schiff碱与磁性材料A混合组成的复合材料，磁性材料A以及导电材料X掺杂聚Schiff碱/磁性材料A（导电材料X与聚Schiff碱质量比为1∶5）的复合材料。样品的反射率测试结果如图2-43所示。

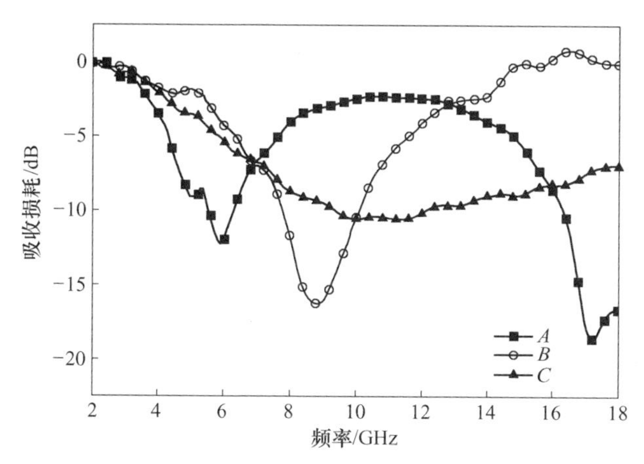

图2-43 聚Schiff碱/磁性材料A复合材料（曲线A），磁性材料A（曲线B）和导电材料X掺杂聚Schiff碱/磁性材料A复合材料（曲线C）的反射率

在图2-43中，聚Schiff碱直接与磁性材料A组成的复合材料（曲线A）在17.28GHz处有最大18.7dB的吸收损耗，在4.72~6.64GHz和15.84~18GHz两个频段内的吸收损耗均大于8dB；实验中所用磁性材料A样品（曲线B）在8.8GHz处有最大16.3dB的吸收损耗，在7.44~10.48GHz范围内的吸收损耗超过8dB；导电材料X掺杂聚Schiff碱/磁性材料A复合材料（导电材料X与聚

Schiff 碱的质量比为 1∶5，曲线 *C*）在 7.60～16.64GHz 范围内吸收损耗大于 8dB，在 11.44GHz 处有最大 10.61dB 的吸收损耗。

由图 2-43 可以看出，聚 Schiff 碱/磁性材料 A 复合材料，磁性材料 A 都有一定的吸波性能，与导电材料 X 掺杂聚 Schiff 碱/磁性材料 A 复合材料的反射率相比，在吸收最大值上还要高一点，但是吸收损耗大于 8dB 的频段就要窄了许多。导电材料 X 掺杂聚 Schiff 碱/磁性材料 A 复合材料在接近 9 个赫兹的宽频段内，雷达波吸收损耗超过 8dB。

第一组 b：测试的样品是聚 Schiff 碱分别掺杂不同质量的导电材料 X 后再与磁性材料 A 复合制备而成的。实验中选了 4 个不同比例的复合材料，分别是导电材料 X 与聚 Schiff 碱质量比为 1∶10、1∶5、1∶2.5 和 1∶1 四种比例的导电材料 X 掺杂聚 Schiff 碱，再与固定质量的磁性材料 A 的混合。样品的反射率测试结果如图 2-44 所示。

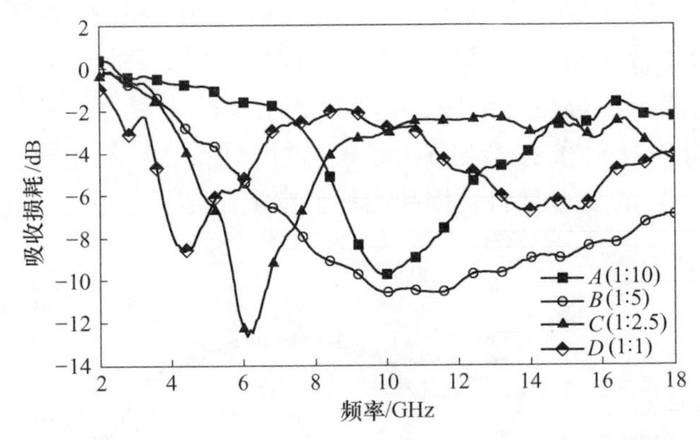

图 2-44　导电材料 X 掺杂聚 Schiff 碱/磁性材料 A 复合材料的反射率

在图 2-44 中曲线 *A* 为导电材料 X 掺杂聚 Schiff 碱/磁性材料 A 复合材料（导电材料 X 与聚 Schiff 碱的质量比为 1∶10），在 9.12～11.36GHz 范围内吸收损耗大于 8dB，在 10.00GHz 处有最大 9.76dB 的吸收损耗；曲线 *B* 为导电材料 X 掺杂聚 Schiff 碱磁性材料 A 复合材料（导电材料 X 与聚 Schiff 碱的质量比为 1∶5），在 7.60～16.64GHz 范围内吸收损耗大于 8dB，在 11.44GHz 处有最大 10.61dB 的吸收损耗；曲线 *C* 为导电材料 X 掺杂聚 Schiff 碱/磁性材料 A 复合材料（导电材料 X 与聚 Schiff 碱的质量比为 1∶2.5），在 5.52～7.12GHz 范围内吸收损耗大于 8dB，在 6.08GHz 处有最大 12.66dB 的吸收损耗；曲线 *D* 为导电材料 X 掺杂聚 Schiff 碱/磁性材料 A 复合材料（导电材料 X 与聚 Schiff 碱的质量比为 1∶1），在 4.08～4.64GHz 范围内吸收损耗大于 8dB，在 4.32GHz 处有最大 8.64dB 的吸收损耗。

由图 2-44 可以看出，导电材料 X 掺杂聚 Schiff 碱材料中，在导电材料 X 与聚 Schiff 碱的质量比为 1∶5 时，导电材料 X 掺杂聚 Schiff 碱与磁性材料 A 混合，整个复合材料对雷达波的吸收强，吸收频带宽，材料的雷达波吸收效果最好。

第二组 a：测试的样品是导电材料 X 与磁性材料 B 混合组成的复合材料，磁性材料 B 以及导电材料 X 掺杂聚 Schiff 碱盐（导电材料 X 与聚 Schiff 碱盐的质量比为 1∶3）的复合材料。样品的反射率测试结果如图 2-45 所示。

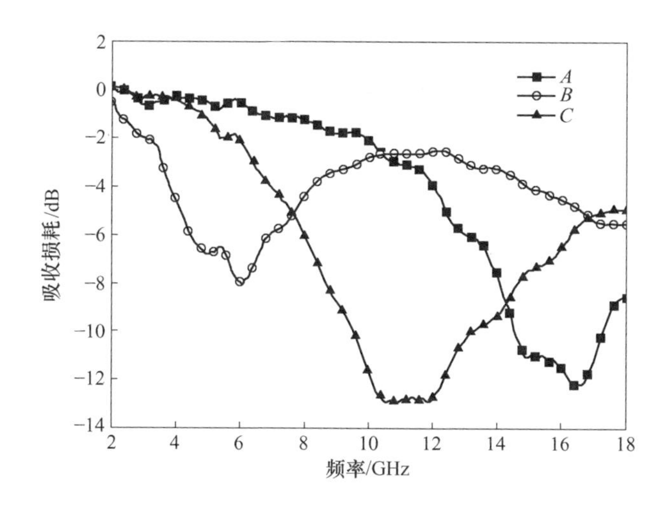

图 2-45 聚 Schiff 盐/磁性材料 B 复合材料（曲线 *A*），磁性材料 B（曲线 *B*）和导电材料 X 掺杂聚 Schiff 碱盐/磁性材料 B 复合材料（曲线 *C*）的反射率

在图 2-45 中，聚 Schiff 碱盐直接与磁性材料 B 组成的复合材料（曲线 *A*）在 6.08GHz 处有最大 8dB 的吸收损耗，在其他频段内的吸收损耗均低于 8dB；实验中所用磁性材料 B 样品（曲线 *B*）在 16.4GHz 处有最大 12.2dB 的吸收损耗，在 14.16~18.00GHz 范围内的吸收损耗超过 8dB；曲线 *C* 为导电材料 X 掺杂聚 Schiff 碱盐/磁性材料 B 复合材料（导电材料 X 与聚 Schiff 碱盐的质量比为 1∶3）在 8.72~14.56GHz 范围内吸收损耗大于 8dB，在 10.56GHz 处有最大 12.9dB 的吸收损耗。

由图 2-45 可以看出，聚 Schiff 碱盐/磁性材料 B 复合材料，磁性材料 B 均有一定的吸波性能，但与导电材料 X 掺杂聚 Schiff 碱盐/磁性材料 B 复合材料的反射率相比，无论是吸收最大值、吸收强度和吸收损耗大于 8dB 的频宽上，导电材料 X 掺杂聚 Schiff 碱盐/磁性材料 B 复合材料的吸波性能均是最好的。

第二组 b：测试的样品是聚 Schiff 碱盐分别掺杂不同质量的导电材料 X 后再与磁性材料 B 复合制备而成的。实验中选了 3 个不同比例的复合材料，分别是导电材料 X 与聚 Schiff 碱盐质量比为 1∶5、1∶3 和 1∶1 三种比例的导电材料 X 掺杂聚 Schiff 碱盐，再与固定质量的磁性材料 B 混合制成的复合材料样品。样品的反射率测试结果如图 2-46 所示。

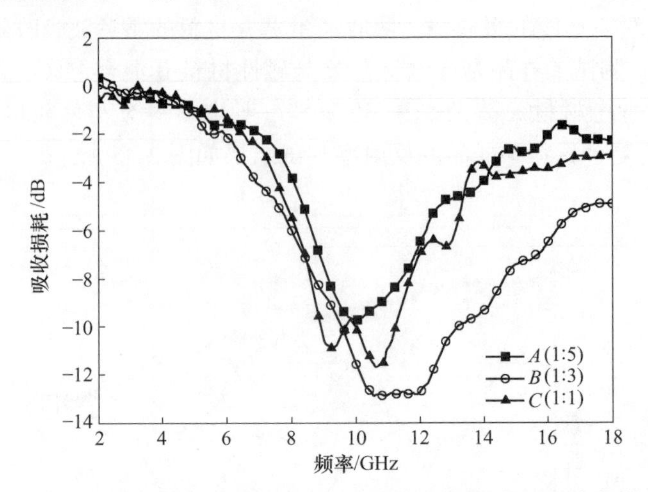

图 2-46　导电材料 X 掺杂聚 Schiff 碱盐/磁性材料 B 复合材料（导电材料 X 与聚 Schiff 碱质量比不同）的反射率

在图 2-46 中曲线 *A* 为导电材料 X 掺杂聚 Schiff 碱盐/磁性材料 B 复合材料（导电材料 X 与聚 Schiff 碱盐的质量比为 1∶5），在 9.12~11.36GHz 范围内吸收损耗大于 8dB，在 10.00GHz 处有最大 9.76dB 的吸收损耗；曲线 *B* 为导电材料 X 掺杂聚 Schiff 碱盐/磁性材料 B 复合材料（导电材料 X 与聚 Schiff 碱盐质量比为 1∶3），在 8.72~14.56GHz 范围内吸收损耗大于 8dB，在 10.56GHz 处有最大 12.9dB 的吸收损耗；曲线 C 为导电材料 X 掺杂聚 Schiff 碱盐/磁性材料 B 复合材料（导电材料 X 与聚 Schiff 碱盐质量比为 1∶1），在 8.64~11.6GHz 范围内吸收损耗大于 8dB，在 10.64GHz 处有最大 11.7dB 的吸收损耗。

由图 2-46 中可以看出，导电材料 X 掺杂聚 Schiff 碱盐材料中，在导电材料 X 与聚 Schiff 碱盐的质量比为 1∶3 时，导电材料 X 掺杂聚 Schiff 碱盐与磁性材料 B 混合，整个复合材料对雷达波的吸收最强，吸收频带也较宽，材料的雷达波吸收效果最好。

C　复合材料吸波机理探讨

吸波材料的吸波原理是吸收或衰减入射电磁波，并将电磁能转变成热能或其他形式的能量而耗散掉。在吸波材料制作过程中发现，提高吸波性能的基本途径是在提高介电损耗和磁损耗的同时，还必须符合阻抗匹配条件，而单一品种的吸收材料很难同时满足阻抗匹配和强吸收的特点。如果将材料进行多元复合，在尽可能匹配的条件下通过调节电磁参数是提高吸收的有效途径。

本章研究结果与上述理论相符，单纯的电损耗吸波剂（导电材料 X 掺杂聚 Schiff 碱）或者磁损耗吸波剂（磁性材料 A、B）对雷达波有一定的吸收损耗，吸收效果不佳。导电材料 X 掺杂聚 Schiff 碱/磁性材料 A 复合材料及导电材料 X 掺杂聚 Schiff 碱盐/磁性材料 B 复合材料则具有良好的吸波性能。万梅香等人[26,27]通过大量研究表明，当导电有机聚合物电导率处于半导体范围（10^{-2}～10^{2}S/m）时具有优异的吸波性能，即具有半导体特性的导电有机聚合物具有良好的微波吸收特性，且在这个范围内它的吸波性能随电导率的增加而增加。在本研究中，发现电损耗吸波剂（导电材料 X 掺杂聚 Schiff 碱）电导率在半导体范围内，复合材料的吸波性能较好，但不是越大越好。由于复合材料中还有磁损耗吸波剂（磁性材料 A、B），电导率越大反而越不好。产生这种现象的原因可能是电导率太高，使整个复合材料的复介电常数与复磁导率不匹配，雷达波在进入涂层过程中有较大的反射，影响了材料的吸波性能。本章研究的电损耗吸波剂（导电材料 X 掺杂聚 Schiff 碱）在电导率为 0.005～0.04S/cm 时，与磁损耗吸波剂（磁性材料 A、B）复合之后的复合材料吸波性能最好。

2.5 本章小结

本章中以合成具有功能性的共轭长链 Schiff 碱及其盐，并通过与导电材料 X、磁性材料复合制备了共轭长链聚 Schiff 碱及其盐的复合材料，对它们的结构进行了表征，测试与讨论了它们的导电性能和吸波性能。主要做了以下几方面的工作[28]：

（1）设计合成了三种缩二醛二胺类长链共轭 Schiff 碱，在此基础上与三种过渡金属盐反应合成了九种缩二醛二胺类长链共轭 Schiff 碱盐。通过红外光谱、紫外-可见吸收光谱、凝胶色谱表征了这些化合物的结构，通过电导率测试对它们的导电性能进行了研究。

（2）设计合成了三种缩二酮二胺类长链共轭 Schiff 碱，之后与三种过渡金属盐反应合成了九种缩二酮二胺类长链共轭 Schiff 碱盐。通过红外光谱、紫外-可见吸收光谱、凝胶色谱表征了这些化合物的结构，通过电导率测试对它们的导电性能进行了研究。

（3）用导电材料 X 对一种缩二醛二胺类长链共轭 Schiff 碱和一种缩二酮二胺类长链共轭 Schiff 碱盐进行掺杂，再与磁性材料复合制成两种新型复合吸波材料，研究了它们的导电性能和吸波性能，并对复合材料的电磁参数进行分析，结果表明新制成的复合材料具有优异吸波性能，在 7.6～16.6GHz 范围内有 8dB 以上的吸波损耗。

参 考 文 献

[1] Ilhan S, Teme H, Ismail Y, et al. Synthesis and characterization of new macrocyclic Schiff base

derived from 2,6-diaminopyridin and 1,7-bis(2-formylphenyl)-1,4,7-trioxaheptane and its Cu (Ⅱ), Ni (Ⅱ), Pb (Ⅱ), Co (Ⅲ) and La (Ⅲ) complexes [J]. Polyhedron, 2007, 12 (26): 2795~2802.

[2] Nishikawa H, Oshima H, Narita K, et al. Syntheses of new TTF-based metal complexes for conducting and magnetic systems: Schiff base-type metal complex with partially oxidized TTF moiety [J]. Physica B: Condensed Matter, 2010, 11 (405): S55~S66.

[3] İsmet K, Mehmet Y, Musa K. Synthesis and characterization of new polyphenols derived from o-dianisidine: The effect of substituent on solubility, thermal stability, and electrical conductivity, optical and electrochemical properties [J]. European Polymer Journal, 2009, 5 (45): 1586~1598.

[4] Joseyphus R S, Viswanathan E, Dhanaraj C J, et al. Dielectric properties and conductivity studies of some tetradentate cobalt (Ⅱ), nickel (Ⅱ), and copper (Ⅱ) Schiff base complexes [J]. Journal of King Saud University-Science, 2011, 3: 1~4.

[5] Hassib H, Razik A A. Dielectric properties and AC conduction mechanism for 5,7- dihydroxy-6-formyl-2-methylbenzo-pyran-4-one bis-schiff base [J]. Solid State Communications, 2009, 9 (147): 345~349.

[6] İsmet K, Mehmet Y, Synthesis and characterization of graft copolymers of melamine: Thermal stability, electrical conductivity, and optical properties [J]. Synthetic Metals, 2009, 15 (159): 1572~1582.

[7] 范丛斌，熊国宣，黄海清，等．新型视黄基Schiff碱盐的合成与导电性能 [J]．材料科学与工艺，2008，5 (16)：609~613.

[8] 李春生，李晓常，李世缙．可溶性共轭聚Schiff碱的合成、表征及电性能 [J]．高分子学报，1994，4：418~425.

[9] Banerj E S, Saxena C, Pranav K, et al. Poly-Schiff bases Ⅱ. Synthesis and characterization of polyetherktoimines [J]. European Polymer Journal, 1996, 32 (5): 661~664.

[10] İsmet K, Ali B, Murat G. Schiff base substitute polyphenol and its metal complexes derived from o-vanillin with 2,3-diaminopyridine: synthesis, characterization, thermal, and conductivity properties [J]. Polymer Advance Technology, 2008, 19: 1154~1163.

[11] Wang D H, Ma F H, Qi S H, et al. Synthesis and electromagnetic characterization of polyaniline nanorods using Schiff base through "seeding" polymerization [J]. Synthetic Metals, 2010, 19~20 (160): 2077~2084.

[12] 熊小青，周瑜芬．新型聚二茂铁基Schiff碱及其盐的合成与性能 [J]．江西师范大学学报 (自然科学版)，2008，6 (32)：641~644.

[13] Moumita B, Guillaume P, Javier T, et al. Synthesis, crystal structure, and magnetic properties of a new tetranuclear Cu (Ⅱ) Schiff base compound [J]. Inorganica Chimica Acta, 2009, 8 (362): 2915~2920.

[14] Santarupa T, Partha R, Georgina, et al. Ferromagnetic exchange coupling in a new bis (μ-chloro)-bridged copper (Ⅱ) Schiff base complex: Synthesis, structure, magnetic properties

and catalytic oxidation of cycloalkanes [J]. Polyhedron, 2009, 4 (28): 695~702.

[15] Pallab B, Shouvik C, Michael G B, et al. Synthesis, structure and magnetic properties of mono- and di-nuclear nickel (Ⅱ) thiocyanate complexes with tridentate N_3 donor Schiff bases [J]. Polyhedron, 2010, 13 (29): 2637~2642.

[16] Bhargavi G, Rajasekharan M V, Costes J P, et al. Synthesis, crystal structure and magnetic properties of dimeric Mn (Ⅲ) Schiff base complexes including pseudo halide ligands: Ferromagnetic interactions through phenoxo bridges and single molecule magnetism [J]. Polyhedron, 2009, 7 (28): 1253~1260.

[17] Pampa M, Michael G B, Vassilis T, et al. Facile strategies for the synthesis and crystallization of linear trinuclear nickel (Ⅱ) Schiff base complexes with carboxylate bridges: Tuning of coordination geometry and magnetic properties [J]. Polyhedron, 2009, 14 (28): 2989~2996.

[18] Ding C X, He C H, Zeng F H, et al. A zipper-like double chain coordination polymer constructed from a novel pseudo-macrocyclic binuclear Cu (Ⅱ) complex [J]. Inorganic Chemistry Communications, 2011, 2 (14): 370~373.

[19] Bernd R M, Guido L. Cooperative magnetic behavior of self-assembled iron (Ⅱ) chelate chain compounds [J]. Chemical Phycsics Letters , 2000, 319 (324): 368~374.

[20] Béla P, Emadeddin T, Sάndor S. Electronic Effects on the Ground-State Rotational Barrier of Polyene Schiff Bases: A Molecular Orbital Study [J]. The Journal of Physical Chemistry B. Materials, Surfaces, Interfaces & Biophysical, 1999, 103 (25): 5388~5395.

[21] 刘志超, 孙维林, 刘爽, 等. 2,4-二氨基-6-苯基-1,3,5-三嗪聚 Schiff 碱 Fe^{2+} 配合物的合成及性能研究 [J]. 高分子学报, 2004, 5: 667~672.

[22] 王少敏, 高建平, 于九皋, 等. 视黄基 Schiff 碱盐的合成及其吸波性能 [J]. 应用化学, 1999, 16 (6): 42~45.

[23] 王蓓. 视黄基 Schiff 碱盐的制备及毫米波衰减性能研究 [D]. 南京: 南京理工大学, 2009.

[24] 丁春霞, 范丛斌, 章洛汗, 等. 新型视黄基 Schiff 碱盐的合成与吸波性能研究 [J]. 化工工业与工程技术, 2006, 4 (27): 4~6.

[25] 王少敏, 高建平, 于九皋, 等. 大分子视黄基 Schiff 碱盐微波吸收剂的制备 [J]. 宇航材料工艺, 2000, 2: 41~43.

[26] 万梅香, 李素珍. 新型导电聚合物微波吸收剂的研究 [J]. 宇航材料工艺, 1989, 4: 28~32.

[27] 万梅香. 导电高聚物微波吸收机理的研究 [J]. 物理学报, 1992, 41 (6): 917~923.

[28] 刘辉林. 长链共轭聚 Schiff 碱及其盐的合成与性能研究 [D]. 南昌: 南昌航空大学, 2012.

3 手性聚 Schiff 碱的制备及其复合材料的吸波性能研究

3.1 概述

手性电磁防护吸波材料是在 20 世纪 80 年代开始研究的一种新型吸波材料，是一种具有螺旋构造的各向同性电磁材料，其特点是在电磁场的作用下会产生电场磁场的交叉极化[1]，而具有更好的吸波性能。与普通吸波材料相比，它有两个优势：一是调整手性参数比调整介电常数和磁导率容易，可以在较宽的频带上满足无反射要求；二是手性材料的频率敏感性比介电常数和磁导率小，容易实现宽频吸收[2]。因此，手性材料在扩展吸波频带和低频吸波方面有很大的潜能。

1989 年，Jaggard 等人[3]从理论上证明在一定条件下可以将手性介质制备成无反射吸波材料，引起了广泛的兴趣，近年来世界各国都有开展此项研究的课题。1994 年，Varadan 等人[4]在无线电科学发表文章称：他们测定了手性复合材料在 8~40GHz 频段范围内的手性参数和电磁参数，迄今为止手性吸波材料经过大量的研究，已经取得了一些重要的成果。

3.1.1 手性吸波材料的吸波机理

手性材料的吸波机理有两种说法：一种是手性物质通过其旋光色散性吸收电磁波能量，当电磁波通过手性材料时，电磁波的偏振将沿传播方向旋转，其椭圆偏振率将随着传播的距离而不断变化。赵东林等人[5]通过对线圈状和麻花状两种典型螺旋手征碳纤维以及直线碳纳米管在 8.2~12.4GHz 的微波介电特性研究，发现螺旋碳纤维与微波作用时的手性特征是导致其介电损耗角正切增大、吸波增强的主要原因；另一种是在于它独特的螺旋几何结构，对于手性材料来说，其物质方程为 $D=\varepsilon E+i\xi B$ 、$H=B/\mu+i\xi E$ ，其中 E、D 为电场强度和电感应强度，H、B 为磁场强度和磁感应强度，ε 和 μ 为介电常数和磁导率，ξ 为手性参数[6]。对手性材料来说[7]，入射电磁波的电场不但能引起电极化，还能引起磁极化；同样磁场也能同时引起磁极化和电极化，这种电磁场的交叉极化是手性吸波材料的根本特点。螺旋结构引起电磁波交叉极化而产生电与磁的耦合，因而螺旋聚合物具有更好的吸波性能[6]。

对于厚度为 d 的手性吸波材料，$Z=\eta_c\tanh(iKd)$ ，$\eta_c=\eta/\sqrt{\eta+\eta^2\xi}$ ，$K_c=$

$\pm\omega\varepsilon\mu+\sqrt{\varepsilon\mu+\mu^2\xi^2}$ [6]，即手性材料的吸波性能由 ε、μ、ξ 这三个参数决定。手性吸波材料在某一电磁波频段，都存在一个吸波性能最好的 ξ 值。葛副鼎的研究[8]表明手性参数 ξ 的大小和手性微体的含量有关，含量越高，手性参数越大；对于一般的手性微体，手性参数最大时其螺距和半径比为 0.23；对单层手性材料，在一定的范围内调整手性参数 ξ 的实部可以提高材料的吸波性能，调整 ξ 的虚部，可以调整其工作频率；而对双层材料来讲，手性参数 ξ 的实部会同时影响材料的吸波性能和工作频率，ξ 虚部的改变对吸波性能和工作频率均未有影响。针对不同物质、不同涂层的手性吸波材料，通过调整其手性参数可以获得吸波性能更加优良、更具针对性的隐身材料。

3.1.2 手性吸波材料研究现状

现在研究最多的手性微体主要有金属手性微体、微螺旋碳纤维以及手性导电聚合物。

（1）金属手性微体。金属手性微体具有耐磨性、高弹性、良好的导电性和烧结性等优点，取材、制作工艺相对简单，也是较早研究的一种手性吸波材料。金属手性微体大多作为掺杂体掺入环氧树脂或石蜡等基底中。早在 20 世纪 50 年代 Tinoco 等人[9]就将金属铜丝绕成三匝螺旋圈使其具有了手性，从而发现了制作手性吸波材料最为简单的方法。1979 年 Jaggard[10]将随机取向的导体螺旋丝埋入普通电介质中，并给出了其有效的电磁参数。

1994 年，Alfred 和 Karl[11]利用一种散射模型研究分析了螺旋体浓度、尺寸对手性材料性质的影响。G. C. Sun[12]证实将铜螺线圈加入 Fe_3O_4-聚苯胺复合体中，复合体的最佳衰减从-17.8dB 提高到-25dB。章平[13]选用细铜丝烧制出不同螺距、螺径、线径的铜螺旋体，对其吸波性能进行测试。测试结果表明在频率 8.5~11.5GHz 区间，螺旋体浓度对手性材料的手性参数和电磁参数都有明显的影响，浓度在 1.6%~3.2%时手性样品的吸波性能最佳。采用电导率不同的聚苯胺作为基底时，当频率大于 10GHz 时，手性参量 ξ 随基底电导率的增加而增大。表明随着电导率的增高，加速了手性材料内部的电损耗，从而加大了电磁波的衰减，因此可以通过适当改变基底的电导率来调节手性复合材料的电磁参数和吸波性能。

戴银所、陆春华等人[14,15]利用卷簧机将直径为 0.5mm 的钢丝加工成 4 层宝塔形，其高度为 8mm，最大螺旋直径为 8mm，最小为 4mm。将其与水泥净浆均匀混合制成样品，测试其吸波性能。测试结果表明水泥净浆加入手性钢纤维后，在高频区电磁波吸收性能有所提高且有尾型螺线圈的屏蔽效能明显大于无尾型。康青等人[16]将 3 圈螺线圈作为手性体掺入铁晶矿砂与 425 级水泥组成的细骨料中。采用超声、机械振动等方法分散铁晶矿砂和手性体，制成样品。测试结果表明：手性吸波混凝土在10MHz以下低频段具有良好的屏蔽效能。

金属手性微体加入一般的基底中能够有效地提高材料的吸波性能，且会随着基底电导率的不同而变化，同时和水泥复合也表现出不俗的吸波性能；然而金属手性微体的制作往往采用手工，很难大批量生产[17]，另一方面微体材质密度及制作出来的尺寸都较大，使得手性微体复合材料重量和厚度较大。

（2）螺旋碳纤维。螺旋碳纤维是一种具有着特殊螺旋结构、具备良好电磁性能的碳纤维材料，具有耐摩擦、低密度、高电热传导性等特点。1953年Davis[18]首次报道在电镜下从一氧化碳的裂解产物中，可以看到相互缠卷在一起的两根碳纤维。20世纪90年代，S. Motojima研究小组以镍粉作为催化剂，重现性较好地合成出了螺旋碳纤维。目前，制备螺旋碳纤维大都采用该方法。一般来讲，制备出来的螺旋碳纤维是由两根直径为数百纳米的碳纤维相互缠绕而呈现出双螺旋结构，两根碳纤维的旋向、螺径以及螺旋长度都相同。

Du Jinhong等人[19]研究了在Ku波段（12.4~18GHz）范围内，螺旋碳纤维/石蜡复合材料的电磁性能，结果表明这种复合材料在Ku波段以介电损耗为主。S. Motojima研究小组[20,21]研究了螺旋碳纤维在W波段（75~110GHz）的吸波特性。将螺旋碳纤维加入到复合材料中制成样品，利用自由空间法测复介电常数，计算电磁波的反射率。实验发现：螺旋碳纤维含量不同其反射率衰减差异很大。样品中不含螺旋碳纤维而只含铁氧体或者碳粉时，不会吸收W波段的电磁波；加入的螺旋碳纤维质量分数为1%时，样品在W波段的电磁波衰减都优于-10dB，最大衰减-30dB；若加入的螺旋碳纤维含量超过2%时，吸波效果逐渐降低，大于5%不再具有吸波效果；在含量增加的过程中，材料的吸收频段逐渐往低频移动且频带变宽。

北京化工大学沈曾民等人[22]通过气相催化裂解法制备出不同大小的螺旋碳纤维，测量在2~18GHz波段内的吸波性能。结果显示：螺径4μm，螺距0.5~0.8μm的吸波性能最好；衰减优于-5dB的频段为4.6~18GHz，衰减优于-10dB的频段为10~15GHz，在12.4GHz时达到最大衰减-18dB。经过计算得知，发现这组手性参数ξ比其他的更为接近0.23。陈丽娟等人[23]利用新型无毒催化剂制备出的螺旋碳纤维并经过修饰，检测发现：经过修饰的比未修饰的螺旋碳纤维吸波性能达到-5dB的频段从5.3~18GHz提高到3.6~18GHz。

研究结果表明当螺旋碳纤维的手性参数越接近0.23时，其在某一波段的吸波效果就越好；同时碳纤维长度对吸波性能也有很大影响，长度越长吸波频带越宽，螺旋碳纤维可以吸收比自身尺寸大2~3个数量级的波长；适当的修饰螺旋碳纤维将会增加吸波效果。

螺旋碳纤维是一种新型的手性吸波材料，吸波效果会因手性参数和纤维长度不同而不同。在制作过程中，需要深入了解其生长机理、优化工艺，从而更加有效地控制螺旋结构；同时由于在制作过程中，产物相互缠绕，紧密相连，化学方法分散效果不佳，物理分离方法又会对螺旋结构造成较大伤害[6]，这些都是研究过程中需要首先解决的问题。

（3）手性导电高聚物。手性导电高聚物又称手征合成金属，具有良好的导电性能，是在导电高分子和手性高分子的基础之上发展起来的[24]。研究表明导电聚合物的电导率在 10^{-2}～10^{2}S/m 时具有良好的吸波性能，本课题组研究的电导率在此范围内的掺杂聚苯胺取得了良好的吸波效果[25]。手征聚合物是指聚合物本身或构象的不对称性而具有旋光性的高分子，因带有不对称或含有手性原子的基团而具有构型上的特异性，从而形成相对稳定的螺旋链高聚物[24]。1985年，Elsenbaumer 等人[26]合成出具有导电能力的手征聚吡咯、聚乙炔，提出了共轭高聚物的手征性。Majidi、Ramos 等人[27~30]分别制备了聚丁二炔、聚甘菊环、聚甲苯胺、聚苯胺等手性聚合物并对其结构进行了表征。

手性导电高聚物的合成一般分为两种类型，一种类型是非手性单体在聚合过程中加入手性诱导剂来实现其空间螺旋结构，手性导电聚苯胺的合成就是利用这样的方法：1994 年 Wallace 课题组利用手性诱导剂——L(D)-樟脑磺酸制备出单一螺旋构型的导电聚苯胺膜[31]。

朱俊廷[32]等人将本征态聚苯胺（EB）加入到手性樟脑磺酸（CAS）中，经超声波振动获得 CSA/EB 比例不同的手性聚苯胺复合吸波材料，并对其吸波性能进行研究，测试结果显示在大于 11.0GHz 频段的吸波衰减率大于 70%，在 13.6GHz 处表现出最大衰减-12.8dB。当 CSA/EB＝3.0 时，当涂层厚度从 1.5mm 增加到 3mm 时，最大衰减从 13.6GHz 处的-12.8dB 减少到 5GHz 处的-8.0dB。优于-5dB 反射衰减的频段从 7.7～15GHz 变为 4.0～7.0GHz，即随着吸波涂层厚度的增加，衰减逐渐向低频方向移动。

另一种类型是利用手性单体在一定的反应条件、适合的催化剂作用下，直接聚合成具有螺旋结构的导电聚合物。手性导电聚噻吩[33]、聚吡咯[34]等一般采用此法。

3.1.3 聚 Schiff 碱吸波材料的研究进展

聚 Schiff 碱又称聚甲亚胺、聚偶氮甲碱，该材料具有多种特性，如耐热性、螯合性、液晶性、导电性等，与聚噻吩、聚苯胺等一样含有共轭结构，因而在吸波方面有广阔的应用前景。

3.1.3.1 聚 Schiff 碱的导电性能

就聚 Schiff 碱导电材料的损耗机理来说，归属于电损耗型吸波材料。万梅香等人[35,36]经过大量研究发现，当导电聚合物电导率处于半导体范围（10^{-4}～1S/

cm）时具有良好的吸波性能，即具有半导体特性的导电有机聚合物具有良好的微波吸收特性。国内外有许多科学工作者对聚Schiff碱的导电性能做了研究，也有很多这方面的文献报道。

本征态的聚Schiff碱电导率较低，通过掺杂可以提高聚Schiff碱的电导率，目前研究较多的为聚Schiff碱的碘掺杂。Meixiang Wan[37]以2,6-吡啶二醛分别与对苯二胺、邻苯二胺反应缩聚合成了两种聚Schiff碱，研究发现对苯二胺合成的聚Schiff碱经过碘掺杂后电导率可以达到10^{-6}S/cm，相比邻苯二胺合成的聚Schiff碱高出两个数量级。Weilin Sun等人[38]用2,2′-二胺-4,4′-二噻唑与对苯二甲醛反应合成了一种新的聚Schiff碱，通过碘掺杂后聚Schiff碱的颜色由亮红色转变为紫黑色，电导率可以达到7×10^{-7}S/cm，实现了由绝缘体到半导体的过渡。李春生等人[39]用对苯二胺与四种主链相同而侧链不同的二羰基化合物反应合成了四种聚Schiff碱，研究了本征态和碘掺杂态聚Schiff碱的电导率，发现碘掺杂后的电导率从$10^{-12}\sim10^{-11}$S/cm提高到$10^{-4}\sim10^{-3}$S/cm。熊国宣[40]用乙二醛和乙二胺在0℃和弱酸的条件下合成了长链聚Schiff碱，其电导率为1.30×10^{-6}S/cm，用$FeCl_3$对合成的聚Schiff碱进行掺杂，产物聚Schiff碱铁盐的电导率显著提升，饱和掺杂下的聚Schiff碱铁盐的电导率为3.02×10^{-3}S/cm。从以上研究中可以看出，聚Schiff碱通过碘掺杂后，电导率均有提升，但也存在着电导率较低的问题。另外，碘掺杂后的聚Schiff碱容易发生脱掺杂，电导率易发生改变。

3.1.3.2　聚Schiff碱的磁性能

近年来，有不少关于聚Schiff碱磁性的研究，通过调整聚Schiff碱的分子结构或者与不同种类的金属离子配位可得到不同磁性能的有机磁体，这些有机磁体具有密度低、加工性能好、与树脂兼容性好等优点，但相比无机磁体还是存在磁性能较差的缺点。

孙维林等人[41]选用2,4-二氨基-6-苯基-1,3,5-三嗪与2,2′-二氨基-4,4′-联噻唑两种二胺，与苯二甲醛、乙二醛反应合成了6个结构新颖的含芳杂环聚Schiff碱，另外合成了2个Fe^{2+}配合物，利用多功能材料物理特性测试系统测量其磁性能，结果表明这两种配合物均属于有机软铁磁体。熊小青等人[42]制备了一种聚二茂铁基Schiff碱及其锌、锡、钴配合物，其中钴配合物的饱和磁场强度有0.612emu/g，剩余磁场强度有0.0257emu/g，矫顽力为130Oe，具有一定的磁性能，属于有机磁性聚合物。熊国宣等人[43]先通过有机合成反应制备了2,2′-二氨基-4,4′-联噻唑（DABT），再与二茂铁甲醛经过缩合反应获得二茂铁Schiff碱，然后利用傅-克酰基化反应合成了聚二茂铁Schiff碱，并与$FeSO_4$、$NiSO_4$和$CuSO_4$反应获得相应的金属配合物，用古埃磁天平测试了配合物的磁性能，发现配合物比配体的磁增重显著提高，而铜配合物的性能最好，这意味着它可以作为一种有机新型的电磁功能材料。Weilin Sun 等人[44]用2,2′-二氨基-4,4′-联噻唑和5,6-二氨基-1,10-邻菲咯啉与对二葵氧基对苯二甲醛反应合成了两种新颖的聚Schiff 碱，其相应的 Nd^{3+}配合物也被合成，测试了配合物在变磁场强度以及变温下的磁性能，结果表明：在低温下，两种聚 Schiff 碱 Nd^{3+}配合物具有软磁材料的特点。

3.1.3.3 聚 Schiff 碱的吸波性能

当聚 Schiff 碱上碳氮双键上的氮原子失去孤对电子时，可以作为电子给体，而碘、金属盐等掺杂物质可作电子受体，从而获得导电以及吸收电磁波的目的。也有人认为，聚 Schiff 碱是以单双键的共轭来传递电荷，从而获得导电以及吸收电磁波的效果。

视黄基 Schiff 碱材料是一种美国最先研制的吸波材料，具有质量轻、频带宽、吸波性能好的优点，只有铁氧体 1/10 的质量，但对电磁波衰减达 80%以上，因而受到许多国内外科技工作者的重视。王寿太等人[45]研究了几种视黄基 Schiff 碱及其盐的吸波性能，发现它们对频率为 8～18GHz 之间的微波有不同程度的衰减，衰减小于-10dB 的频宽在 8.8～11.2GHz 和 14.6～18.0GHz。丁春霞等人[46]用维生素 A 醋酸酯等合成了视黄醛，再以视黄醛为原料，与联苯胺反应合成了视黄基 Schiff 碱，并与硝酸银反应合成了 Schiff 碱银盐，结果表明：该配合物具有相对稳定的络合结构，视黄基 Schiff 碱银盐在 2～18GHz 范围内反射率最低点为-16dB，吸波性能较好。王少敏等人[47]用维生素 A 醋酸酯为原料，经过水解、氧化制备了视黄醛，再与乙二胺、对苯二胺反应合成了视黄基 Schiff 碱，最后和 $FeCl_3$ 反应制备了视黄基 Schiff 碱铁盐，对其在 X 波段(8.2～12.4GHz)的电磁参数进行了测试，通过电磁参数计算出吸收大于 9dB 的频带带宽为 8.2～10.7GHz。S. Courric 等人[48]将 P-亚甲基-1,3,5-己三烯低共聚体 Schiff 碱与聚氯乙烯及硫酸复合，研究了该复合材料的导电性能与吸波性能，结果表明：电导率在 10^{-5}～10S/cm 之间，根据介电常数计算出在频率为 10kHz～10GHz 之间的反射率为-9～-20dB。以上研究表明，单一的视黄基 Schiff 碱及其盐具有一定的吸波效果，但吸波强度不大，通过与其他材料复合有望提升其吸波性能。

3.1.4 手性聚 Schiff 碱及其盐复合吸波材料的制备方法

3.1.4.1 手性单体的拆分

手性化合物的生产一般通过手性合成和手性拆分两大途径。由于手性合成方法的产率普遍较低，一般采取手性拆分的方法得到手性单体。手性拆分技术分为

5 类，包括直接结晶法、化学拆分法、动力学拆分法、色谱拆分法和手性膜拆分法。

（1）直接结晶拆分法。直接结晶拆分法包括晶体机械分离拆分法、手性容积结晶法和接种晶体析解法。晶体机械分离拆分法需要生成的晶体较大，从外观上就能辨别。故该法要求严苛，实际应用很少。手性溶剂结晶法实际上是利用外消旋体中对映体与手性溶剂作用力的差异，使得其中一种对映体异构体晶体析出的方法。Wynberg 等人[49]用(-)-α-蒎烯做溶剂，拆分出了七环杂螺烯状的外消旋体。接种晶体析解法是将纯对映体晶种加入外消旋体的热饱和溶液中，经过冷却，相应的对映体就会附在晶体上析出，同理可以拆分出另一种对映体。

（2）化学拆分法。化学拆分是用手性拆分剂将外消旋体中的两种对映体转化为非对映异构体，再利用非对映异构体不同物理或化学性质将其分开。选择合适的拆分剂是此法的关键。Cai 等人[50]采用把氯化 N-苄基辛可尼作为手性拆分剂，与 R-(+)-联二苯酚形成包结晶体，使得 S-(-)-联二苯酚的光学纯度达到 99%。Yamada 等人[51]利用 D-3-溴化樟脑磺酸手性拆分剂，通过调节 pH 值，得到的 D-对羟基苯甘氨酸收率可以达到 92%。Yoshioka 等人[52]利用(S)-(-)-1-苯乙磺酸为手性拆分剂，拆分得到的 D-缬氨酸拆分率达到 70%，光学纯度达到 70%。

（3）动力学拆分法。酶作为一种手性试剂，选择性地对映异构体中的某一异构体作用，从而选择性地拆分出需要的对映异构体。王春生等人[53]利用猪肾氨基酰化酶拆分剂，拆分出 L-丙氨酸。黄冠华等人[54]利用 N-苯乙酰-(dl)-苯丙氨酸选择性制备出 D-苯丙氨酸，收率 67%，光学纯度达 91%。DSM 公司利用 DL-氨基酸酰胺分别获得了对映异构体。

（4）色谱拆分法。色谱拆分法利用流动相组分与固定相的作用力大小不同，各组分滞留时间的不同，从而达到拆分的目的。陈峰等人[55]利用 Baseline LEC-L10 为手性固定相分离合成了 6 种 β-苯丙氨酸。黄可辛等人[56]利用 L-α-三氟乙酰氧基，用气相色谱法拆分出(DL)-亮氨酸和(DL)-蛋氨酸，分离度分别为 1.11 和 2.01。

（5）膜分离法。膜分离法具有低能耗、易操作、连续性好的特点，是手性拆分方法中非常有希望的方法。其主要作用机理是利用对映异构体与金属阳离子和手性选择体形成的配合物稳定性的差异，分为固体膜和液体膜。Pickering 等人[57]用铜(Ⅱ)-N-癸-1-羟基脯氨酸作为手性选择剂，利用乳液膜拆分苯丙氨酸。Maruyama[58]利用 α-螺旋链聚氨基酸衍生物作膜材料，成功拆分色氨酸和络氨酸。Bruggemann 等人[59]利用分子印迹聚合物膜，成功拆分了 N-苄氧羰基-(DL)-酪氨酸外消旋体。王晶石等人[60]利用手性阳离子交换膜拆分出(DL)-苯甘氨酸，膜分离的系数为 1.20。

3.1.4.2 手性聚 Schiff 碱的合成

手性聚 Schiff 碱的合成其实就是手性二胺与二羰基化合物发生缩聚反应的产物，反应过程简单，原料来源广泛。李春生等人[61]以对苯二胺分别与乙二醛、丁二酮、3,4-己二酮和 4,5-辛二酮缩聚合成了四种主链结构相同而取代基各异的新颖共轭性聚 Schiff 碱。由于聚 Schiff 碱分子链刚性强，通常情况下难溶。研究表明：当聚 Schiff 碱侧链有烷基链时，其溶解性会增大，且烷基链越长，溶解性会越好。任红霞等人[62]以对苯二胺与乙二醛、己二胺为原料，缩聚合成了几种不同的局部共轭聚席夫碱 PHGP，结果显示，合成的聚合物在 DMSO、THF、NM 等强极性溶剂中可以溶解，在甲酸中几乎可以完全溶解。李晓常等人[63]通过将硫元素引入聚 Schiff 碱主链，得到的聚 Schiff 碱不但分子量较高，而且耐酸性更好。

3.1.4.3 手性聚 Schiff 碱盐制备

手性聚 Shciff 碱盐制作方法主要有直接合成法、分步合成法、模板合成法和水热/溶剂热合成法等[64~68]。传统的合成方法有直接合成和分步合成法，反应物按照一定的摩尔比进行反应。它们最重要的区别在于直接合成是直接混合反应，而分步合成则是先反应出 Schiff 碱，再与金属配位。模板合成法利用金属离子促使有机物定向形成配合物，通常金属离子、胺和羰基化合物需要按照一定的顺序加入反应。水热/溶剂热合成法指在特定压强和温度下，利用物质的化学反应进行合成。

本课题组一直对聚 Schiff 碱复合材料的吸波性能进行研究，测试结果发现这类复合材料在 6.1~16.7GHz 范围内有-8dB 的反射率，最大衰减为-28.5dB[69]。手性导电聚 Schiff 碱是在聚 Schiff 碱基础上发展起来的一种新型手性导电高聚物吸波材料，结合手性和导电聚合物吸波材料的优点及其协同增效作用，通过对其手性单体和分子链的修饰得到具有稳定螺旋结构的手性导电高聚物，再与其他材料复合制备性能更加优越的吸波材料，有望在 2~18GHz 范围内达到-10dB 的反射率，是一种极具潜力的手性电磁防护吸波材料。

3.2 (R,R)-1,2-丙二胺类聚 Schiff 碱及其盐的合成与表征

1,2-丙二胺是一种外消旋体，利用手性拆分剂 L-(+)-酒石酸拆分出其中一种对映异构体(R,R)-1,2-丙二胺。再与二羰基化合物进行反应，得到多种不同类型的手性聚 Schiff 碱，并在这个基础上掺杂过渡金属，制得相应的手性聚 Schiff 碱盐，研究在掺杂前后电导率的变化。本节设计合成了 5 种(R,R)-1,2-丙二胺类

手性聚 Schiff 碱和 10 种(R,R)-1,2-丙二胺类手性聚 Schiff 碱盐。利用熔点仪、红外光谱、ICP 等对这些合成出来的化合物进行了表征，鉴定了其结构，利用旋光仪（WZZ-2S）和四探针测试仪（RTS-8、CRX-4K）分别测试了它们的旋光性能和导电性能。

3.2.1　1,2-丙二胺的拆分

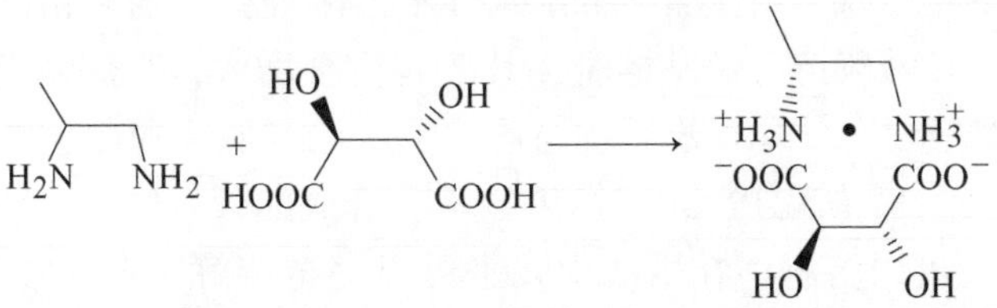

向装有 25mL 去离子水的烧杯中加入 7.3g L-(+)-酒石酸，搅拌溶解，待溶解完全后向烧杯中加入 4.3mL 的 1,2-丙二胺，滴加完毕后再加入 2.2mL 的甲酸（88%，ρ=1.22g/cm^3），超声 30min 后置于冰箱静置 2h。取出烧杯，抽滤，重结晶，即得到(R,R)-1,2-丙二胺单-(+)酒石酸盐，放入真空干燥箱干燥，得到白色固体，质量为 6.4g，熔点为 140℃，产率：58.47%，比旋光度：$[\alpha]_D^{20}$=+19.3°（水，1.28mg/mL），与文献值吻合[70]。

3.2.2　缩(R,R)-1,2-丙二胺乙二醛 Schiff 碱及其盐的合成

3.2.2.1　缩(R,R)-1,2-丙二胺乙二醛 Schiff 碱（L1）的合成

（1）合成路线。

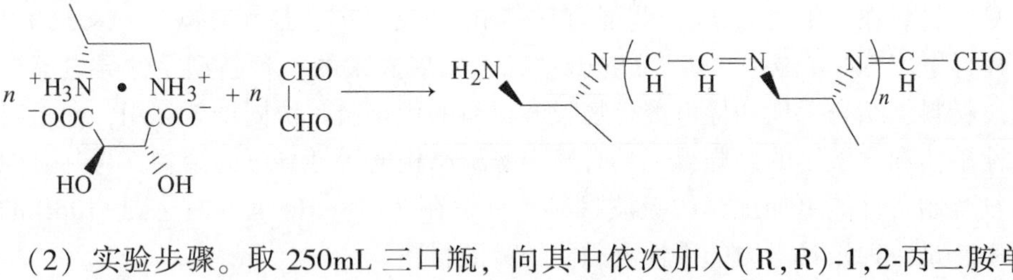

（2）实验步骤。取 250mL 三口瓶，向其中依次加入(R,R)-1,2-丙二胺单-(+)酒石酸盐 1.24g(5.6mmol)，0.52g KOH，用少量去离子水将其溶解，待溶解完全后加入 80mL 无水乙醇，冷凝回流条件下加热升温至 75℃，缓慢滴加 1.20mL 乙二醛（已用 20mL 无水乙醇稀释溶解的），溶液变为黄色，随着滴加量的增加，溶液颜色变深最后变为棕褐色，滴加完毕后加入 0.20g 无水氯化锌作催化剂，继续加热至 82℃，电磁搅拌下反应 8h。撤去热源，冷却至室温，继续搅拌 2h，抽滤，滤饼用无水乙醇和去离子水分别洗涤 3 次，置于鼓风干燥箱中

60℃条件下烘干 5h，得到灰色固体：0.25g，产率：37.7%。测得其熔点为 292℃。

3.2.2.2 缩(R,R)-1,2-丙二胺乙二醛 Schiff 碱铁盐（L1-1）的合成

（1）合成路线。

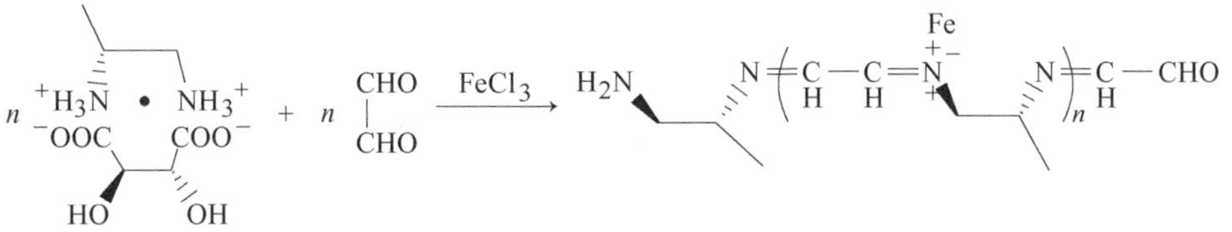

（2）实验步骤。取 250mL 三口瓶，向其中依次加入(R,R)-1,2-丙二胺单-(+)酒石酸盐 1.24g(5.6mmol)，0.52g KOH，用少量去离子水将其溶解，待溶解完全后加入 80mL 无水乙醇，冷凝回流条件下加热升温至 75℃，缓慢滴加 1.20mL 乙二醛（已用 20mL 无水乙醇稀释溶解的），溶液变为黄色，随着滴加量的增加，溶液颜色变深最后变为棕褐色，滴加完毕后加入 0.20g 无水氯化锌作催化剂，继续加热至 82℃，电磁搅拌下反应 8h。再将 0.91g(5.6mmol)无水氯化铁加入上述反应液中，继续反应 5h，撤去热源，冷却至室温，将所得产物进行抽滤，滤饼用无水乙醇和去离子水分别洗涤 3 次，置于鼓风干燥箱中 60℃条件下烘干 5h，得到黄色固体：0.95g，产率：60.1%。测得其熔点大于 300℃。

3.2.2.3 缩(R,R)-1,2-丙二胺乙二醛 Schiff 碱银盐（L1-2）的合成

（1）合成路线。

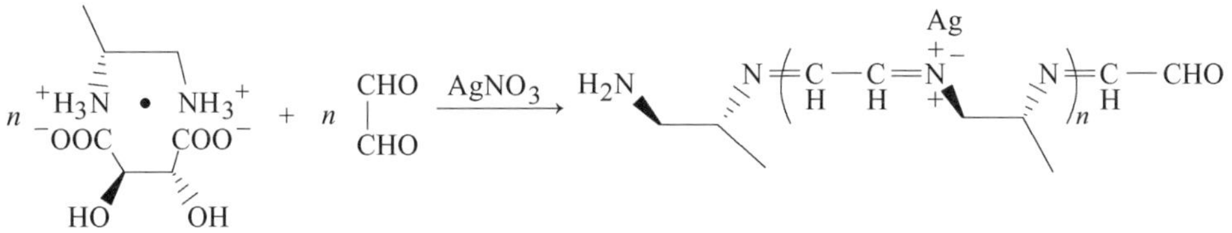

（2）实验步骤。取 250mL 三口瓶，向其中依次加入(R,R)-1,2-丙二胺单-(+)酒石酸盐 1.24g(5.6mmol)，0.52g KOH，用少量去离子水将其溶解，待溶解完全后加入 80mL 无水乙醇，冷凝回流条件下加热升温至 75℃，缓慢滴加 1.20mL 乙二醛（已用 20mL 无水乙醇稀释溶解的），溶液变为黄色，随着滴加量的增加，溶液颜色变深最后变为棕褐色，滴加完毕后加入 0.20g 无水氯化锌作催化剂，继续加热至 82℃，电磁搅拌下反应 8h。再将 0.96g(5.6mmol)硝酸银加入上述反应液中，继续反应 5h，撤去热源，冷却至室温，将所得产物进行抽滤，滤饼用无水乙醇和去离子水分别洗涤 3 次，置于鼓风干燥箱中 60℃条件下烘干

5h，得到黄灰色固体：1.12g，产率：72.5%。测得其熔点大于 300℃。

3.2.3　缩(R,R)-1,2-丙二胺对苯二甲醛 Schiff 碱及其盐的合成

3.2.3.1　缩(R,R)-1,2-丙二胺对苯二甲醛 Schiff 碱（L2）的合成

（1）合成路线。

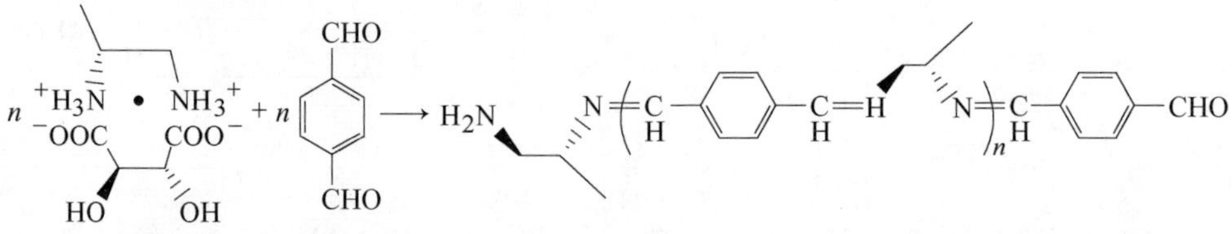

（2）实验步骤。取 250mL 三口瓶，向其中依次加入(R,R)-1,2-丙二胺单-(+)酒石酸盐 2.00g(9.10mmol)，0.58g KOH，用少量去离子水将其溶解，待溶解完全后加入 80mL 无水乙醇，冷凝回流条件下加热升温至 75℃，缓慢滴加 1.72g 对苯二甲醛（已用 20mL 无水乙醇稀释溶解的），溶液变为黄色，随着滴加量的增加，溶液颜色变深最后变为棕褐色，滴加完毕后加入 0.20g 无水氯化锌作催化剂，继续加热至 82℃，电磁搅拌下反应 8h。撤去热源，将所得产物进行抽滤，滤饼用无水乙醇和去离子水分别洗涤 3 次，置于鼓风干燥箱中 60℃条件下烘干 5h，得到白色固体：1.69g，产率：98.0%。测得其熔点大于 300℃。

3.2.3.2　缩(R,R)-1,2-丙二胺对苯二甲醛 Schiff 碱铁盐（L2-1）的合成

（1）合成路线。

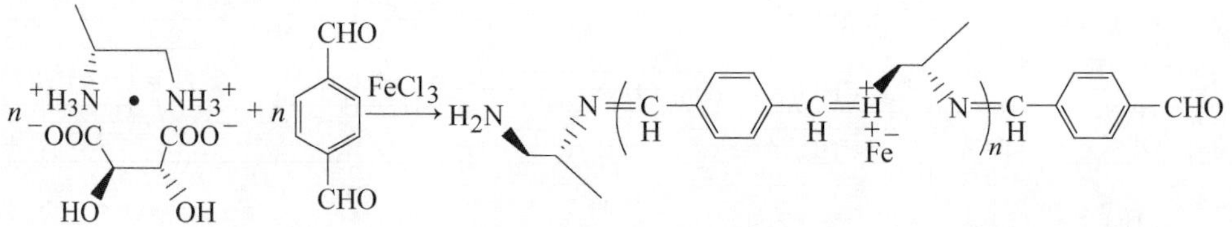

（2）实验步骤。取 250mL 三口瓶，向其中依次加入(R,R)-1,2-丙二胺单-(+)酒石酸盐 2.00g(9.10mmol)，0.58g KOH，用少量去离子水将其溶解，待溶解完全后加入 80mL 无水乙醇，冷凝回流条件下加热升温至 75℃，缓慢滴加 1.72g 对苯二甲醛（已用 40mL 无水乙醇稀释溶解），溶液变为橙黄色，随着滴加量的增加，溶液颜色变深最后变为棕色，滴加完毕后加入 0.20g 无水氯化锌作催化剂，继续加热至 82℃，电磁搅拌下反应 8h。再将 1.47g(9.10mmol) 无水氯化铁加入上述反应液中，继续反应 5h，撤去热源，将所得产物进行抽滤，滤饼用无水乙醇和去离子水分别洗涤 3 次，置于鼓风干燥箱中 60℃条件下烘干 5h，得

到黄灰色固体：2.50g，产率：78.1%。测得其熔点大于300℃。

3.2.3.3 缩(R,R)-1,2-丙二胺对苯二甲醛 Schiff 碱银盐（L2-2）的合成

（1）合成路线。

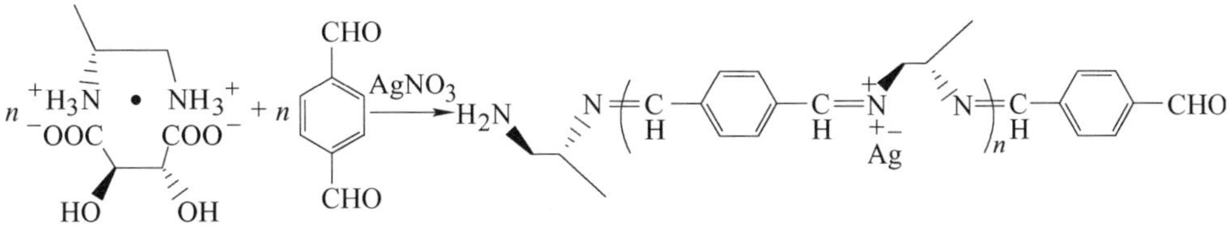

（2）实验步骤。取250mL三口瓶，向其中依次加入(R,R)-1,2-丙二胺单-(+)酒石酸盐2.00g(9.10mmol)，0.58g KOH，用少量去离子水将其溶解，待溶解完全后加入80mL无水乙醇，冷凝回流条件下加热升温至75℃，缓慢滴加1.72g对苯二甲醛（已用40mL无水乙醇稀释溶解），溶液变为橙黄色，随着滴加量的增加，溶液颜色变深最后变为棕色，滴加完毕后加入0.20g无水氯化锌作催化剂，继续加热至82℃，电磁搅拌下反应8h。再将1.55g(9.10mmol)硝酸银加入上述反应液中，继续反应5h，撤去热源，抽滤，滤饼用无水乙醇和去离子水分别洗涤3次，置于鼓风干燥箱中60℃条件下烘干5h，得到黄灰色固体：2.72g，产率：84.2%。测得其熔点大于300℃。

3.2.4 缩(R,R)-1,2-丙二胺联苯甲酰 Schiff 碱及其盐的合成

3.2.4.1 缩(R,R)-1,2-丙二胺联苯甲酰 Schiff 碱（L3）的合成

（1）合成路线。

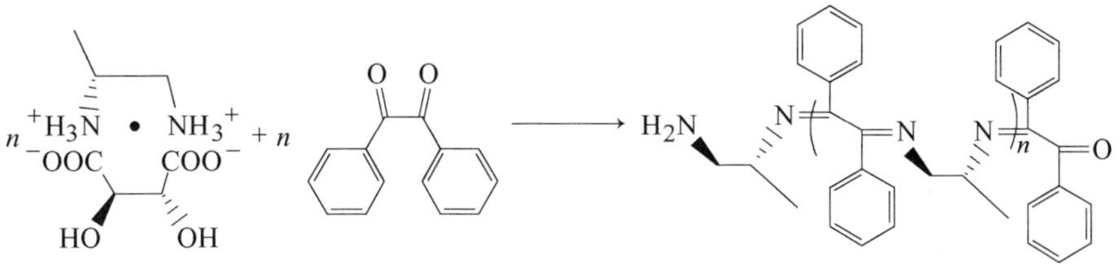

（2）实验步骤。取250mL三口瓶，向其中依次加入(R,R)-1,2-丙二胺单-(+)酒石酸盐1.60g(7.3mmol)，0.59g KOH，用少量去离子水将其溶解，待溶解完全后加入80mL无水乙醇，水浴加热搅拌至75℃，缓慢滴加2.21g联苯甲酰(已用40mL无水乙醇溶解)，加入0.10g无水氯化锌作为催化剂，溶液逐渐由白色变为黄色，随着滴加量的增加，溶液颜色变深最后变为橙黄色，滴加完毕后继续加热至82℃，冷凝回流搅拌6h。撤去热源，冷却至室温，搅拌2h，抽滤，滤饼用无水乙醇和去离子水分别洗涤2~3次，放鼓风干燥箱中以60℃烘干5h，得

到浅黄固体：1.69g，产率：85.1%。测得其熔点为290℃。

3.2.4.2　缩(R,R)-1,2-丙二胺联苯甲酰 Schiff 碱铁盐（L3-1）的合成

（1）合成路线。

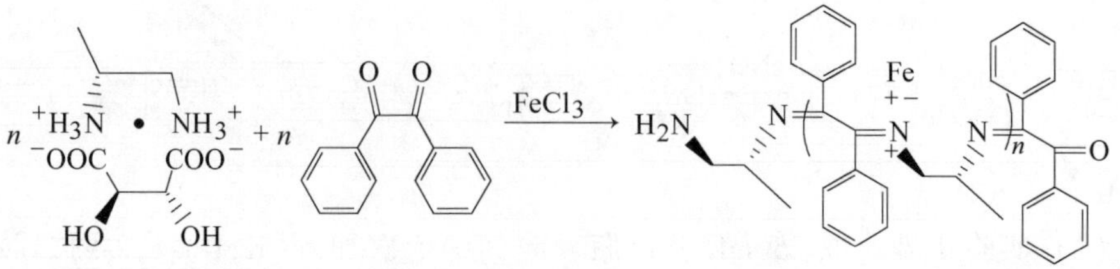

（2）实验步骤。取250mL三口瓶，向其中依次加入(R,R)-1,2-丙二胺单-(+)酒石酸盐1.60g(7.3mmol)，0.59g KOH，用少量去离子水将其溶解，待溶解完全后加入80mL无水乙醇，水浴加热搅拌至75℃，缓慢滴加2.21g联苯甲酰(已用40mL无水乙醇溶解)，加入0.10g无水氯化锌作为催化剂，溶液逐渐由白色变为黄色，随着滴加量的增加，溶液颜色变深最后变为橙黄色，滴加完毕后继续加热至82℃，冷凝回流搅拌6h。再加入1.18g(7.3mmol)无水氯化铁，继续反应5h，去热源，冷却至室温，抽滤，滤饼用无水乙醇和去离子水分别洗涤2~3次，放鼓风干燥箱中以60℃烘干5h，得到黄褐色固体：2.69g，产率：85.1%。测得其熔点大于300℃。

3.2.4.3　缩(R,R)-1,2-丙二胺联苯甲酰 Schiff 碱银盐（L3-2）的合成

（1）合成路线。

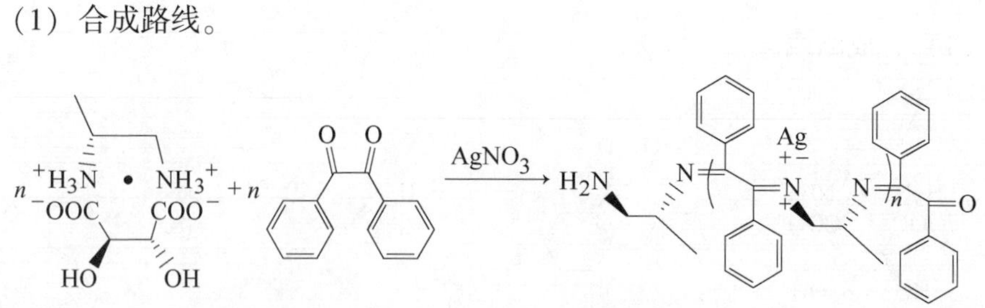

（2）实验步骤。取250mL三口瓶，向其中依次加入(R,R)-1,2-丙二胺单-(+)-酒石酸盐1.60g(7.3mmol)，0.59g KOH，用少量去离子水将其溶解，待溶解完全后加入80mL无水乙醇，水浴加热搅拌至75℃，缓慢滴加2.21g联苯甲酰(已用40mL无水乙醇溶解)，加入0.10g无水氯化锌作为催化剂，溶液逐渐由白色变为黄色，随着滴加量的增加，溶液颜色变深最后变为橙黄色，滴加完毕后继续加热至82℃，冷凝回流搅拌6h。再加入1.24g(7.3mmol)硝酸银，继续反应5h，去热源，冷却至室温，抽滤，滤饼用无水乙醇和去离子水分别洗涤2~3次，

放鼓风干燥箱中以60℃烘干5h，得到黄褐色固体：2.84g，产率：87.8%。测得其熔点大于300℃。

3.2.5 缩(R,R)-1,2-丙二胺对苯醌Schiff碱及其盐的合成

3.2.5.1 缩(R,R)-1,2-丙二胺对苯醌Schiff碱（L4）的合成

（1）合成路线。

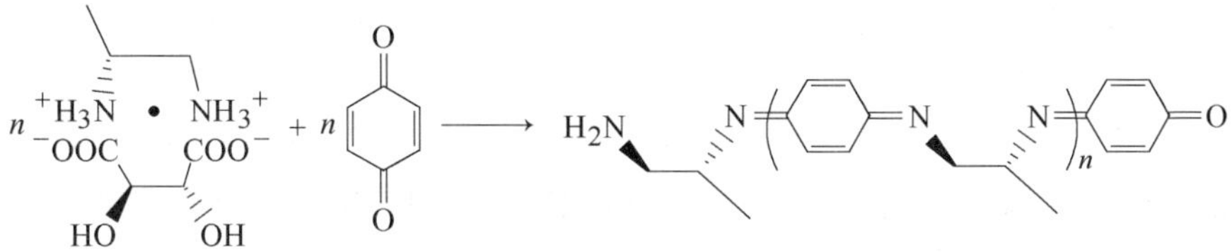

（2）实验步骤。取250mL三口瓶，向其中依次加入(R,R)-1,2-丙二胺单-(+)酒石酸盐2.00g(9.1mmol)，0.76g KOH，用少量去离子水将其溶解，待溶解完全后加入80mL无水乙醇，水浴加热搅拌至75℃，缓慢滴加1.47g对苯醌（已用40mL无水乙醇溶解），加入0.10g无水氯化锌作为催化剂，溶液逐渐由无色变为红色，随着滴加量的增加，溶液颜色变深最后变为红黑色，滴加完毕后继续加热至82℃，冷凝回流搅拌6h。撤去热源，冷却至室温，搅拌2h，抽滤，滤饼用无水乙醇和去离子水分别洗涤2~3次，放鼓风干燥箱中以60℃烘干5h，得到灰茶色固体：1.33g，产率：89.0%。测得其熔点大于300℃。

3.2.5.2 缩(R,R)-1,2-丙二胺对苯醌Schiff碱铁盐（L4-1）的合成

（1）合成路线。

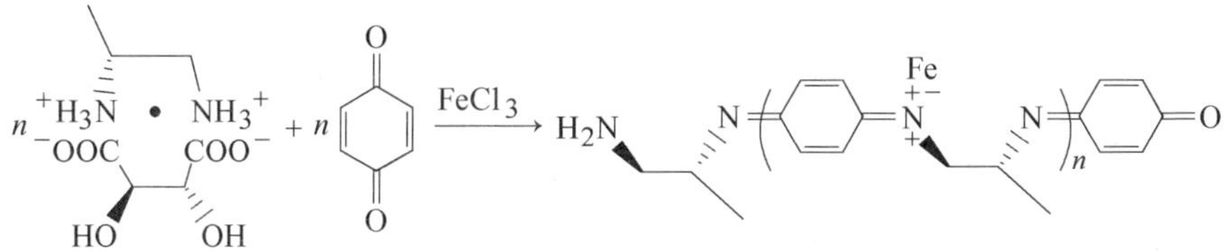

（2）实验步骤。取250mL三口瓶，向其中依次加入(R,R)-1,2-丙二胺单-(+)酒石酸盐2.00g(9.1mmol)，0.76g KOH，用少量去离子水将其溶解，待溶解完全后加入80mL无水乙醇，水浴加热搅拌至75℃，缓慢滴加1.47g对苯醌（已用40mL无水乙醇溶解），加入0.10g无水氯化锌作为催化剂，溶液逐渐由无色变为红色，随着滴加量的增加，溶液颜色变深最后变为红黑色，滴加完毕后继续加热至82℃，冷凝回流搅拌8h。再向上述反应液中加入1.47g(9.1mmol)无水氯化铁，继续反应5h，撤去热源，冷却至室温，抽滤，滤饼用无水乙醇和去离子水分别洗涤2~3次，放鼓风干燥箱中以60℃烘干5h，得到黑色固体：1.85g，产

率：62.4%。测得其熔点大于 300℃。

3.2.5.3　缩(R,R)-1,2-丙二胺对苯醌 Schiff 碱银盐（L4-2）的合成

（1）合成路线。

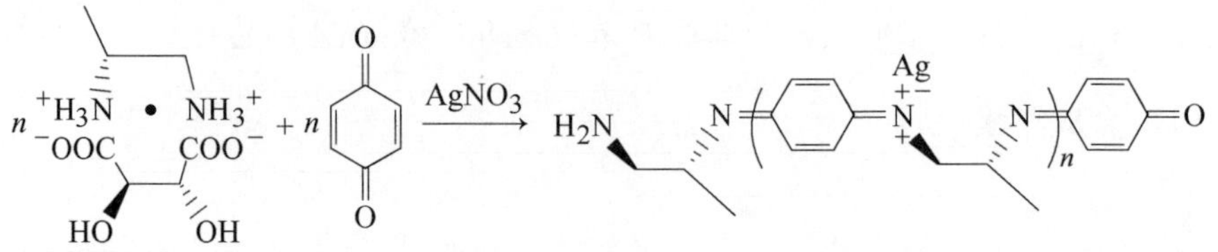

（2）实验步骤。取 250mL 三口瓶，向其中依次加入(R,R)-1,2-丙二胺单-(+)酒石酸盐 2.00g(9.1mmol)，0.76g KOH，用少量去离子水将其溶解，待溶解完全后加入 80mL 无水乙醇，水浴加热搅拌至 75℃，缓慢滴加 1.47g 对苯醌（已用 40mL 无水乙醇溶解），加入 0.10g 无水氯化锌作为催化剂，溶液逐渐由无色变为红色，随着滴加量的增加，溶液颜色变深最后变为红黑色，滴加完毕后继续加热至 82℃，冷凝回流搅拌 8h。再向上述反应液中加入 1.55g(9.1mmol)硝酸银，继续反应 5h，撤去热源，冷却至室温，抽滤，滤饼用无水乙醇和去离子水分别洗涤 2~3 次，放鼓风干燥箱中以 60℃烘干 5h，得到深灰色固体：1.84g，产率：60.3%。测得其熔点大于 300℃。

3.2.6　缩(R,R)-1,2-丙二胺-1,4 萘醌 Schiff 碱及其盐的合成

3.2.6.1　缩(R,R)-1,2-丙二胺-1,4 萘醌 Schiff 碱（L5）的合成

（1）合成路线。

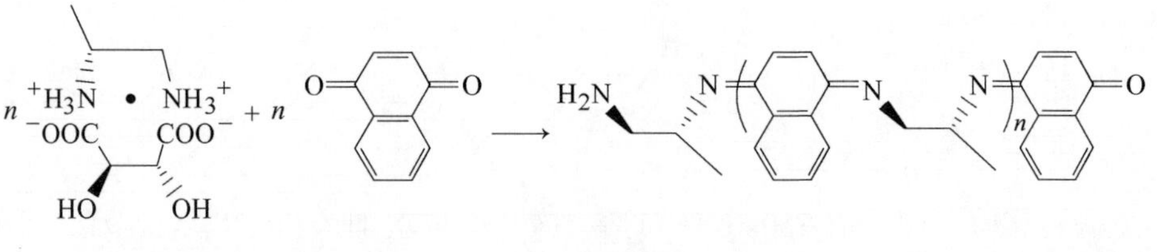

（2）实验步骤。取 250mL 三口瓶，向其中依次加入(R,R)-1,2-丙二胺单-(+)酒石酸盐 1.60g(7.3mmol)，0.61g KOH，用少量去离子水将其溶解，待溶解完全后加入 80mL 无水乙醇，水浴加热搅拌至 75℃，缓慢滴加 1.72g 1,4-萘醌(已用 40mL 无水乙醇溶解)，加入 0.10g 无水氯化锌作为催化剂，溶液逐渐由白色变为橙黄色，随着滴加量的增加，溶液颜色变深最后变为棕色，滴加完毕后继续加热至 82℃，冷凝回流搅拌 8h。撤去热源，冷却至室温，搅拌 2h，抽滤，滤饼用无水乙醇洗涤 2~3 次，放鼓风干燥箱中以 60℃烘干 5h，得到红色固体：

1.31g，产率：84.30%。测得其熔点为 295℃。

3.2.6.2 缩(R,R)-1,2-丙二胺-1,4 萘醌 Schiff 碱铁盐（L5-1）的合成

（1）合成路线。

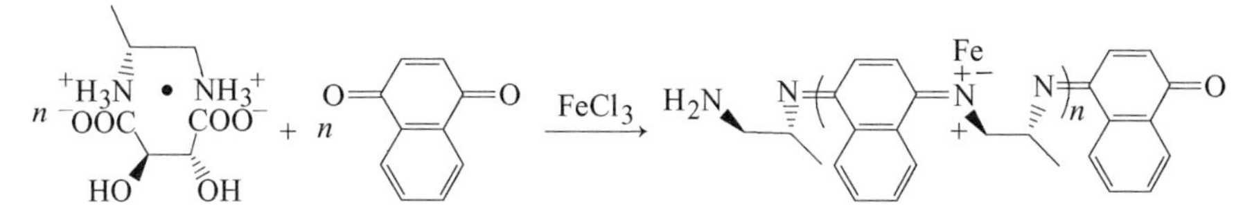

（2）实验步骤。取 250mL 三口瓶，向其中依次加入(R,R)-1,2-丙二胺单-(+)酒石酸盐 1.60g(7.3mmol)，0.61gKOH，用少量去离子水将其溶解，待溶解完全后加入 80mL 无水乙醇，水浴加热搅拌至 75℃，缓慢滴加 1.72g 1,4-萘醌(已用 40mL 无水乙醇溶解)，加入 0.10g 无水氯化锌作为催化剂，溶液逐渐由白色变为橙黄色，随着滴加量的增加，溶液颜色变深最后变为棕色，滴加完毕后继续加热至 82℃，冷凝回流搅拌 8h。再将 1.18g(7.3mmol)无水氯化铁加入上述反应液中，继续反应 5h，撤去热源，冷却至室温，抽滤，滤饼用无水乙醇洗涤2~3次，放鼓风干燥箱中以 60℃烘干 5h，得到黄褐色固体：2.22g，产率：81.2%。测得其熔点大于 300℃。

3.2.6.3 缩(R,R)-1,2-丙二胺-1,4 萘醌 Schiff 碱银盐（L5-2）的合成

（1）合成路线。

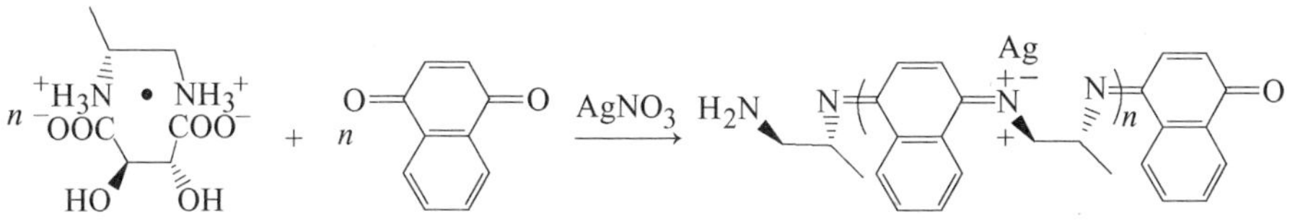

（2）实验步骤。取 250mL 三口瓶，向其中依次加入(R,R)-1,2-丙二胺单-(+)酒石酸盐 1.60g(7.3mmol)，0.61g KOH，用少量去离子水将其溶解，待溶解完全后加入 80mL 无水乙醇，水浴加热搅拌至 75℃，缓慢滴加 1.72g 1,4-萘醌(已用 40mL 无水乙醇溶解)，加入 0.10g 无水氯化锌作为催化剂，溶液逐渐由白色变为橙黄色，随着滴加量的增加，溶液颜色变深最后变为棕色，滴加完毕后继续加热至 82℃，冷凝回流搅拌 8h。再将 1.24g(7.3mmol)硝酸银加入上述反应液中，继续反应 5h，撤去热源，冷却至室温，抽滤，滤饼用无水乙醇洗涤 2~3 次，放鼓风干燥箱中以 60℃烘干 5h，得到灰色固体：2.46g，产率：88.4%。测得其熔点大于 300℃。

3.2.7 结果与讨论

3.2.7.1 比旋光度

在测定样品前，先校正旋光仪的零点。取一样品管放入 DMF 溶剂，作为空白样，放入旋光仪中，记下其读数，校为零点。然后取一定量的样品粉末溶于 DMF 溶剂中，滤液稀释后，加入样品管中，放入旋光仪中测定其旋光度。

(R,R)-1,2-丙二胺及其 Schiff 碱的比旋光度见表 3-1。

表 3-1　(R,R)-1,2-丙二胺及其 Schiff 碱的比旋光度

物　质	颜　色	比旋光度	溶剂与浓度
(R,R)-1,2-丙二胺	白色	+169°	DMF，0.118mg/mL
L1	灰色	+167°	DMF，0.072mg/mL
L2	白色	+267°	DMF，0.072mg/mL
L3	浅黄色	+257°	DMF，0.070mg/mL
L4	灰茶色	+520°	DMF，0.010mg/mL
L5	红色	+271°	DMF，0.070mg/mL

当手性单体发生聚合反应时，产生的聚合物的比旋光度会增高，也就是说聚合物对手性具有增强的作用，使其旋光性更加明显。从表 3-1 中可以看出，合成出来的 Schiff 碱的比旋光度，均比原料单体的要大，说明在反应中发生了聚合。(R,R)-1,2-丙二胺单-(+)酒石酸盐在反应溶液中与二羰基化合物在无水氯化锌的催化作用下进行了缩聚反应。

3.2.7.2 IR 分析

(1) 缩(R,R)-1,2-丙二胺乙二醛 Schiff 碱及其铁盐、银盐的红外谱图，如图 3-1 和图 3-2 所示。

从图 3-1 可以看出，在 3320.0cm^{-1}处特征峰归属于 N—H 的伸缩振动，在 1598.5cm^{-1}处特征峰属于 C ═N 双键的伸缩振动吸收峰，3000.3~2801.0cm^{-1}以及 1410.0cm^{-1}处的吸收带是亚甲基的伸缩振动和弯曲振动。

图 3-2 中，L1-1 和 L1-2 分别为缩(R,R)-1,2-丙二胺乙二醛 Schiff 碱铁盐和银盐的红外谱图，掺杂金属离子后 C ═N 双键的伸缩振动吸收峰均发生了蓝移，其中掺杂银离子的蓝移的更多。其中铁离子和银离子的掺杂使得在 1598.5cm^{-1}处属于 C ═N 双键的吸收峰分别蓝移到 1603.2cm^{-1}和 1601.3cm^{-1}。

(2) 缩(R,R)-1,2-丙二胺对苯二甲醛 Schiff 碱及其铁盐、银盐的红外谱图，

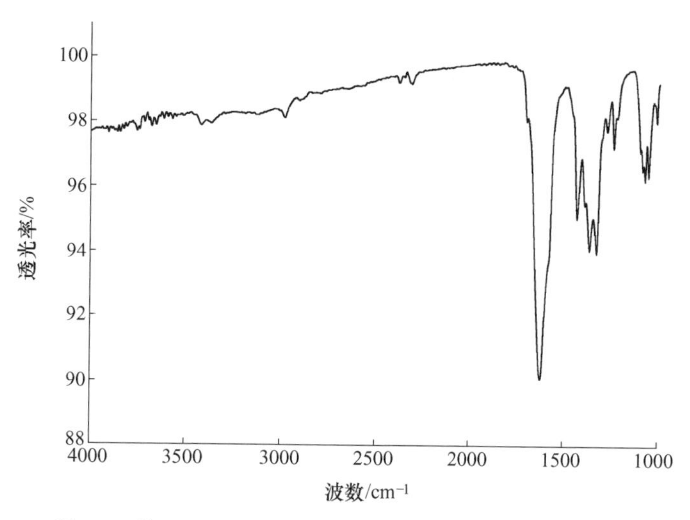

图 3-1 缩(R,R)-1,2-丙二胺乙二醛 Schiff 碱的红外谱图

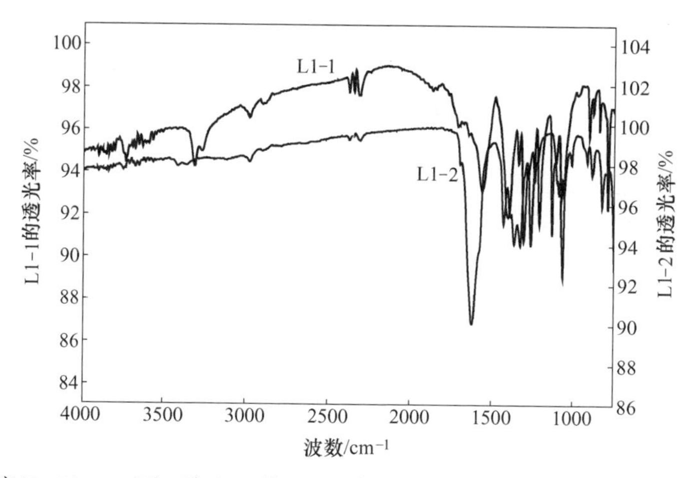

图 3-2 缩(R,R)-1,2-丙二胺乙二醛 Schiff 碱铁盐（L1-1）、银盐（L1-2）的红外谱图

如图 3-3 和图 3-4 所示。

从图 3-3 中可以看出，在 3321.1cm^{-1}处特征峰归属于 N—H 的伸缩振动，在 1588.2cm^{-1}处特征峰属于 C ═N 双键的伸缩振动吸收峰，3000.0～2801.0cm^{-1}以及 1410.5cm^{-1}处的吸收带是亚甲基的伸缩振动和弯曲振动。

图 3-4 中，L2-1 和 L2-2 分别为缩(R,R)-1,2-丙二胺对苯二甲醛 Schiff 铁盐和银盐的红外谱图，在 3100.2cm^{-1}处特征峰归属于 N—H 的伸缩振动，属于C ═N 特征峰从 1588.2cm^{-1}蓝移到 1599.9cm^{-1}和 1598.4cm^{-1}。在 3000.0cm^{-1}属于苯环上 C—H 伸缩振动，2820.2cm^{-1}、1490.4cm^{-1}处的特征峰归属于亚甲基的伸缩振动和弯曲振动，在 1090.0cm^{-1}、1250.0cm^{-1} 处的特征峰归属于 C—C 骨架的

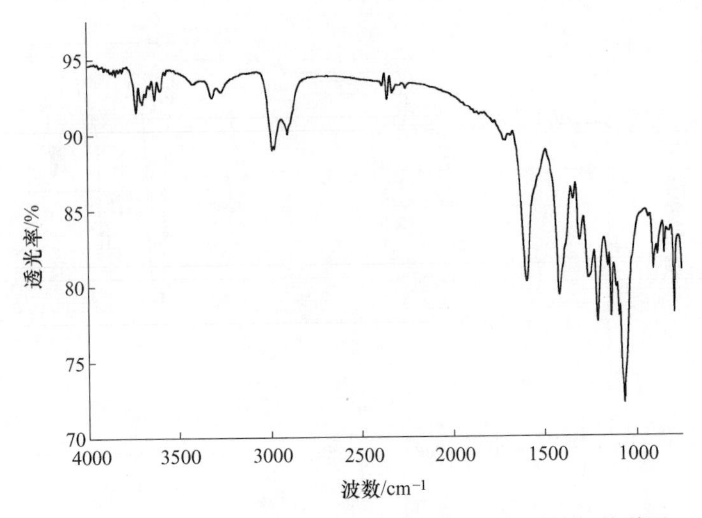

图 3-3　缩(R,R)-1,2-丙二胺对苯二甲醛 Schiff 碱的红外谱图

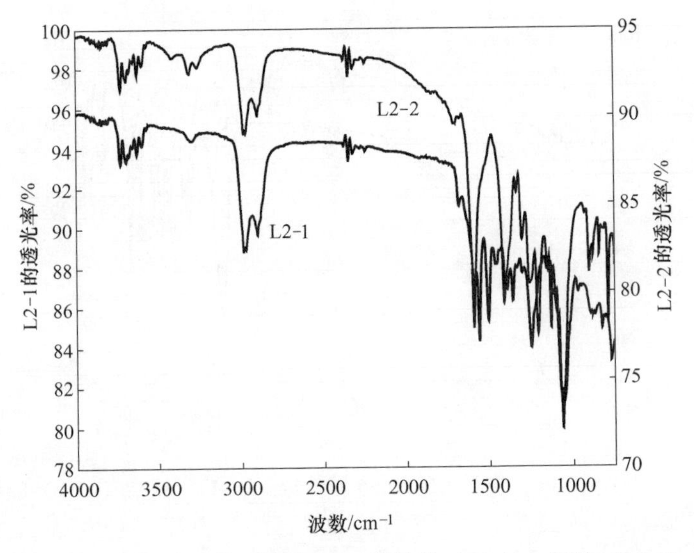

图 3-4　缩(R,R)-1,2-丙二胺对苯二甲醛 Schiff 碱铁盐（L2-1）、银盐（L2-2）的红外谱图

振动。

（3）缩(R,R)-1,2-丙二胺联苯甲酰 Schiff 碱及其铁盐、银盐的红外谱图，如图 3-5 和图 3-6 所示。

从图 3-5 可以看出，在 3320.9cm^{-1}处特征峰归属于 N—H 的伸缩振动，在 1638.6cm^{-1}的特征峰归属于 C ═N 的伸缩振动，在 2975.5cm^{-1}以及 1420.1cm^{-1}处的特征峰归属于亚甲基的伸缩振动和弯曲振动。

图 3-6 中，L3-1 和 L3-2 分别是缩(R,R)-1,2-丙二胺联苯甲酰 Schiff 碱铁盐和

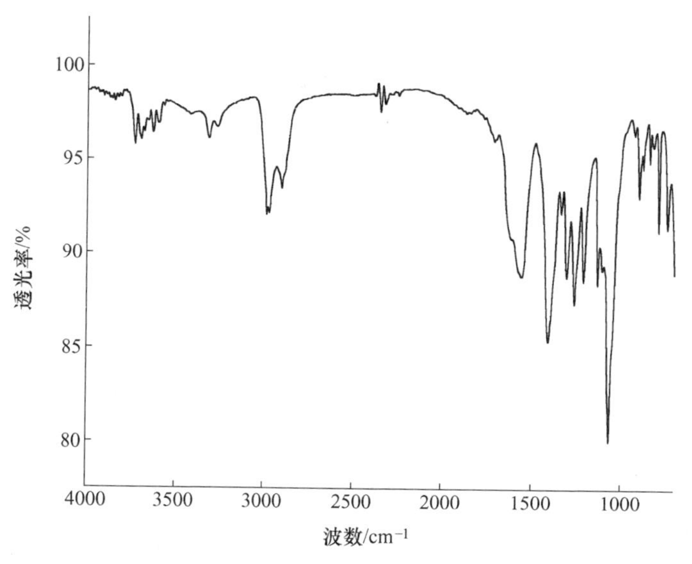

图 3-5 缩(R,R)-1,2-丙二胺联苯甲酰 Schiff 碱的红外谱图

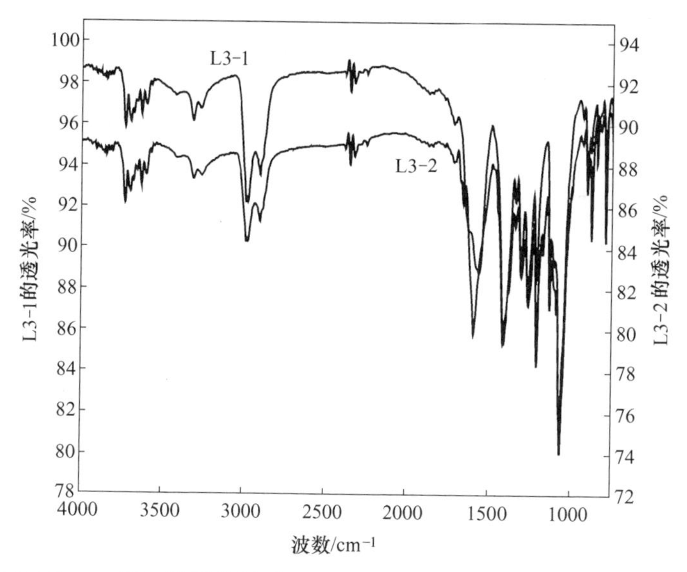

图 3-6 缩(R,R)-1,2-丙二胺联苯甲酰 Schiff 碱铁盐（L3-1）、银盐（L3-2）的红外谱图

银盐的红外谱图，在 3120cm^{-1}处特征峰归属于 N—H 的伸缩振动，属于 C ═N 特征峰从 1638.6cm^{-1}蓝移至 1639.2cm^{-1}和 1639.5cm^{-1}，在 3000.2cm^{-1}属于苯环上 C—H 伸缩振动，2875.7cm^{-1}、1460.3cm^{-1}处的特征峰归属于亚甲基的伸缩振动和弯曲振动，在 1100.1cm^{-1}、1201.4cm^{-1}处的特征峰归属于 C—C 骨架的振动。与原谱图相比，基本一致，但部分频带发生了偏移，原因是金属离子与其发生了

配位。

(4) 缩(R,R)-1,2-丙二胺对苯醌 Schiff 碱及其铁盐、银盐的红外谱图，如图 3-7 和图 3-8 所示。

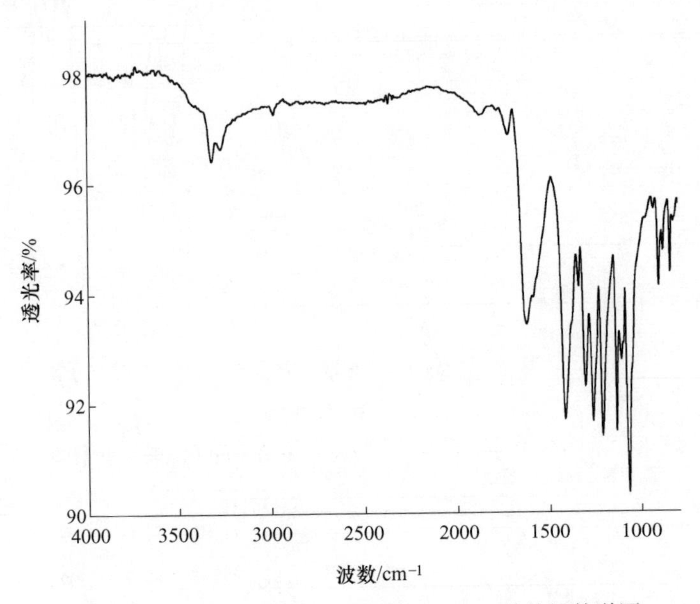

图 3-7　缩(R,R)-1,2-丙二胺对苯醌 Schiff 碱的红外谱图

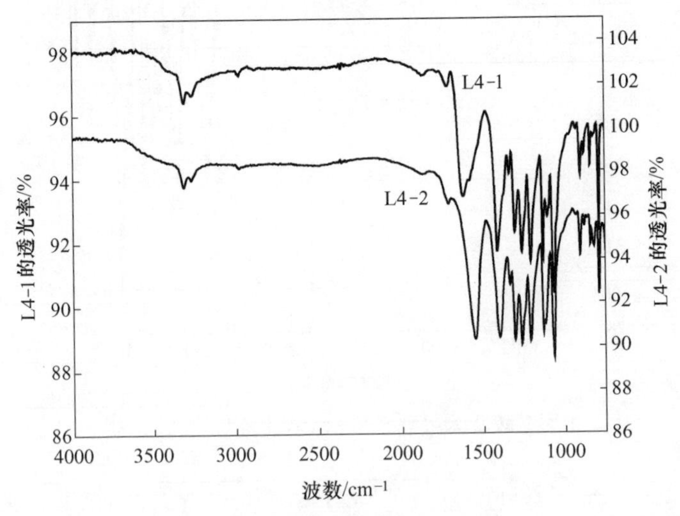

图 3-8　缩(R,R)-1,2-丙二胺对苯醌 Schiff 碱铁盐（L4-1）、银盐（L4-2）的红外谱图

从图 3-7 可以看出，在 3319.3cm^{-1}处特征峰归属于 N—H 的伸缩振动，在 1646.3cm^{-1}处有一个很微弱的特征峰归属于 C ═N 的伸缩振动，在 3000.0～2800.4cm^{-1}以及 1410.2cm^{-1}处的吸收带是亚甲基的伸缩振动和弯曲振动。

图 3-8 中，L4-1 和 L4-2 分别为缩(R,R)-1,2-丙二胺对苯醌 Schiff 碱铁盐和银盐的红外谱图，掺杂银盐和铁盐谱图大体相同，且与原物质的谱图也基本一致。加入金属盐后，某些频带发生了偏移且银盐的蓝移更加严重，说明金属盐与聚合物发生了配位。

（5）缩(R,R)-1,2-丙二胺-1,4-萘醌 Schiff 碱及其铁盐、银盐的红外谱图，如图 3-9 和图 3-10 所示。

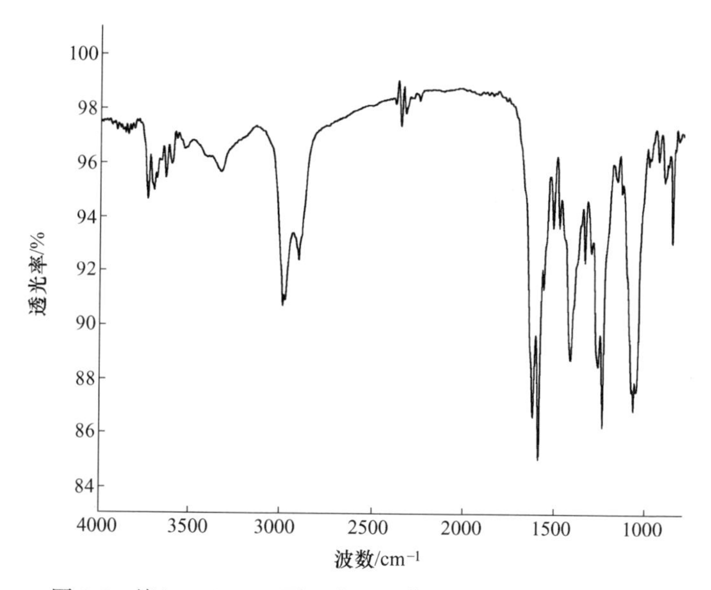

图 3-9 缩(R,R)-1,2-丙二胺-1,4-萘醌 Schiff 碱的红外谱图

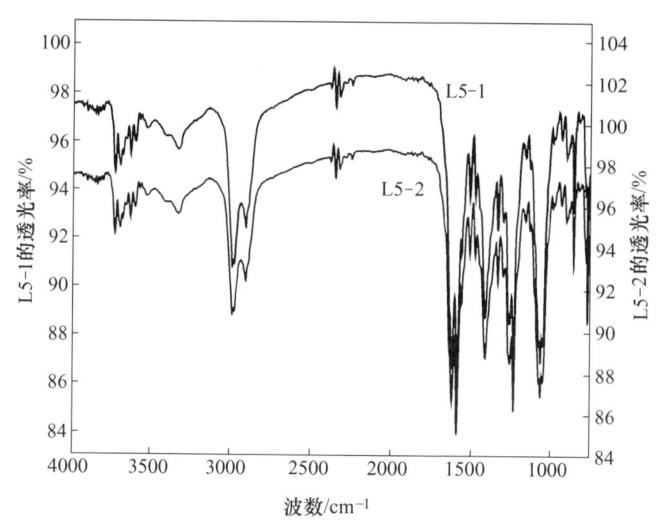

图 3-10 缩(R,R)-1,2-丙二胺-1,4-萘醌 Schiff 碱铁盐（L5-1）、银盐（L5-2）的红外谱图

从图3-9中可以得知，在3319.2cm^{-1}处特征峰归属于N—H的伸缩振动，在1635.3cm^{-1}处的特征峰归属于C＝N的伸缩振动，3000.0～2800.3cm^{-1}以及1420.4cm^{-1}处特征峰归属于亚甲基的伸缩振动和弯曲振动。

图3-10中，L5-1和L5-2分别为缩(R,R)-1,2-丙二胺-1,4-萘醌Schiff碱铁盐和银盐的红外谱图，掺杂银盐和铁盐谱图大体相同，且与原物质的谱图也基本一致。

分别比较手性聚schiff及其盐的红外谱图可以看出，在加入金属盐前后红外图谱基本一致，但C＝N吸收频带均发生了偏移，且大部分为蓝移，银盐的C＝N吸收频带比铁盐的蓝移更加明显。

手性聚Schiff碱及其盐的特征吸收峰见表3-2。

表3-2　手性聚Schiff碱及其盐的特征吸收峰

(R,R)-1,2-丙二胺类Schiff碱及其盐	红外数据 $\nu_{C=N}$/cm^{-1}
缩(R,R)-1,2-丙二胺乙二醛Schiff碱（L1）	1598.5
缩(R,R)-1,2-丙二胺乙二醛Schiff碱铁盐（L1-1）	1603.2
缩(R,R)-1,2-丙二胺乙二醛Schiff碱银盐（L1-2）	1601.3
缩(R,R)-1,2-丙二胺对苯二甲醛Schiff碱（L2）	1588.2
缩(R,R)-1,2-丙二胺对苯二甲醛Schiff碱铁盐（L2-1）	1599.9
缩(R,R)-1,2-丙二胺对苯二甲醛Schiff碱银盐（L2-2）	1598.4
缩(R,R)-1,2-丙二胺联苯甲酰Schiff碱（L3）	1638.6
缩(R,R)-1,2-丙二胺联苯甲酰Schiff碱铁盐（L3-1）	1639.2
缩(R,R)-1,2-丙二胺联苯甲酰Schiff碱银盐（L3-2）	1639.5
缩(R,R)-1,2-丙二胺对苯醌Schiff碱（L4）	1646.3
缩(R,R)-1,2-丙二胺对苯醌Schiff碱铁盐（L4-1）	1633.5
缩(R,R)-1,2-丙二胺对苯醌Schiff碱银盐（L4-2）	1634.9
缩(R,R)-1,2-丙二胺-1,4-萘醌Schiff碱（L5）	1635.3
缩(R,R)-1,2-丙二胺-1,4-萘醌Schiff碱铁盐（L5-1）	1635.6
缩(R,R)-1,2-丙二胺-1,4-萘醌Schiff碱银盐（L5-2）	1636.5

从上表也可以看出，聚Schiff碱的特征官能团C＝N在加入金属盐后均发生了偏移。表明(R,R)-1,2-丙二胺类手性聚Schiff碱与金属离子发生了配位。

3.2.7.3　离子含量分析

分别利用无水氯化铁和硝酸银配制Fe^{3+}和Ag^{+}的标准溶液，标准溶液的浓度梯度为0mg/L、0.4mg/L、0.8mg/L、1.2mg/L、1.6mg/L、2.0mg/L。利用德国椰拿ContrAA 700原子吸收光谱进行测试。

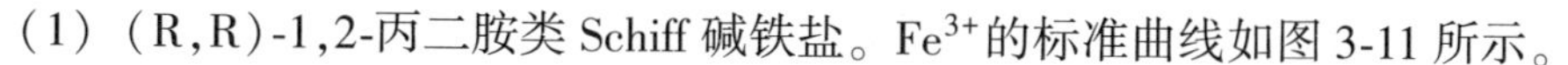

(1) (R,R)-1,2-丙二胺类Schiff碱铁盐。Fe^{3+}的标准曲线如图3-11所示。

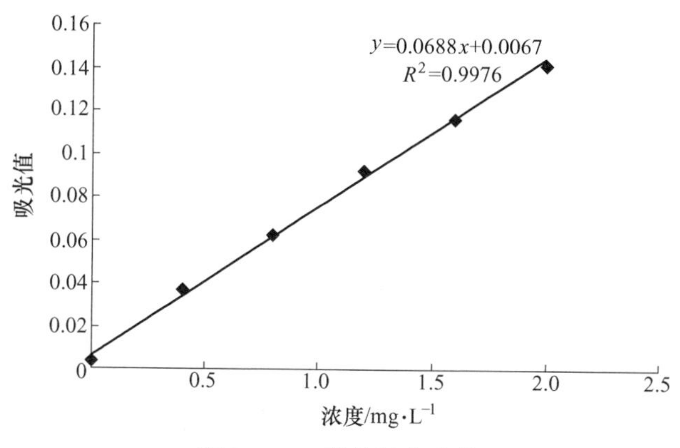

图3-11 Fe^{3+}的标准曲线

将各铁盐样品配制成一定浓度的溶液，将测得吸光度值，代入标准曲线中，便可计算得到各手性席夫碱盐中的Fe^{3+}的含量。

手性聚Schiff碱盐中Fe^{3+}的含量见表3-3。

表3-3 手性聚Schiff碱盐中Fe^{3+}的含量

(R,R)-丙二胺类聚Schiff碱铁盐	质量分数	单体配位铁离子的平均个数
缩(R,R)-1,2-丙二胺乙二醛Schiff碱铁盐L1-1	5.56%	0.27
缩(R,R)-1,2-丙二胺对苯二甲醛Schiff碱铁盐L2-1	3.75%	0.17
缩(R,R)-1,2-丙二胺联苯甲酰Schiff碱铁盐L3-1	3.57%	0.28
缩(R,R)-1,2-丙二胺对苯醌Schiff碱铁盐L4-1	4.01%	0.23
缩(R,R)-1,2-丙二胺-1,4-萘醌Schiff碱铁盐L5-1	2.52%	0.17

(2) (R,R)-1,2-丙二胺类Schiff碱银盐。Ag^{+}的标准曲线如图3-12所示。

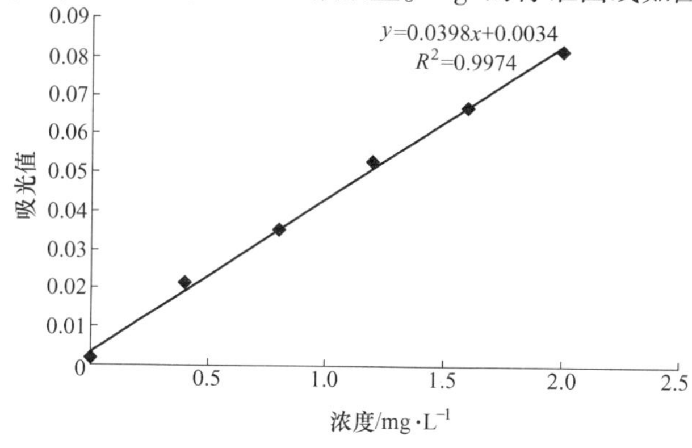

图3-12 Ag^{+}的标准曲线

将各银盐样品配制成一定浓度的溶液，将测得吸光度值，代入标准曲线中，便可计算得到各手性席夫碱盐中的 Ag^+ 的含量。

手性聚 Schiff 碱盐中 Ag^+ 的含量见表 3-4。

表 3-4 手性聚 Schiff 碱盐中 Ag^+ 的含量

(R,R)-1,2-丙二胺类聚 Schiff 碱银盐	质量分数	单体配位铁离子的平均个数
缩(R,R)-1,2-丙二胺乙二醛 Schiff 碱银盐 L1-2	10. 89%	0. 29
缩(R,R)-1,2-丙二胺对苯二甲醛 Schiff 碱银盐 L2-2	9. 10%	0. 31
缩(R,R)-1,2-丙二胺联苯甲酰 Schiff 碱银盐 L3-2	4. 05%	0. 16
缩(R,R)-1,2-丙二胺对苯醌 Schiff 碱银盐 L4-2	5. 02%	0. 15
缩(R,R)-1,2-丙二胺-1,4-萘醌 Schiff 碱银盐 L5-2	6. 85%	0. 24

从上表可以看出，每种(R,R)-丙二胺类聚 Schiff 碱均与铁盐、银盐发生了配位，Fe^{3+} 所占整个物质的质量比为 2. 52%~5. 56%，Ag^+ 所占整个物质的质量比为 4. 05%~10. 89%，平均单体配位的 Fe^{3+} 的个数为 0. 17~0. 23 个，Ag^+ 的个数为 0. 15~0. 31 个。

3. 2. 7. 4 导电性能分析

取一定量样品，充分碾磨后利用 SB-10 液压压片机将样品压制成厚薄均匀直径 30mm 的测试圆片，再利用 RTS-8 四探针电导率仪和四探针测试仪（CRX-4K，美国沃 Lake Shore 科技有限公司）测试其电导率。具体结果见表 3-5。

表 3-5 (R,R)-1,2-丙二胺类聚 Schiff 碱及其盐的电导率

(R,R)-1,2-丙二胺类 Schiff 碱	电导率/$S \cdot cm^{-1}$
缩(R,R)-1,2-丙二胺乙二醛 Schiff 碱（L1）	2.51×10^{-8}
缩(R,R)-1,2-丙二胺乙二醛 Schiff 碱铁盐（L1-1）	2.31×10^{-5}
缩(R,R)-1,2-丙二胺乙二醛 Schiff 碱银盐（L1-2）	4.65×10^{-2}
缩(R,R)-1,2-丙二胺对苯二甲醛 Schiff 碱（L2）	3.72×10^{-9}
缩(R,R)-1,2-丙二胺对苯二甲醛 Schiff 碱铁盐（L2-1）	5.63×10^{-8}
缩(R,R)-1,2-丙二胺对苯二甲醛 Schiff 碱银盐（L2-2）	8.46×10^{-7}
缩(R,R)-1,2-丙二胺联苯甲酰 Schiff 碱（L3）	2.03×10^{-7}
缩(R,R)-1,2-丙二胺联苯甲酰 Schiff 碱铁盐（L3-1）	6.52×10^{-7}
缩(R,R)-1,2-丙二胺联苯甲酰 Schiff 碱银盐（L3-2）	5.60×10^{-5}
缩(R,R)-1,2-丙二胺对苯醌 Schiff 碱（L4）	3.54×10^{-9}

续表 3-5

(R,R)-1,2-丙二胺类 Schiff 碱	电导率/S·cm^{-1}
缩(R,R)-1,2-丙二胺对苯醌 Schiff 碱铁盐 (L4-1)	2.68×10^{-8}
缩(R,R)-1,2-丙二胺对苯醌 Schiff 碱银盐 (L4-2)	5.48×10^{-7}
缩(R,R)-1,2-丙二胺-1,4-萘醌 Schiff 碱 (L5)	7.53×10^{-9}
缩(R,R)-1,2-丙二胺-1,4-萘醌 Schiff 碱铁盐 (L5-1)	6.43×10^{-8}
缩(R,R)-1,2-丙二胺-1,4-萘醌 Schiff 碱银盐 (L5-2)	2.13×10^{-7}

Schiff 碱在掺杂金属盐后，有两个明显的变化：一是颜色的普遍加深，如缩(R,R)-1,2-丙二胺联苯甲酰 Schiff 碱为灰白色，加入金属盐，颜色变为黑色；二是电导率的提升，通过上表可以很清晰的看出，在加入了金属铁、银盐后，产物的电导率有明显的升高，最少也能提高 1~2 个数量级，缩(R,R)-1,2-丙二胺乙二醛 Schiff 碱银盐比原来的 Schiff 碱的电导率提高达到了 6 个数量级，提高的效果非常可观。Schiif 碱与金属离子形成中性络合物，在其分子链上产生荷电点，使得 Schiff 碱的电导率得到提高。表明向 Schiif 碱中加入金属盐是一种有效提高电导率的方法。

3.2.8 小结

本节用从 1,2-丙二胺外消旋体中拆分出来的(R,R)-1,2-丙二胺分别与乙二醛、对苯二甲醛、联苯甲酰、对苯醌和 1,4-萘醌发生缩合反应，得到 5 种手性聚 Schiff 碱，在此基础上与金属铁盐和银盐反应得到 10 种(R,R)-1,2-丙二胺类聚 Schiff 碱盐。通过红外光谱仪、旋光仪、熔点仪、ICP 等对其进行了表征。结果表明，(R,R)-1,2-丙二胺类聚 Schiff 碱及其盐的熔点大部分在 300℃以上，手性聚 Schiff 碱的比旋光度相比单体有一个较大的提升，说明聚合反应能有效地提升物质的旋光度。通过四探针测试仪，测定了(R,R)-1,2-丙二胺类聚 Schiff 碱及其盐的导电性能，(R,R)-1,2-丙二胺类 Schiff 碱盐的导电性能均比(R,R)-1,2-丙二胺类聚 Schiff 碱要强，银盐对导电性能的提升要普遍高于铁盐，最高能提升 6 个数量级；而通过 ICP 我们发现每个单体配位 Ag^{+} 或 Fe^{3+} 平均个数只有 0.15~0.31，因此提高配位数将可能是提高(R,R)-1,2-丙二胺类聚 Schiff 碱及其盐的导电性能的一个有效的方法。

3.3 (R,R)-1,2-环己二胺类聚 Schiff 碱及其盐的合成与表征

1,2-环己二胺是一种外消旋体，利用手性拆分剂 L-(+)-酒石酸拆分出其中一种对映异构体(R,R)-1,2-环己二胺。再与二羰基化合物进行反应，得到多种不同类型的手性聚 Schiff 碱，并在这个基础上掺杂过渡金属，制得相应的手性聚 Schiff 碱盐，研究在掺杂前后电导率的变化。本节设计合成了 10 种(R,R)-1,2-环

己二胺类手性聚 Schiff 碱及其盐。利用熔点、红外光谱、离子分析等对这些合成出来的化合物进行了表征，确定了结构，利用旋光仪（型号）和四探针测试仪（RTS-8、CRX-4K）分别测试了它们的旋光性能和导电性能。

3.3.1　1,2-环己二胺的拆分

（1）拆分路线。

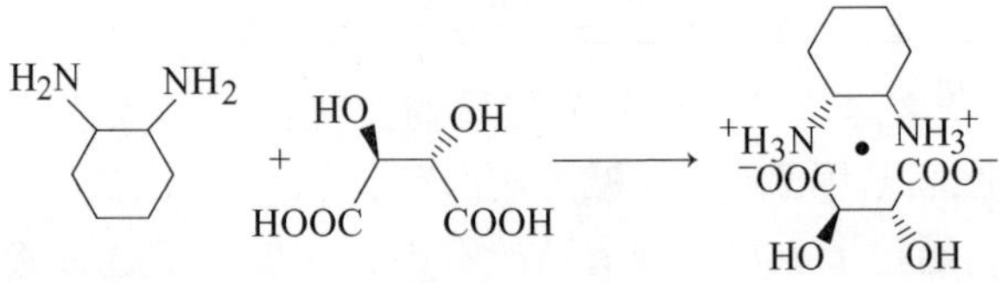

（2）利用超声波分离 1,2-环己二胺外消旋体。向 100mL 的烧杯中加入 7.1g（48.6mmol）L-(+)-酒石酸，20mL 去离子水，超声溶解，待固体完全溶解后取出烧杯，向烧杯中缓慢加入 11.1g 1,2-环己二胺（97.2mmol）。生成盐的过程是一个放热过程，同时会有白色絮状物，待加料完成后絮状物消失。接着向烧杯中加入 3mL（72.9mmol）甲酸，超声反应 15min。取出烧杯冷却至 0℃以下，出现大量沉淀，抽滤，用去离子水洗涤 2~3 次，放鼓风干燥箱中以 50℃烘干 5h，得到白色固体，质量为 3.96g，熔点为 280~282℃，产率：34.1%。

（3）水热法对 1,2-环己二胺外消旋体的拆分。取 250mL 三口瓶加入 15g L-(+)-酒石酸（0.103mol）用 45mL 去离子水溶解，待溶解完全后水浴加热至 65~68℃，逐滴加入 24mL(0.198mol)1,2-环己二胺，滴加过程中出现混浊现象，待滴加完毕后混浊又消失，继续加热至 90℃，缓慢滴加 10mL 冰醋酸，出现混浊现象，室温搅拌 2h 后放在冰箱静置冷却 2h，取出，抽滤，用去离子水洗涤 2~3 次，放鼓风干燥箱中以 50℃烘干 5h，得白色固体 9.58g，熔点为 278~280℃，产率：34.7%。

（4）(R,R)-1,2-环己二胺单-(+)酒石酸盐比旋光度的测定：$[\alpha]_D^{20}=+26.3°$（水，1.22mg/mL）。

3.3.2　缩(R,R)-1,2-环己二胺乙二醛 Schiff 碱及其盐的合成

3.3.2.1　缩(R,R)-1,2-环己二胺乙二醛 Schiff 碱（P1）的合成

（1）合成路线。

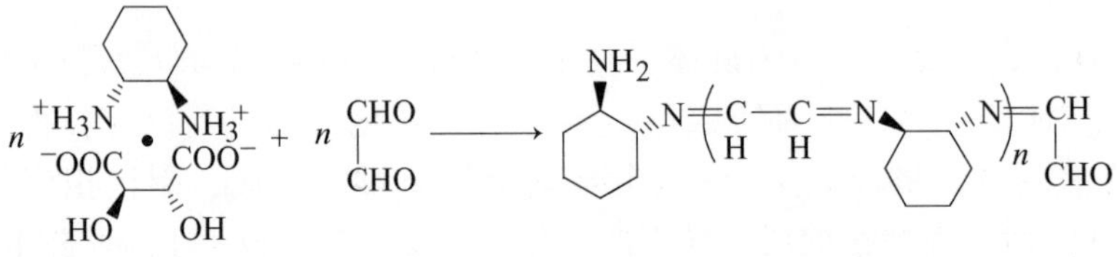

（2）实验方法。取250mL三口瓶，向其中依次加入(R,R)-1,2-环己二胺单-(+)酒石酸盐2.80g(10.8mmol)，1.21g(21.6mmol)KOH，用少量水将其溶解，待溶解完全后加入80mL无水乙醇，加热搅拌至75℃，缓慢滴加1.0mL乙二醛(已用20mL无水乙醇稀释溶解)，溶液变为黄色，随着滴加量的增加，溶液颜色变深最后变为红黑色，滴加完毕后继续加热至82℃，冷凝回流搅拌8h。待反应结束，撤去热源，冷却至室温，抽滤，滤饼用无水乙醇和去离子水分别洗涤3次，置鼓风干燥箱中以60℃烘干得到浅黄色固体：1.11g，产率：66.6%。测得其熔点大于300℃。

3.3.2.2 缩(R,R)-1,2-环己二胺乙二醛Schiff碱铁盐（P1-1）的合成

（1）合成路线。

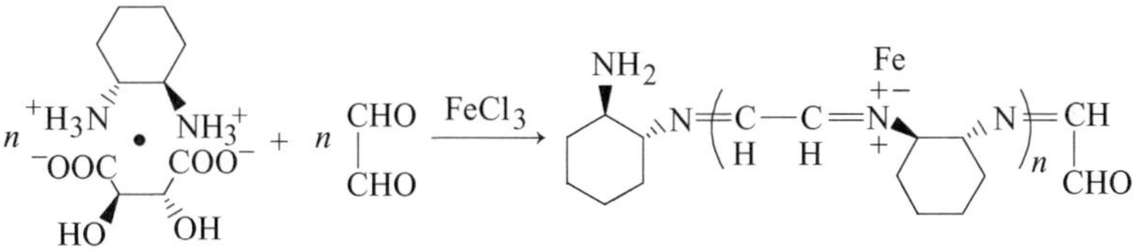

$n\ {}^{+}H_3N \cdot NH_3^{+}\ {}^{-}OOC\ COO^{-}\ HO\ OH + n\ \text{CHO--CHO} \xrightarrow{FeCl_3} NH_2\ \text{N}{=}\text{C(H)--C(H)}{=}\overset{+}{\text{N}}(\overset{+-}{\text{Fe}})\ \text{N}{)_n}{=}\text{CH--CHO}$

（2）实验方法。取250mL三口瓶，向其中依次加入(R,R)-1,2-环己二胺单-(+)酒石酸盐2.80g(10.8mmol)，1.21g(21.6mmol)KOH，用少量水将其溶解，待溶解完全后加入80mL无水乙醇，加热搅拌至75℃，缓慢滴加1.0mL乙二醛(已用20mL无水乙醇稀释溶解)，溶液变为黄色，随着滴加量的增加，溶液颜色变深最后变为红黑色，滴加完毕后继续加热至82℃，冷凝回流搅拌8h。再向上述反应液中加入1.75g(10.8mmol)无水氯化铁，继续反应5h，待反应结束，撤去热源，冷却至室温，抽滤，滤饼用无水乙醇和去离子水分别洗涤3次，置鼓风干燥箱中以60℃烘干得到褐色固体：2.23g，产率：65.6%。测得其熔点大于300℃。

3.3.2.3 缩(R,R)-1,2-环己二胺乙二醛Schiff碱银盐（P1-2）的合成

（1）合成路线。

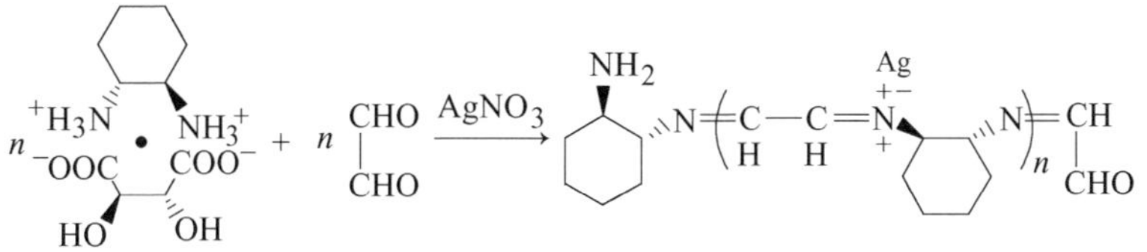

$n\ {}^{+}H_3N \cdot NH_3^{+}\ {}^{-}OOC\ COO^{-}\ HO\ OH + n\ \text{CHO--CHO} \xrightarrow{AgNO_3} NH_2\ \text{N}{=}\text{C(H)--C(H)}{=}\overset{+}{\text{N}}(\overset{+-}{\text{Ag}})\ \text{N}{)_n}{=}\text{CH--CHO}$

（2）实验方法。取250mL三口瓶，向其中依次加入(R,R)-1,2-环己二胺单-(+)酒石酸盐2.80g(10.8mmol)，1.21g(21.6mmol)KOH，用少量水将其溶解，

待溶解完全后加入 80mL 无水乙醇，加热搅拌至 75℃，缓慢滴加 1.0mL 乙二醛（已用 20mL 无水乙醇稀释溶解），溶液变为黄色，随着滴加量的增加，溶液颜色变深最后变为红黑色，滴加完毕后继续加热至 82℃，冷凝回流搅拌 8h。再向上述反应液中加入 1.84g(10.8mmol) 硝酸银，继续反应 5h，待反应结束，撤去热源，冷却至室温，抽滤，滤饼用无水乙醇和去离子水分别洗涤 3 次，置鼓风干燥箱中以 60℃烘干得到灰色固体：2.52g，产率：71.6%。测得其熔点大于 300℃。

3.3.3　缩(R,R)-1,2-环己二胺对苯二甲醛 Schiff 碱及其盐的合成

3.3.3.1　缩(R,R)-1,2-环己二胺对苯二甲醛 Schiff 碱（P2）的合成

（1）合成路线。

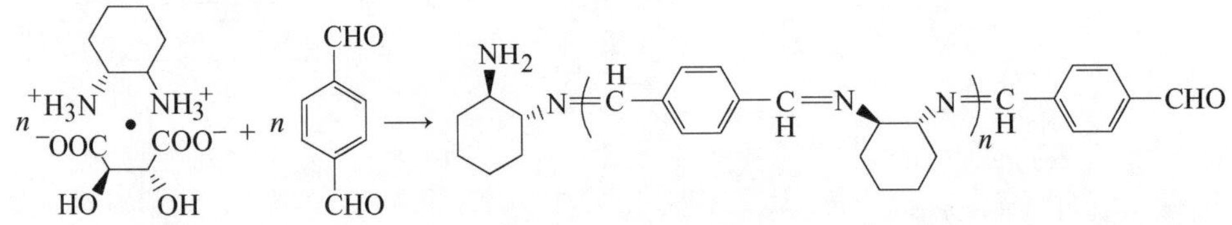

（2）实验方法。取 250mL 三口瓶，向其中依次加入(R,R)-1,2-环己二胺单-(+)酒石酸盐 2.01g(7.7mmol)，1.0g KOH(15.6mmol)，用少量去离子水将其溶解，待溶解完全后加入 80mL 无水乙醇，水浴加热搅拌至 75℃，缓慢滴加 1.55g 对苯二甲醛（已用 40mL 无水乙醇加热溶解），加入 0.10g 无水氯化锌作催化剂，溶液开始缓慢变成白色，随着滴加量的增多，颜色变深，变成乳白色，待滴加完毕后继续加热至 82℃，冷凝回流搅拌 6h。撤去热源，冷却至室温，搅拌 2h，抽滤，滤饼用无水乙醇和去离子分别洗涤 2~3 次，放鼓风干燥箱中以 60℃烘干 5h，得到白色固体 1.67g，产率为 93.8%。测得其熔点大于 300℃。

3.3.3.2　缩(R,R)-1,2-环己二胺对苯二甲醛 Schiff 碱铁盐（P2-1）的合成

（1）合成路线。

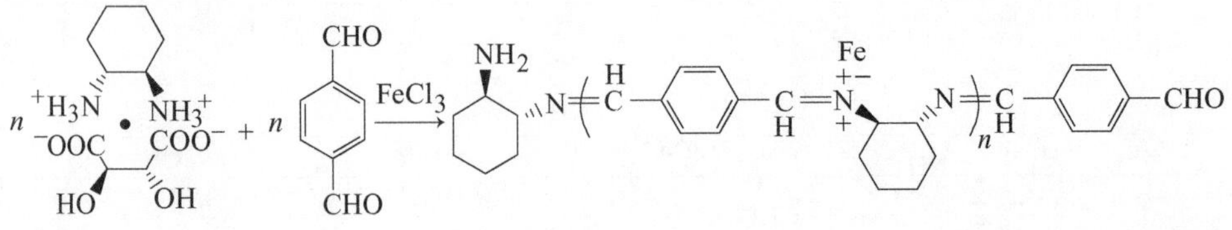

（2）实验方法。取 250mL 三口瓶，向其中依次加入(R,R)-1,2-环己二胺单-(+)酒石酸盐 2.01g(7.7mmol)，1.0g KOH(15.6mmol)，用少量去离子水将其溶解，待溶解完全后加入 80mL 无水乙醇，水浴加热搅拌至 75℃，缓慢滴加 1.55g

对苯二甲醛（已用40mL无水乙醇加热溶解），加入0.10g无水氯化锌作催化剂，溶液开始缓慢变成白色，随着滴加量的增多，颜色变深，变成乳白色，待滴加完毕后继续加热至82℃，冷凝回流搅拌6h。再将1.25g(7.7mmol)无水氯化铁加入上述反应液中，继续反应5h，撤去热源，冷却至室温，抽滤，滤饼用无水乙醇和去离子水分别洗涤2~3次，放鼓风干燥箱中以60℃烘干5h，得到褐色固体2.01g，产率为66.3%。测得其熔点大于300℃。

3.3.3.3 缩(R,R)-1,2-环己二胺对苯二甲醛Schiff碱银盐（P2-2）的合成

（1）合成路线。

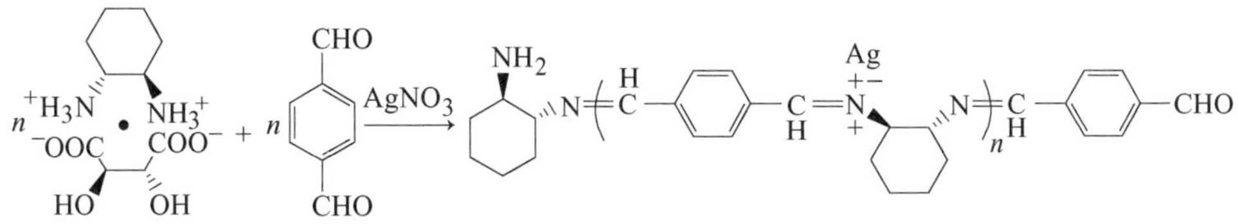

（2）实验方法。取250mL三口瓶，向其中依次加入(R,R)-1,2-环己二胺单-(+)酒石酸盐2.01g(7.7mmol)，1.0g KOH(15.6mmol)，用少量去离子水将其溶解，待溶解完全后加入80mL无水乙醇，水浴加热搅拌至75℃，缓慢滴加1.55g对苯二甲醛（已用40mL无水乙醇加热溶解），加入0.10g无水氯化锌作催化剂，溶液开始缓慢变成白色，随着滴加量的增多，颜色变深，变成乳白色，待滴加完毕后继续加热至82℃，冷凝回流搅拌6h。再将1.31g(7.7mmol)硝酸银加入上述反应液中，继续反应5h，撤去热源，冷却至室温，抽滤，滤饼用无水乙醇和去离子水分别洗涤2~3次，放鼓风干燥箱中以60℃烘干5h，得到灰色固体2.21g，产率为71.5%。测得其熔点大于300℃。

3.3.4 缩(R,R)-1,2-环己二胺联苯甲酰Schiff碱及其盐的合成

3.3.4.1 缩(R,R)-1,2-环己二胺联苯甲酰Schiff碱（P3）的合成

（1）合成路线。

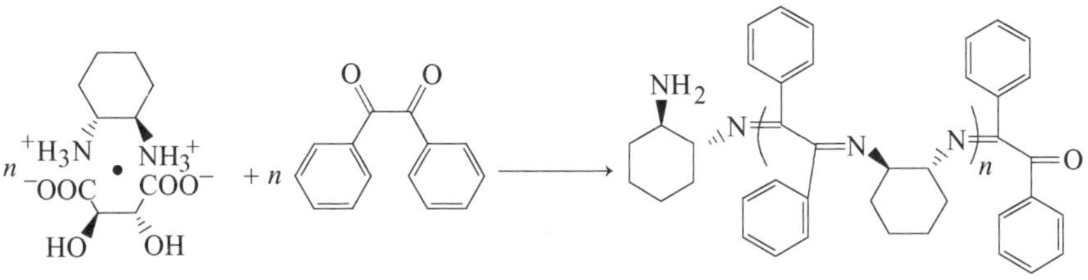

（2）实验方法。取 250mL 三口瓶，向其中依次加入(R,R)-1,2-环己二胺单-(+)酒石酸盐 1.80g(6.9mmol)，0.77g(6.9mmol)KOH，用少量去离子水将其溶解，待溶解完全后加入 80mL 无水乙醇，水浴加热搅拌至 75℃，缓慢滴加 2.17g 联苯甲酰（已用 40mL 无水乙醇溶解），加入 0.10g 无水氯化锌作为催化剂，溶液逐渐由白色变为浅黄色，随着滴加量的增加，溶液颜色变深最后变为橙黄色，滴加完毕后继续加热至 82℃，冷凝回流搅拌 8h。撤去热源，冷却至室温，搅拌 2h，抽滤，滤饼用无水乙醇和去离子水分别洗涤 2~3 次，放鼓风干燥箱中以 60℃烘干 5h，得到白色固体：2.10g，产率：93.7%。测得其熔点为 280℃。

3.3.4.2　缩(R,R)-1,2-环己二胺联苯甲酰 Schiff 碱铁盐（P3-1）的合成

（1）合成路线。

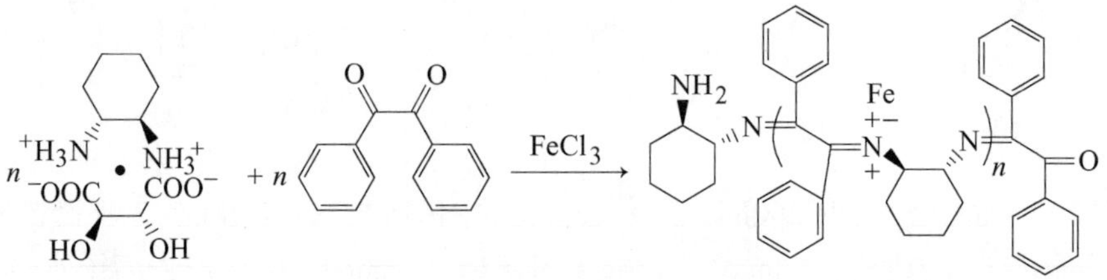

$FeCl_3$

（2）实验方法。取 250mL 三口瓶，向其中依次加入(R,R)-1,2-环己二胺单-(+)酒石酸盐 1.80g(6.9mmol)，0.77g(6.9mmol)KOH，用少量去离子水将其溶解，待溶解完全后加入 80mL 无水乙醇，水浴加热搅拌至 75℃，缓慢滴加 2.17g 联苯甲酰（已用 40mL 无水乙醇溶解），加入 0.10g 无水氯化锌作为催化剂，溶液逐渐由白色变为浅黄色，随着滴加量的增加，溶液颜色变深最后变为橙黄色，滴加完毕后继续加热至 82℃，冷凝回流搅拌 8h。再向上述反应液中加入 1.12g(6.9mmol）无水氯化铁，继续反应 5h，撤去热源，冷却至室温，抽滤，滤饼用无水乙醇和去离子水分别洗涤 2~3 次，放鼓风干燥箱中以 60℃烘干 5h，得到灰色固体：1.89g，产率：56.25%。测得其熔点大于 300℃。

3.3.4.3　缩(R,R)-1,2-环己二胺联苯甲酰 Schiff 碱银盐（P3-2）的合成

（1）合成路线。

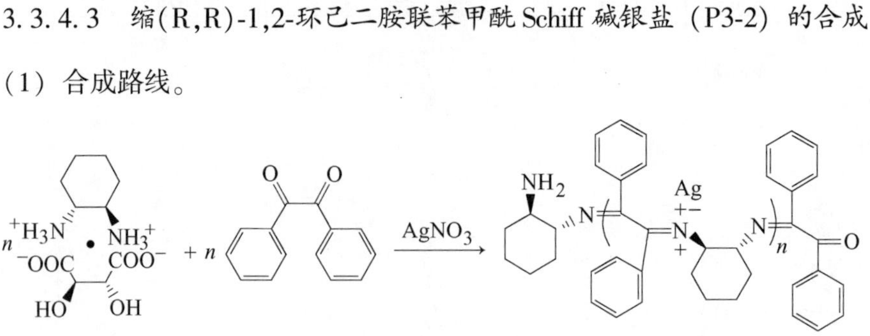

$AgNO_3$

(2) 实验方法。取 250mL 三口瓶，向其中依次加入(R,R)-1,2-环己二胺单-(+)酒石酸盐 1.80g(6.9mmol)，0.77g(6.9mmol)KOH，用少量去离子水将其溶解，待溶解完全后加入 80mL 无水乙醇，水浴加热搅拌至 75℃，缓慢滴加 2.17g 联苯甲酰（已用 40mL 无水乙醇溶解），加入 0.10g 无水氯化锌作为催化剂，溶液逐渐由白色变为浅黄色，随着滴加量的增加，溶液颜色变深最后变为橙黄色，滴加完毕后继续加热至 82℃，冷凝回流搅拌 8h。再向上述反应液中加入 1.17g(6.9mmol)硝酸银，继续反应 5h，撤去热源，冷却至室温，抽滤，滤饼用无水乙醇和去离子水分别洗涤 2~3 次，放鼓风干燥箱中以 60℃烘干 5h，得到灰绿色固体：2.21g，产率：64.8%。测得其熔点大于 300℃。

3.3.5 缩(R,R)-1,2-环己二胺对苯醌 Schiff 碱及其盐的合成

3.3.5.1 缩(R,R)-1,2-环己二胺对苯醌 Schiff 碱（P4）的合成

(1) 合成路线。

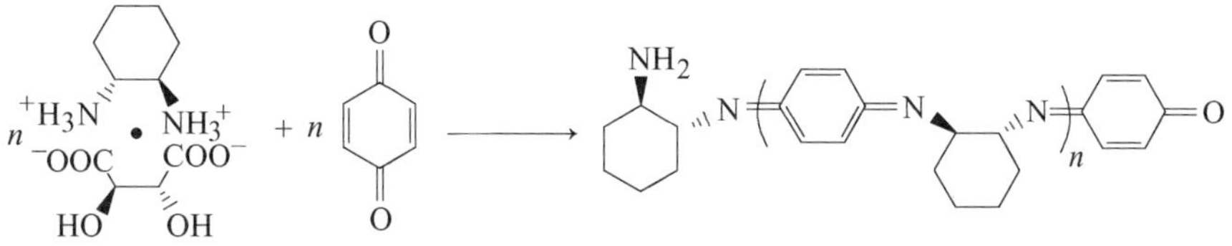

(2) 实验方法。取 250mL 三口瓶，向其中依次加入(R,R)-1,2-环己二胺单-(+)酒石酸盐 1.8g(6.9mmol)，0.77g KOH(13.8mmol)，用少量水将其溶解，待溶解完全后加入 80mL 无水乙醇，加热搅拌至 75℃，缓慢滴加 1.12g 对苯醌（已用 40mL 无水乙醇加热溶解），加入 0.10g 无水氯化锌，溶液由白色变为红色，随着滴加量的增加，溶液颜色变深最后变为黑色，滴加完毕后继续加热至 82℃，冷凝回流搅拌 8h。待反应结束，撤去热源，冷却至室温，搅拌 2h，抽滤，滤饼用无水乙醇和去离子水分别洗涤 2~3 次，放鼓风干燥箱中以 60℃烘干得到灰茶色固体 1.11g，产率为 78.1%。测得其熔点大于 300℃。

3.3.5.2 缩(R,R)-1,2-环己二胺对苯醌 Schiff 碱铁盐（P4-1）的合成

(1) 合成路线。

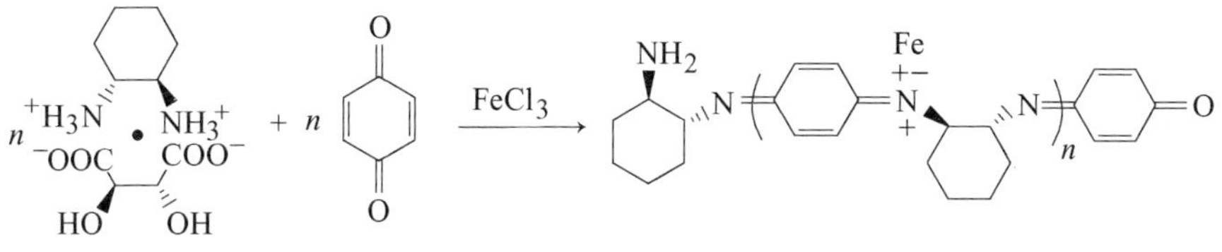

$FeCl_3$

（2）实验方法。取 250mL 三口瓶，向其中依次加入(R,R)-1,2-环己二胺单-(+)酒石酸盐 1. 8g(6. 9mmol)，0. 77g KOH(13. 8mmol)，用少量水将其溶解，待溶解完全后加入 80mL 无水乙醇，加热搅拌至 75℃，缓慢滴加 1. 12g 对苯醌（已用 40mL 无水乙醇加热溶解），加入 0. 10g 无水氯化锌，溶液由白色变为红色，随着滴加量的增加，溶液颜色变深最后变为黑色，滴加完毕后继续加热至 82℃，冷凝回流搅拌 8h。再将 1. 12g(6. 9mmol)无水氯化铁加入上述反应液中，待反应结束，撤去热源，冷却至室温，抽滤，滤饼用无水乙醇和去离子水分别洗涤 2～3 次，放鼓风干燥箱中以 60℃烘干得到褐色固体 1. 94g，产率为 76. 35%。测得其熔点大于 300℃。

3. 3. 5. 3 缩(R,R)-1,2-环己二胺对苯醌 Schiff 碱银盐（P4-2）的合成

（1）合成路线。

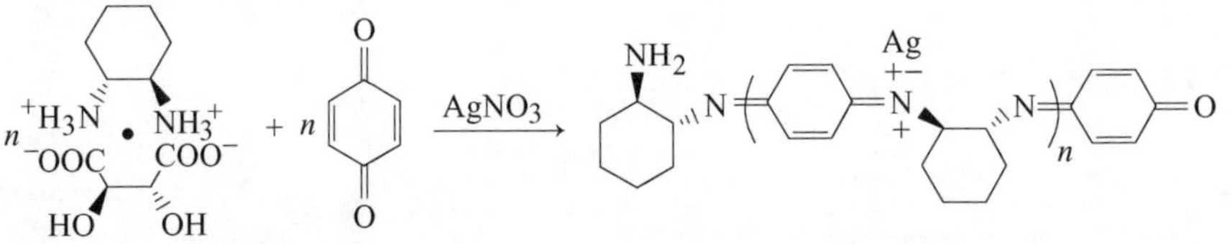

（2）实验方法。取 250mL 三口瓶，向其中依次加入(R,R)-1,2-环己二胺单-(+)酒石酸盐 1. 8g(6. 9mmol)，0. 77g KOH(13. 8mmol)，用少量水将其溶解，待溶解完全后加入 80mL 无水乙醇，加热搅拌至 75℃，缓慢滴加 1. 12g 对苯醌（已用 40mL 无水乙醇加热溶解），加入 0. 10g 无水氯化锌，溶液由白色变为红色，随着滴加量的增加，溶液颜色变深最后变为黑色，滴加完毕后继续加热至 82℃，冷凝回流搅拌 8h。再将 1. 17g(6. 9mmol)硝酸银加入上述反应液中，待反应结束，撤去热源，冷却至室温，抽滤，滤饼用无水乙醇和去离子水分别洗涤 2～3 次，放鼓风干燥箱中以 60℃烘干得到灰黑色固体 1. 89g，产率为 73. 8%。测得其熔点大于 300℃。

3.3.6 缩(R,R)-1,2-环己二胺-1,4-萘醌 Schiff 碱及其盐的合成

3. 3. 6. 1 缩(R,R)-1,2-环己二胺-1,4-萘醌 Schiff 碱（P5）的合成

（1）合成路线。

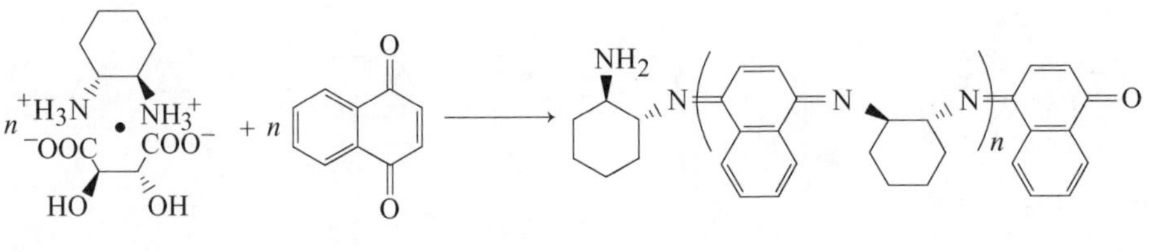

（2）实验方法。取250mL三口瓶，向其中依次加入(R,R)-1,2-环己二胺单-(+)酒石酸盐1.8g(6.9mmol)，0.77g KOH(13.8mmol)，用少量去离子水将其溶解，待溶解完全后加入80mL无水乙醇，水浴加热搅拌至75℃，缓慢滴加1.64g 1,4-萘醌（已用40mL无水乙醇加热溶解），加入0.10g无水氯化锌作为催化剂，溶液逐渐由白色变为黄色，随着滴加量的增加，溶液颜色变深，最后变为棕色，待滴加完毕后继续加热至82℃，冷凝回流搅拌6h。撤去热源，冷却至室温，搅拌2h，抽滤，滤饼用无水乙醇和去离子水洗涤2~3次，放鼓风干燥箱中以60℃烘干5h，得到深灰色固体1.45g，产率为86.1%。测得其熔点大于300℃。

3.3.6.2 缩(R,R)-1,2-环己二胺-1,4-萘醌Schiff碱铁盐（P5-1）的合成

（1）合成路线。

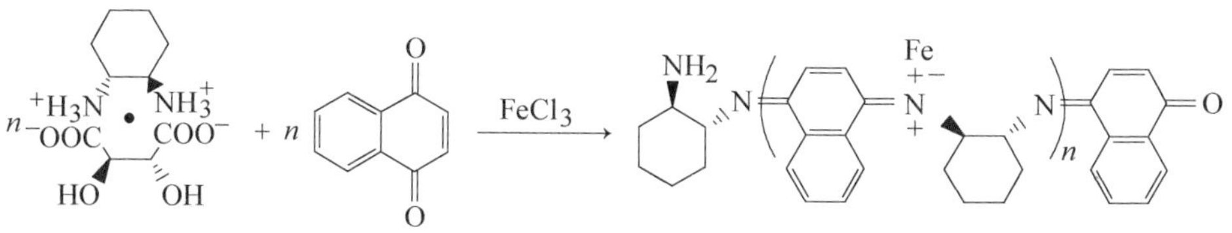

（2）实验方法。取250mL三口瓶，向其中依次加入(R,R)-1,2-环己二胺单-(+)酒石酸盐1.8g(6.9mmol)，0.77g KOH(13.8mmol)，用少量去离子水将其溶解，待溶解完全后加入80mL无水乙醇，水浴加热搅拌至75℃，缓慢滴加1.64g 1,4-萘醌（已用40mL无水乙醇加热溶解），加入0.10g无水氯化锌作为催化剂，溶液逐渐由白色变为黄色，随着滴加量的增加，溶液颜色变深，最后变为棕色，待滴加完毕后继续加热至82℃，冷凝回流搅拌6h。在将1.12g(6.9mmol)无水氯化铁加入上述反应液中，继续反应5h，撤去热源，冷却至室温，抽滤，滤饼用无水乙醇和去离子水洗涤2~3次，放鼓风干燥箱中以60℃烘干5h，得到咖啡色固体2.34g，产率为83.4%。测得其熔点大于300℃。

3.3.6.3 缩(R,R)-1,2-环己二胺-1,4-萘醌Schiff碱银盐（P5-2）的合成

（1）合成路线。

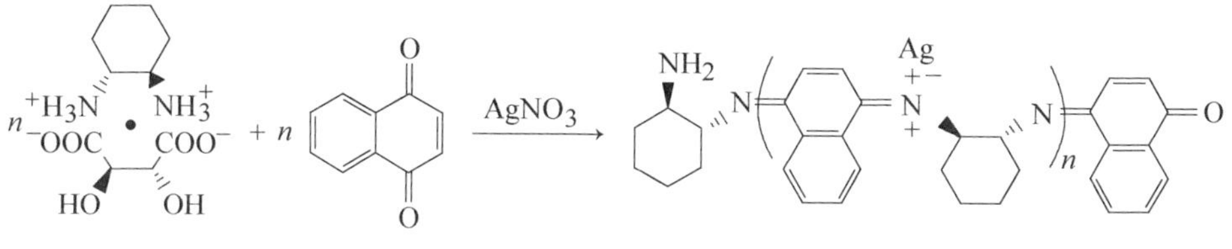

（2）实验方法。取250mL三口瓶，向其中依次加入(R,R)-1,2-环己二胺单-

(+)酒石酸盐 1. 8g(6. 9mmol)，0. 77g KOH(13. 8mmol)，用少量去离子水将其溶解，待溶解完全后加入 80mL 无水乙醇，水浴加热搅拌至 75℃，缓慢滴加 1. 64g 1，4-萘醌（已用 40mL 无水乙醇加热溶解），加入 0. 10g 无水氯化锌作为催化剂，溶液逐渐由白色变为黄色，随着滴加量的增加，溶液颜色变深，最后变为棕色，待滴加完毕后继续加热至 82℃，冷凝回流搅拌 8h。再将 1. 17g(6. 9mmol) 硝酸银加入上述反应液中，继续反应 5h，撤去热源，冷却至室温，抽滤，滤饼用无水乙醇和去离子水洗涤 2~3 次，放鼓风干燥箱中以 60℃烘干 5h，得到褐色固体 2. 15g，产率为 76. 3%。测得其熔点大于 300℃。

3.3.7 结果与讨论

3. 3. 7. 1 比旋光度

在测定样品前，先校正旋光仪的零点。取一样品管放入 DMF 溶剂，作为空白样，放入旋光仪中，记下其读数，校为零点。然后取一定量的样品粉末溶于 DMF 溶剂中，滤去不溶物，滤液稀释后，加入样品管中，放入旋光仪中测定其旋光度。

(R,R)-1,2-环己二胺及其 Schiff 碱的比旋光度见表 3-6。

表 3-6 (R,R)-1,2-环己二胺及其 Schiff 碱的比旋光度

物 质	颜 色	比旋光度	溶剂与浓度
(R,R)-1,2-环己二胺	白色	+120°	DMF，0. 092mg/mL
P1	浅黄	+263°	DMF，0. 038mg/mL
P2	白色	+446°	DMF，0. 056mg/mL
P3	浅黄	+370°	DMF，0. 108mg/mL
P4	灰茶色	+1000°	DMF，0. 022mg/mL
P5	灰色	+536°	DMF，0. 028mg/mL

当手性单体发生聚合反应时，产生的聚合物的比旋光度会增高，也就是说聚合物对手性具有增强的作用，使其旋光性更加明显。从表 3-6 中可以看出，合成出来的 Schiff 碱的比旋光度，均比原料单体的要大，说明在反应中发生了聚合。(R,R)-1,2-环己二胺单-(+)酒石酸盐在反应溶液中与二羰基化合物在无水氯化锌的作用下进行了缩聚反应。

3. 3. 7. 2 IR 分析

(1) 缩(R,R)-1,2-环己二胺乙二醛 Schiff 碱及其铁盐、银盐的红外谱图，如图 3-13 和图 3-14 所示。

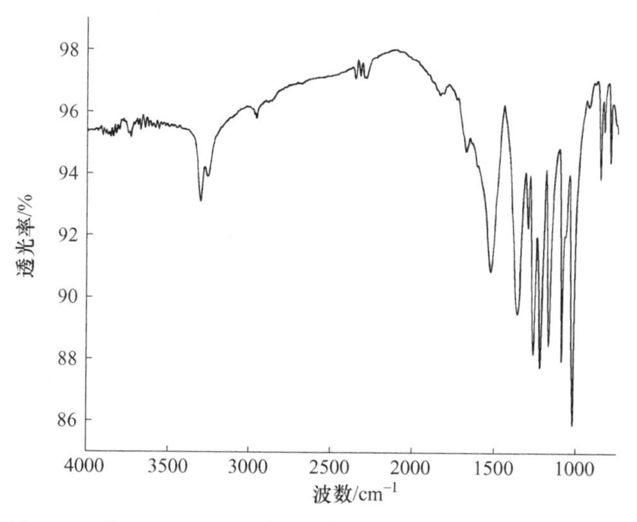

图 3-13 缩(R,R)-1,2-环己二胺乙二醛 Schiff 碱的红外谱图

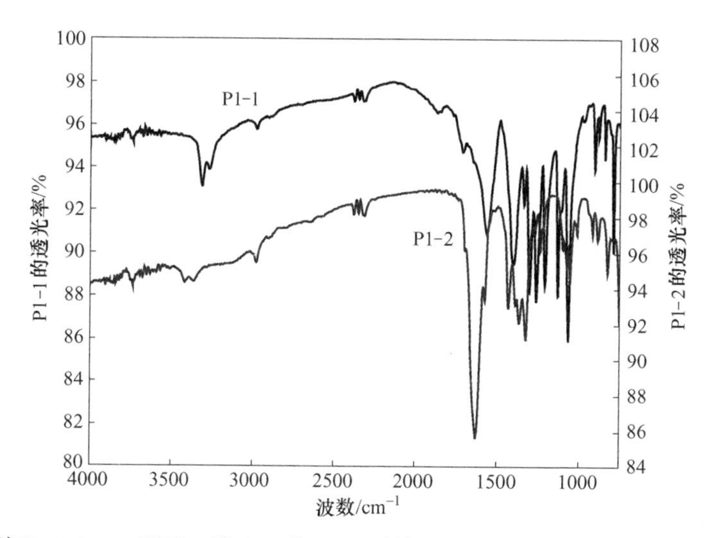

图 3-14 缩(R,R)-1,2-环己二胺乙二醛 Schiff 碱铁盐（P1-1）、银盐（P1-2）的红外谱图

从图 3-13 中可以看出，在 3419.6cm^{-1}处的特征峰归属于 N—H 的伸缩振动，在 1639.6cm^{-1}的特征峰归属于 C ═N 的伸缩振动，2985.0cm^{-1}、2924.0cm^{-1}、2852.9cm^{-1}以及 1420.8cm^{-1}处的特征峰归属于亚甲基的伸缩振动和弯曲振动。

图 3-14 中，P1-1 和 P1-2 分别为缩(R,R)-1,2-环己二胺乙二醛 Schiff 碱铁盐和银盐的红外谱图，可以从谱图上看出两条谱图大致相同，但 1500.0cm^{-1}后杂峰较多，原因可能是样品的纯化做得不够。总体而言，加入银盐的聚 Schiff 碱相较于铁盐整个谱图蓝移更多，即银盐对聚合物的影响更大。

（2）缩(R,R)-1,2-环己二胺对苯二甲醛 Schiff 碱及其铁盐、银盐的红外谱图，如图 3-15 和图 3-16 所示。

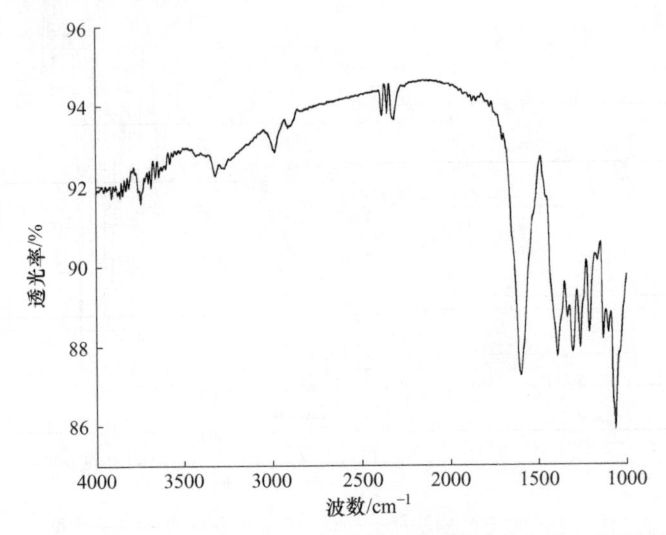

图 3-15　缩(R,R)-1,2-环己二胺对苯二甲醛 Schiff 碱的红外谱图

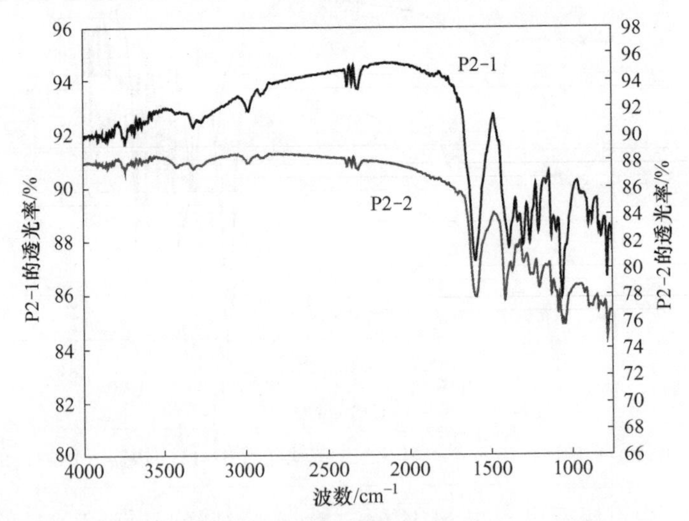

图 3-16　缩(R,R)-1,2-环己二胺对苯二甲醛 Schiff 碱铁盐（P2-1）、银盐（P2-2）的红外谱图

从图 3-15 可以看出，在 3321.9cm^{-1}处的特征峰归属于 N—H 的伸缩振动，在 1609.1cm^{-1}的特征峰是属于 C ═N 双键的伸缩振动吸收峰，2850.0cm^{-1}以及 1421.3cm^{-1}处的吸收带是亚甲基的伸缩振动和弯曲振动。

图 3-16 中，P2-1 和 P2-2 分别为缩(R,R)-1,2-环己二胺对苯二甲醛 Schiff 碱铁盐和银盐，可以从谱图上看出两条谱图大致相同，掺杂银盐的峰相对于铁盐来说更小一些，不过整体的峰型大致相同，与原图相比明显发生了偏移，说明该聚

合物与金属离子配位成功。

(3) 缩(R,R)-1,2-环己二胺联苯甲酰 Schiff 碱及其铁盐、银盐的红外谱图，如图 3-17 和图 3-18 所示。

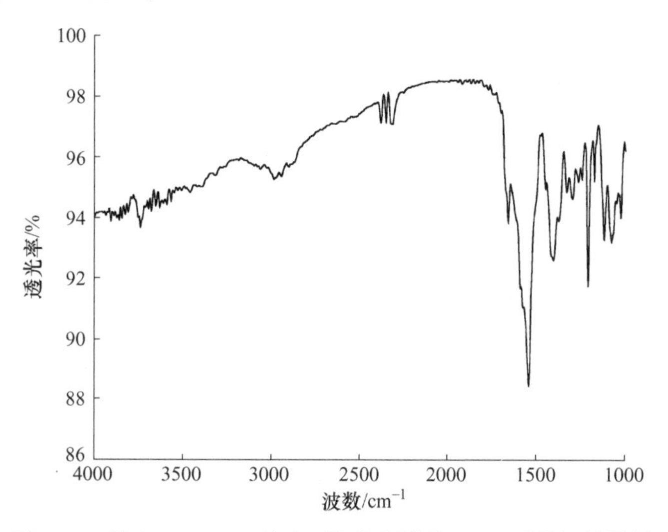

图 3-17 缩(R,R)-1,2-环己二胺联苯甲酰 Schiff 碱的红外谱图

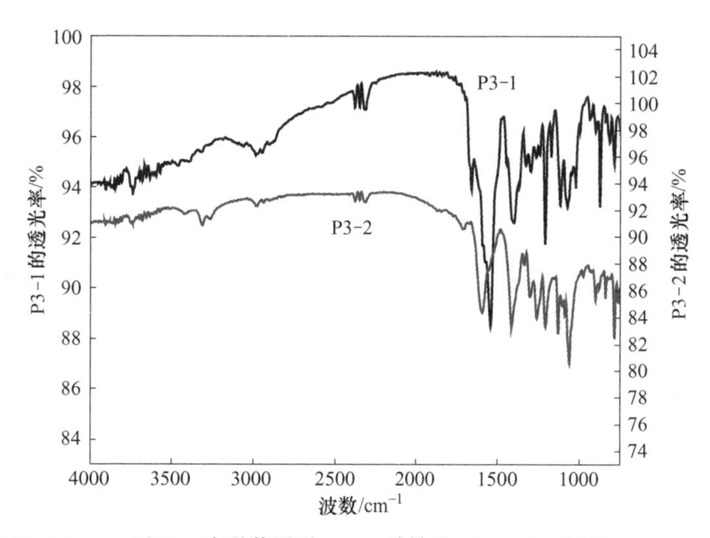

图 3-18 缩(R,R)-1,2-环己二胺联苯甲酰 Schiff 碱铁盐（P3-1）、银盐（P3-2）的红外谱图

从图 3-17 可以看出，在 3406.0cm^{-1}处的特征峰归属于 N—H 的伸缩振动，在 1643.4cm^{-1}的特征峰归属于 C═N 的伸缩振动，在 3079.0cm^{-1}、3025.2cm^{-1}、2935.4cm^{-1}、2856.9cm^{-1}以及 1425.2cm^{-1}处的特征峰归属于亚甲基的伸缩振动和弯曲振动。

图 3-18 中，P3-1 和 P3-2 分别为缩(R,R)-1,2-环己二胺联苯甲酰 Schiff 碱铁盐和银盐的红外谱图，可以从谱图上看出两条谱图大致相同，虽然透光率不尽相同，但整体的峰型相同，表明两种物质结构相似。同时与原 Schiff 碱相比，只是在位置上发生了偏移，表明金属银与铁离子和聚合物发生了配位。

（4）缩(R,R)-1,2-环己二胺对苯醌 Schiff 碱及其铁盐、银盐的红外谱图，如图 3-19 和图 3-20 所示。

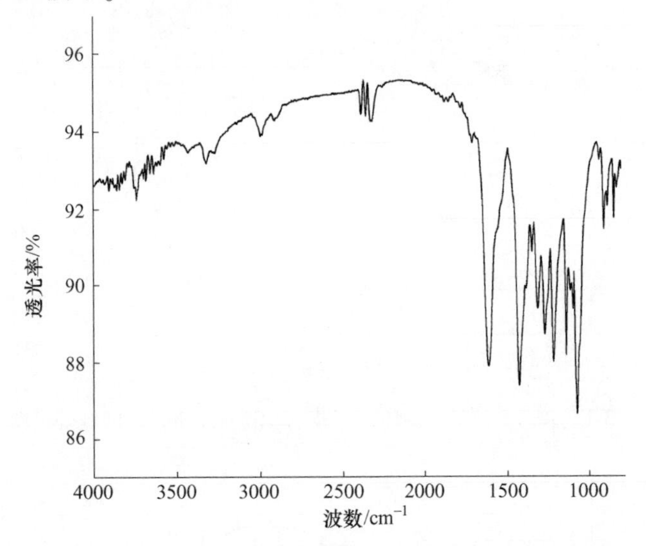

图 3-19 缩(R,R)-1,2-环己二胺对苯醌 Schiff 碱的红外谱图

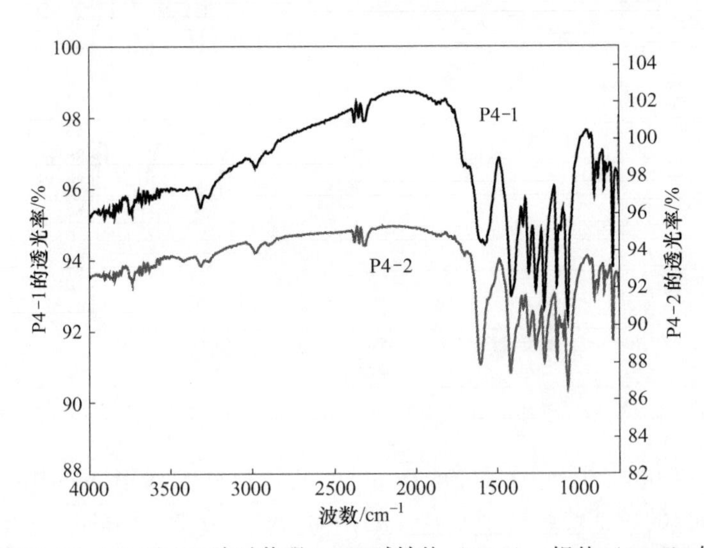

图 3-20 缩(R,R)-1,2-环己二胺对苯醌 Schiff 碱铁盐（P4-1）、银盐（P4-2）的红外谱图

在 3422.5cm^{-1}处的特征峰归属于 N—H 键的伸缩振动的吸收峰，1638.9cm^{-1}

的特征峰归属于 C ═N 的伸缩振动的吸收峰，2974.9cm^{-1}以及 1420.9cm^{-1}处的吸收带是亚甲基的伸缩振动和弯曲振动。

P4-1 和 P4-2 分别为缩(R,R)-1,2-环己二胺对苯醌 Schiff 碱铁盐和银盐的红外谱图，可以从谱图上看出两条谱图基本相同，同时也与原物质的谱图基本相同，证明两种物质同原物质的基本结构相同。与原物质相比，这两条红外曲线明显发生了蓝移，说明金属配位成功。

（5）缩(R,R)-1,2-环己二胺-1,4-萘醌 Schiff 碱及其铁盐、银盐的红外谱图，如图 3-21 和图 3-22 所示。

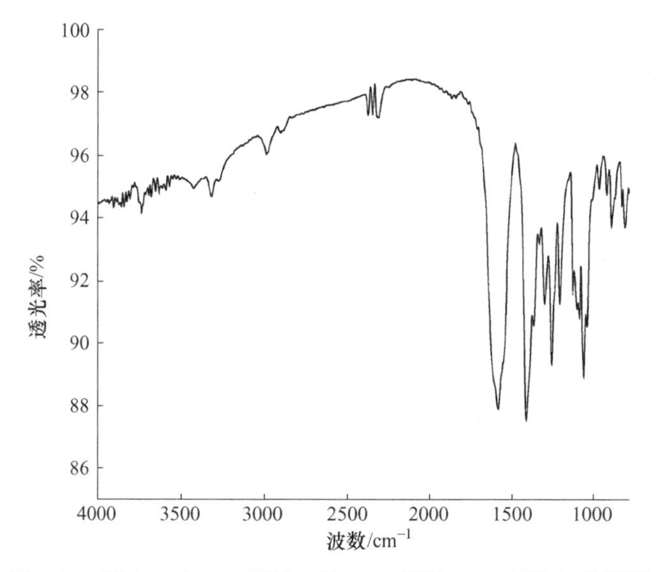

图 3-21 缩(R,R)-1,2-环己二胺-1,4-萘醌 Schiff 碱的红外谱图

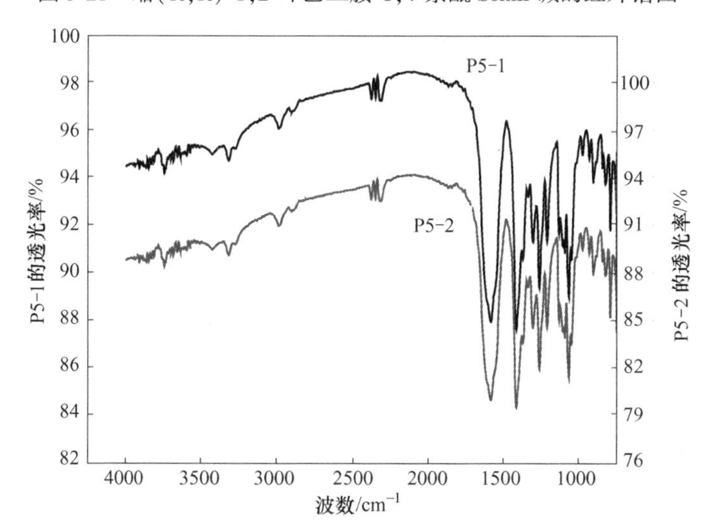

图 3-22 缩(R,R)-1,2-环己二胺-1,4-萘醌 Schiff 碱铁盐（P5-1）、银盐（P5-2）的红外谱图

从图 3-21 可以看出，在 3319.3cm^{-1}处的特征峰归属于 N—H 键的伸缩振动，在 1638.8cm^{-1}的特征峰归属于 C═N 伸缩振动的吸收峰，在 2981.6cm^{-1}以及 1418.6cm^{-1}处的特征峰归属于亚甲基的伸缩振动和弯曲振动。

图 3-22，P5-1 和 P5-2 分别为缩(R,R)-1,2-环己二胺-1,4-萘醌 Schiff 碱铁盐和银盐的红外谱图，可以从谱图上看出两条谱图基本相同，同时也与原物质的谱图基本相同，证明两种物质同原物质的基本结构相同。与原物质相比，这两条红外曲线明显发生了蓝移，说明金属配位成功。

手性聚 Schiff 碱及其盐的特征吸收峰见表 3-7。

表 3-7　手性聚 Schiff 碱及其盐的特征吸收峰

(R,R)-1,2-环己二胺类 Schiff 碱及其盐	红外数据 $\nu_{C═N}/cm^{-1}$
缩(R,R)-1,2-环己二胺乙二醛 Schiff 碱（P1）	1639.6
缩(R,R)-1,2-环己二胺乙二醛 Schiff 碱铁盐（P1-1）	1640.3
缩(R,R)-1,2-环己二胺乙二醛 Schiff 碱银盐（P1-2）	1641.1
缩(R,R)-1,2-环己二胺对苯二甲醛 Schiff 碱（P2）	1609.1
缩(R,R)-1,2-环己二胺对苯二甲醛 Schiff 碱铁盐（P2-1）	1615.5
缩(R,R)-1,2-环己二胺对苯二甲醛 Schiff 碱银盐（P2-2）	1626.5
缩(R,R)-1,2-环己二胺联苯甲酰 Schiff 碱（P3）	1643.4
缩(R,R)-1,2-环己二胺联苯甲酰 Schiff 碱铁盐（P3-1）	1645.3
缩(R,R)-1,2-环己二胺联苯甲酰 Schiff 碱银盐（P3-2）	1646.5
缩(R,R)-1,2-环己二胺对苯醌 Schiff 碱（P4）	1638.9
缩(R,R)-1,2-环己二胺对苯醌 Schiff 碱铁盐（P4-1）	1639.3
缩(R,R)-1,2-环己二胺对苯醌 Schiff 碱银盐（P4-2）	1639.5
缩(R,R)-1,2-环己二胺-1,4-萘醌 Schiff 碱（P5）	1638.8
缩(R,R)-1,2-环己二胺-1,4-萘醌 Schiff 碱铁盐（P5-1）	1639.4
缩(R,R)-1,2-环己二胺-1,4-萘醌 Schiff 碱银盐（P5-2）	1640.1

从红外谱图可以看出，在加入金属盐前后红外谱图基本一致，但均有 C ═N 吸收频带发生了偏移，且大部分为蓝移，银盐比铁盐的偏移更加明显。从表 3-7 中也可以看出，聚 Schiff 碱的特征官能团 C ═N 在加入金属盐后均发生了偏移。表明(R,R)-1,2-环己二胺类手性聚 Schiff 碱与金属离子发生了配位。

3.3.7.3　离子含量分析

分别利用无水氯化铁和硝酸银配制 Fe^{3+}和 Ag^{+}的标准溶液，标准溶液的浓度梯度为 0mg/L、0.4mg/L、0.8mg/L、1.2mg/L、1.6mg/L、2.0mg/L。利用德国椰拿 ContrAA 700 原子吸收光谱仪进行测试。

（1）(R,R)-1,2-环己二胺类 Schiff 碱铁盐。Fe^{3+}的标准曲线如图 3-23 所示。

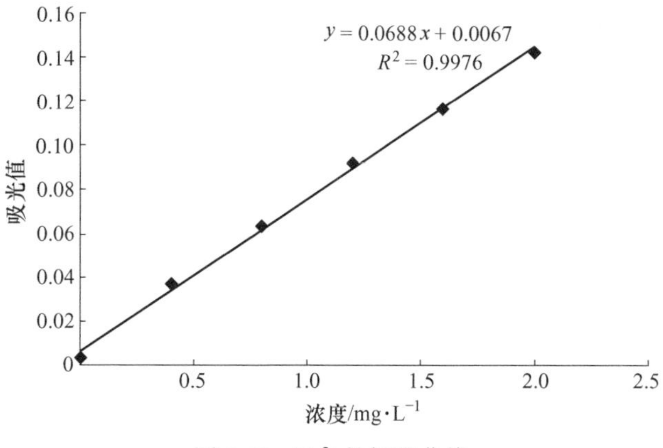

图 3-23 Fe^{3+}的标准曲线

将各铁盐样品配制成一定浓度的溶液，将测得吸光度值，代入标准曲线中，便可计算得到各手性席夫碱盐中的 Fe^{3+}的含量。

手性聚 Schiff 碱盐中 Fe^{3+}的含量见表 3-8。

表 3-8 手性聚 Schiff 碱盐中 Fe^{3+}的含量

(R,R)-环二胺类聚 Schiff 碱铁盐	质量分数	单体配位铁离子的平均个数
缩(R,R)-1,2-环己二胺乙二醛 Schiff 碱铁盐（P1-1）	3.25%	0.18
缩(R,R)-1,2-环己二胺对苯二甲醛 Schiff 碱铁盐（P2-1）	3.00%	0.21
缩(R,R)-1,2-环己二胺联苯甲酰 Schiff 碱铁盐（P3-1）	3.18%	0.27
缩(R,R)-1,2-环己二胺对苯醌 Schiff 碱铁盐（P4-1）	2.98%	0.19
缩(R,R)-1,2-环己二胺-1,4-萘醌 Schiff 碱铁盐（P5-1）	2.90%	0.22

（2）(R,R)-1,2-环己二胺类 Schiff 碱银盐。Ag^+的标准曲线如图 3-24 所示。

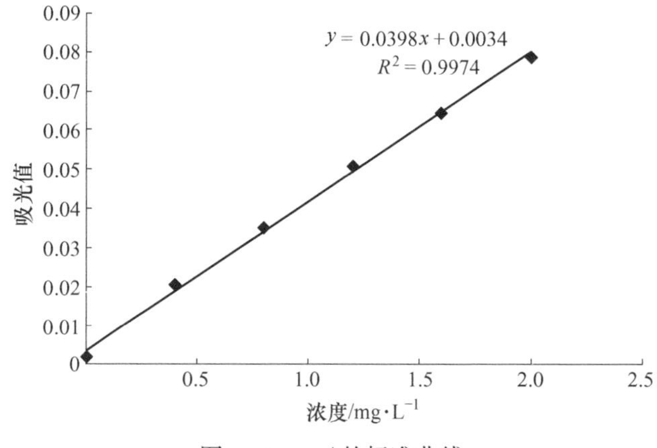

图 3-24 Ag^+的标准曲线

将各银盐样品配制成一定浓度的溶液，将测得吸光度值，代入标准曲线中，便可计算得到各手性席夫碱盐中的 Ag^+ 的含量。

手性聚 Schiff 碱盐中 Ag^+ 的含量见表 3-9。

表 3-9　手性聚 Schiff 碱盐中 Ag^+ 的含量

(R,R)-1,2-环己二胺类聚 Schiff 碱银盐	质量分数	单体配位银离子的平均个数
缩(R,R)-1,2-环己二胺乙二醛 Schiff 碱银盐（P1-2）	8.69%	0.26
缩(R,R)-1,2-环己二胺对苯二甲醛 Schiff 碱银盐（P2-2）	8.34%	0.31
缩(R,R)-1,2-环己二胺联苯甲酰 Schiff 碱银盐（P3-2）	6.37%	0.28
缩(R,R)-1,2-环己二胺对苯醌 Schiff 碱银盐（P4-2）	6.96%	0.24
缩(R,R)-1,2-环己二胺-1,4-萘醌 Schiff 碱银盐（P5-2）	5.87%	0.23

从表 3-9 可以看出，每种(R,R)-1,2-环己二胺类聚 Schiff 碱均与铁盐、银盐发生了配位，Fe^{3+} 所占整个物质的质量比为 2.90%~3.25%，Ag^+ 所占整个物质的质量比为 5.87%~8.69%，平均单体配位的 Fe^{3+} 的个数为 0.18~0.27 个，Ag^+ 的个数为 0.23~0.31 个。整体上看(R,R)-1,2-环己二胺类聚 Schiff 碱比(R,R)-1,2-丙二胺类聚 Schiff 碱与铁盐、银盐的配位数稍高。

3.3.7.4　导电性能分析

取一定量样品，充分碾磨后利用 SB-10 液压压片机将样品压制成厚薄均匀直径 30mm 的测试圆片，再利用 RTS-8 四探针电导率仪四探针测试仪（CRX-4K，美国沃 Lake Shore 科技有限公司）测试其电导率。具体结果见表 3-10。

表 3-10　(R,R)-1,2-环己二胺类聚 Schiff 碱及其盐的电导率

(R,R)-1,2-环己二胺类 Schiff 碱及其盐	电导率/$S \cdot cm^{-1}$
缩(R,R)-1,2-环己二胺乙二醛 Schiff 碱（P1）	4.62×10^{-8}
缩(R,R)-1,2-环己二胺乙二醛 Schiff 碱铁盐（P1-1）	5.51×10^{-7}
缩(R,R)-1,2-环己二胺乙二醛 Schiff 碱银盐（P1-2）	5.01×10^{-4}
缩(R,R)-1,2-环己二胺对苯二甲醛 Schiff 碱（P2）	6.35×10^{-8}
缩(R,R)-1,2-环己二胺对苯二甲醛 Schiff 碱铁盐（P2-1）	2.51×10^{-7}
缩(R,R)-1,2-环己二胺对苯二甲醛 Schiff 碱银盐（P2-2）	5.24×10^{-4}
缩(R,R)-1,2-环己二胺联苯甲酰 Schiff 碱铁盐（P3-1）	5.12×10^{-8}
缩(R,R)-1,2-环己二胺联苯甲酰 Schiff 碱银盐（P3-2）	3.56×10^{-7}
缩(R,R)-1,2-环己二胺对苯醌 Schiff 碱（P-4）	6.54×10^{-9}

续表 3-10

(R,R)-1,2-环己二胺类Schiff碱及其盐	电导率/S · cm^{-1}
缩(R,R)-1,2-环己二胺对苯醌Schiff碱铁盐 (P4-1)	4.16×10^{-8}
缩(R,R)-1,2-环己二胺对苯醌Schiff碱银盐 (P4-2)	8.15×10^{-7}
缩(R,R)-1,2-环己二胺-1,4-萘醌Schiff碱 (P5)	4.53×10^{-9}
缩(R,R)-1,2-环己二胺-1,4-萘醌Schiff碱铁盐 (P5-1)	3.51×10^{-7}
缩(R,R)-1,2-环己二胺-1,4-萘醌Schiff碱银盐 (P5-2)	6.28×10^{-7}

Schiff碱在掺杂金属盐后，有两个明显的变化：一是颜色的普遍加深，如缩(R,R)-1,2-环己二胺对苯醌Schiff碱为灰茶色，加入金属盐后，颜色变为褐色；二是电导率的提升，通过表3-10可以很清晰地看出，在加入了金属铁、银盐后，产物的电导率有明显的升高，最少也能提高1~2个数量级，缩(R,R)-1,2-环己二胺乙二醛Schiff碱银盐、缩(R,R)-1,2-环己二胺对苯二甲醛Schiff碱银盐比原来的手性聚Schiff碱的电导率提高均达到了4个数量级，提高的效果非常可观。Schiif碱与金属离子形成中性络合物，在其分子链上产生荷电点，使得手性聚Schiff碱的电导率得到提高。表明向Schiff中加入金属盐是一种有效提高电导率的方法。

3.3.8 小结

从1,2-环己二胺外消旋体中拆分出来的(R,R)-1,2-环己二胺分别与乙二醛、对苯二甲醛、联苯甲酰、对苯醌和1,4-萘醌发生缩合反应，得到5种手性聚Schiff碱，在此基础上与金属铁盐和银盐反应得到10种(R,R)-1,2-环己二胺类聚Schiff碱盐。通过红外、旋光、熔点、ICP等对其进行了表征。结果表明，(R,R)-1,2-环己二胺类聚Schiff碱及其盐的熔点大部分在300℃以上，手性聚Schiff碱的比旋光度相比单体有一个较大的提升，说明聚合反应能有效地提升物质的旋光度。通过四探针测试仪，测定了(R,R)-1,2-环己二胺类聚Schiff碱及其盐的导电性能，(R,R)-1,2-环己二胺类聚Schiff碱盐的导电性能均比(R,R)-1,2-环己二胺类聚Schiff碱要强，银盐对导电性能的提升要普遍高于铁盐，最高能达4个数量级；而通过ICP我们发现每个单体配位Ag^+或Fe^{3+}平均个数只有0.18~0.31，与(R,R)-1,2-环己二胺类聚Schiff碱盐相比差不多，还有很大的提升空间，因此提高配位数将可能是提高(R,R)-1,2-环己二胺类聚Schiff碱及其盐的导电性能的一个有效的方法。

3.4 (R,R)-1,2-丙二胺手性聚Schiff碱及其盐复合材料的制备与性能研究

近年来，随着工业技术要求的不断发展，单一材料已经很难满足一般工业性

的要求，复合材料在其中所扮演的角色越来越重要。现代高科技的发展离不开复合材料，复合材料的研究深度和应用广度及其发展的速度和规模，已成为衡量一个国家科学技术先进水平的重要标志之一。导电材料 X 是一种具有优良性质的纳米级材料，具有质轻、性能稳定等优良特点。通过将导电材料 X 与手性聚 Schiff 碱盐复合，得到的复合材料能够很好地表现出这两种物质的优良特性，使其应用范围大大扩展。

3.4.1 复合材料的制备

本节采用原位聚合法制备导电材料掺杂手性聚 Schiff 碱盐材料，再与磁性材料混合研磨均匀得到导电材料掺杂手性聚 Schiff 碱材料/磁性材料复合材料。制备复合材料所用的手性聚 Schiff 碱盐是缩(R,R)-1,2-丙二胺乙二醛 Schiff 碱铁盐、缩(R,R)-1,2-丙二胺联苯甲酰 Schiff 碱银盐。具体制备过程有以下四个步骤：

(1) 将(R,R)-1,2-丙二胺溶于无水乙醇中配成的溶液，电磁搅拌下回流升温至 82℃。

(2) 将经过预处理的导电材料 X 加入上述的溶液中，充分搅拌 2h 后，缓缓滴加入质量分数为 40%的乙二醛溶液，加入的乙二醛与(R,R)-1,2-丙二胺的摩尔比为 1∶1，加入少量氯化锌为催化剂，保持 82℃反应 8h。再向其中加入硝酸银/氯化铁，这些金属盐与(R,R)-1,2-丙二胺的摩尔比同样为 1∶1，继续反应 5h。

(3) 将溶液进行抽滤，分别用乙醇和去离子水洗涤固体产物，在 65℃恒温干燥箱干燥至恒重，即得到导电材料掺杂手性聚 Schiff 碱盐材料。

(4) 取以上导电材料掺杂手性聚 Schiff 碱盐与一定比例的磁性粉体混合，混合均匀充分碾磨即得到导电材料掺杂手性聚 Schiff 碱/磁性粉体复合材料。

3.4.2 复合材料的性能表征与性能测试

3.4.2.1 热失重分析

利用 200F3 型差示扫描量热仪，升温速率为 15℃/min，扫描的温度范围：50~800℃，测定环境：在氮气的保护下。其 TG 曲线如图 3-25 和图 3-26 所示。

从图 3-25 可见，100℃以前质量的减少可能来自物质中未完全干燥的水分和溶剂，同上一样该物质也在一定的温度段有一个相对后来的一个稳定期，在这个稳定期内质量减少 2.4%，随后质量开始大量减少，至质量损失 5%的温度为 251℃，在此温度前该物质都是比较稳定的。说明该复合材料具有较好的热稳定性。

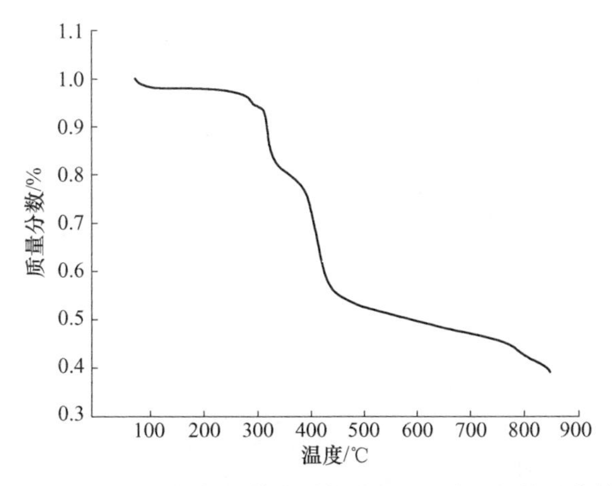

图 3-25 导电材料 X 掺杂手性聚 Schiff 碱盐的热重曲线

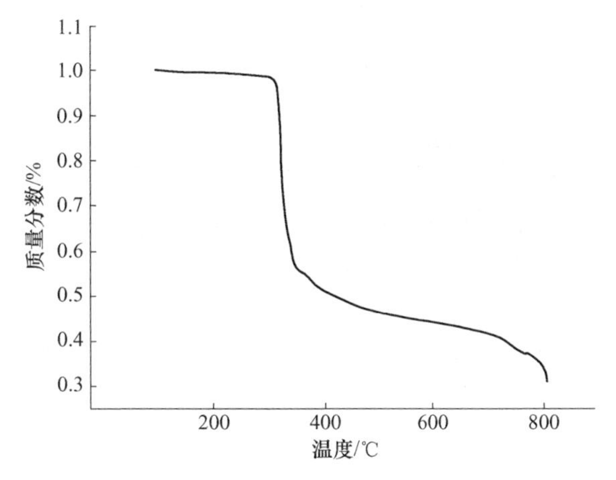

图 3-26 导电材料 X 掺杂手性聚 Schiff 碱盐/磁性材料的热重曲线

图 3-26 表明该物质对温度的稳定有相当的规律，100℃以前质量的减少来自物质中未完全干燥的水分和溶剂，之后同样经历了一段相当长的相对稳定期，随后质量开始急剧下降，这个温度下降的过程仅仅是在几十度间，有 40%的质量损失，而后逐渐达到平衡。物质质量损失 5%的温度为 270℃。说明该复合材料具有较好的热稳定性。

3.4.2.2 微观形貌分析

利用日立 SU1510 型扫描电镜对样品的微观形貌进行观察，具体形貌如图 3-27所示。从图 3-27 和图 3-28 可以明显看出，经过与导电材料的原位复合，导电材料在整个材料中起到了很好的串联作用，导电材料与手性聚 Schiff 碱形成一种新的网状结构，增加了复合材料的稳定性能。从图 3-29～图 3-31 中可以看出，在与磁性材料复合以后，复合材料变得比较规整，同时由导电材料所串联起来的网状结构变得更加致密，使得整个复合材料从开始的手性聚 Schiff 碱的不规则变得规整致密，整个复合材料的性能更加稳定。

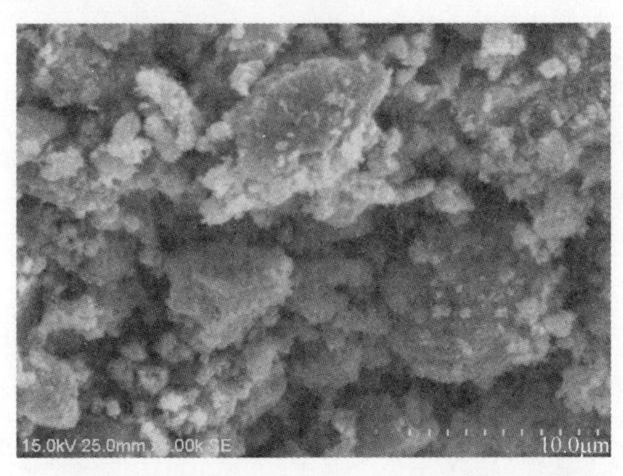

图 3-27　手性聚 Schiff 碱盐复合材料的扫描电镜图

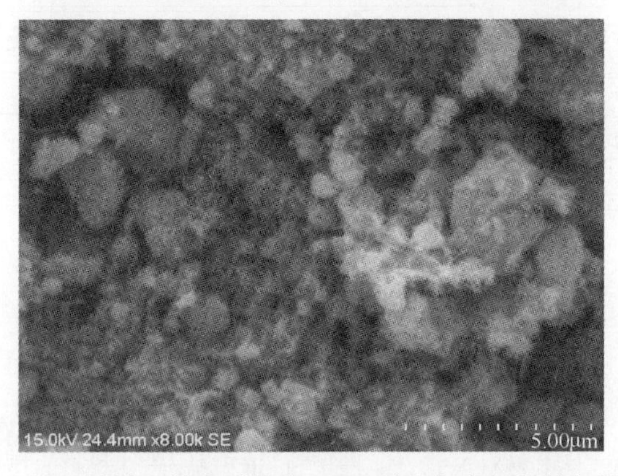

图 3-28　导电材料 X 掺杂手性聚 Schiff 碱盐复合材料的扫描电镜图

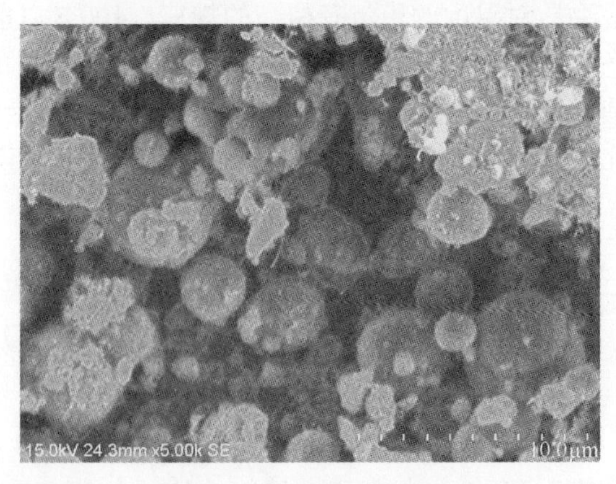

图 3-29　导电材料掺杂手性聚 Schiff 碱盐/磁性复合材料的扫描电镜图（一）

图 3-30 导电材料掺杂手性聚 Schiff 碱盐/磁性复合材料的扫描电镜图（二）

图 3-31 导电材料掺杂手性聚 Schiff 碱盐/磁性复合材料的扫描电镜图（三）

通过以上分析可以得出，手性聚 Schiff 碱在导电材料 X 的作用下形成一种新的网状结构，随着磁性材料的复合，整个材料变得更加致密。所有这些材料形成了一种整体，可以充分发挥各自的优良性能，同时能够起到协同增效的作用。

3.4.2.3 导电性能测试

取一定量样品，充分碾磨后利用 SB-10 液压压片机将样品压制成厚薄均匀直径 30mm 的测试圆片，在利用 RTS-8 四探针电导率仪测试其电导率，具体结果见表 3-11 和表 3-12。

表 3-11 缩(R,R)-1,2-丙二胺乙二醛 Schiff 碱铁盐复合材料的电导率

复 合 材 料	电导率/$S\cdot cm^{-1}$
缩(R,R)-1,2-丙二胺乙二醛 Schiff 碱铁盐	2.31×10^{-5}

续表 3-11

复 合 材 料	电导率/S · cm^{-1}
导电材料掺杂缩(R,R)-1,2-丙二胺乙二醛 Schiff 碱铁盐（1∶5）	1.53×10^{4}
导电材料掺杂缩(R,R)-1,2-丙二胺乙二醛 Schiff 碱铁盐（1∶10）	3.12×10^{-2}
导电材料掺杂缩(R,R)-1,2-丙二胺乙二醛 Schiff 碱铁盐（1∶15）	5.01×10^{-2}
导电材料掺杂缩(R,R)-1,2-丙二胺乙二醛 Schiff 碱铁盐/磁性材料 A	2.45×10^{-4}
导电材料掺杂缩(R,R)-1,2-丙二胺乙二醛 Schiff 碱铁盐/磁性材料 B	3.31×10^{-4}

表 3-12 缩(R,R)-1,2-丙二胺联苯甲酰 Schiff 碱银盐复合材料的电导率

复 合 材 料	电导率/S · cm^{-1}
缩(R,R)-1,2-丙二胺联苯甲酰 Schiff 碱银盐	5.60×10^{-5}
导电材料掺杂缩(R,R)-1,2-丙二胺联苯甲酰 Schiff 碱银盐（1∶5）	4.41×10^{4}
导电材料掺杂缩(R,R)-1,2-丙二胺联苯甲酰 Schiff 碱银盐（1∶10）	2.23×10^{-2}
导电材料掺杂缩(R,R)-1,2-丙二胺联苯甲酰 Schiff 碱银盐（1∶15）	0.5
导电材料掺杂缩(R,R)-1,2-丙二胺联苯甲酰 Schiff 碱银盐/磁性材料 A	2.54×10^{-4}
导电材料掺杂缩(R,R)-1,2-丙二胺联苯甲酰 Schiff 碱银盐/磁性材料 B	3.46×10^{-4}

通过上表我们可以发现，手性聚 Schiff 碱盐的电导率较低，导电材料同其复合后其电导率得到有效提升，这是因为导电材料在复合材料中起到了很好的链接作用，只需要很少的量就能有效提升导电性能。当导电材料与手性聚 Schiff 碱盐的质量比为 1∶15 的时候取得最佳值，此时的电导率处在半导体范围内，对吸波作用有很大的帮助。在与磁性材料复合时，导电材料的电导率降低了，但仍然处于半导体的范围之内。

导电材料与磁性材料共同作用，具有良好的吸波性能。研究表明当复合材料的电导率在半导体的范围（10^{-4}～1S/cm）内，材料的吸波性能较好。本文后续的吸波性能测试所采用的复合材料的电导率均在这个范围之内。

3.4.2.4 吸波性能测试

吸波性能测试主要是利用弓形测试法测量复合材料对电磁波的反射率。本次测试所采用的是安捷伦 8722ES 量网络分析仪。

复合材料反射率测试：将制备出来的复合材料放入熔融的石蜡中均匀混合，将混合均匀的混合物涂覆在 180mm×180mm 的标准铝板上，其中的复合材料占整个混合物质量的 60%。复合材料反射率的测试参照标准 GJB 2038—1994，采用的是 102-RAM 反射率弓形测试法测量，在微波暗室内，天线装置在共性框上，实现利用自由空间的 RAM 发射率测量。测试系统：频率范围为 2～18GHz，工作方式为扫频，极化组合为线极化，动态范围40dB。

第一组样品1：采用的为缩(R,R)-1,2-丙二胺乙二醛Schiff碱铁盐，测试样品为磁性材料A（曲线*A*）、手性聚Schiff碱盐/磁性材料复合材料（曲线*B*）、导电材料X掺杂手性聚Schiff碱盐/磁性材料复合材料，其中手性聚Schiff碱与导电材料质量比为15∶1（曲线*C*）。样品的测试结果如图3-32所示。

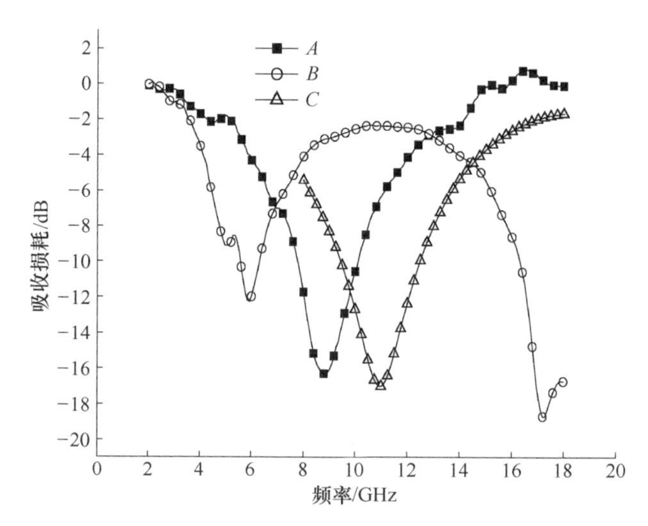

图3-32 磁性材料A（曲线*A*）、手性聚Schiff碱盐/磁性材料复合材料（曲线*B*）和导电材料X掺杂手性聚Schiff碱盐/磁性材料A复合材料（曲线*C*）的反射率

在图3-32中，单纯的磁性材料A（曲线*A*）在2~18GHz频段中，最佳吸收为-16.30dB，此时的频率为8.8GHz，吸收损耗达到-8dB的频段为7.44~10.48GHz；磁性材料A与手性聚Schiff碱盐复合材料（曲线*B*）在2~18GHz范围内最佳吸收为17.2GHz处的-18.7dB，吸收损耗达到-8dB的频段为4.72~6.64GHz和15.84~18GHz；导电材料X掺杂手性聚Schiff碱盐/磁性材料A复合材料（曲线*C*）在8~18GHz内，最大吸收为10.95GHz处的-16.99dB，吸收损耗达到-8dB的频段为8.95~13.00GHz。

从图3-32可以看出，磁性材料A、导电材料复合手性聚Schiff碱盐和导电材料掺杂手性聚Schiff碱盐/磁性材料A复合材料都有一定的吸波性能，它们各自作用的波段不同。导电材料X掺杂手性聚Schiff碱盐/磁性材料A复合材料在8~16GHz范围内具有良好的吸波性能，吸收损耗优于-8dB的波段也达到了4GHz。

第一组样品2：所采用的为缩(R,R)-1,2-丙二胺乙二醛Schiff碱铁盐，测试样品为磁性材料B（曲线*A*）、手性聚Schiff碱盐/磁性材料复合材料（曲线*B*）、导电材料X掺杂手性聚Schiff碱盐/磁性材料复合材料，其中手性聚Schiff碱与导电材料质量比为15∶1（曲线*C*）。样品的测试结果如图3-33所示。

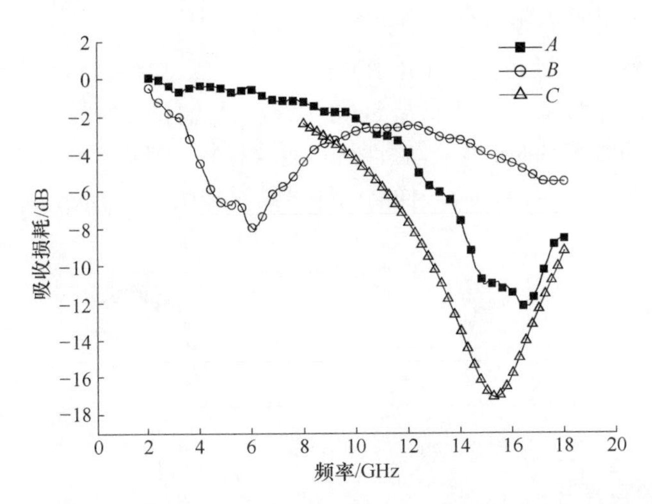

图 3-33　磁性材料 B（曲线 *A*）、手性聚 Schiff 碱盐/磁性材料复合材料（曲线 *B*）和导电材料 X 掺杂手性聚 Schiff 碱盐/磁性材料 B 复合材料（曲线 *C*）的反射率

在图 3-33 中，单纯磁性材料 B（曲线 *A*）在 2～18GHz 中最大吸收为 −12.20dB，此时的频率为 16.40GHz，吸收损耗达到−8dB 的频段为 14.16～18.00GHz；手性聚 Schiff 碱盐/磁性材料复合材料（*B* 曲线）在 2～18GHz 频段内最大吸收为 6.00GHz 处−8.04dB；导电材料 X 掺杂手性聚 Schiff 碱盐/磁性材料 B 复合材料（*C* 曲线）在 8～18GHz 频段内最大吸收为 15.80GHz 处的−17.08dB，吸收损耗达到−8dB 的频段为 12.15～18GHz。

从图 3-33 可以看出，磁性材料 B、手性聚 Schiff 碱盐/磁性材料复合材料和导电材料 X 掺杂手性聚 Schiff 碱盐/磁性材料 B 复合材料均有一定的吸波性能，但无论是最大的吸收损耗还是达到−8dB 的频宽都是导电材料 X 掺杂手性聚 Schiff 碱/磁性材料 B 复合材料最好。

第二组样品 1：所采用的为缩(R,R)-1,2-丙二胺联苯甲酰 Schiff 碱银盐，测试样品为磁性材料 A（曲线 *A*）、手性聚 Schiff 碱盐/磁性材料复合材料（曲线 *B*）、导电材料 X 掺杂手性聚 Schiff 碱盐/磁性材料复合材料，其中手性聚 Schiff 碱盐与导电材料质量比为 15∶1（曲线 *C*）。样品测试结果如图 3-34 所示。

在图 3-34 中，单纯的磁性材料 A（曲线 *A*）在 2～18GHz 频段中，最佳吸收为−16.30dB，此时的频率为 8.8GHz，吸收损耗达到−8dB 的频段为 7.44～10.48GHz；手性聚 Schiff 碱盐/磁性材料复合材料（曲线 *B*）在 2～18GHz 频段中，最佳吸收为 9.36GHz 时的−14.84dB，吸收损耗达到−8dB 的频段为 8.40～11.60GHz；导电材料 X 掺杂手性聚 Schiff 碱盐/磁性材料 A 复合材料（曲线 *C*）在 8～18GHz 频段内最大吸收为 13.85GHz 时的−17.76dB，吸收损耗达到−8dB 的频段为 12.70～15.35GHz。

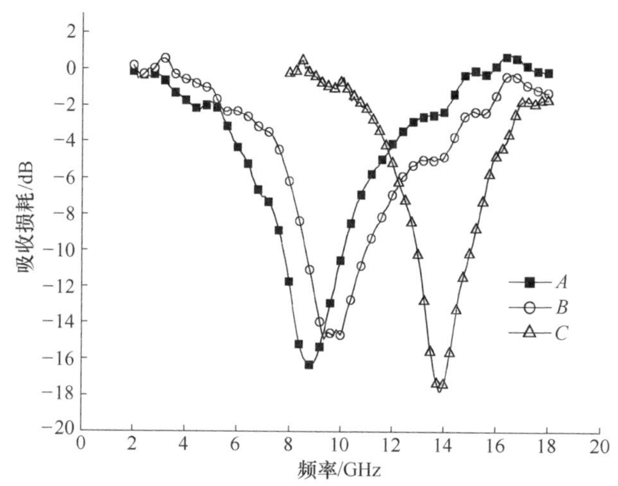

图 3-34 磁性材料 A（曲线 *A*）、手性聚 Schiff 碱盐/磁性材料复合材料（曲线 *B*）和导电材料 X 掺杂手性聚 Schiff 碱盐/磁性材料 A 复合材料（曲线 *C*）的反射率

由图 3-34 可以看出，磁性材料 A、手性聚 Schiff 碱盐/磁性材料复合材料和导电材料 X 掺杂手性聚 Schiff 碱盐/磁性材料 A 复合材料的有效吸波波段逐次向高频移动，导电材料 X 掺杂手性聚 Schiff 碱盐/磁性材料复合材料有最大的吸收值，且吸收损耗达到−8dB 的吸波频段较宽。

第二组样品 2：所采用的为缩(R,R)-1,2-丙二胺联苯甲酰 Schiff 碱银盐，测试样品为磁性材料 B（曲线 *A*）、手性聚 Schiff 碱盐/磁性材料复合材料（曲线 *B*）和导电材料 X 掺杂手性聚 Schiff 碱盐/磁性材料复合材料，其中手性聚 Schiff 碱与导电材料质量比为 15 : 1（曲线 *C*）。样品测试结果如图 3-35 所示。

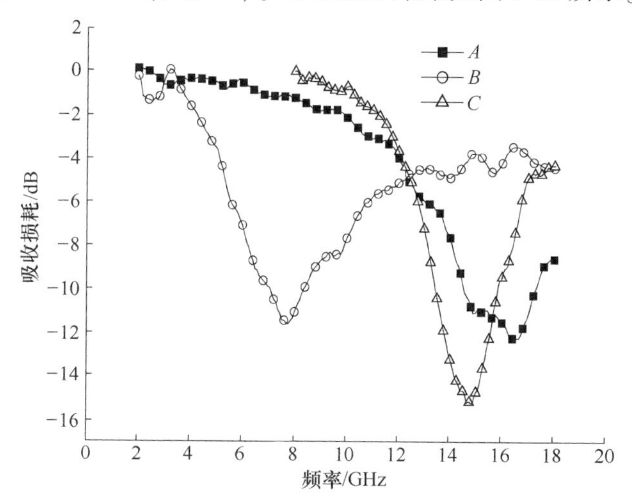

图 3-35 磁性材料 A（曲线 *A*）、手性聚 Schiff 碱盐/磁性材料复合材料（曲线 *B*）和导电材料 X 掺杂手性聚 Schiff 碱盐/磁性材料 B 复合材料（曲线 *C*）的反射率

在图 3-35 中，单纯磁性材料 B（曲线 *A*）在 2～18GHz 中最大吸收为 -12.20dB，此时的频率为 16.40GHz，吸收损耗达到 -8dB 的频段为 14.16～18.00GHz；手性聚 Schiff 碱盐/磁性材料复合材料（曲线 *B*）在 2～18GHz 频段中，最佳吸收为 7.76GHz 时的 -11.56dB，吸收损耗达到 -8dB 的频段为 7.12～9.84GHz；导电材料 X 掺杂手性聚 Schiff 碱/磁性材料复合材料（曲线 *C*）在 8～18GHz 范围内，最大的吸收为 14.85GHz 时的 -15.18dB，吸收损耗达到 -8dB 的频段为 13.15～16.40GHz。

从图 3-35 可以看出，磁性材料 B、手性聚 Schiff 碱盐/磁性材料复合材料和导电材料 X 掺杂手性聚 Schiff 碱/磁性材料复合材料在 2～18GHz 频段内，均有一定的吸波性能。其中导电材料 X 掺杂手性聚 Schiff 碱盐/磁性材料复合材料具有最大的吸收损耗，在 13～16GHz 内有较好的吸波性能。

3.5 L-赖氨酸类聚 Schiff 碱及其银盐的合成与表征

L-赖氨酸是一种手性氨基酸，也是一种手性二胺化合物，可以和二羰基化合物反应合成手性聚 Schiff 碱。其含有的羧基可以提供配位点，有助于合成手性聚 Schiff 碱盐，提高手性聚 Schiff 碱的导电性能。本节主要用 L-赖氨酸和 8 种不同的二羰基化合物反应设计合成 8 种 L-赖氨酸类聚 Schiff 碱，并与硝酸银反应合成相应的 L-赖氨酸类聚 Schiff 碱银盐。通过红外、元素分析等手段对 L-赖氨酸类聚 Schiff 碱的结构进行表征，通过比旋光度表征 L-赖氨酸类聚 Schiff 碱的旋光性，通过原子吸收光谱对 L-赖氨酸类聚 Schiff 碱银盐银离子的含量进行测定，最后对 L-赖氨酸类聚 Schiff 碱银盐的导电性能和吸波性能进行测试分析。

3.5.1 实验部分

3.5.1.1 缩 L-赖氨酸乙二醛 Schiff 碱及其银盐的合成

（1）合成路线。缩 L-赖氨酸乙二醛 Schiff 碱及其银盐的合成路线如图 3-36 所示。

（2）缩 L-赖氨酸乙二醛 Schiff 碱的合成。向 250mL 三口烧瓶中加入 10mmol（1.46g）L-赖氨酸和 10mmol（0.56g）KOH，溶于 20mL 无水乙醇中，50℃下磁力搅拌溶解。将 10mL 溶有 30mmol（1.45g）40%的乙二醛的无水乙醇溶液缓慢滴加到上述混合液中，在 50℃水浴、氮气保护以及冷凝回流的条件下磁力搅拌 5h。抽滤，滤饼用无水乙醇洗涤 3 次，置于 75℃鼓风干燥箱中烘干 7h，得到 1.60g 土黄色粉末。产率：77.67%，熔点：>300℃。

（3）缩 L-赖氨酸乙二醛 Schiff 碱银盐的合成。向 250mL 三口烧瓶中加入 10mmol（1.46g）L-赖氨酸和 10mmol（0.56g）KOH，溶于 20mL 无水乙醇中，50℃下磁力搅拌溶解。将 30mL 溶有 10mmol（1.45g）40%的乙二醛的无水乙醇溶液缓

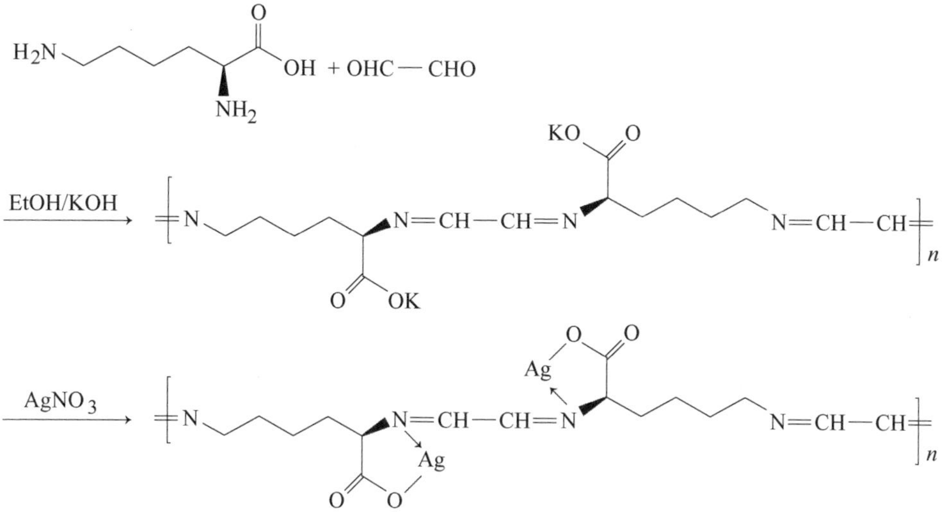

H_2N ... OH（O）+ OHC—CHO；NH_2

EtOH/KOH → [N ... N=CH—CH=N ... N=CH—CH]$_n$（KO、O；O、OK）

$AgNO_3$ → [N ... N=CH—CH=N ... N=CH—CH]$_n$（Ag、O、O；Ag、O、O）

图 3-36 缩 L-赖氨酸乙二醛 Schiff 碱及其银盐的合成路线

慢滴加到上述混合液中，在 50℃水浴、氮气保护以及冷凝回流的条件下磁力搅拌 5h，之后加入 5mL 溶有 15mmol(2.55g)硝酸银的水溶液，升温至 80℃继续反应 6h。抽滤，滤饼用无水乙醇和去离子水洗涤 3 次，置于 75℃鼓风干燥箱中烘干 7h，得到 2.15g 黑色粉末。熔点：>300℃。

3.5.1.2 缩 L-赖氨酸 2-溴丙二醛 Schiff 碱及其银盐的合成

（1）合成路线。缩 L-赖氨酸 2-溴丙二醛 Schiff 碱及其银盐的合成路线如图 3-37所示。

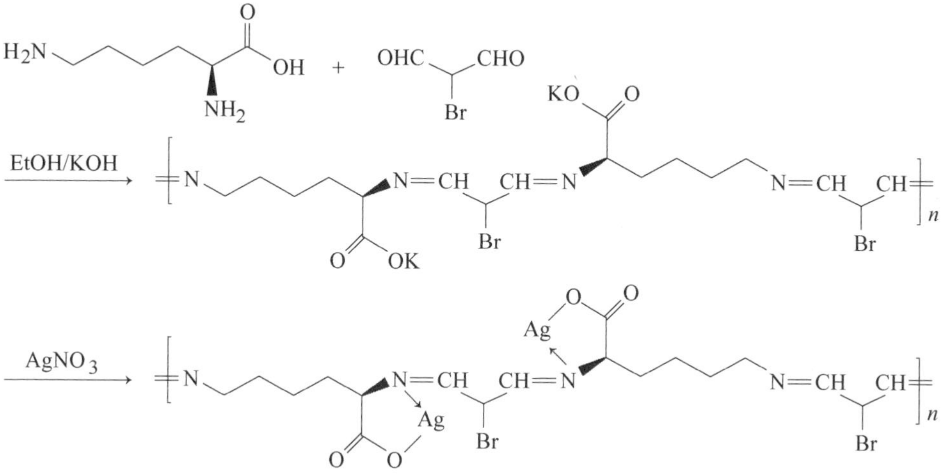

H_2N ... OH（O）+ OHC CHO（Br）；NH_2

EtOH/KOH → [N ... N=CH CH=N ... N=CH CH]$_n$（Br；KO、O；O、OK；Br）

$AgNO_3$ → [N ... N=CH CH=N ... N=CH CH]$_n$（Ag、O、O；Br；Ag、O、O；Br）

图 3-37 缩 L-赖氨酸 2-溴丙二醛 Schiff 碱及其银盐的合成路线

（2）缩 L-赖氨酸 2-溴丙二醛 Schiff 碱的合成。向 250mL 三口烧瓶中加入 10mmol(1.46g) L-赖氨酸和 10mmol(0.56g) KOH，溶于 20mL 无水乙醇中，50℃下磁力搅拌溶解。将 10mL 溶有 10mmol(1.50g) 2-溴丙二醛的无水乙醇溶液缓慢滴加到上述混合液中，在 50℃水浴、氮气保护以及冷凝回流的条件下磁力搅拌 5h。抽滤，滤饼用无水乙醇洗涤 3 次，置于 75℃鼓风干燥箱中烘干 7h，得到 1.68g 黄色粉末。产率：57.82%，熔点：>300℃。

（3）缩 L-赖氨酸 2-溴丙二醛 Schiff 碱银盐的合成。向 250mL 三口烧瓶中加入 10mmol(1.46g) L-赖氨酸和 10mmol(0.56g) KOH，溶于 20mL 无水乙醇中，50℃下磁力搅拌溶解。将 10mL 溶有 10mmol(1.50g) 2-溴丙二醛的无水乙醇溶液缓慢滴加到上述混合液中，在 50℃水浴、氮气保护以及冷凝回流的条件下磁力搅拌 5h，之后加入 5mL 溶有 15mmol(2.55g) 硝酸银的水溶液，升温至 80℃继续反应 6h。抽滤，滤饼用无水乙醇和去离子水洗涤 3 次，置于 75℃鼓风干燥箱中烘干 7h，得到 2.30g 黑色粉末。熔点：>300℃。

3.5.1.3 缩 L-赖氨酸戊二醛 Schiff 碱及其银盐的合成

（1）合成路线。缩 L-赖氨酸戊二醛 Schiff 碱及其银盐的合成路线如图 3-38 所示。

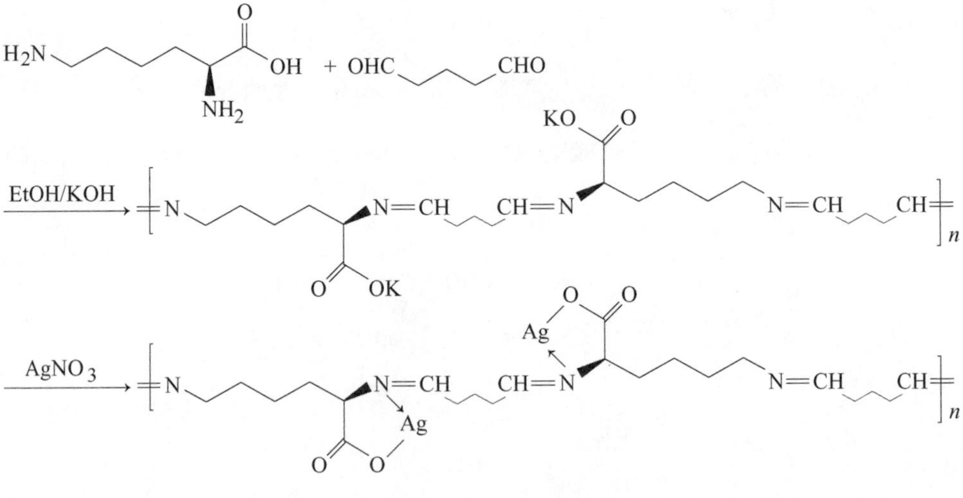

图 3-38 缩 L-赖氨酸戊二醛 Schiff 碱及其银盐的合成路线

（2）缩 L-赖氨酸戊二醛 Schiff 碱的合成。向 250mL 三口烧瓶中加入 10mmol (1.46g) L-赖氨酸和 10mmol(0.56g) KOH，溶于 20mL 无水乙醇中，50℃下磁力搅拌溶解。将 30mL 溶有 10mmol(2.00g) 50%的戊二醛的无水乙醇溶液缓慢滴加到上述混合液中，在 80℃水浴、氮气保护以及冷凝回流的条件下磁力搅拌 6h。抽滤，滤饼用无水乙醇洗涤 3 次，置于 75℃鼓风干燥箱中烘干 7h，得到 1.67g 红褐色粉末。产率：67.34%，熔点：>300℃。

（3）缩 L-赖氨酸戊二醛 Schiff 碱银盐的合成。向 250mL 三口烧瓶中加入 10mmol(1.46g) L-赖氨酸和 10mmol(0.56g) KOH，溶于 20mL 无水乙醇中，50℃下磁力搅拌溶解。将 30mL 溶有 10mmol(2.00g) 50%的戊二醛的无水乙醇溶液缓慢滴加到上述混合液中，在 80℃水浴、氮气保护以及冷凝回流的条件下磁力搅拌 6h，之后加入 5mL 溶有 15mmol(2.55g) 硝酸银的水溶液，继续反应 6h。抽滤，滤饼用无水乙醇和去离子水洗涤 3 次，置于 75℃鼓风干燥箱中烘干 7h，得到 2.62g 深褐色粉末。熔点：>300℃。

3.5.1.4 缩 L-赖氨酸对苯二甲醛 Schiff 碱及其银盐的合成

（1）合成路线。缩 L-赖氨酸对苯二甲醛 Schiff 碱及其银盐的合成路线如图 3-39 所示。

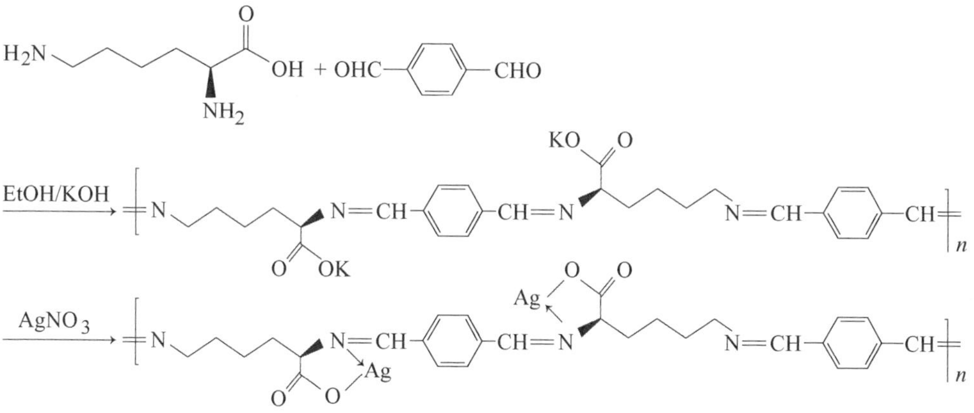

图 3-39 缩 L-赖氨酸对苯二甲醛 Schiff 碱及其银盐的合成路线

（2）缩 L-赖氨酸对苯二甲醛 Schiff 碱的合成。向 250mL 三口烧瓶中加入 10mmol(1.46g) L-赖氨酸和 10mmol(0.56g) KOH，溶于 20mL 无水乙醇中，50℃下磁力搅拌溶解。将 20mL 溶有 10mmol(1.34g) 对苯二甲醛的无水乙醇溶液缓慢滴加到上述混合液中，在 80℃水浴、氮气保护以及冷凝回流的条件下磁力搅拌 12h。抽滤，滤饼用无水乙醇洗涤 3 次，置于 75℃鼓风干燥箱中烘干 7h，得到 1.92g 黄色粉末。产率：68.10%，熔点：>300℃。

（3）缩 L-赖氨酸对苯二甲醛 Schiff 碱银盐的合成。向 250mL 三口烧瓶中加入 10mmol(1.46g) L-赖氨酸和 10mmol(0.56g) KOH，溶于 20mL 无水乙醇中，50℃下磁力搅拌溶解。将 20mL 溶有 10mmol(1.34g) 对苯二甲醛的无水乙醇溶液缓慢滴加到上述混合液中，在 80℃水浴、氮气保护以及冷凝回流的条件下磁力搅拌

12h。之后加入 5mL 溶有 15mmol(2.55g)硝酸银的水溶液，继续反应 6h。抽滤，滤饼用无水乙醇和去离子水洗涤 3 次，置于 75℃鼓风干燥箱中烘干 7h，得到 2.65g 黑色粉末。熔点：>300℃。

3.5.1.5　缩 L-赖氨酸对苯醌 Schiff 碱及其银盐的合成

（1）合成路线。缩 L-赖氨酸对苯醌 Schiff 碱及其银盐的合成路线如图 3-40 所示。

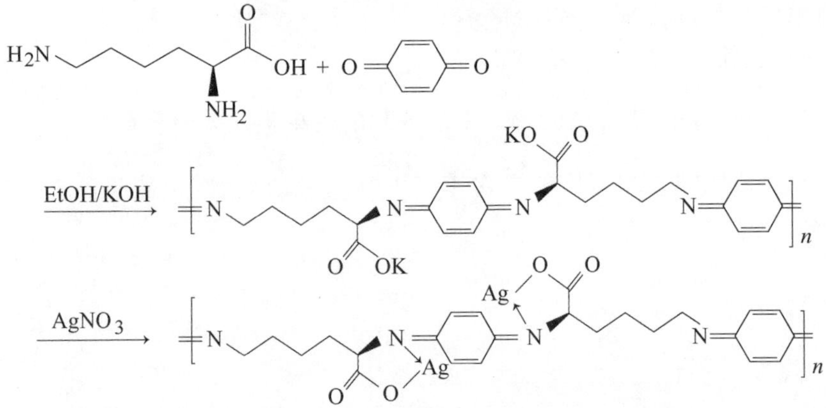

图 3-40　缩 L-赖氨酸对苯醌 Schiff 碱及其银盐的合成路线

（2）缩 L-赖氨酸对苯醌 Schiff 碱的合成。向 250mL 三口烧瓶中加入 10mmol (1.46g) L-赖氨酸和 10mmol(0.56g) KOH，溶于 20mL 无水乙醇中，50℃下磁力搅拌溶解。将 30mL 溶有 10mmol(1.08g)对苯醌的无水乙醇溶液缓慢滴加到上述混合液中，在 80℃水浴、氮气保护以及冷凝回流的条件下磁力搅拌 24h。抽滤，滤饼用无水乙醇洗涤 3 次，置于 75℃鼓风干燥箱中烘干 7h，得到 1.97g 灰色粉末。产率：76.95%，熔点：>300℃。

（3）缩 L-赖氨酸对苯醌 Schiff 碱银盐的合成。向 250mL 三口烧瓶中加入 10mmol(1.46g) L-赖氨酸和 10mmol(0.56g) KOH，溶于 20mL 无水乙醇中，50℃下磁力搅拌溶解。将 30mL 溶有 10mmol(1.08g)对苯醌的无水乙醇溶液缓慢滴加到上述混合液中，在 80℃水浴、氮气保护以及冷凝回流的条件下磁力搅拌 24h。之后加入 5mL 溶有 15mmol(2.55g)硝酸银的水溶液，继续反应 6h。抽滤，滤饼用无水乙醇和去离子水洗涤 3 次，置于 75℃鼓风干燥箱中烘干 7h，得到 2.33g 黑色粉末。熔点：>300℃。

3.5.1.6　缩 L-赖氨酸-1,4-萘醌 Schiff 碱及其银盐的合成

（1）合成路线。缩 L-赖氨酸-1,4-萘醌 Schiff 碱及其银盐的合成路线如图 3-41 所示。

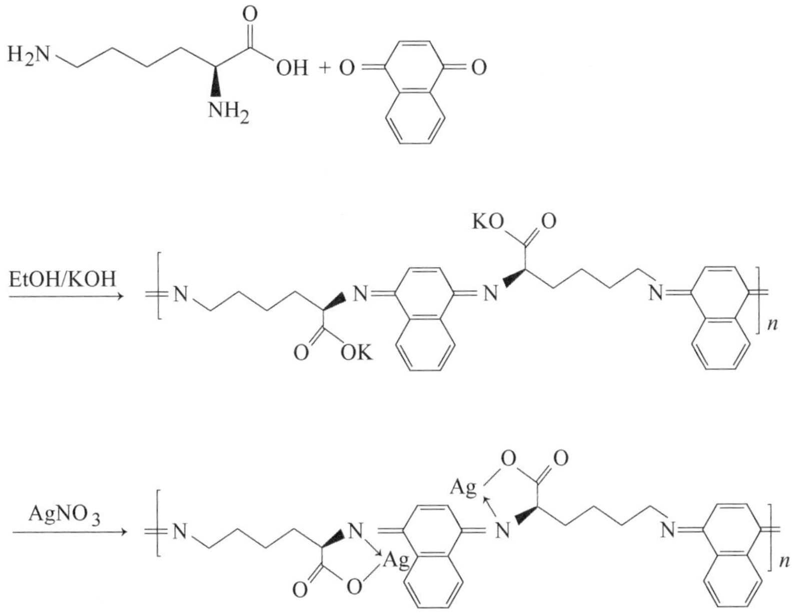

图3-41 缩L-赖氨酸-1,4-萘醌Schiff碱及其银盐的合成路线

（2）缩L-赖氨酸-1,4-萘醌Schiff碱的合成。向250mL三口烧瓶中加入10mmol(1.46g)L-赖氨酸和10mmol(0.56g)KOH，溶于20mL无水乙醇中，50℃下磁力搅拌溶解。将30mL溶有10mmol(1.58g)1,4-萘醌的无水乙醇溶液缓慢滴加到上述混合液中，在80℃水浴、氮气保护以及冷凝回流的条件下磁力搅拌24h。抽滤，滤饼用无水乙醇洗涤3次，置于75℃鼓风干燥箱中烘干7h，得到2.28g红褐色粉末。产率：74.50%，熔点：>300℃。

（3）缩L-赖氨酸-1,4-萘醌Schiff碱银盐的合成。向250mL三口烧瓶中加入10mmol(1.46g)L-赖氨酸和10mmol(0.56g)KOH，溶于20mL无水乙醇中，50℃下磁力搅拌溶解。将30mL溶有10mmol(1.58g)1,4-萘醌的无水乙醇溶液缓慢滴加到上述混合液中，在80℃水浴、氮气保护以及冷凝回流的条件下磁力搅拌24h。之后加入5mL溶有15mmol(2.55g)硝酸银的水溶液，继续反应6h。抽滤，滤饼用无水乙醇和去离子水洗涤3次，置于75℃鼓风干燥箱中烘干7h，得到2.68g黑色粉末。熔点：>300℃。

3.5.1.7 缩L-赖氨酸联苯甲酰Schiff碱及其银盐的合成

（1）合成路线。缩L-赖氨酸联苯甲酰Schiff碱及其银盐的合成路线如图3-42所示。

（2）缩L-赖氨酸联苯甲酰Schiff碱的合成。向250mL三口烧瓶中加入

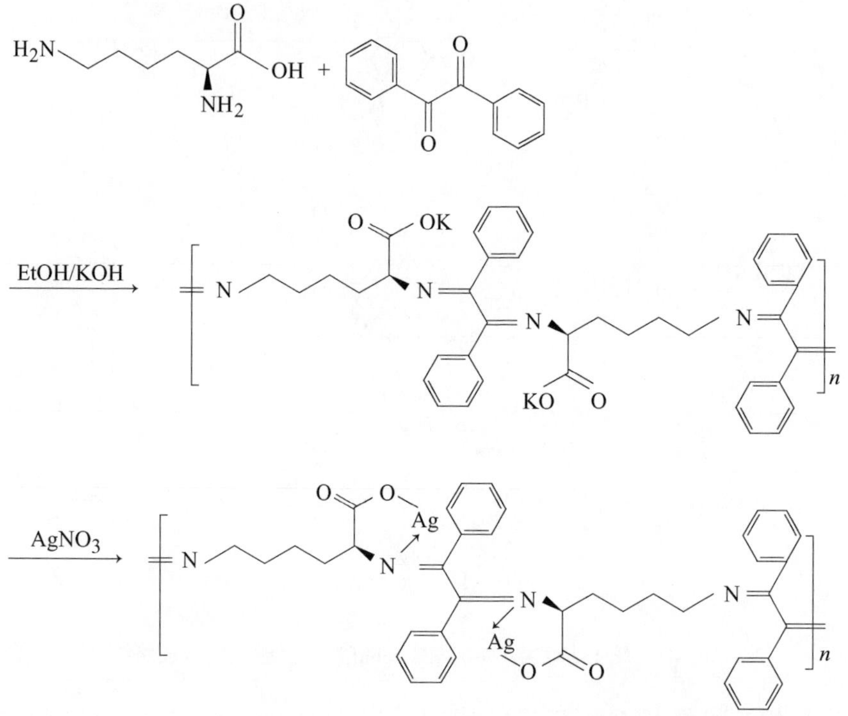

H_2N　O　OH　+　O　NH_2　O

EtOH/KOH　N　O　OK　N　N　KO　O　N　n

$AgNO_3$　N　O　O　Ag　N　N　Ag　O　O　N　n

图 3-42　缩 L-赖氨酸联苯甲酰 Schiff 碱及其银盐的合成路线

10mmol(1.46g)L-赖氨酸和 10mmol(0.56g)KOH，溶于 20mL 无水乙醇中，50℃下磁力搅拌溶解。将 20mL 溶有 10mmol(2.10g)联苯甲酰的无水乙醇溶液缓慢滴加到上述混合液中，在 80℃水浴、氮气保护以及冷凝回流的条件下磁力搅拌24h。抽滤，滤饼用无水乙醇洗涤 3 次，置于 75℃鼓风干燥箱中烘干 7h，得到1.86g 浅黄色粉末。产率：51.76%，熔点：>300℃。

（3）缩 L-赖氨酸联苯甲酰 Schiff 碱银盐的合成。向 250mL 三口烧瓶中加入10mmol(1.46g)L-赖氨酸和 10mmol(0.56g)KOH，溶于 20mL 无水乙醇中，50℃下磁力搅拌溶解。将 20mL 溶有 10mmol(2.10g)联苯甲酰的无水乙醇溶液缓慢滴加到上述混合液中，在 80℃水浴、氮气保护以及冷凝回流的条件下磁力搅拌24h。之后加入 5mL 溶有 15mmol(2.55g)硝酸银的水溶液，继续反应 6h。抽滤，滤饼用无水乙醇和去离子水洗涤 3 次，置于 75℃鼓风干燥箱中烘干 7h，得到2.48g 黑色粉末。熔点：>300℃。

3.5.1.8　缩 L-赖氨酸-2,3-丁二酮 Schiff 碱及其银盐的合成

（1）合成路线。缩 L-赖氨酸-2,3-丁二酮 Schiff 碱及其银盐的合成路线如图3-43所示。

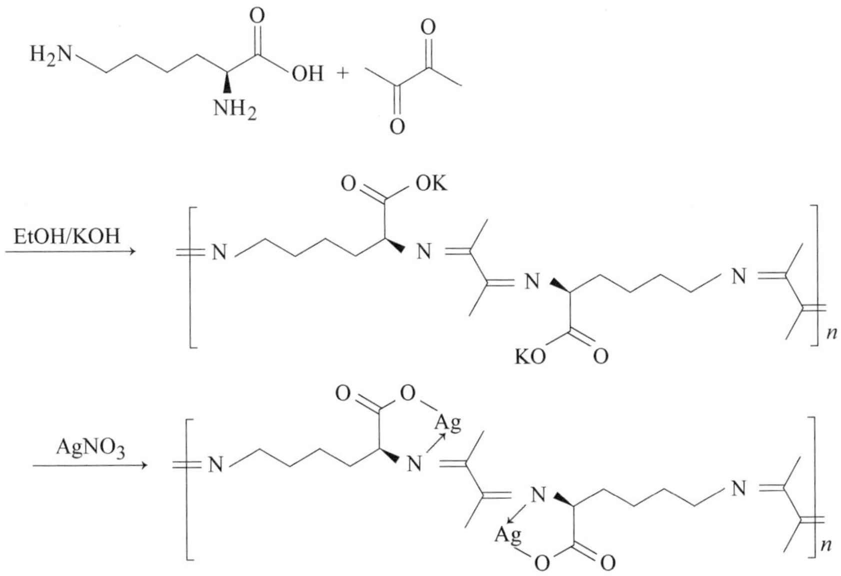

图 3-43 缩 L-赖氨酸-2,3-丁二酮 Schiff 碱及其银盐的合成路线

（2）缩 L-赖氨酸-2,3-丁二酮 Schiff 碱的合成。向 250mL 三口烧瓶中加入 10mmol(1.46g) L-赖氨酸和 10mmol(0.56g) KOH，溶于 20mL 无水乙醇中，50℃下磁力搅拌溶解。将 20mL 溶有 10mmol(0.86g) 2,3-丁二酮的无水乙醇溶液缓慢滴加到上述混合液中，在 80℃水浴、氮气保护以及冷凝回流的条件下磁力搅拌 24h。抽滤，滤饼用无水乙醇洗涤 3 次，置于 75℃鼓风干燥箱中烘干 7h，得到 1.40g 灰色粉末。产率：59.82%，熔点：>300℃。

（3）缩 L-赖氨酸-2,3-丁二酮 Schiff 碱银盐的合成。向 250mL 三口烧瓶中加入 10mmol(1.46g) L-赖氨酸和 10mmol(0.56g) KOH，溶于 20mL 无水乙醇中，50℃下磁力搅拌溶解。将 20mL 溶有 10mmol(0.86g) 2,3-丁二酮的无水乙醇溶液缓慢滴加到上述混合液中，在 80℃水浴、氮气保护以及冷凝回流的条件下磁力搅拌 24h。之后加入 5mL 溶有 15mmol(2.55g) 硝酸银的水溶液，继续反应 6h。抽滤，滤饼用无水乙醇和去离子水洗涤 3 次，置于 75℃鼓风干燥箱中烘干 7h，得到 2.26g 黑色粉末。熔点：>300℃。

3.5.2 测试与表征

3.5.2.1 熔点的测定

用显微熔点仪测定样品的熔点。将少量测试样品放入毛细玻璃管中，放在仪器上测试。观察样品的变化情况，记录下样品开始熔化时的温度 t_1 和全部熔化时

的温度为 t_2，$(t_1+t_2)/2$ 即为该样品的熔点。

3.5.2.2　比旋光度的测定

在测定样品前，先校正旋光仪的零点。取一样品管放入溶剂作为空白样，按下“清零”键，使其显示为零。然后取一定量的样品粉末溶于溶剂中，除去空白溶剂，用待测溶液洗涤样品管三次，再放入旋光仪中测定其旋光度。根据公式 $[\alpha]=\alpha/(l\times C)$ 计算比旋光度。公式中，C 为溶液的浓度，g/mL；l 为旋光管长度，dm。

3.5.2.3　红外光谱

将溴化钾于110℃下干燥1h，将样品与干燥后的溴化钾按1∶50～1∶300的比例混合，再放入研钵中充分研磨均匀，而后将粉末放入压片模具中压成片状并置于红外灯下烘干，最后上机进行测试。根据测定后得到的红外光谱图可对样品的结构进行表征。

3.5.2.4　分子量测试

取一定量的样品粉末溶于HPLC级的四氢呋喃溶剂中，滤去不溶物，用waters515凝胶色谱仪测试样品的分子量。

3.5.2.5　离子含量测试

用硝酸银配置不同浓度的银离子溶液，利用德国椰拿ContrAA700原子吸收光谱仪进行吸光度测试，绘制银离子浓度-吸光度标准曲线。样品用少量硝酸溶解，配置成一定浓度的溶液，测试样品的吸光度，再根据标准曲线计算银离子含量。

3.5.2.6　电导率的测定

当样品粉末电导率在 $10^{-5}\sim10^{4}$ S/cm时，将样品粉末用粉末压片机在10MPa下，保压2min，压制成厚度均匀的圆形薄片（直径13mm，厚度≤2mm），用广州四探针科技有限公司研究生产的RTS-8四探针电导率仪测试系列样品的电导率。

当样品粉末电导率在 $10^{-12}\sim10^{-6}$ S/cm时，将样品粉末用粉末压片机在10MPa下，保压2min，压制成厚度均匀的圆形薄片（直径13mm，厚度≤2mm），用Lake Shore CRX-4K四探针测试仪测试样品，计算电导率。

3.5.2.7　电磁参数测试

将待测的样品与石蜡按质量比7∶3均匀混合，在专用模具中压制成外径

7mm、内径 3mm、厚度 2mm 的圆环。用 HP-8722ES 矢量网络分析仪测试材料的电磁参数，测试频率范围为 1~18GHz。

3.5.3 结果与讨论

3.5.3.1 比旋光度

当手性单体发生聚合反应时，手性聚合物会产生主链的螺旋构象，从而引发新的不对称结构，因而其比旋光度会发生改变。从表 3-13 中可以看出，合成出来的手性聚 Schiff 碱的比旋光度相比手性单体均要大，说明手性聚 Schiff 碱的旋光方向与手性原料的旋光方向相同，L-赖氨酸与二羰基化合物缩聚形成手性聚 Schiff 碱后，手性特征加强。

表 3-13 L-赖氨酸及其聚 Schiff 碱的比旋光度

原料与产物	比旋光度$[\alpha]_D$室温	溶剂与浓度
L-赖氨酸	+26°	6mol/L HCl，20mg/mL
缩L-赖氨酸乙二醛 Schiff 碱	+733°	DMF，0.030mg/mL
缩L-赖氨酸-2-溴丙二醛 Schiff 碱	+157°	DMF，0.070mg/mL
缩L-赖氨酸戊二醛 Schiff 碱	+450°	DMF，0.040mg/mL
缩L-赖氨酸对苯二甲醛 Schiff 碱	+1117°	DMF，0.034mg/mL
缩L-赖氨酸对苯醌 Schiff 碱	+151°	DMF，0.086mg/mL
缩L-赖氨酸-1,4-萘醌 Schiff 碱	+81°	DMF，0.148mg/mL
缩L-赖氨酸联苯甲酰 Schiff 碱	+200°	DMF，0.070mg/mL
缩L-赖氨酸-2,3-丁二酮 Schiff 碱	+417°	DMF，0.048mg/mL

3.5.3.2 红外光谱

（1）缩 L-赖氨酸乙二醛 Schiff 碱及其银盐的红外光谱。图 3-44a 和 b 分别为缩 L-赖氨酸乙二醛 Schiff 碱和其银盐的红外光谱，其中配体在 3408cm^{-1} 和 3213cm^{-1}处的特征峰归属于端位 N—H 的不对称和对称伸缩振动，2939cm^{-1}、2861cm^{-1}和 634cm^{-1}处的特征峰归属于亚甲基 CH_2 不对称伸缩振动、对称伸缩振动和平面摇摆振动，在 1601cm^{-1}出现的 C ═N 的伸缩振动峰表明合成了缩 L-赖氨酸乙二醛 Schiff 碱，1400cm^{-1}处的吸收峰为羧酸盐的对称伸缩振动峰。其银盐的红外光谱与配体大体上相似，其 C ═N 的伸缩振动峰出现在 1611cm^{-1}处，相比配体发生了明显的蓝移，表明配体与银离子发生了配位。

（2）缩 L-赖氨酸-2-溴丙二醛 Schiff 碱及其银盐的红外光谱。图 3-45a 和 b 分别为缩 L-赖氨酸-2-溴丙二醛 Schiff 碱和其银盐的红外光谱，其中配体在 3408cm^{-1}

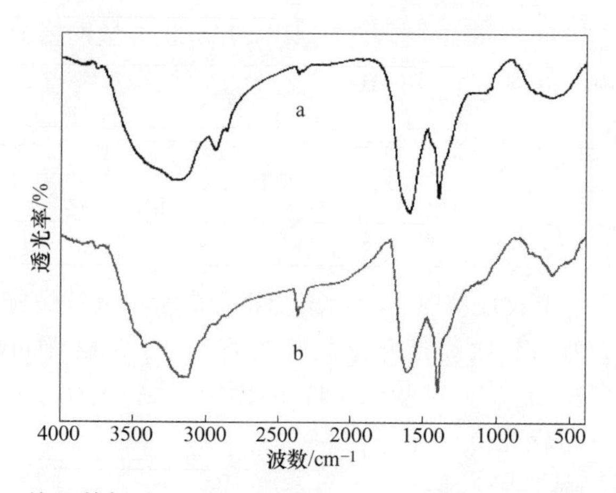

图 3-44　缩 L-赖氨酸乙二醛 Schiff 碱（a）及其银盐（b）的红外光谱

处的特征峰归属于端位 N—H 的不对称伸缩振动，$2951cm^{-1}$、$2858cm^{-1}$ 和 $708cm^{-1}$处的特征峰归属于亚甲基 CH_2 不对称伸缩振动、对称伸缩振动和平面摇摆振动，在 $1630cm^{-1}$出现的 C ═N 的伸缩振动峰表明合成了缩 L-赖氨酸-2-溴丙二醛 Schiff 碱，$1406cm^{-1}$处的吸收峰为羧酸盐的对称伸缩振动峰。其银盐的红外光谱与配体大体上相似，其 C ═N 的伸缩振动峰出现在 $1648cm^{-1}$，相比配体发生了明显的蓝移，表明配体与银离子发生了配位。

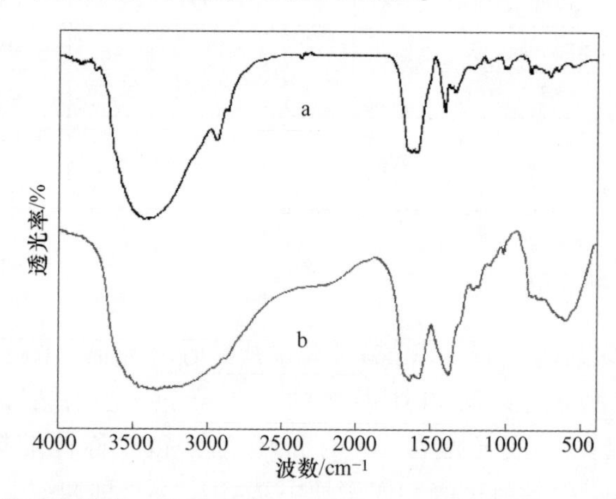

图 3-45　缩 L-赖氨酸-2-溴丙二醛 Schiff 碱（a）及其银盐（b）的红外光谱

（3）缩 L-赖氨酸戊二醛 Schiff 碱及其银盐的红外光谱。图 3-46a 和 b 分别为缩 L-赖氨酸戊二醛 Schiff 碱和其银盐的红外光谱，其中配体在 $3413cm^{-1}$ 和 $3236cm^{-1}$处的特征峰归属于端位—N—H 的不对称和对称伸缩振动，$2937cm^{-1}$、$2864cm^{-1}$和 $619cm^{-1}$处的特征峰归属于亚甲基—CH_2 不对称伸缩振动、对称伸缩振动和平面摇摆振动，在 $1618cm^{-1}$出现的 C ═N 的伸缩振动峰表明合成了缩 L-

赖氨酸戊二醛 Schiff 碱，1350cm^{-1}处的吸收峰为羧酸盐的对称伸缩振动峰。其银盐的红外光谱与配体大体上相似，其 C ═N 的伸缩振动峰出现在 1597cm^{-1}，相比配体发生了明显的红移，表明配体与银离子发生了配位。

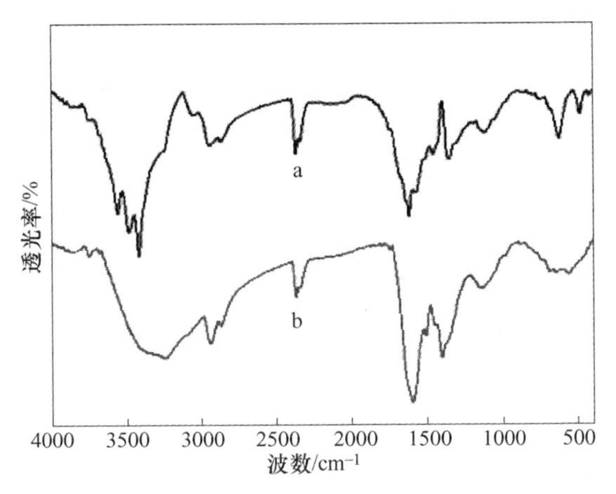

图 3-46 缩 L-赖氨酸戊二醛 Schiff 碱（a）及其银盐（b）的红外光谱

（4）缩 L-赖氨酸对苯二甲醛 Schiff 碱及其银盐的红外光谱。图 3-47a 和 b 分别为缩 L-赖氨酸对苯二甲醛 Schiff 碱和其银盐的红外光谱，其中配体在 3415cm^{-1}和 3265cm^{-1}处的特征峰归属于端位 N—H 的不对称和对称伸缩振动，2929cm^{-1}、2856cm^{-1}和 651cm^{-1}处的特征峰归属于亚甲基 CH_2 不对称伸缩振动、对称伸缩振动和平面摇摆振动，在 1607cm^{-1}出现的 C ═N 的伸缩振动峰表明合成了缩 L-赖氨酸对苯二甲醛 Schiff 碱，1415cm^{-1}处的吸收峰为羧酸盐的对称伸缩振动峰。其银盐的红外光谱与配体大体上相似，其 C ═N 的伸缩振动峰出现在 1630cm^{-1}，相比配体发生了明显的蓝移，表明配体与银离子发生了配位。

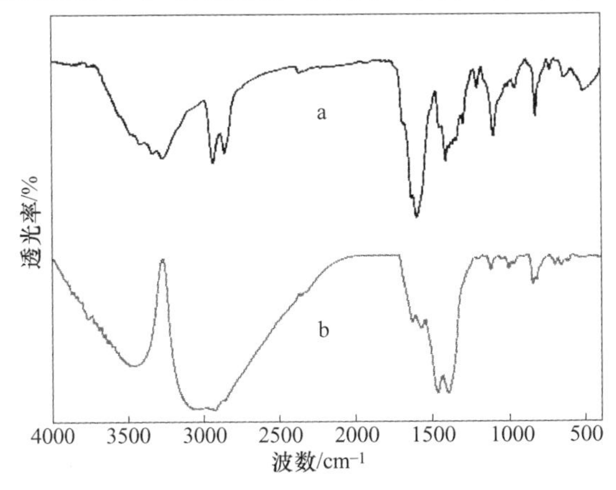

图 3-47 缩 L-赖氨酸对苯二甲醛 Schiff 碱（a）及其银盐（b）的红外光谱

（5）缩L-赖氨酸对苯醌Schiff碱及其银盐的红外光谱。图3-48a和b分别为缩L-赖氨酸对苯醌Schiff碱和其银盐的红外光谱，其中配体在$3252cm^{-1}$和$3167cm^{-1}$处的特征峰归属于端位—N—H的不对称和对称伸缩振动，$2935cm^{-1}$、$2851cm^{-1}$和$673cm^{-1}$处的特征峰归属于亚甲基—CH_2不对称伸缩振动、对称伸缩振动和平面摇摆振动。在$1579cm^{-1}$出现的C ═N的伸缩振动峰表明合成了缩L-赖氨酸对苯醌Schiff碱，$1401cm^{-1}$处的吸收峰为羧酸盐的对称伸缩振动峰。其银盐的红外光谱与配体大体上相似，其C ═N的伸缩振动峰出现在$1582cm^{-1}$，相比配体发生了明显的蓝移，表明配体与银离子发生了配位。

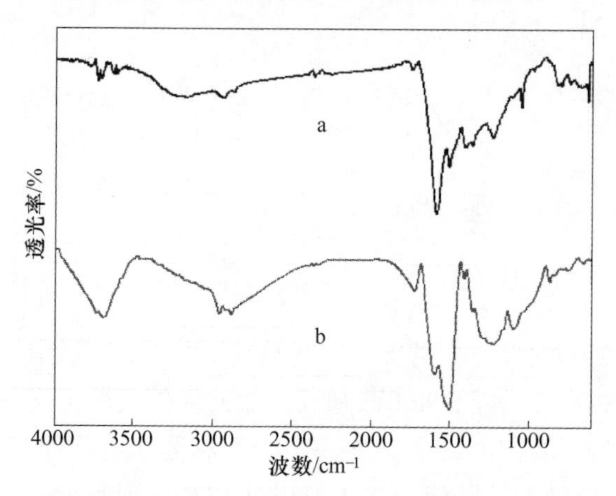

图3-48 缩L-赖氨酸对苯醌Schiff碱（a）及其银盐（b）的红外光谱

（6）缩L-赖氨酸-1,4-萘醌Schiff碱及其银盐的红外光谱。图3-49a和b分别为缩L-赖氨酸-1,4-萘醌Schiff碱和其银盐的红外光谱，其中配体在$3347cm^{-1}$和$3245cm^{-1}$处的特征峰归属于端位N—H的不对称和对称伸缩振动，$2950cm^{-1}$、

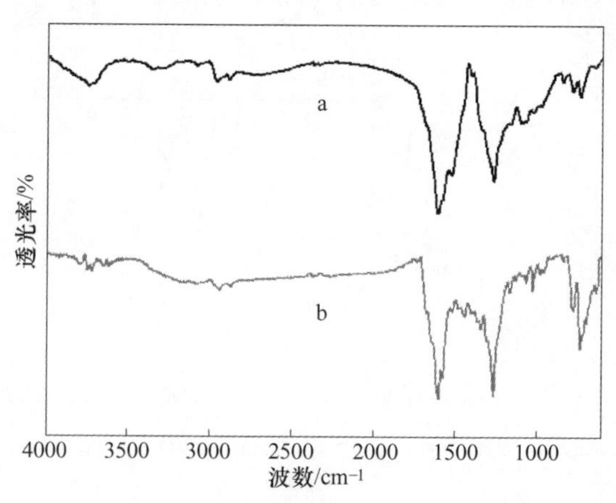

图3-49 缩L-赖氨酸-1,4-萘醌Schiff碱（a）及其银盐（b）的红外光谱

2865cm^{-1}和 718cm^{-1}处的特征峰归属于亚甲基 CH_2 不对称伸缩振动、对称伸缩振动和平面摇摆振动，在 1597cm^{-1}出现的 C ═N 的伸缩振动峰表明合成了缩 L-赖氨酸-1,4-萘醌 Schiff 碱，1400cm^{-1}处的吸收峰为羧酸盐的对称伸缩振动峰。其银盐的红外光谱与配体大体上相似，其 C ═N 的伸缩振动峰出现在 1591cm^{-1}，相比配体发生了明显的红移，表明配体与银离子发生了配位。

（7）缩 L-赖氨酸联苯甲酰 Schiff 碱及其银盐的红外光谱。图 3-50a 和 b 分别为缩 L-赖氨酸联苯甲酰 Schiff 碱和其银盐的红外光谱，其中配体在 3415cm^{-1}和 3330cm^{-1}处的特征峰归属于端位—N—H 的不对称和对称伸缩振动，2940cm^{-1}、2880cm^{-1}和 628cm^{-1}处的特征峰归属于亚甲基—CH_2 不对称伸缩振动、对称伸缩振动和平面摇摆振动。在 1618cm^{-1}出现的 C ═N 的伸缩振动峰表明合成了缩 L-赖氨酸联苯甲酰 Schiff 碱，1358cm^{-1}处的吸收峰为羧酸盐的对称伸缩振动峰。其银盐的红外光谱与配体大体上相似，其 C ═N 的伸缩振动峰出现在 1653cm^{-1}，相比配体发生了明显的蓝移，表明配体与银离子发生了配位。

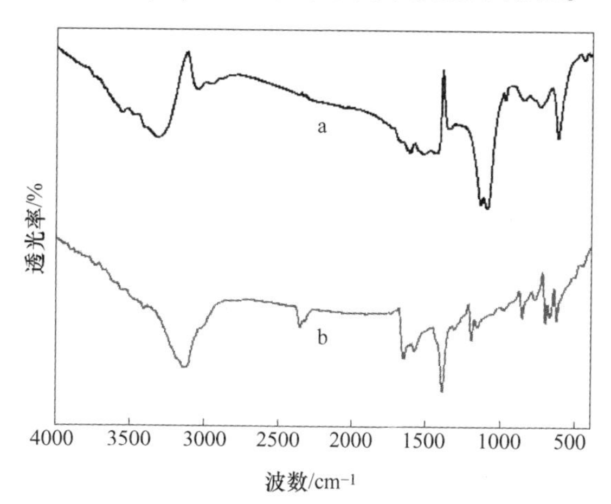

图 3-50 缩 L-赖氨酸联苯甲酰 Schiff 碱（a）及其银盐（b）的红外光谱

（8）缩 L-赖氨酸-2,3-丁二酮 Schiff 碱及其银盐的红外光谱。图 3-51a 和 b 分别为缩 L-赖氨酸-2,3-丁二酮 Schiff 碱和其银盐的红外光谱，其中配体在 3408cm^{-1}和 3317cm^{-1} 处的特征峰归属于端位—N—H 的不对称和对称伸缩振动，2922cm^{-1}、2865cm^{-1}和 652cm^{-1}处的特征峰归属于亚甲基—CH_2 不对称伸缩振动、对称伸缩振动和平面摇摆振动。在 1585cm^{-1}出现的 C ═N 的伸缩振动峰表明合成了缩 L-赖氨酸-2,3-丁二酮 Schiff 碱，1351cm^{-1}处的吸收峰为羧酸盐的对称伸缩振动峰。其银盐的红外光谱与配体大体上相似，其 C ═N 的伸缩振动峰出现在 1616cm^{-1}，相比配体发生了明显的蓝移，表明配体与银离子发生了配位。

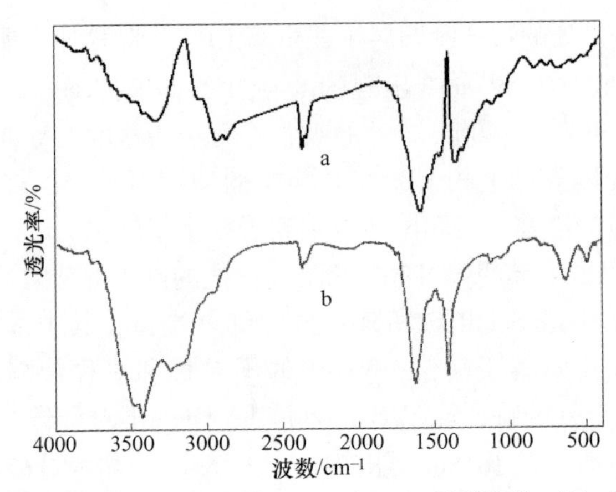

图 3-51　缩 L-赖氨酸-2,3-丁二酮 Schiff 碱（a）及其银盐（b）的红外光谱

3.5.3.3　元素分析

对 L-赖氨酸类聚席夫碱进行了 C、H、N 元素分析（见表 3-14），对比各元素含量的测量值，与计算值接近，表明聚合物具有反应式所确定的结构。

表 3-14　L-赖氨酸类聚 Schiff 碱的元素分析

聚合物	分子式	测量值（计算值）		
		C/%	H/%	N/%
缩L-赖氨酸乙二醛 Schiff 碱	$(C_{16}H_{22}N_4O_4K_2)_n$	46.20	5.68	13.25
		(46.60)	(5.34)	(13.59)
缩L-赖氨酸-2-溴丙二醛 Schiff 碱	$(C_{18}H_{24}N_4O_4K_2Br_2)_n$	36.54	3.78	9.02
		(36.12)	(4.01)	(9.36)
缩L-赖氨酸戊二醛 Schiff 碱	$(C_{22}H_{34}N_4O_4K_2)_n$	52.86	6.44	11.60
		(53.23)	(6.85)	(11.29)
缩L-赖氨酸对苯二甲醛 Schiff 碱	$(C_{28}H_{30}N_4O_4K_2)_n$	59.84	5.59	9.63
		(59.57)	(5.32)	(9.93)
缩L-赖氨酸对苯醌 Schiff 碱	$(C_{24}H_{26}N_4O_4K_2)_n$	55.88	5.26	10.65
		(56.25)	(5.07)	(10.94)
缩L-赖氨酸-1,4-萘醌 Schiff 碱	$(C_{32}H_{30}N_4O_4K_2)_n$	62.40	5.15	9.22
		(62.75)	(4.90)	(9.15)
缩L-赖氨酸联苯甲酰 Schiff 碱	$(C_{40}H_{38}N_4O_4K_2)_n$	68.58	4.47	7.16
		(67.04)	(5.31)	(7.82)
缩L-赖氨酸-2,3-丁二酮 Schiff 碱	$(C_{20}H_{30}N_4O_4K_2)_n$	50.66	6.92	12.18
		(51.28)	(6.41)	(11.97)

3.5.3.4　分子量

表 3-15 给出了 L-赖氨酸类聚 Schiff 碱的数均分子量（Mw）、重均分子量（Mn）和分散系数（PDI）。其中缩 L-赖氨酸乙二醛 Schiff 碱、缩 L-赖氨酸 2-溴丙二醛 Schiff 碱和缩 L-赖氨酸戊二醛 Schiff 碱的分子量较低，因为二醛活性太强，反应剧烈很快沉淀而不再反应；缩 L-赖氨酸对苯醌 Schiff 碱、缩 L-赖氨酸-1,4-萘醌 Schiff 碱和缩 L-赖氨酸联苯甲酰 Schiff 碱分子量不高，因为二酮的活性低，升高温度虽可以提高反应的活化能，但平衡容易向逆反应方向进行；L-赖氨酸-2,3-丁二酮 Schiff 碱分子量最高，因为 2,3-丁二酮的侧链为位阻较小的甲基，活性较为合适，反应比较容易进行，且不会很快形成沉淀，因而能在溶液中持续反应。L-赖氨酸在有机溶剂中的溶解性较差，L-赖氨酸的羧基也会影响胺基的活性，因此合成的 L-赖氨酸类聚 Schiff 碱分子量较低。

表 3-15　L-赖氨酸类聚 Schiff 碱的分子量与分散系数

聚合物	Mn	Mw	PDI
缩L-赖氨酸乙二醛 Schiff 碱	1250	1460	1.17
缩L-赖氨酸-2-溴丙二醛 Schiff 碱	1322	1465	1.11
缩L-赖氨酸戊二醛 Schiff 碱	1147	1365	1.19
缩L-赖氨酸对苯二甲醛 Schiff 碱	1582	1845	1.17
缩L-赖氨酸对苯醌 Schiff 碱	2539	2762	1.09
缩L-赖氨酸-1,4-萘醌 Schiff 碱	2823	3155	1.11
缩L-赖氨酸联苯甲酰 Schiff 碱	1650	1724	1.04
缩L-赖氨酸-2,3-丁二酮 Schiff 碱	5571	5933	1.06

3.5.3.5　离子含量

用硝酸银配制 Ag^+ 的标准液，标准液的浓度为 0mg/L、2mg/L、4mg/L、6mg/L、8mg/L、10mg/L，然后进行吸光度测试，绘制 Ag^+ 的标准曲线（如图 3-52所示）。

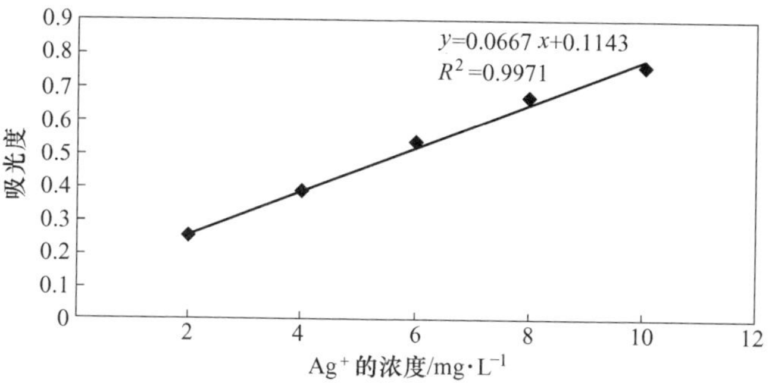

图 3-52　Ag^+的标准曲线

将样品配制成一定浓度的溶液，测量吸光度，根据 Ag^+标准曲线计算得到各 L-赖氨酸类聚 Schiff 碱银盐中的 Ag^+的含量和单体配位 Ag^+的个数。

从表 3-16 可以看出，L-赖氨酸类聚 Schiff 碱配体与银盐发生了配位，L-赖氨酸类聚 Schiff 碱银盐中 Ag^+的含量在 11.19%~28.49%，单体配位 Ag^+的个数在 0.58~1.90 个。我们可以发现反应物为二酮的缩 L-赖氨酸类 Schiff 碱银盐单体配位 Ag^+的个数高于反应物为二醛的缩 L-赖氨酸类 Schiff 碱银盐单体配位 Ag^+的个数，这可能因为反应过程中 L-赖氨酸与二醛反应剧烈，更容易从溶剂中沉淀出来，因而影响了聚 Schiff 碱与银离子的进一步反应。其中缩 L-赖氨酸-2,3-丁二酮 Schiff 碱银盐单体配位 Ag^+的个数最高为 1.72 个，这也是缩 L-赖氨酸-2,3-丁二酮 Schiff 碱银盐高电导率（见表 3-16）的原因之一。L-赖氨酸类聚 Schiff 碱银盐中单体配位 Ag^+的个数未能达到饱和状态，这是因为硝酸银在有机溶剂中的溶解性较差，与 L-赖氨酸类聚 Schiff 碱反应不够充分。

表 3-16 L-赖氨酸类聚 Schiff 碱银盐中 Ag^+的含量

L-赖氨酸类聚 Schiff 碱银盐	Ag^+的含量	单体配位 Ag^+的个数
缩L-赖氨酸乙二醛 Schiff 碱银盐	13.23%	0.58
缩L-赖氨酸-2-溴丙二醛 Schiff 碱银盐	15.30%	1.00
缩L-赖氨酸戊二醛 Schiff 碱银盐	11.19%	0.58
缩L-赖氨酸对苯二甲醛 Schiff 碱银盐	12.06%	0.72
缩L-赖氨酸对苯醌 Schiff 碱银盐	22.18%	1.66
缩L-赖氨酸-1,4-萘醌 Schiff 碱银盐	18.03%	1.25
缩L-赖氨酸联苯甲酰 Schiff 碱银盐	22.24%	1.37
缩L-赖氨酸-2,3-丁二酮 Schiff 碱银盐	28.49%	1.72

3.5.3.6 热稳定性

图 3-53 给出了四种 L-赖氨酸类聚 Schiff 碱及其银盐在 37~792℃下的热失重曲线。在 100℃聚合物吸附的空气中的水分以及残余的溶剂基本散失，之后出现了一个平台区。从 200℃开始，曲线的下降趋势分为两个阶段：第一个阶段为分

子量相对较低的聚合物的分解，第二个阶段为分子量相对较高的聚合物的分解。另外，从图 3-53 可以看出聚 Schiff 碱银配合物比聚 Schiff 碱失重曲线下降得更缓慢，表明 L-赖氨酸类聚 Schiff 碱银盐的热稳定性优于 L-赖氨酸类聚 Schiff 碱。L-赖氨酸类聚 Schiff 碱银盐比 L-赖氨酸类聚 Schiff 碱有更多的残留百分比，这是残留的单质银，表明 L-赖氨酸类聚 Schiff 碱有银离子参与配位。

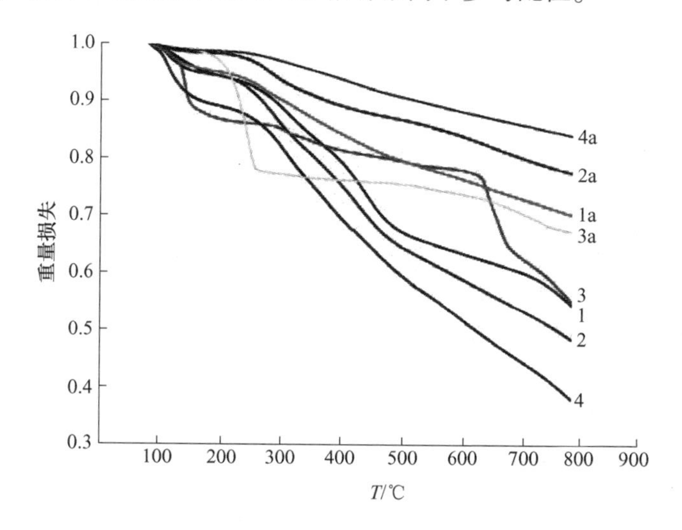

图 3-53 L-赖氨酸类手性聚 Schiff 碱及其银盐的热失重曲线

（1 和 1a、2 和 2a、3 和 3a、4 和 4a 分别代表缩 L-赖氨酸对苯醌 Schiff 碱和其银盐、缩 L-赖氨酸-1,4-萘醌 Schiff 碱和其银盐、缩 L-赖氨酸联苯甲酰 Schiff 碱和其银盐、缩 L-赖氨酸-2,3-丁二酮 Schiff 碱和其银盐）

3.5.3.7 导电性能

表 3-17 列出了 L-赖氨酸类手性聚 Schiff 碱及其银盐的颜色与电导率，从表中可以得出：(1) L-赖氨酸类手性聚 Schiff 碱银盐的颜色普遍要比 L-赖氨酸类手性聚 Schiff 碱的颜色深，表明银离子与聚 Schiff 碱发生了配位反应；(2) 聚 Schiff 碱中的氮原子有孤对电子，可以作为电子给体，与银离子配位后形成电荷转移络合物，正、负电荷通过双键的重组可以很容易地沿着分子的共轭键移动，从而获得导电性能。L-赖氨酸类手性聚 Schiff 碱银盐的电导率相比 L-赖氨酸类手性聚 Schiff 碱均有提升，本征态的 L-赖氨酸类手性聚 Schiff 碱电导率仅为 10^{-9} ~ 10^{-8}S/cm，通过掺杂银盐后电导率至少提高 2 个数量级，其中二醛类的聚 Schiff 碱在掺杂银盐后电导率均只提高了 2 个数量级，而二酮类的聚 Schiff 碱在掺杂银盐后普遍有较大的提升，这是由于二酮类的聚 Schiff 碱比二醛类的聚 Schiff 碱具有更高的聚合度，且二酮类的聚 Schiff 碱比二醛类的聚 Schiff 碱具有更多的单体配位 Ag^{+}的个数。(3) 缩 L-赖氨酸-2,3-丁二酮 Schiff 碱银盐提高了 10 个数量级，电导

率可以达到 3.7×10^2S/cm。缩 L-赖氨酸-2,3-丁二酮和对苯醌 Schiff 碱银盐的电导率分别比缩 L-赖氨酸联苯甲酰和 1,4-萘醌 Schiff 碱银盐的电导率更高，这是因为 2,3-丁二酮侧链上的甲基比联苯甲酰上的苯基具有更小的空间位阻，对苯醌比 1,4-萘醌也具有更小的空间位阻，空间位阻会降低分子间的电荷跳跃。

表 3-17 L-赖氨酸类聚 Schiff 碱及其银盐的颜色与电导率

聚 Schiff 碱及其银盐	颜色	电导率/S · cm^{-1}
缩L-赖氨酸乙二醛 Schiff 碱	土黄色	4.2×10^{-9}
缩L-赖氨酸乙二醛 Schiff 碱银盐	黑色	2.4×10^{-7}
缩L-赖氨酸-2-溴丙二醛 Schiff 碱	黄色	2.3×10^{-9}
缩L-赖氨酸-2-溴丙二醛 Schiff 碱银盐	黑色	3.5×10^{-7}
缩L-赖氨酸戊二醛 Schiff 碱	橘红色	3.6×10^{-9}
缩L-赖氨酸戊二醛 Schiff 碱银盐	褐色	1.2×10^{-7}
缩L-赖氨酸对苯二甲醛 Schiff 碱	黄色	2.4×10^{-8}
缩L-赖氨酸对苯二甲醛 Schiff 碱银盐	黑色	5.8×10^{-6}
缩L-赖氨酸对苯醌 Schiff 碱	棕色	7.5×10^{-8}
缩L-赖氨酸对苯醌 Schiff 碱银盐	黑色	7.2×10^{-4}
缩L-赖氨酸-1,4-萘醌 Schiff 碱	红褐色	8.4×10^{-8}
缩L-赖氨酸-1,4-萘醌 Schiff 碱银盐	黑色	1.3×10^{-5}
缩L-赖氨酸联苯甲酰 Schiff 碱	浅黄色	6.8×10^{-8}
缩L-赖氨酸联苯甲酰 Schiff 碱银盐	棕色	11.7
缩L-赖氨酸-2,3-丁二酮 Schiff 碱	灰色	5.1×10^{-8}
缩L-赖氨酸-2,3-丁二酮 Schiff 碱银盐	黑色	3.7×10^{2}

3.5.3.8 电磁参数

介电常数和磁导率是影响材料吸波性能的两个基本参数，在交变电磁场中它们都具有复数的形式，表示的形式为 $\varepsilon_r=\varepsilon'-j\varepsilon''$ 和 $\mu_r=\mu'-j\mu''$，实部 ε' 和 μ' 代表着存储电能和磁能的能力，虚部 ε'' 和 μ'' 反映了介电损耗和磁损耗能力。图 3-54a 和 b 为手性聚席夫碱银盐的介电常数实部 ε' 和虚部 ε'' 随频率 1～18GHz 的变化曲线，配合物 1a 的 ε' 比较平稳，在 20 左右，而 ε'' 随频率从 0.39 增加到 9.54，表明其介电损耗可能会随频率呈上升趋势；配合物 2a 的介电常数 ε' 和 ε'' 均较低，最大 ε' 和 ε'' 分别仅为 3.18 和 0.31，对电磁波电损耗能力差；配合物 3a 的 ε' 值和 ε'' 值分别在 8.64～35.37 和 13.33～24.95，具有较好储存电能和介电损耗能力；配合物 4a 最大 ε' 和 ε'' 分别为 134.96 和 203.63，表现出高度的电极化，但过高的介电常数很难与磁导率匹配。四种配合物表现出不同的介电常数，这不仅与电磁波的频率有关，也与各自的电导率有关，对比表 3-17 可以发现电导率与介电常数呈正向关系。图 3-54c 和 d 为手性聚席夫碱银盐磁导率实部 μ' 和虚部 μ'' 随频率 1～

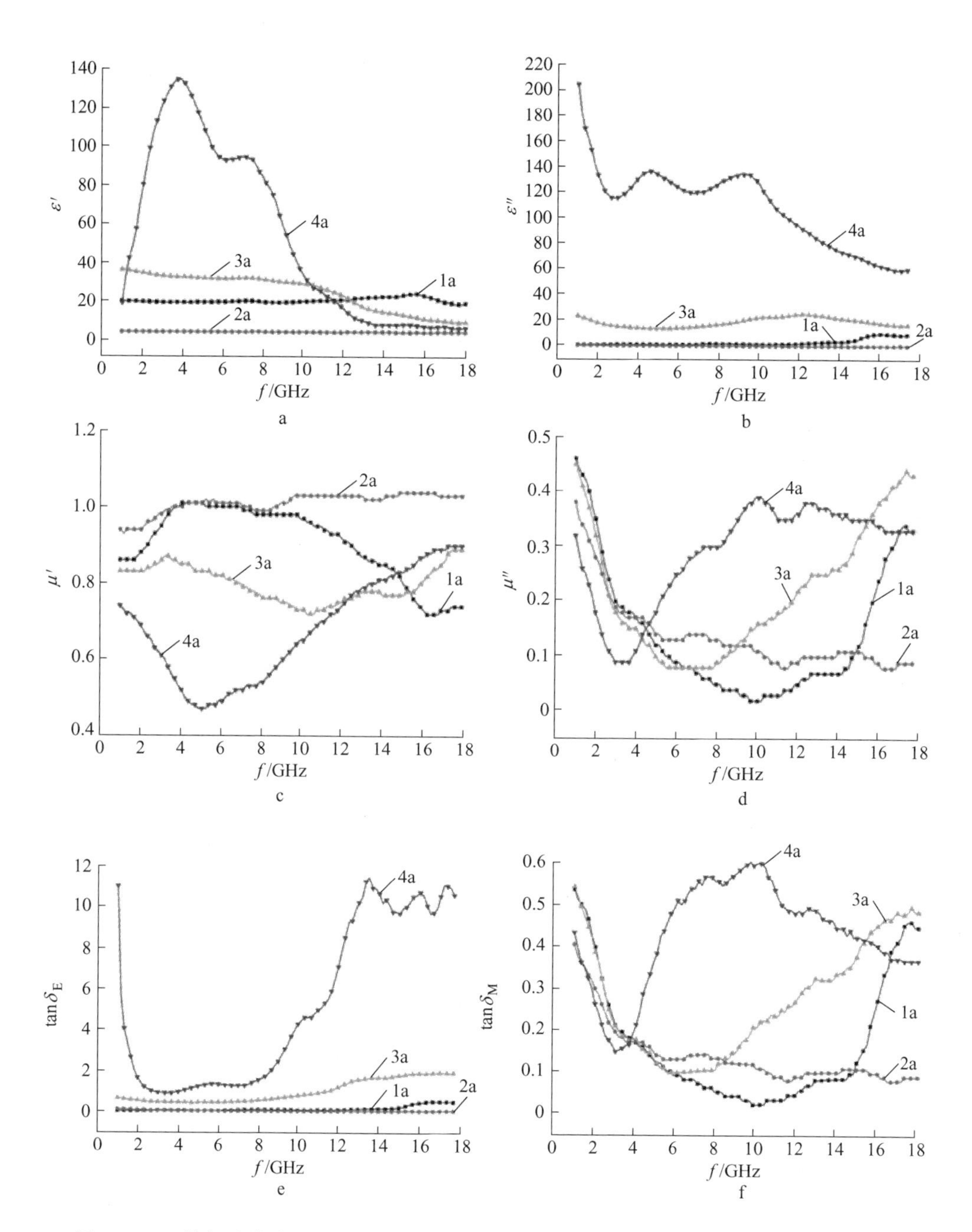

图 3-54 L-赖氨酸类聚 Schiff 碱银盐在 1~18GHz 的复介电常数实部（a）和虚部（b），复磁导率实部（c）和虚部（d）曲线，介电损耗角正切（e）和磁损耗角正切（f）曲线

（1a、2a、3a、4a 分别代表缩 L-赖氨酸对苯醌 Schiff 碱银盐、缩 L-赖氨酸-1,4-萘醌 Schiff 碱银盐、缩 L-赖氨酸联苯甲酰 Schiff 碱银盐、缩 L-赖氨酸-2,3-丁二酮 Schiff 碱银盐）

18GHz 的变化曲线，非磁性材料的 μ' 和 μ'' 值约等于 1 和 0，而四种配合物的 μ' 和 μ'' 分别在 0.47～1.04 和 0.02～0.46 之间，表明其具有一定的磁损耗能力。配合物 2a 在全波段 μ'' 呈下降趋势，在 1.0GHz 具有最大的磁损耗，其他三种配合物的 μ'' 先下降后上升，在低频和高频磁损耗能力较好。

当介电损耗角正切值与磁损耗角正切值相等时，吸波材料可以达到最佳的吸波效果。图 3-54e 和 f 为四种聚 Schiff 碱银盐随频率 1～18GHz 的介电损耗角正切值（$\tan\delta_E = \varepsilon''/\varepsilon'$）变化和磁损耗角正切值（$\tan\delta_M = \mu''/\mu'$）变化。配合物 1a 的介电损耗角正切在 12.0GHz 开始上升，最高达到 0.49，而其磁损耗角正切先从 0.53 下降然后再上升至 0.46，介电损耗角正切与磁损耗角正切在 5～18GHz 很接近；配合物 2a 磁损耗角正切在全频段均高于介电损耗角正切值，电磁阻抗匹配效果差；配合物 3a 介电损耗角正切随着频率增加都先下降后上升，其磁损耗角正切具有同样的趋势，其介电损耗角正切略高于磁损耗角正切，对电磁波的吸收以介电损耗为主；配合物 4a 的 $\tan\delta_E$ 在 1.0GHz 和 13.7GHz 分别达到 11.07 和 11.50，其值过高难以与磁导率匹配。

3.5.3.9 吸波性能

根据传输线理论，反射损耗（R_L）可以按照下面的方程式进行估算：(1) $Z_{in} = \sqrt{\mu_r/\varepsilon_r}\tanh[j(2\pi fd/c)\sqrt{\mu_r\varepsilon_r}]$；(2) $R_L(\text{dB}) = 20\log|(Z_{in}-1)/(Z_{in}+1)|$。其中，$Z_{in}$ 是吸波材料的输入阻抗，c 为电磁波在真空中的传播速率，f 为电磁波的频率，d 是吸波材料的厚度。

图 3-55 为四种聚席夫碱银盐在频段 1～18GHz 估算的反射损耗，四种材料的吸波频带都随着材料厚度增加向低频方向移动。配合物 2a 由于介电常数过低，导致介电损耗能力差，在厚度 5.0mm 时最强反射损耗仅仅为−3.6dB。配合物 4a 的高电导率导致其界面容易发生反射，在厚度 1.0mm 时最强反射损耗只有−1.9dB。配合物 3a 在除厚度 1mm 外的其他厚度下均有−5dB 以下的反射损耗，在厚度 3mm、频率 4.91GHz 时有最强反射损耗−6.9dB。配合物 1a 在厚度 4.0mm、5.0mm 时最强反射损耗达到−10dB 以下；在厚度 5.0mm、频率 10GHz 时有最强反射损耗−45.9dB，这也是这四种聚 Schiff 碱银盐中的最强反射损耗。有研究表明电导率在 10^{-4}～1S/cm 之间具有较好的微波吸收性能，配合物 1a 的电导率在此范围内故表现出良好的吸波性能，配合物 3a 电导率接近此电导率范围也具有较好的吸波效果，而配合物 2a 和 4a 分别由于电导率过低和过高因而吸波效果不理想。因此，可以在反应过程中控制硝酸银的加入量，调节 L-赖氨酸手性聚席夫碱银盐的电导率，获得更好的吸波效果。另外，还可以与磁性材料按照合适的比例复合，控制其电导率在半导体范围，达到电磁阻抗匹配，也将会获得更好的吸波效果。

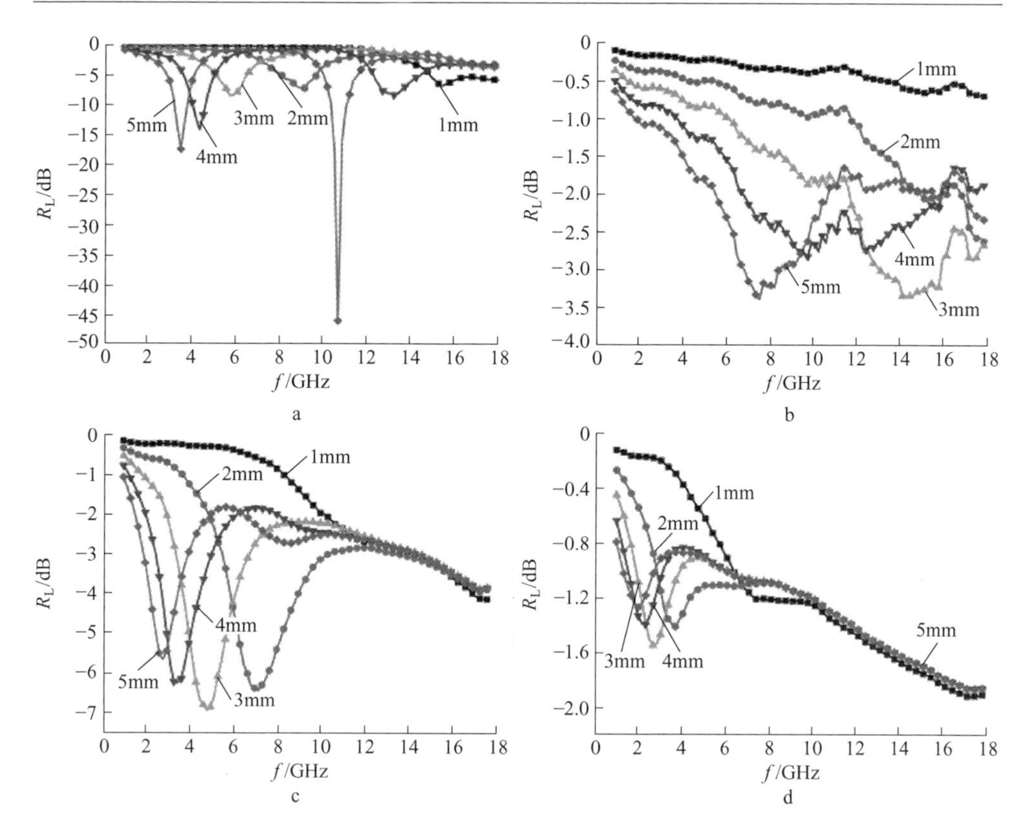

图 3-55 L-赖氨酸类聚 Schiff 碱银盐在 1~18GHz 的反射损耗

（1a、2a、3a、4a 分别代表缩 L-赖氨酸对苯醌 Schiff 碱银盐、缩 L-赖氨酸-1,4-萘醌 Schiff 碱银盐、缩 L-赖氨酸联苯甲酰 Schiff 碱银盐、缩 L-赖氨酸-2,3-丁二酮 Schiff 碱银盐）

目前研究较多的 Schiff 碱类吸波材料为视黄基 Schiff 碱吸波材料，其中丁春霞合成的视黄基 Schiff 碱银盐吸波效果最好，最强反射损耗达到-16dB，表明 Schiff 碱银盐具有较好的吸波效果，这也是我们课题组选用银盐与 L-赖氨酸类聚 Schiff 碱配位的原因。缩 L-赖氨酸对苯醌 Schiff 碱银盐最强反射损耗可以达到-45dB，是视黄基 Schiff 碱的 3 倍左右，其更强的反射损耗源于缩 L-赖氨酸对苯醌 Schiff 碱属于聚合物，其主链上更多的共轭结构更有利于电磁波能量的损耗，而手性结构能够引起电磁场的交叉极化，进而增强吸波效果。

3.5.4 小结

以 L-赖氨酸为手性源，合成了 8 种 L-赖氨酸类手性聚 Schiff 碱，在这基础上与硝酸银反应合成出 8 种 L-赖氨酸类手性聚 Schiff 碱银盐，通过熔点、旋光性、红外光谱仪、元素分析等确定了其结构，其中 L-赖氨酸类手性聚 Schiff 碱的旋光度均大于 L-赖氨酸的旋光度，表明手性二胺与二羰基化合物缩聚反应形成手性聚

Schiff 碱后，手性特征加强。通过凝胶色谱测定了 L-赖氨酸类手性聚 Schiff 碱银盐的分子量，结果表明二酮类的聚 Schiff 碱比二醛类的聚 Schiff 碱具有更高的聚合度。通过原子吸收光谱测定了 L-赖氨酸类手性聚 Schiff 碱银盐中银离子的含量，结果表明二酮类的聚 Schiff 碱比二醛类的聚 Schiff 碱具有更高单体配位 Ag^+ 个数。用四探针测试仪测定了它们的电导率，二酮类的聚 Schiff 碱比二醛类的聚 Schiff 碱在掺杂银盐后具有更高的电导率，其中缩 L-赖氨酸-2,3-丁二酮 Schiff 碱银盐电导率可以达到 3.7×10^2S/cm，比其他 L-赖氨酸类 Schiff 碱银盐具有高的电导率，表明 L-赖氨酸类聚 Schiff 碱中二羰基化合物的空间位阻、L-赖氨酸类聚 Schiff 碱的聚合度以及单体配位银离子个数共同影响着其电导率的大小。对四种手性聚 Schiff 碱银盐进行了电磁参数与吸波性能的分析，其中缩 L-赖氨酸-2,3-丁二酮 Schiff 碱银盐由于其高电导率导致介电常数很大，最强反射损耗仅为-1.9dB；缩 L-赖氨酸-1,4-萘醌由于其较低的电导率导致介电常数很小，最强反射损耗仅为-3.6dB；缩 L-赖氨酸对苯醌 Schiff 碱银盐的电导率为 7.2×10^{-4}S/cm，具有吸波效果最好，在厚度 5.0mm、频率 10GHz 时有最强反射损耗-45.9dB。结果表明，电导率对 L-赖氨酸类手性聚 Schiff 碱银盐的吸波性能具有重要的影响，电导率过高会引起吸波材料的界面反射，电导率过低会导致吸波材料的电损耗能力差，两种情况都不利于电磁波的吸收，当电导率范围在 10^{-4}~1S/cm 时具有最佳的吸波效果。将缩 L-赖氨酸对苯醌 Schiff 碱银盐与视黄基 Schiff 碱银盐吸波性能进行对比，其最强反射损耗是视黄基 Schiff 碱银盐的 3 倍，增强的反射损耗归因于缩 L-赖氨酸对苯醌 Schiff 碱银盐的手性结构与更多的共轭结构。

3.6 L-精氨酸类聚 Schiff 碱及其银盐的合成与表征

L-精氨酸也是一种手性氨基酸和手性二胺化合物，可以和二羰基化合物反应合成手性聚 Schiff 碱。其含有的羧基可以提供配位点，有助于合成手性聚 Schiff 碱盐，提高手性聚 Schiff 碱的导电性能。本节主要用 L-精氨酸和 5 种不同的二羰基化合物反应设计合成 5 种 L-赖氨酸类聚 Schiff 碱，并与硝酸银反应合成相应的 L-精氨酸类聚 Schiff 碱银盐。通过红外、元素分析等手段对 L-精氨酸类聚 Schiff 碱的结构进行表征，通过比旋光度表征 L-精氨酸类聚 Schiff 碱的旋光性，通过原子吸收光谱对 L-精氨酸类聚 Schiff 碱银盐银离子的含量进行测定，最后对 L-精氨酸类聚 Schiff 碱银盐的导电性能进行测试分析。

3.6.1 实验部分

3.6.1.1 缩 L-精氨酸对苯二甲醛 Schiff 碱及其银盐的合成

（1）合成路线。缩 L-精氨酸对苯二甲醛 Schiff 碱及其银盐的合成路线如图 3-56所示。

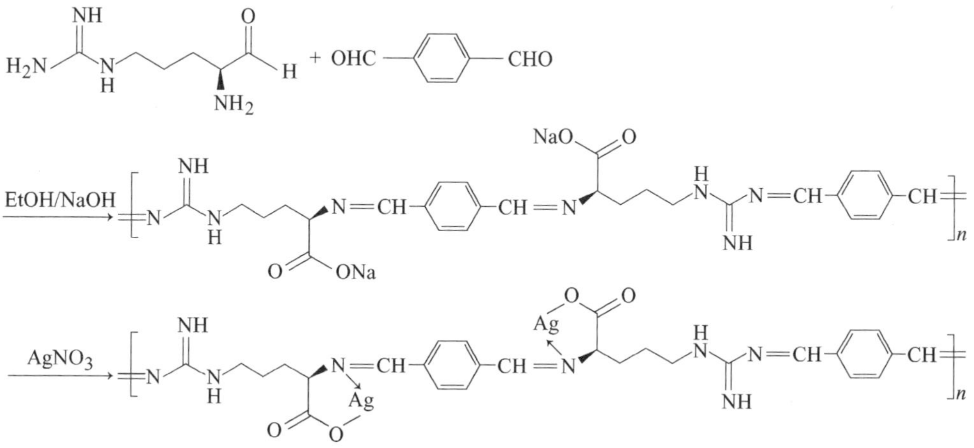

图3-56 缩L-精氨酸对苯二甲醛Schiff碱及其银盐的合成路线

（2）缩L-精氨酸对苯二甲醛Schiff碱的合成。向250mL三口烧瓶中加入10mmol(1.74g)L-精氨酸和10mmol(0.40g)NaOH，溶于40mL无水乙醇中，60℃下磁力搅拌溶解。将30mL溶有10mmol(1.45g)对苯二甲醛的无水乙醇溶液缓慢滴加到上述混合液中，加入几粒氯化锌，在80℃水浴、氮气保护以及冷凝回流的条件下，磁力搅拌12h。抽滤，滤饼用无水乙醇洗涤3次，置于75℃鼓风干燥箱中烘干7h，得到黄色粉末2.80g。产率：95.24%，熔点：>300℃，特性黏度$[\eta]=0.152$dL/g(98% H_2SO_4,30℃)。

（3）缩L-精氨酸对苯二甲醛Schiff碱银盐的合成。向250mL三口烧瓶中加入10mmol(1.74g)L-精氨酸和10mmol(0.40g)NaOH，溶于40mL无水乙醇中，60℃下磁力搅拌溶解。将30mL溶有10mmol(1.45g)对苯二甲醛的无水乙醇溶液缓慢滴加到上述混合液中，加入几粒氯化锌，在80℃水浴、氮气保护以及冷凝回流的条件下，磁力搅拌12h，之后加入5mL溶有15mmol(2.55g)硝酸银的水溶液，继续反应6h。抽滤，滤饼用无水乙醇和去离子水洗涤3次，置于75℃鼓风干燥箱中烘干7h，得到黑色粉末3.20g。熔点：>300℃。

3.6.1.2 缩L-精氨酸间苯二甲醛Schiff碱及其银盐的合成

（1）合成路线。缩L-精氨酸间苯二甲醛Schiff碱及其银盐的合成路线如图3-57所示。

（2）缩L-精氨酸间苯二甲醛Schiff碱的合成。向250mL三口烧瓶中加入10mmol(1.74g)L-精氨酸和10mmol(0.40g)NaOH，溶于40mL无水乙醇中，60℃下磁力搅拌溶解。将30mL溶有10mmol(1.45g)间苯二甲醛的无水乙醇溶液缓慢滴加到上述混合液中，加入几粒氯化锌，在80℃水浴、氮气保护以及冷凝回流

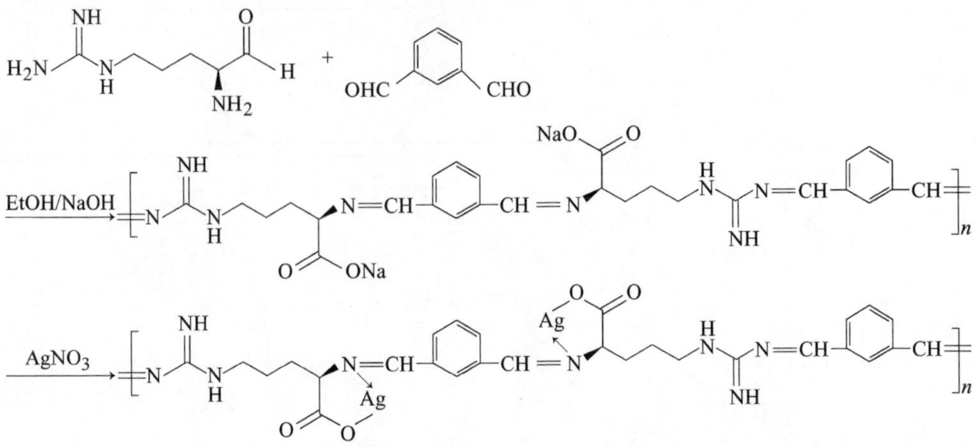

图 3-57　缩 L-精氨酸间苯二甲醛 Schiff 碱及其银盐的合成路线

的条件下，磁力搅拌 12h。抽滤，滤饼用无水乙醇洗涤 3 次，置于 75℃ 鼓风干燥箱中烘干 7h，得到浅黄色粉末 2. 67g。产率：90. 70%，熔点：>300℃。特性黏度[η] = 0. 146dL/g(98% H_2SO_4,30℃)。

（3）缩 L-精氨酸间苯二甲醛 Schiff 碱银盐的合成。向 250mL 三口烧瓶中加入 10mmol(1. 74g)L-精氨酸和 10mmol(0. 40g)NaOH，溶于 40mL 无水乙醇中，60℃ 下磁力搅拌溶解。将 30mL 溶有 10mmol(1. 45g) 间苯二甲醛的无水乙醇溶液缓慢滴加到上述混合液中，加入几粒氯化锌，在 80℃ 水浴、氮气保护以及冷凝回流的条件下，磁力搅拌 12h，之后加入 5mL 溶有 15mmol(2. 55g)硝酸银的水溶液，继续反应 6h。抽滤，滤饼用无水乙醇和去离子水洗涤 3 次，置于 75℃ 鼓风干燥箱中烘干 7h，得到黑色粉末 3. 05g。熔点：>300℃。

3. 6. 1. 3　缩 L-精氨酸邻苯二甲醛 Schiff 碱及其银盐的合成

（1）合成路线。缩 L-精氨酸邻苯二甲醛 Schiff 碱及其银盐的合成路线如图 3-58所示。

（2）缩 L-精氨酸邻苯二甲醛 Schiff 碱的合成。向 250mL 三口烧瓶中加入 10mmol(1. 74g)L-精氨酸和 10mmol(0. 40g)NaOH，溶于 40mL 无水乙醇中，60℃ 下磁力搅拌溶解。将 30mL 溶有 10mmol(1. 45g)邻苯二甲醛的无水乙醇溶液缓慢滴加到上述混合液中，加入几粒氯化锌，在 80℃ 水浴、氮气保护以及冷凝回流的条件下，磁力搅拌 12h。抽滤，滤饼用无水乙醇洗涤 3 次，置于 75℃ 鼓风干燥箱中烘干 7h，得到黄褐色粉末 2. 08g。产率：74. 83%，熔点：>300℃。特性黏度[η] = 0. 116dL/g(98% H_2SO_4,30℃)。

（3）缩 L-精氨酸邻苯二甲醛 Schiff 碱银盐的合成。向 250mL 三口烧瓶中加入

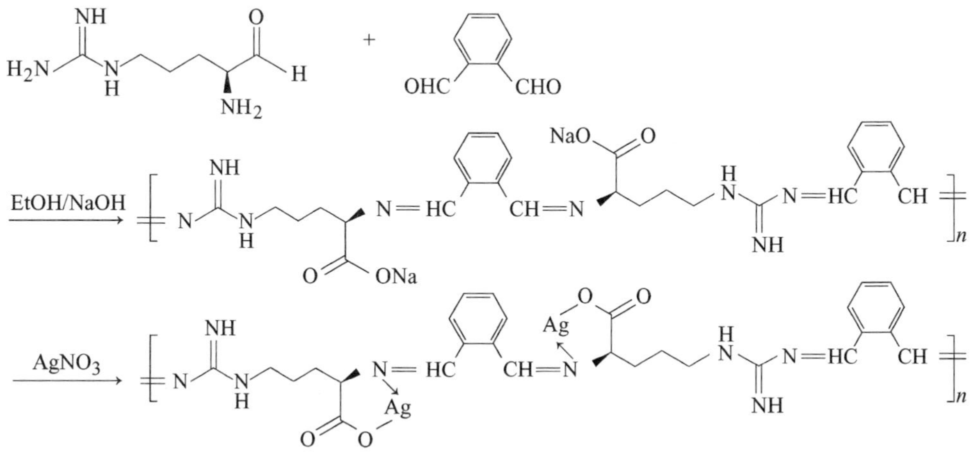

NH O
H_2N N H H
NH_2
+
OHC CHO
NaO O
NH H
EtOH/NaOH N N N═HC CH═N N N═HC CH
H NH
O ONa n
O O
NH Ag H
$AgNO_3$ N N N═ HC CH═N N N═HC CH
H Ag NH
O O n

图 3-58 缩 L-精氨酸邻苯二甲醛 Schiff 碱及其银盐的合成路线

10mmol(1.74g)L-精氨酸和 10mmol(0.40g)NaOH，溶于 40mL 无水乙醇中，60℃下磁力搅拌溶解。将 30mL 溶有 10mmol(1.45g)邻苯二甲醛的无水乙醇溶液缓慢滴加到上述混合液中，加入几粒氯化锌，在 80℃水浴、氮气保护以及冷凝回流的条件下，磁力搅拌 12h，之后加入 5mL 溶有 15mmol(2.55g)硝酸银的水溶液，继续反应 6h。抽滤，滤饼用无水乙醇和去离子水洗涤 3 次，置于 75℃鼓风干燥箱中烘干 7h，得到黑色粉末 2.76g。熔点：>300℃。

3.6.1.4 缩 L-精氨酸对苯醌 Schiff 碱及其银盐的合成

（1）合成路线。缩 L-精氨酸对苯醌 Schiff 碱及其银盐的合成路线如图 3-59 所示。

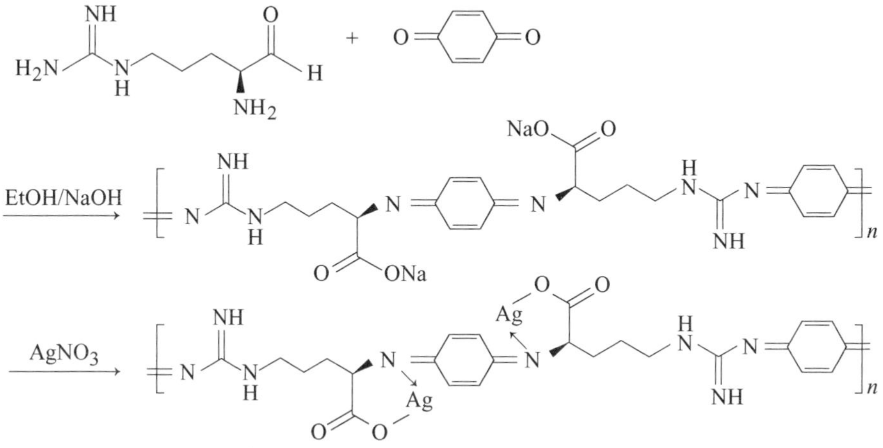

NH O
H_2N N H + O═ ═O
H NH_2
NaO O
NH H
EtOH/NaOH N N N═ ═N N N
H NH n
O ONa
O O
NH Ag H
$AgNO_3$ N N N ═N N N
H Ag NH n
O O

图 3-59 缩 L-精氨酸对苯醌 Schiff 碱及其银盐的合成路线

(2) 缩 L-精氨酸对苯醌 Schiff 碱的合成。向 250mL 三口烧瓶中加入 10mmol (1.74g) L-精氨酸和 10mmol (0.40g) NaOH，溶于 40mL 无水乙醇中，60℃下磁力搅拌溶解。将 30mL 溶有 10mmol (1.08g) 对苯醌的无水乙醇溶液缓慢滴加到上述混合液中，加入几粒氯化锌，在 80℃水浴、氮气保护以及冷凝回流的条件下，磁力搅拌 20h。抽滤，滤饼用无水乙醇洗涤 3 次，置于 75℃鼓风干燥箱中烘干 7h，得到灰色粉末 1.84g。产率：68.51%，熔点：>300℃。特性黏度 [η] = 0.089dL/g (98% H_2SO_4, 30℃)。

(3) 缩 L-精氨酸对苯醌 Schiff 碱银盐的合成。向 250mL 三口烧瓶中加入 10mmol (1.74g) L-精氨酸和 10mmol (0.40g) NaOH，溶于 40mL 无水乙醇中，60℃下磁力搅拌溶解。将 30mL 溶有 10mmol (1.08g) 对苯醌的无水乙醇溶液缓慢滴加到上述混合液中，加入几粒氯化锌，在 80℃水浴、氮气保护以及冷凝回流的条件下，磁力搅拌 20h，之后加入 5mL 溶有 15mmol (2.55g) 硝酸银的水溶液，继续反应 6h。抽滤，滤饼用无水乙醇和去离子水洗涤 3 次，置于 75℃鼓风干燥箱中烘干 7h，得到 2.26g，熔点：>300℃。

3.6.1.5　缩 L-精氨酸-1,4-萘醌 Schiff 碱及其银盐的合成

(1) 合成路线。缩 L-精氨酸-1,4-萘醌 Schiff 碱及其银盐的合成路线如图3-60所示。

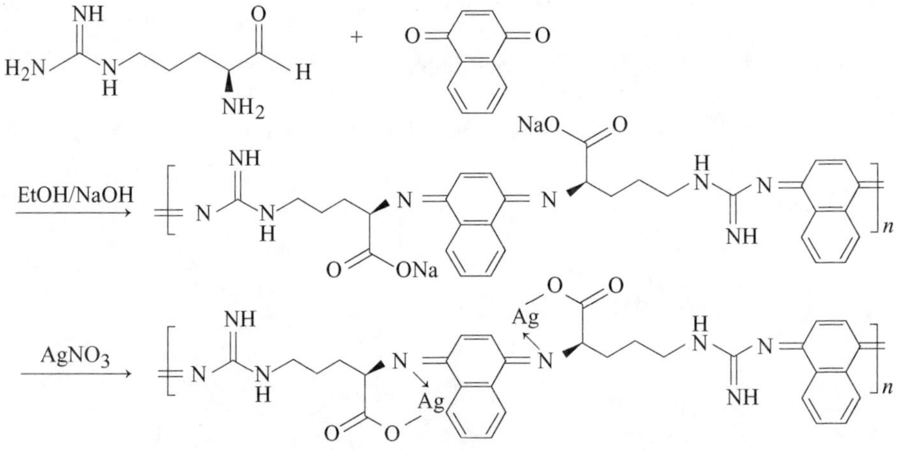

图 3-60　缩 L-精氨酸-1,4-萘醌 Schiff 碱及其银盐的合成路线

(2) 缩 L-精氨酸-1,4-萘醌 Schiff 碱的合成。向 250mL 三口烧瓶中加入 10mmol (1.74g) L-精氨酸和 10mmol (0.40g) NaOH，溶于 40mL 无水乙醇中，60℃下磁力搅拌溶解。将 30mL 溶有 10mmol (1.58g) 1,4-萘醌的无水乙醇溶液缓慢滴加到上述混合液中，加入几粒氯化锌，在 80℃水浴、氮气保护以及冷凝回流的条件下，磁力搅拌 20h。抽滤，滤饼用无水乙醇洗涤 3 次，置于 75℃鼓风干燥箱

中烘干 7h，得到黑色粉末 1.95g。产率：61.24%，熔点：>300℃。特性黏度 $[\eta]=0.106$dL/g(98% H_2SO_4,30℃)。

（3）缩 L-精氨酸 1,4-萘醌 Schiff 碱银盐的合成。向 250mL 三口烧瓶中加入 10mmol(1.74g)L-精氨酸和 10mmol(0.40g)NaOH，溶于 40mL 无水乙醇中，60℃下磁力搅拌溶解。将 30mL 溶有 10mmol(1.58g)1,4-萘醌的无水乙醇溶液缓慢滴加到上述混合液中，加入几粒氯化锌，在 80℃ 水浴、氮气保护以及冷凝回流的条件下，磁力搅拌 20h，之后加入 5mL 溶有 15mmol(2.55g)硝酸银的水溶液，继续反应 6h。抽滤，滤饼用无水乙醇和去离子水洗涤 3 次，置于 75℃ 鼓风干燥箱中烘干 7h，得到黑色粉末 2.74g，熔点：>300℃。

3.6.2 测试与表征

3.6.2.1 熔点的测定

用显微熔点仪测定样品的熔点。将少量测试样品放入毛细玻璃管中，放在仪器上测试。观察样品的变化情况，记录下样品开始熔化时的温度 t_1 和全部熔化时的温度为 t_2，$(t_1+t_2)/2$ 即为该样品的熔点。

3.6.2.2 比旋光度的测定

在测定样品前，先校正旋光仪的零点。取一样品管放入溶剂作为空白样，按下“清零”键，使其显示为零。然后取一定量的样品粉末溶于溶剂中，除去空白溶剂，用待测溶液洗涤样品管三次，再放入旋光仪中测定其旋光度。根据公式 $[\alpha]=\alpha/(l\times C)$ 计算比旋光度。公式中，C 为溶液的浓度，g/mL；l 为旋光管长度，dm。

3.6.2.3 红外光谱

将溴化钾于 110℃下干燥 1h，将样品与干燥后的溴化钾按 1∶50~1∶300 的比例混合，再放入研钵中充分研磨均匀，而后将粉末放入压片模具中压成片状并置于红外灯下烘干，最后上机进行测试。根据测定后得到的红外光谱图可对样品的结构进行表征。

3.6.2.4 离子含量测试

用硝酸银配置不同浓度的银离子溶液，利用德国椰拿 ContrAA700 原子吸收光谱仪进行吸光度测试，绘制银离子浓度-吸光度标准曲线。样品用少量硝酸溶解，配置成一定浓度的溶液，测试样品的吸光度，再根据标准曲线计算银离子含量。

3.6.2.5　电导率的测定

当样品粉末电导率在 10^{-5} ~ 10^{4}S/cm 时，将样品粉末用粉末压片机在 10MPa 下，保压 2min，压制成厚度均匀的圆形薄片（直径 13mm，厚度≤2mm），用广州四探针科技有限公司研究生产的 RTS-8 四探针电导率仪测试系列样品的电导率。

当样品粉末电导率在 10^{-12} ~ 10^{-6} S/cm 时，将样品粉末用粉末压片机在 10MPa 下，保压 2min，压制成厚度均匀的圆形薄片（直径 13mm，厚度≤2mm），用 Lake Shore CRX-4K 四探针测试仪测试样品，计算电导率。

3.6.3　结果与讨论

3.6.3.1　比旋光度

当手性单体发生聚合反应时，手性聚合物会产生主链的螺旋构象，从而引发新的不对称结构，因而其比旋光度会发生改变。从表 3-18 中可以看出，合成出来的手性聚 Schiff 碱的比旋光度相比手性单体均要大，说明手性聚 Schiff 碱的旋光方向与手性原料的旋光方向相同，且 L-精氨酸与二羰基化合物缩聚合成 L-精氨酸类手性聚 Schiff 碱后，手性特征加强。

表 3-18　L-精氨酸及其聚 Schiff 碱的比旋光度

聚 Schiff 碱	比旋光度$[\alpha]_D$室温	溶剂和浓度
L-精氨酸	+27°	6mol/L 的盐酸，80mg/mL
缩L-精氨酸对苯二甲醛 Schiff 碱	+287°	甲醇，0.080mg/mL
缩L-精氨酸间苯二甲醛 Schiff 碱	+436°	甲醇，0.073mg/mL
缩L-精氨酸邻苯二甲醛 Schiff 碱	+204°	甲醇，0.073mg/mL
缩L-精氨酸对苯醌 Schiff 碱	+250°	甲醇，0.036mg/mL
缩L-精氨酸-1,4-萘醌 Schiff 碱	+313°	甲醇，0.032mg/mL

3.6.3.2　红外光谱

（1）缩 L-精氨酸对苯二甲醛 Schiff 碱及其银盐的红外光谱。图 3-61a 和 b 分别为缩 L-精氨酸对苯二甲醛 Schiff 碱和其银盐的红外光谱，其中配体在 3333cm^{-1} 和 3203cm^{-1} 处的特征峰归属于端位—N—H 的不对称和对称伸缩振动，2922cm^{-1}、2855cm^{-1}处的特征峰归属于亚甲基—CH_2 不对称伸缩振动、对称伸缩振动，在 1603cm^{-1}出现的 C ═N 的伸缩振动峰表明合成了缩 L-精氨酸对苯二甲醛 Schiff 碱，1373cm^{-1}处的吸收峰为羧酸盐的对称伸缩振动峰。其银盐的红外光谱与配体大体上相似，其 C ═N 的伸缩振动峰出现在 1576cm^{-1}，相比配体发生

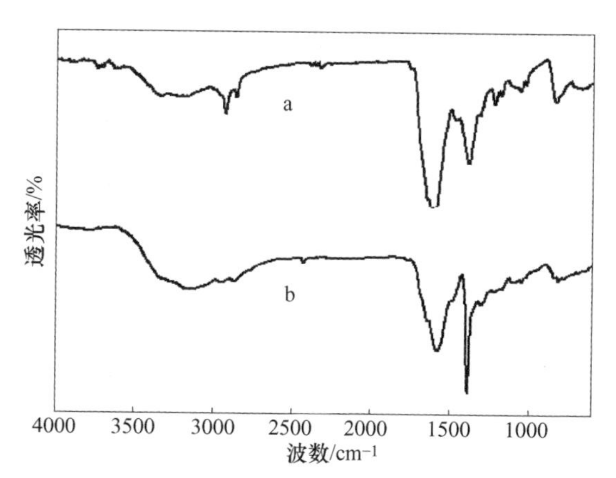

图 3-61 缩 L-精氨酸对苯二甲醛 Schiff 碱（a）及其银盐（b）的红外光谱

了明显的蓝移，表明配体与银离子发生了配位。

（2）缩 L-精氨酸间苯二甲醛 Schiff 碱及其银盐的红外光谱。图 3-62a 和 b 分别为缩 L-精氨酸间苯二甲醛 Schiff 碱和其银盐的红外光谱，其中配体在 3363cm^{-1} 处的特征峰归属于端位—N—H 的伸缩振动，2935cm^{-1}、2865cm^{-1} 处的特征峰归属于亚甲基—CH_2 不对称伸缩振动、对称伸缩振动，在 1646cm^{-1} 出现的 C ═N 的伸缩振动峰表明合成了缩 L-精氨酸间苯二甲醛 Schiff 碱，1375cm^{-1} 处的吸收峰为羧酸盐的对称伸缩振动峰。其银盐的红外光谱与配体大体上相似，其 C ═N 的伸缩振动峰出现在 1640cm^{-1}，相比配体发生了明显的红移，表明配体与银离子发生了配位。

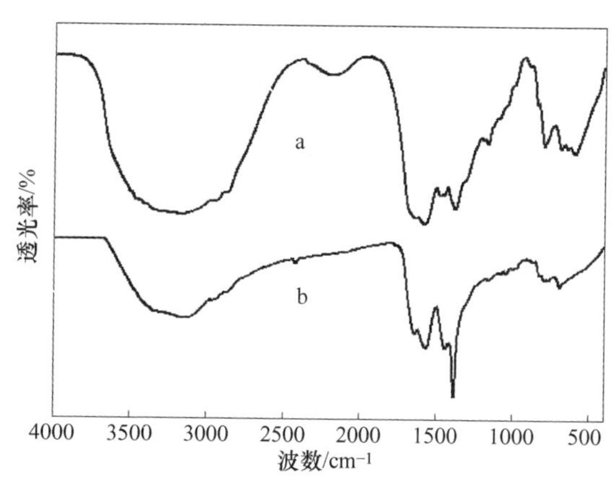

图 3-62 缩 L-精氨酸间苯二甲醛 Schiff 碱（a）及其银盐（b）的红外光谱

（3）缩 L-精氨酸邻苯二甲醛 Schiff 碱及其银盐的红外光谱。图 3-63a 和 b 分别为缩 L-精氨酸邻苯二甲醛 Schiff 碱和其银盐的红外光谱，其中配体在 3318cm^{-1} 和 3110cm^{-1} 处的特征峰归属于端位—N—H 的不对称和对称伸缩振动，

2950cm^{-1}、2864cm^{-1}处的特征峰归属于亚甲基—CH_2 不对称伸缩振动、对称伸缩振动，在 1677cm^{-1}出现的 C ═N 的伸缩振动峰表明合成了缩 L-精氨酸邻苯二甲醛 Schiff 碱，1375cm^{-1}处的吸收峰为羧酸盐的对称伸缩振动峰。其银盐的红外光谱与配体大体上相似，其 C ═N 的伸缩振动峰出现在 1632cm^{-1}，相比配体发生了明显的红移，表明配体与银离子发生了配位。

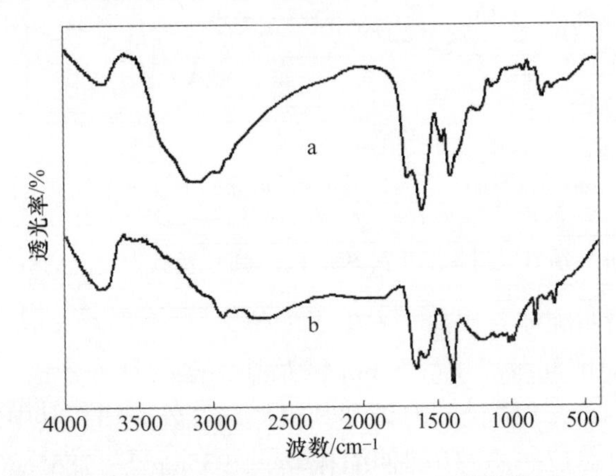

图 3-63　缩 L-精氨酸邻苯二甲醛 Schiff 碱（a）及其银盐（b）的红外光谱

（4）缩 L-精氨酸对苯醌 Schiff 碱及其银盐的红外光谱。图 3-64a 和 b 分别为缩 L-精氨酸对苯醌 Schiff 碱和其银盐的红外光谱，其中配体在 3339cm^{-1}处的特征峰归属于端位—N—H 的伸缩振动，2980cm^{-1}、2921cm^{-1}处的特征峰归属于亚甲基—CH_2 不对称伸缩振动、对称伸缩振动，在 1577cm^{-1} 出现的 C ═N 的伸缩振动峰表明合成了缩 L-精氨酸对苯醌 Schiff 碱，1389cm^{-1}处的吸收峰为羧酸盐的对称伸缩振动峰。其银盐的红外光谱与配体大体上相似，其 C ═N 的伸缩振动峰出现在 1642cm^{-1}，相比配体发生了明显的蓝移，表明配体与银离子发生了配位。

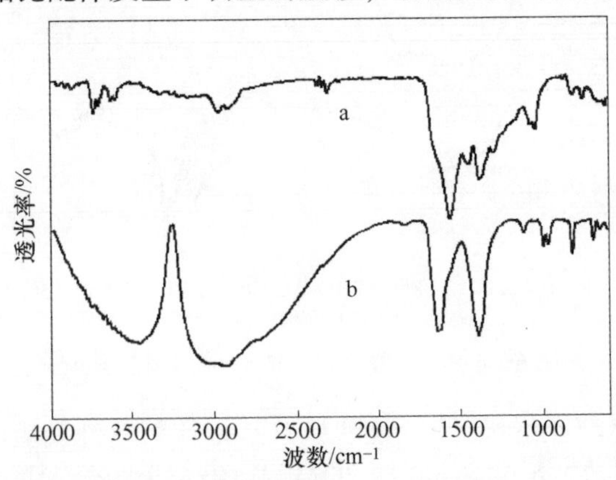

图 3-64　缩 L-精氨酸对苯醌 Schiff 碱（a）及其银盐（b）的红外光谱

（5）缩L-精氨酸-1,4-萘醌Schiff碱及其银盐的红外光谱。图3-65a和b分别为缩L-精氨酸-1,4-萘醌Schiff碱和其银盐的红外光谱，其中配体在$3316cm^{-1}$处的特征峰归属于端位—N—H的伸缩振动，$2980cm^{-1}$、$2903cm^{-1}$处的特征峰归属于亚甲基—CH_2不对称伸缩振动、对称伸缩振动，在$1570cm^{-1}$出现的C═N的伸缩振动峰表明合成了缩L-精氨酸1,4-萘醌Schiff碱，$1387cm^{-1}$处的吸收峰为羧酸盐的对称伸缩振动峰。其银盐的红外光谱与配体大体上相似，其C═N的伸缩振动峰出现在$1646cm^{-1}$，相比配体发生了明显的蓝移，表明配体与银离子发生了配位。

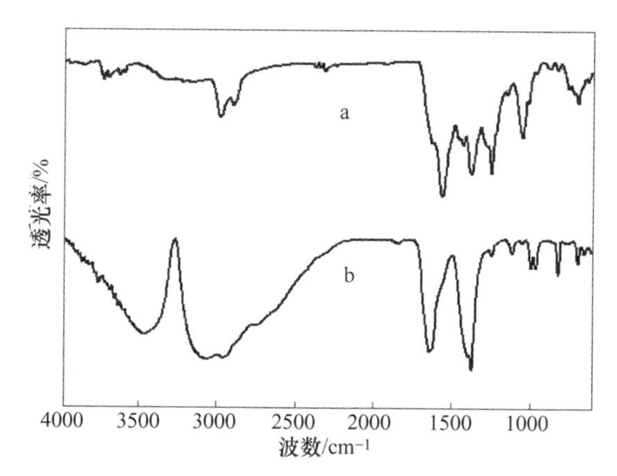

图3-65 缩L-精氨酸-1,4-萘醌Schiff碱（a）及其银盐（b）的红外光谱

3.6.3.3 元素分析

对L-精氨酸类聚席夫碱进行了C、H、N元素分析（见表3-19），对比各元素含量的测量值，与计算值接近，表明聚合物具有反应式所确定的结构。

表3-19 L-精氨酸类聚Schiff碱的元素分析

聚Schiff碱	分子式	测量值（计算值）		
		C/%	H/%	N/%
缩L-精氨酸对苯二甲醛Schiff碱	$(C_{28}H_{30}N_8O_4Na_2)_n$	57.45	5.26	19.45
		(57.14)	(5.10)	(19.05)
缩L-精氨酸间苯二甲醛Schiff碱	$(C_{28}H_{30}N_8O_4Na_2)_n$	56.88	5.62	18.85
		(57.14)	(5.10)	(19.05)
缩L-精氨酸邻苯二甲醛Schiff碱	$(C_{28}H_{30}N_8O_4Na_2)_n$	57.22	4.98	19.38
		(57.14)	(5.10)	(19.05)
缩L-赖氨酸对苯醌Schiff碱	$(C_{24}H_{26}N_8O_4Na_2)_n$	53.23	4.66	19.95
		(53.73)	(4.85)	(20.90)

续表 3-19

聚 Schiff 碱	分子式	测量值（计算值）		
		C/%	H/%	N/%
缩L-赖氨酸-1,4-萘醌 Schiff 碱	$(C_{32}H_{30}N_8O_4Na_2)_n$	59.84	4.45	17.86
		(60.38)	(4.72)	(17.61)

3.6.3.4　离子含量

用硝酸银配制 Ag^+ 的标准液，标准液的浓度为 0mg/L、2mg/L、4mg/L、6mg/L、8mg/L、10mg/L，然后进行吸光度测试，绘制 Ag^+ 的标准曲线（如图 3-66所示）。

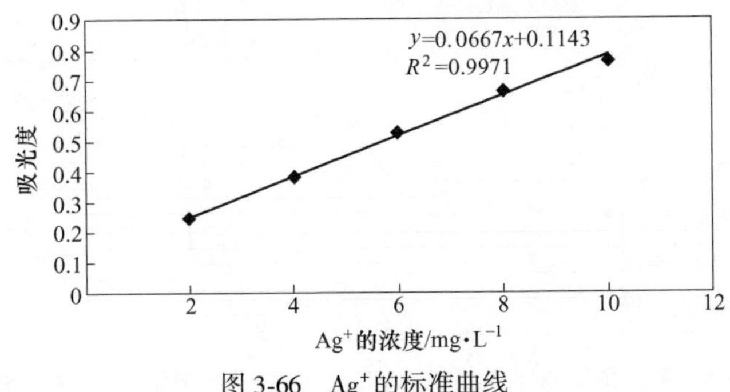

图 3-66　Ag^+ 的标准曲线

将样品配制成一定浓度的溶液，测量吸光度，根据 Ag^+ 标准曲线计算得到各 L-精氨酸类聚 Schiff 碱银盐中的 Ag^+ 的含量和单体配位 Ag^+ 的个数。

从表 3-20 可以看出，L-精氨酸类聚 Schiff 碱配体与银盐发生了配位，L-精氨酸类聚 Schiff 碱银盐中 Ag^+ 的含量在 6.70%~25.07%，单体配位 Ag^+ 的个数在 0.39~1.82 个。其中 L-精氨酸邻苯二甲醛 Schiff 碱银盐单体配位 Ag^+ 的个数含量最高为 1.82 个，这是因为 L-精氨酸邻苯二甲醛 Schiff 碱在有机溶剂中的溶解性更好。但 L-精氨酸类聚 Schiff 碱银盐中单体配位 Ag^+ 的个数未能达到饱和状态，这是因为硝酸银在有机溶剂中的溶解性较差，与 L-精氨酸类聚 Schiff 碱反应不够充分。

表 3-20　L-精氨酸类聚 Schiff 碱银盐中 Ag^+ 的含量

L-精氨酸类聚 Schiff 碱银盐	Ag^+ 的含量	单体配位 Ag^+ 的个数
缩L-精氨酸对苯二甲醛 Schiff 碱	6.70%	0.39
缩L-精氨酸间苯二甲醛 Schiff 碱	17.84%	1.18
缩L-精氨酸邻苯二甲醛 Schiff 碱	25.07%	1.82
缩L-赖氨酸对苯醌 Schiff 碱	22.36%	1.43
缩L-赖氨酸-1,4-萘醌 Schiff 碱	13.77%	0.94

3.6.3.5 导电性能

表 3-21 列出了 L-精氨酸类手性聚 Schiff 碱及其银盐的颜色与电导率，从表中可以得出：(1) L-精氨酸类手性聚 Schiff 碱银盐的颜色普遍要比 L-精氨酸类手性聚 Schiff 碱的颜色深，表明银离子与聚 Schiff 碱发生了配位反应。(2) 聚 Schiff 碱中的氮原子有孤对电子，可以作为电子给体，与银离子配位后形成电荷转移络合物，正、负电荷通过双键的重组可以很容易地沿着分子的共轭键移动，从而获得导电性能。L-精氨酸类手性聚 Schiff 碱银盐的电导率相比 L-精氨酸类手性聚 Schiff 碱均有提升，本征态的 L-精氨酸类手性聚 Schiff 碱电导率仅为 $10^{-10} \sim 10^{-9}$ S/cm，通过掺杂银盐后电导率至少提高 3 个数量级。(3) L-精氨酸对苯醌、1,4-萘醌聚 Schiff 碱在掺杂银盐后的电导率比 L-精氨酸对苯二甲醛、间苯二甲醛聚 Schiff 碱高出 1 个数量级，这是因为含 N^+醌式结构的对苯醌、1,4-萘醌可以提高导电性能。L-精氨酸邻苯二甲醛聚 Schiff 碱银盐电导率达到 5.0×10^{-5}S/cm，比 L-精氨酸对苯二甲醛、间苯二甲醛聚 Schiff 碱高出 2 个数量级，这也是因为 L-精氨酸邻苯二甲醛聚 Schiff 碱银盐的 N^+要比 L-精氨酸对苯二甲醛、间苯二甲醛聚 Schiff 碱银盐的多，单体配位 Ag^+的个数也更多。另外，L-精氨酸类聚 Schiff 碱银盐的电导率比 L-赖氨酸类聚 Schiff 碱银盐的电导率更低，这是因为 L-精氨酸的主链上含有—NH—结构，这相比于纯的碳链结构，由于主体结构的改变减弱了聚合物的电离势并中断了电子的离域；另外，L-精氨酸上的═NH 基团会与碳原子形成 p-π 共轭效应，但由于其在侧链上反而减弱了聚 Schiff 碱主链上 C ═N 基团的电荷传递。

表 3-21 L-精氨酸类聚 Schiff 碱及其银盐的颜色与电导率

聚 Schiff 碱及其银盐	颜色	电导率/S · cm^{-1}
缩L-精氨酸对苯二甲醛 Schiff 碱	黄色	3.3×10^{-10}
缩L-精氨酸对苯二甲醛 Schiff 碱银盐	黑色	1.2×10^{-7}
缩L-精氨酸间苯二甲醛 Schiff 碱	浅黄色	8.6×10^{-10}
缩L-精氨酸间苯二甲醛 Schiff 碱银盐	黑色	4.1×10^{-7}
缩L-精氨酸邻苯二甲醛 Schiff 碱	黄褐色	4.2×10^{-9}
缩L-精氨酸邻苯二甲醛 Schiff 碱银盐	黑色	5.0×10^{-5}
缩L-精氨酸对苯醌 Schiff 碱	灰色	1.2×10^{-9}
缩L-精氨酸对苯醌 Schiff 碱银盐	黑色	1.6×10^{-6}
缩L-精氨酸-1,4-萘醌 Schiff 碱	黑色	2.7×10^{-10}
缩L-精氨酸-1,4-萘醌 Schiff 碱银盐	黑色	8.2×10^{-6}

3.6.4 小结

以 L-精氨酸为手性源合成了 5 种 L-精氨酸类手性聚 Schiff 碱，在这基础上与硝酸银反应合成出 5 种 L-精氨酸类手性聚 Schiff 碱银盐，通过熔点、旋光性、红外光谱、元素分析等确定了其结构，其中 L-精氨酸类手性聚 Schiff 碱的旋光度均大于 L-精氨酸的旋光度，表明手性二胺与二羰基化合物缩聚反应形成手性聚 Schiff 碱后，手性特征加强。测定了 L-精氨酸类手性聚 Schiff 碱银盐中银离子的含量，其中 L-精氨酸邻苯二甲醛聚 Schiff 碱单体配位 Ag^+ 的个数最高，达到 1.82 个；提高手性聚 Schiff 碱的溶解性，可以提高手性聚 Schiff 碱在反应中单体配位的银离子个数。用四探针测试仪测定了它们的电导率，L-精氨酸类手性聚 Schiff 碱银盐相对于本征态 L-精氨酸类手性聚 Schiff 碱电导率至少提升 3 个数量级，二羰基化合物中含有更多的 N^+ 醌式结构有利于提高 L-精氨酸类聚 Schiff 碱的导电性能。

3.7 手性聚 Schiff 碱银盐复合材料的制备与性能研究

良好的吸波性能应考虑两个方面：阻抗匹配与衰减特性。对于单一的吸波材料，阻抗匹配和强吸收通常是属于矛盾关系，难以同时满足。往往采用材料的复合化，调节电磁参数，在减少界面反射的同时，增强其对电磁波的衰减损耗能力。本节采用溶液共混的方法制备缩 L-赖氨酸-2,3-丁二酮 Schiff 碱银盐/Fe_3O_4 复合材料，研究缩 L-赖氨酸-2,3-丁二酮 Schiff 碱银盐在复合材料中的含量对复合材料导电、吸波性能的影响，并与 Fe_3O_4、DL-赖氨酸-2,3-丁二酮 Schiff 碱银盐/Fe_3O_4 复合材料的导电、吸波性能进行对比分析。

3.7.1 复合材料的制备

取 0.6g 缩 L-赖氨酸-2,3-丁二酮 Schiff 碱银盐与一定量的 Fe_3O_4 置于烧杯中，加入无水乙醇超声 6h，加热蒸干溶剂，放入烘箱中 70℃下干燥 10h，然后放入研钵中研磨 30min 得到产物。根据上述方法，改变 Fe_3O_4 的质量为 0.8g、0.9g、1.0g，获得质量比为 m（缩 L-赖氨酸-2,3-丁二酮 Schiff 碱银盐）：$m(Fe_3O_4)$ = 6∶8、6∶9、6∶10 的复合材料，简称为复合材料 L-a，复合材料 L-b，复合材料 L-c。非手性的缩 DL-赖氨酸-2,3-丁二酮 Schiff 碱银盐/Fe_3O_4 复合材料也用同样的方法制备，质量比为 m(缩 DL-赖氨酸-2,3-丁二酮 Schiff 碱银盐)：$m(Fe_3O_4)$= 6∶9，简称为复合材料 DL-b。

3.7.2 结果与分析

3.7.2.1 电导率分析

表 3-22 给出了 Fe_3O_4、缩 L-赖氨酸-2,3-丁二酮 Schiff 碱银盐以及复合材料的

电导率。其中 Fe_3O_4 电导率较低，仅为 2.90×10^{-5}S/cm，由此可见 Fe_3O_4 作为吸波材料的电损耗能力较差，需要导电材料与其复合；而缩 L-赖氨酸-2,3-丁二酮 Schiff 碱银盐的电导率达到 3.70×10^{2}S/cm，这是由于其较高的分子量以及较多的单体配位银离子个数，但过高的电导率不利于电磁阻抗匹配，且对电磁波会产生界面效应，使得电磁波无法进入吸波材料的内部衰减。当 Fe_3O_4 与缩 L-赖氨酸-2,3-丁二酮 Schiff 碱银盐复合后电导率明显上升，且随着缩 L-赖氨酸-2,3-丁二酮 Schiff 碱银盐含量的增加而增加，这是由于缩 L-赖氨酸-2,3-丁二酮 Schiff 碱银盐包裹在 Fe_3O_4 的表面，两者之间具有 σ-π 超共轭效应，加速了电荷的定向移动。非手性的复合材料 DL-b 与复合材料 L-b 的比例相同，因而电导率均在 10^{-1}S/cm 数量级，表明手性特征对于电导率的影响不大。

表 3-22 复合材料及其各组分的电导率

物 质	电导率/S · cm^{-1}
Fe_3O_4	2.90×10^{-5}
缩 L-赖氨酸-2,3-丁二酮 Schiff 碱银盐	3.70×10^{2}
复合材料 L-a	3.58
复合材料 L-b	2.09×10^{-1}
复合材料 DL-b	8.33×10^{-1}
复合材料 L-c	1.29×10^{-2}

3.7.2.2 电磁参数分析

将待测的样品与石蜡按质量比 7∶3 均匀混合，在专用模具中压制成外径为 7mm、内径为 3mm、厚度为 2mm 的圆环，用 HP-8722ES 矢量网络分析仪测试材料的电磁参数，测试频率范围为 1～18GHz。

图 3-67 给出了 Fe_3O_4、复合材料 DL-b、复合材料 L-a、复合材料 L-b 和复合材料 L-c 在 1～18GHz 的复介电常数、复磁导率。由图 3-67a 可以看出，Fe_3O_4 的 ε'值仅为 4.5 左右，当加入缩 L-赖氨酸-2,3-丁二酮 Schiff 碱银盐后，ε'处在 9.1～18.7GHz 之间，相比 Fe_3O_4 的 ε'有明显的提高，这是因为缩 L-赖氨酸-2,3-丁二酮 Schiff 碱银盐上存在着极化子和双极化子，能对电磁波产生电极化。图 3-67b 中 Fe_3O_4 与复合材料的 ε''在低频区较为接近，在高频区复合材料的 ε''逐渐增大，这意味着复合材料可能在高频区会有更大的电损耗能力，增强的电损耗归因于加入的缩 L-赖氨酸-2,3-丁二酮 Schiff 碱银盐。图 3-67c 和 d 为 Fe_3O_4 与复合材料 μ' 和 μ''值，其中 Fe_3O_4 的 μ'值大约为 1.05，属于亚铁磁体，在全频段都比较平稳；复合材料的 μ' 与 Fe_3O_4 的 μ' 比较接近，但随着频率的增加而下降，且在高频段低于 Fe_3O_4 的 μ'值，这也意味着在高频段复合材料的磁极化能力下降，表现出一定

的反铁磁性特征，但介电损耗角正切值会增大，易于电磁阻抗匹配；复合材料的 μ''值在 8GHz 左右有一个峰，这归因于自然共振，且 μ''值大部分都高于 Fe_3O_4 的 μ''值，这是因为手性特征会在电磁场的作用下产生一个相对的磁导率。而非手性的复合材料 DL-b 的 μ''值也比 Fe_3O_4 的 μ''值更大，这是因为聚 Schiff 碱链上的传递作用会使得电子自旋发生耦合，从而表现出一定的磁性能；聚 Schiff 碱与金属离子形成了电荷转移络合物，也有利于磁性能的提升。

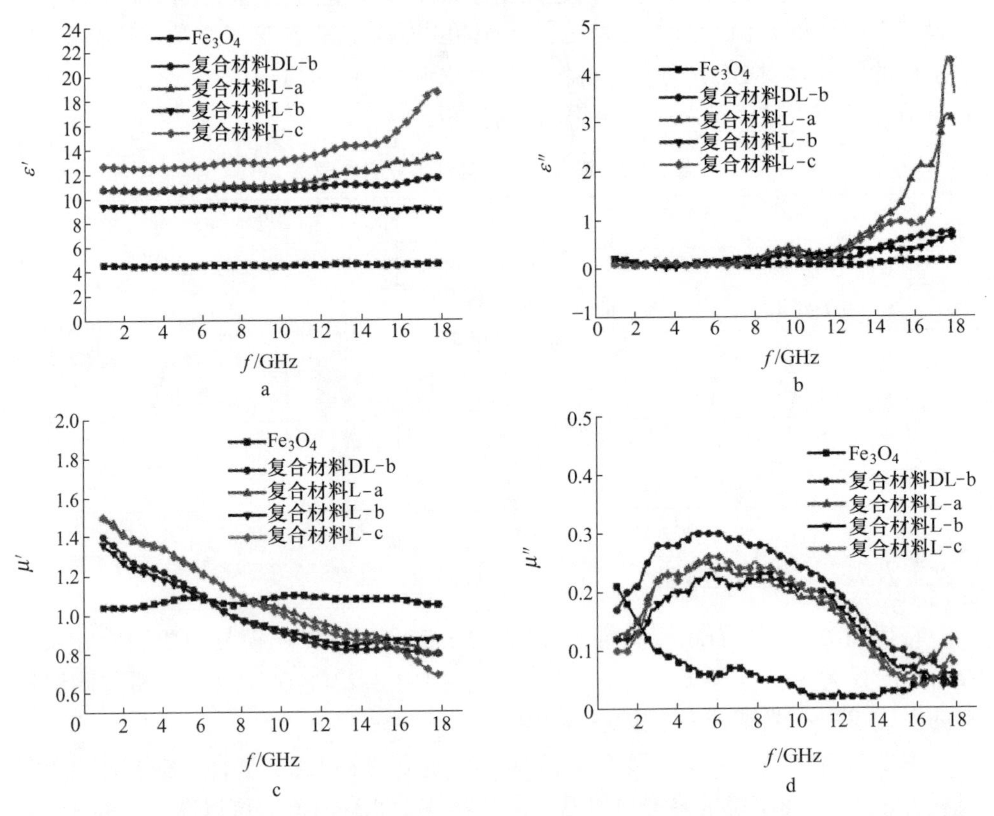

图 3-67 Fe_3O_4、复合材料 DL-b、复合材料 L-a、复合材料 L-b 和复合材料 L-c 在 1~18GHz 的复介电常数的实部（a）和虚部（b）、复磁导率的实部（c）和虚部（d）

损耗介质对电磁波的衰减能力常用电损耗角正切 $\tan\delta_E = \varepsilon''/\varepsilon'$ 和磁损耗角正切 $\tan\delta_M = \mu''/\mu'$ 来表示。根据广义匹配定律，当 $\tan\delta_E = \tan\delta_M$ 时可以获得电磁阻抗匹配，吸波材料可以达到更好的吸波效果。图 3-68 给出了 Fe_3O_4、复合材料 DL-b、复合材料 L-a、复合材料 L-b 和复合材料 L-c 在 1~18GHz 的介电损耗角正切与磁损耗角正切。由图 3-68a 可知，复合材料的介电损耗角正切值相对于 Fe_3O_4 的介电损耗角正切值并没有明显地提高，仅仅在高频段有略微提升，然而复合材料的电导率相比 Fe_3O_4 却高出几个数量级（见表 3-22），这可能由于非导电的石蜡基质影响了复合材料颗粒间的电荷传递；由图 3-68b 可以看出复合材料的磁损耗角正切值与复磁导率的虚部曲线很相似，复合材料的磁损耗能力优于 Fe_3O_4，这可能是由于手性材料能够引起电磁场的交叉极化，部分电极化转化为磁极化，增强了磁损耗能力；非手性的复合材料 DL-b 比手性复合材料 L-b 具有更大的磁损耗角正切值，但与电损耗角正切值也相差更多，相比手性复合材料 L-b 电磁阻抗匹配效果更差。

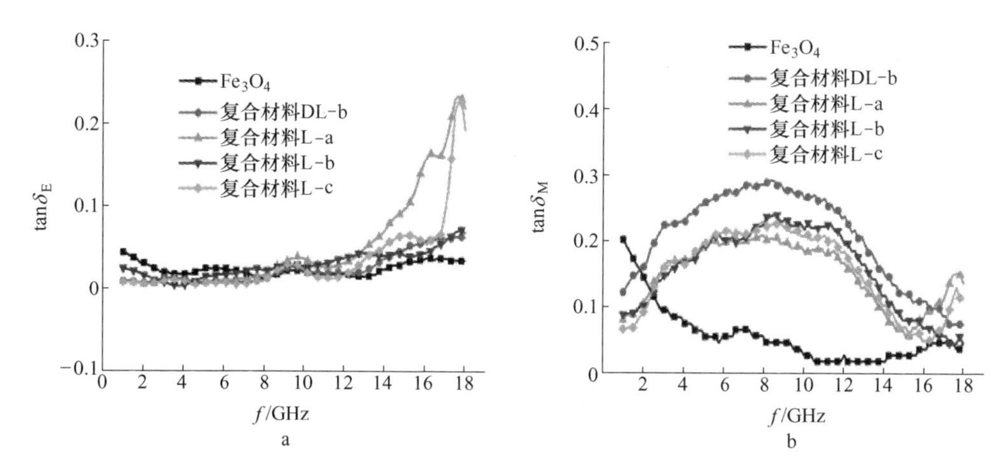

图 3-68 Fe_3O_4、复合材料 DL-b、复合材料 L-a、复合材料 L-b 和复合材料 L-c 在 1~18GHz 的介电损耗角正切（a）和磁损耗角正切（b）

3.7.2.3 吸波性能分析

根据传输线理论[71]，反射损耗（R_L）可以按照下面的方程式进行估算：（1）$Z_{in}=\sqrt{\mu_r/\varepsilon_r}\tanh[j(2\pi fd/c)\sqrt{\mu_r\varepsilon_r}]$；（2）$R_L(\mathrm{dB})=20\log|(Z_{in}-1)/(Z_{in}+1)|$。其中，$Z_{in}$为吸波材料的输入阻抗，$c$ 为电磁波在真空中的传播速率，f 为电磁波的频率，d 为吸波材料的厚度。

图 3-69 给出了 Fe_3O_4、复合材料 DL-b、复合材料 L-a、复合材料 L-b 和复合材料 L-c 在厚度为 1~5.5mm 下、频率为 1~18GHz 的反射损耗曲线。其中，图 3-69a 为 Fe_3O_4 的反射损耗曲线，从图中可以看出 Fe_3O_4 在厚度为 5mm、频率为 18GHz 处有最强反射损耗仅为-5.9dB。在与 DL-赖氨酸-2,3-丁二酮 Schiff 碱银盐复合后，在厚度为 2.5mm、频率为 9.3GHz 时有最强反射损耗-17.5dB。相比纯的 Fe_3O_4，吸波性能明显提升，这归因于电磁阻抗匹配的增强。而在图 3-69d 中，复合材料 L-b 展现出更好的吸波性能，其在厚度为 5.5mm、频率为 14.9GHz 时达到反射损耗-26.5dB。手性结构能够引起电磁波的自身极化和交叉极化，有利于电磁波的吸收，这也是复合材料 L-b 吸波性能优于复合材料 DL-b 的原因。图 3-

69c 和 e 中，复合材料 L-a 和复合材料 L-c 也具有较好的吸波效果，其中复合材料 L-c 在厚度为 4mm、频率为 16.0GHz 时有最强反射损耗-24dB，这进一步说明了 L-赖氨酸-2,3-丁二酮 Schiff 碱银盐/Fe_3O_4 具有良好的吸波效果。

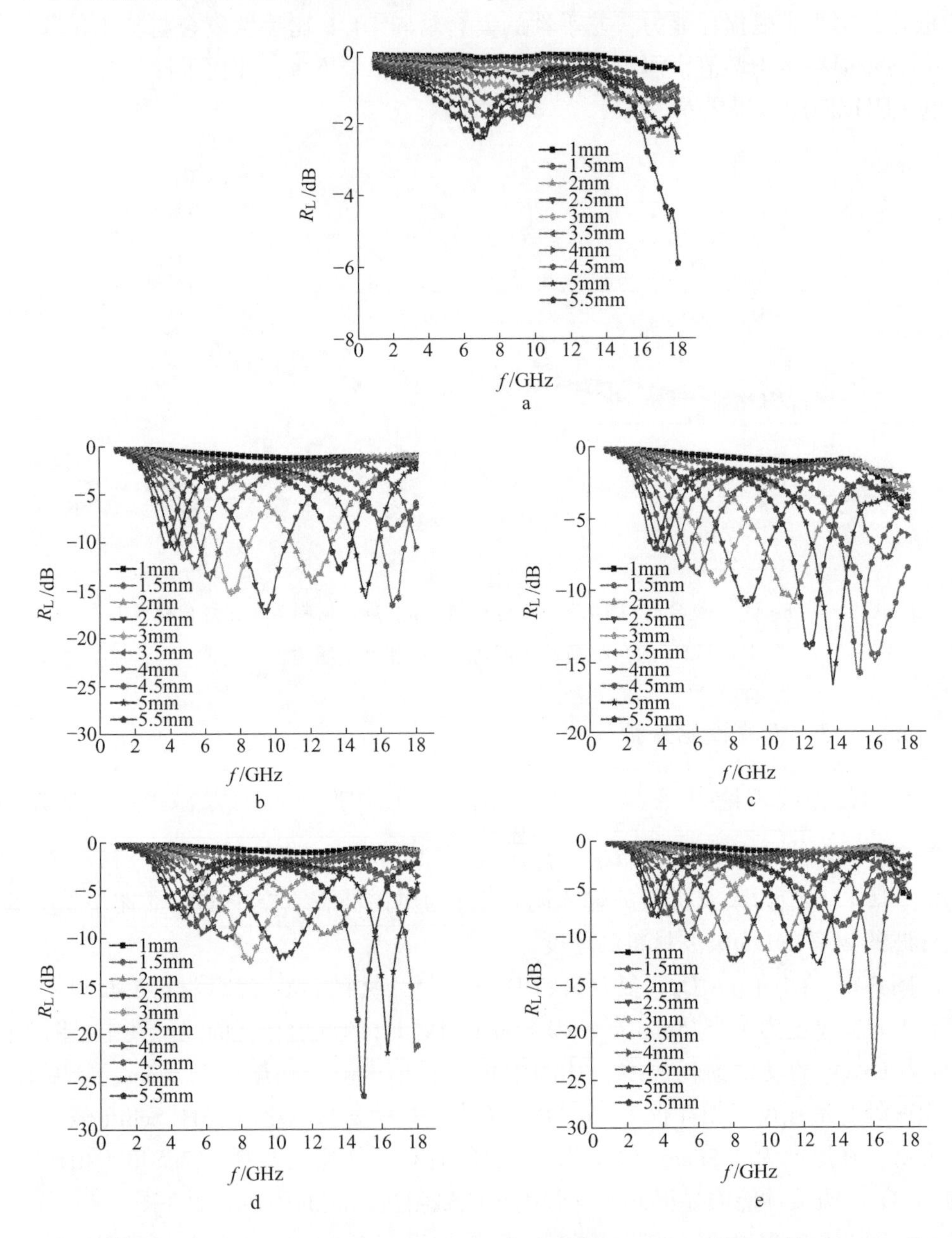

图 3-69　Fe_3O_4（a）、复合材料 DL-b（b）、复合材料 L-a（c）、复合材料 L-b（d）和复合材料 L-c（e）在厚度为 1~5.5mm 和频率为 1~18GHz 的反射损耗曲线

关于 Schiff 碱复合材料吸波性能的研究较少。Courric S 等人[48]将 P-亚甲基-1,3,5-己三烯低共聚体 Schiff 碱与聚氯乙烯及硫酸复合，反射损耗为-9～-20dB。而本文中的复合材料 L-b 的最强反射损耗可以达到-26dB，其更强的反射损耗源于复合材料 L-b 是与磁性材料复合，与低共聚体 Schiff 碱复合材料相比，不仅有电损耗，还有磁损耗，因而具有更好的电磁阻抗匹配效果；手性结构对电磁场的交叉极化也进一步促进了复合材料对电磁波的吸收。

3.7.3 小结

采用溶液共混法制备了缩 L-赖氨酸-2,3-丁二酮 Schiff 银盐/Fe_3O_4 复合材料，并用相同的方法制备了缩 DL-赖氨酸-2,3-丁二酮 Schiff 银盐/Fe_3O_4 复合材料用于对比分析。研究了 L-赖氨酸对苯醌 Schiff 碱银盐在复合材料中的比例对复合材料导电性能、吸波性能的影响，当 L-赖氨酸对苯醌 Schiff 碱银盐与 Fe_3O_4 的质量比为 0.6/0.9 时，复合材料在厚度为 5.5mm、频率为 14.9GHz 时达到反射损耗-26.5dB，而 DL-赖氨酸-2,3-丁二酮 Schiff 银盐/Fe_3O_4 最强反射损耗只有-17.5dB。结果表明，手性结构能够提高材料的吸波性能。复合材料 L-b 比 P-亚甲基-1,3,5-己三烯低共聚体 Schiff 碱/硫酸掺杂聚氯乙烯复合吸波材料具有更好的吸波效果，表明良好的电磁阻抗匹配有利于复合材料对电磁波的吸收。

3.8 本章小结

（1）利用 L-(+)-酒石酸拆分出(R,R)-1,2-丙二胺和(R，R)-1,2-环己二胺，并利用拆分出来的手性二胺与二羰基化合物反应，合成出 10 种手性聚 Schiff 碱，并将这些手性聚 Schiff 碱与 $FeCl_3$ 和 $AgNO_3$ 反应得到手性聚 Schiff 碱盐，对这些物质的结构进行了表征，测定了它们的导电性和吸波性能。

1）设计合成了 5 种(R,R)-1,2-丙二胺类手性聚 Schiff 碱，在这基础上分别与两种金属盐——铁盐和银盐反应合成出 10 种手性聚 Schiff 碱盐，通过用熔点仪、旋光仪、红外光谱仪等对其结构进行了表征，测定了手性聚 Schiff 碱盐中金属离子的含量，并用四探针测试仪测定了它们的电导率。

2）设计合成了 5 种(R,R)-1,2-环己二胺类手性聚 Schiff 碱，在这基础上分别与两种金属盐——铁盐和银盐反应合成出 10 种手性聚 Schiff 碱盐，通过用熔点、旋光、红外等对其进行了表征，测定了手性聚 Schiff 碱盐中金属离子的含量，并用四探针测试仪测定了它们的电导率。

3）利用原位复合法将导电材料 X 分别与缩(R,R)-1,2-丙二胺乙二醛 Schiff 碱铁盐和缩(R,R)-1,2-丙二胺联苯甲酰 Schiff 碱银盐进行掺杂，然后分别与磁性材料 A、B 复合，制成 4 种复合吸波材料。研究了复合材料的热稳定性及其导电和吸波性能。复合材料在 13～16GHz 内有优良的吸波性能，最大吸收损耗达到

-17.76dB。

（2）利用手性氨基酸：L-赖氨酸、L-精氨酸作为手性源和二胺类化合物，与二羰基化合物反应合成出 13 种手性聚 Schiff 碱，将手性聚 Schiff 碱与硝酸银反应合成了相应的手性聚 Schiff 碱银盐，对其进行了红外、元素分析、导电性能与电磁参数等测试，模拟计算了其吸波性能。将手性聚 Schiff 碱银盐与 Fe_3O_4 复合制备了二元复合材料，对比分析了 Fe_3O_4、非手性聚 Schiff 碱银盐/Fe_3O_4 复合材料与手性聚 Schiff 碱银盐/Fe_3O_4 的电导率与电磁参数，通过模拟计算进一步对比分析了其吸波性能。

1）设计合成 8 种 L-赖氨酸类手性聚 Schiff 碱，在这基础上与硝酸银反应合成出 8 种 L-赖氨酸类手性聚 Schiff 碱银盐，通过熔点、旋光性、红外光谱仪、元素分析等确定了其结构，测定了手性聚 Schiff 碱银盐中银离子的含量。用四探针测试仪测定了它们的电导率，其中缩 L-赖氨酸-2,3-丁二酮 Schiff 碱银盐电导率可以达到 3.7×10^2S/cm，表明 L-赖氨酸类聚 Schiff 碱中二羰基化合物的空间位阻、L-赖氨酸类聚 Schiff 碱的聚合度以及单体配位银离子个数共同影响着其电导率的大小。对部分手性聚 Schiff 碱银盐进行了电磁参数与吸波性能的分析，其中缩 L-赖氨酸对苯醌 Schiff 碱银盐吸波效果最好，在厚度为 5.0mm、频率为 10GHz 时有最强反射损耗-45.9dB，表明电导率过高或过低都不利于电磁波的吸收，当电导率范围在 $10^{-4}\sim1$S/cm 时具有最佳的吸波效果。

2）设计合成了 5 种 L-精氨酸类手性聚 Schiff 碱，在这基础上与硝酸银反应合成出 5 种 L-精氨酸类手性聚 Schiff 碱银盐，通过熔点、旋光性、红外光谱、元素分析等确定了其结构，测定了 L-精氨酸类手性聚 Schiff 碱银盐中银离子的含量。用四探针测试仪测定了它们的电导率，L-精氨酸类手性聚 Schiff 碱银盐相对于本征态 L-精氨酸类手性聚 Schiff 碱电导率至少提升 3 个数量级。L-精氨酸类手性聚 Schiff 碱银盐比 L-赖氨酸类聚 Schiff 碱银盐的电导率更低，表明主链结构的改变以及侧链上的双键能够减弱电荷的传递，降低电导率。

3）采用溶液共混法制备了缩 L-赖氨酸-2,3-丁二酮 Schiff 银盐/Fe_3O_4 复合材料，并用相同的方法制备了缩 DL-赖氨酸-2,3-丁二酮 Schiff 银盐/Fe_3O_4 复合材料用于对比分析。研究了 L-赖氨酸对苯醌 Schiff 碱银盐在复合材料中的比例对复合材料导电性能、吸波性能的影响，当 L-赖氨酸对苯醌 Schiff 碱银盐与 Fe_3O_4 的质量比为 0.6/0.9 时，复合材料在厚度为 5.5mm、频率为 14.9GHz 时达到反射损耗-26.5dB，而 DL-赖氨酸-2,3-丁二酮 Schiff 银盐/Fe_3O_4 最强反射损耗只有-17.5dB。

从以上实验[72,73]我们发现手性聚 Schiff 碱盐与磁性材料复合后能够提高吸波材料的电磁阻抗匹配，由于协同增效作用，其吸波性能大大超过了手性聚 Schiff 碱盐和磁性材料；手性聚 Schiff 碱复合材料比非手性聚 Schiff 碱复合材料更加优异的吸波性能。

参 考 文 献

[1] 汪世平. 隐身吸波涂料概述 [J]. 上海涂料, 2006, 5 (44): 16~18.

[2] 杨国栋, 康永, 孟前进. 微波吸波材料的研究进展 [J]. 应用化工, 2010, 39 (4): 584~589.

[3] Jaggard D L, Enghet N. Chirsorb as an invisible mediam [J]. Electronics Letter, 1989, 25 (3): 173~174.

[4] Varadan V V, Ro R, Varadan K V. Measurement of the electromagnetic properties of chiral composite materials in the 8~40GHz range [J]. Radio Science, 1994, 29 (1): 19~22.

[5] 赵东林, 沈曾民. 螺旋形手征炭纤维的微波介电特性 [J]. 无机材料学报, 2003, 18 (5): 1057~1062.

[6] 王昭娣, 寇开昌, 张较强. 微螺旋炭纤维手性复合吸波材料的研究 [J]. 炭素技术, 2008, 27 (1): 16~20.

[7] 廖绍彬, 尹光俊, 董晓武. 一种新的吸波材料——手性材料 [C] //首届中国功能材料及应用学术会议论文集. 桂林: 中国仪器仪表学会仪表材料分会, 1992: 797~800.

[8] 葛副鼎, 库万军, 朱静. 手性材料及其在隐身吸波材料中的应用 [J]. 材料导报, 1999, 13 (1): 10~11.

[9] Tinoco I, Freeman P. The optical activity of oriented copper helices [J]. Journal of Physical Chemistry, 1957, 61: 1196~2000.

[10] Jaggard D L, Michelson A R, Papas C H. On electromagnetic waves in chiral media [J]. Applied Physics, 1979, 18: 211~216.

[11] Alfred J B, Karl R C. An Approximate Model for Artificial Chiral Material [J]. IEEE Trans. Antennas Propagat, 1994, 42: 127~134.

[12] Sun G C, Yao K L, Liao H X, et al. Microwave absorption characteristics of chiral materials with Fe_3O_4-polyaniline composite matrix [J]. International Journal of Electronics, 2000, 87 (6): 735~740.

[13] 章平. 螺旋结构手性材料的研制及性能测量 [D]. 武汉: 华中师范大学, 2006.

[14] 戴银所, 陆春华, 倪亚茹, 等. 一种水泥基金属手性材料的吸波性能 [C] //第七届中国功能材料及其应用学术会议论文集. 长沙: 中国仪器仪表学会仪表材料分会, 2010: 208~210.

[15] 戴银所, 丁建党, 杨庆恒, 等. 金属手性材料复合物水泥砂浆的电磁屏蔽性能 [J]. 材料导报, 2012, 26 (2): 111~113.

[16] 康青, 姜双斌, 赵明凯. 手性吸波混凝土电磁屏蔽性能的实验研究 [J]. 后勤工程学院学报, 2005: 47~49.

[17] 刘顺华, 郭辉进. 电磁屏蔽与吸波材料 [J]. 功能材料与器件学报, 2002, 8 (3): 213~217.

[18] Davis W R, Slawson R J, Rigby C R. An unusual form of carbon [J]. Nature, 1953, 171:

756～757.

[19] Du J H, Sun C, Bai S, et al. Microwave electromagnetic characteristics of a microcoiled carbon fibers/paraffin wax composite in Ku band [J]. Journal of Materials Research, 2002, 17 (2): 1231～1236.

[20] Motojima S, Hoshiya S, Hishikawa Y. Electromagnetic wave absorption properties of carbon microcoils/PMMA composite beads in W bands [J]. Carbon, 2003, 41: 2653～2689.

[21] Motojima S, Chen X, Yang S, et al. Properties and potential applications of carbon microcoils/nanocoils [J]. Diamond and Related Materials, 2004, 13 (11～12): 1989～1992.

[22] Shen Z M, Ge M, Zhao D L. The microwave absorbing properties of carbon microcoils [J]. New Carbon Materials, 2005, 20 (4): 289～293 .

[23] 陈丽娟, 李文军 . 螺旋炭纤维-雷达隐身的关键吸波材料 [J]. 高科技与产业, 2005 (9): 56～57.

[24] 黄艳 . 手性聚苯胺的制备及其电磁学性能研究 [D]. 成都: 西南交通大学, 2008.

[25] 刘崇波, 刘辉林, 黄得和 . 一种高氯酸掺杂聚苯胺/XXXX 复合吸波材料 [P]. 201210003241. 2, 中国.

[26] Elsenbaumer R L, Eckhardt H, Liqbal Z. Chiral metals: Synthesis and properties of a new class of conducting polymer [J]. Molecular Crystals and Liquid Crystals, 1985, 118 (1): 111～116.

[27] Majidi M R, Kane-Maguir L A P, Wallce G G. Facile synthesis of optically active polyaniline and polytoluidine [J]. Polymer, 1996, 37 (2): 359～362.

[28] Ramos E, Bosh J, Serrano J L, et al. Chiral promesogenic monomers inducing one-handed, helical conformations in synthetic polymers [J]. Journal of the American Chemical Society, 1996, 118 (19): 4703～4704.

[29] Egan V, Bernstein R, Hohmann L, et al. Influence of water on the chirality of camphorsulfonic acid-doped Polyaniline [J]. Chemistry Communication, 2001, 9: 801～802.

[30] Verbiest V, Sioncke S, Koeckelberghs G, et al. Nonlinear optical properties of spincoated films of chiral polythiophenes [J]. Chemical Physics Letters, 2005, 404 (1～3): 112～115.

[31] Majidi M R, Kane-Maguir L A P, Wallce G G. Enantioselective electropoly merization of aniline in the presence of (+)-or-(-)-camphsulfonate ion: a facile route to conducing polymers with preferred one-screw-sense helicity [J]. Polymer, 1994, 35 (14): 3113～3115.

[32] 朱俊廷, 黄艳, 周祚万 . 手性聚苯胺的制备及电磁学性能研究 [J]. 材料导报, 2009, 23 (5): 32～35.

[33] Zhou Y X, Yu B, Zhu G Y. Electropolymeric generation of optically active polypyrrole [J]. Polymer, 1997, 38 (21): 5493～5495.

[34] Yashima E, Huang S, Okamoto Y. An optically active stereoregular polyphenylacetylene derivative as a novel chiral stationary phase for HPLC [J]. Journal of Chemical Society Chemistry Communication, 1994, 111～112.

[35] 万梅香, 李素珍 . 新型导电聚合物微波吸收剂的研究 [J]. 宇航材料工艺, 1989, 4:

28~32.

[36] 万梅香．导电高聚物微波吸收机理的研究 [J]. 物理学报, 1992, 41 (6): 917~923.

[37] Li W, Wan M. Electrical and magnetic properties of conjugated Schiff base polymers [J]. Journal of applied polymer science, 1996, 62 (6): 941~950.

[38] Sun W, Gao X, Lu F. Synthesis and properties of poly-Schiff base containing bisthiazole rings [J]. Journal of Applied polymer science, 1997, 64 (12): 2309~2315.

[39] 李春生, 李晓常, 李世缙．可溶性共轭聚席夫碱的合成、表征及电性能 [J]. 高分子学报, 1994, 4: 418~425.

[40] 熊国宣, 范丛斌, 刘卫军．聚合长链席夫碱盐的合成与性能 [J]. 现代化工, 2006, 26 (9): 32~34.

[41] 刘志超, 孙维林, 刘爽, 等．2,4-二氨基-6-苯基-1,3,5-三嗪聚席夫碱 Fe^{2+} 配合物的合成及性能研究 [J]. 高分子学报, 2004, 5: 667~672.

[42] 熊小青, 周瑜芬．新型聚二茂铁基席夫碱及其盐的合成与性能 [J]. 江西师范大学学报(自然科学版), 2009, 32 (6): 641~644.

[43] 熊国宣, 曾东海, 周瑜芬, 等．含二茂铁和双噻唑的聚合席夫碱的合成与性能研究 [J]. 材料工程, 2008, 11: 4.

[44] Yang J, Sun W, Jiang H, et al. Synthesis and properties of two novel polys (Schiff base) and their rare-earth complexes [J]. Polymer, 2005, 46 (23): 10478~10483.

[45] 王寿太, 林凌, 黄成．视黄基席夫碱吸波材料的研究 [J]. 宇航材料工艺, 1989, 4: 24~27.

[46] 丁春霞, 范丛斌, 章洛汗, 等．新型视黄基席夫碱盐的合成与吸波性能研究 [J]. 化学工业与工程技术, 2006, 27 (4): 4~6.

[47] 王少敏, 高建平．视黄基席夫碱盐的合成及其吸波性能 [J]. 应用化学, 1999, 16 (6): 42~45.

[48] Courric S, Tran V H. The electromagnetic properties of blends of poly (p-phenylene-vinylene) derivatives [J]. Polymers for Advanced Technologies, 2000, 11 (6): 273~279.

[49] Wynberg H, Croen M B, Schadenberg H. Synthesis and resolution of some heterohelicenes [J]. Journal of Organic Chemistry, 1971, 36 (9): 2797~2809.

[50] Cai D, Hughes D L, Verhoeven T R, et al. Simple and efficient resolution of 1,1′-bi-2-naphthol [J]. Tetrahedron Letter, 1995, 36: 7991~7994.

[51] Yamada S, Hongo C, Yoshioka, et al. Preparation of D-p-hydroxyphenylglycine, Optical resoulution of (dl)-p-hydroxyphenylglycine with D-3-bromocamphor-8-sulfonic acid [J]. Agricultural Biological Chemistry, 1979, 43 (2): 395~396.

[52] Yoshioka R, Ohtsuki O, Da-Ta T, et al. Optical resolution, characterization, and X-ray, crystal structures of diastereomeric salts of chiral amino acids with (s)-(-)-l-phenylethanesulfonic acid [J]. Bulletin of Chemical Society of Japan, 1994, 67 (11): 3012~3020.

[53] 王春生, 邵继智．利用猪肾氨基酰化酶拆分 (DL)-蛋氨酸 [J]. 中国生化药物志, 1998, 1 (6): 37~38.

[54] 黄冠华，夏仕文. 酶法拆分（DL)-苯丙氨酸制备D-苯丙氨酸［J]. 合成化学，2007，15（1)：69~72.

[55] 陈峰，陈磊. β-氨基酸消旋体的合成与手性分离［J]. 化学工业与工程，2008，25（3)：229~232.

[56] 黄可辛，马梅玉，尹承烈. L-α-三氟乙酰氧基丙酰氯对外消旋胺及氨基酸的气相色谱拆分［J]. 有机化学，1995，15（2)：145~149.

[57] Pickering P J, Chaudhuri J B. Enantioselective extraction of（D)-phenylalanine from racemic（dl)-phenylalanine using chiral emulsione liquid membranes［J]. Journal of Membrane Science, 127（2)：115~130.

[58] Maruyama A, Adachi N, Tahatsuki T, et al. Enantioselective permeation of α- amino acid isomers through poly（amino acid)-derived membranes［J]. Macromolecules, 1990, 23：2748~2752.

[59] Bruggemann O, Haupt K, Ye L, et al. New configurations and applications of molecularly imprinted polymers［J]. Journal of Chromatography A, 2000, 889（1~2)：15~24.

[60] 王晶石，彭勇，余立新. 手性阳离子交换膜应用于多级电渗析分离（dl)-苯甘氨酸［J]. 膜科学与技术，2008，28（2)：89~91.

[61] 李春生，李晓常，李世增. 可溶性共轭性聚希夫碱的合成、表征及导电性能［J]. 高分子学报，1994，(4)：418~425.

[62] 任红霞，雷自强，张海涛. 共轭聚希夫碱聚合物的合成及其荧光性能［J]. 西北师范大学学报（自然科学版)，2000，36（3)：36~38.

[63] 李晓常，焦扬声，李世踏. 导电性聚西佛碱的研究 L-含硫聚西佛碱的合成、性能及表征［J]. 功能高分子学报，1990，3（1)：65~71.

[64] 姚克敏，李东成，沈联茅，等. 镧系与邻氨基苯甲酸型Schiff碱配合物的合成表征及催化活性［J]. 化学学报，1993，51（7)：677~682.

[65] 陈小明，蔡继文. 单晶结构的原理分析与实践［M]. 北京：科学出版社，2003：45~47.

[66] 林君，庞茂林，韩银花，等. 溶胶-凝胶工艺制备发光薄膜研究进展［J]. 无机化学学报，2001，17（2)：153~160.

[67] 易国斌，陈德余. 钆（Ⅲ）天冬酰胺席夫碱配合物的EPR波谱［J]. 化学物理学报，1998，11（3)：267~271.

[68] Zhu X D, Wang C, Dang Y L, et al. The Schiff base N-salicylidene-O, S-dimethyl thiophosphoryl imine and its metal complexes：synthesis, characterization and insecticidal activity studies［J]. Synthesis and Reactivity in Inorganic and Metal-Organic Chemistry, 2000, 3（4)：625~636.

[69] 刘崇波，刘辉林，熊志强. 一种导电材料X掺杂聚席夫碱/XXXX复合隐身材料［P]. 201210003229.1，中国.

[70] 王玉玲，宋宏锐，宋爱华. 丙二胺的拆分及右雷佐生的合成［J]. 中国药物化学，2003，13（2)：106~107.

[71] 赵东林，沈曾民. 碳纤维结构吸波材料及其吸波碳纤维的制备［J]. 高科技纤维与应用，2000，25（3)：8~14.

[72] 徐荣臻. 手性聚 Schiff 碱吸波材料的制备与性能研究 [D]. 南昌：南昌航空大学，2013.
[73] 李恒农. 手性 Schiff 碱聚合物的合成与表征及其吸波性能研究 [D]. 南昌：南昌航空大学，2015.

4 手性单胺类 Schiff 碱及配合物的合成与复合材料吸波性能研究

4.1 概述

4.1.1 手性 Schiff 碱概述

手性 Schiff 碱是指分子结构中既含有 >C=N— 基团又具有手性的一类含氮有机物，它通过羰基化合物（醛或酮）和伯胺、肼或者其衍生物发生缩合反应而得到，其中必须保证两种反应物原料至少有一种是具有手性的。通过选择不同的反应物，如选择手性单胺，就可以选择非手性的单羰基或者多羰基化合物，从而可以制备手性单 Schiff 碱或者手性双 Schiff 碱等；或者可以改变反应物的取代基的位置，取代基的种类，个数及链的长度等；因此在制备手性 Schiff 碱时，可以灵活的选择不同的反应物，从而制备不同的手性 Schiff 碱有机配体。由于制备手性 Schiff 碱配体的反应物原料具有非常大的选择灵活性，同时在制备配合物时，也可以选择不同的金属离子（过渡或稀土金属离子），从而形成具有不同结构、功能的手性 Schiff 碱配合物。

手性 Schiff 碱配体中 >C=N— 基团上的 N 原子含有一对孤电子，易于与金属离子发生配位，使得手性 Schiff 碱配合物作为物理材料，具有独特的光、电、磁性能。与此同时，手性 Schiff 碱配体及其配合物在抑菌、抗病毒、抗肿瘤、催化、磁性及荧光等领域也被人们广泛的研究与探索。手性 Schiff 碱配体及其配合物的主要表征手段有：IR、UV-Visible、^{1}H-NMR/^{13}C-NMR、MS、EA、TG、摩尔电导率、单晶 X 射线衍射，磁化率和磁矩等。

近年来，随着科学技术的进步和检测手段的不断完善，越来越多的具有手性 Schiff 碱配体及其配合物不断地合成出来，其相对应的性质也被不断地发掘出来，应用的领域范畴也越来越广。

4.1.2 手性 Schiff 碱合成机理

手性 Schiff 碱的合成属于缩合反应，其主要涉及加成、重排和消去等反应步骤。反应物的立体结构及其电子效应对反应能否发生及反应速率的快慢有着非常大的影响，反应机理如下：

$$R_1R_2C{=}O + H_2N\text{-}C^*HR_3R_4 \xrightarrow{\text{亲核}} \left[R_1R_2C(O^{\ominus})\text{-}NH(H)\text{-}C^*HR_3R_4\right] \xrightarrow{\text{转移}} \left[R_1R_2C(OH)\text{-}NH\text{-}C^*HR_3R_4\right] \xrightarrow[-H_2O]{\text{消去}} R_1R_2C{=}N\text{-}C^*HR_3R_4$$

该反应速度是由亲核加成反应速率决定的。在反应过程中羰基化合物（醛或酮）上的羰基 C 原子杂化轨道由 sp^2 转为 sp^3 杂化，键角由 120.0°减小至 109.5°。C 原子的杂化受 R_1、R_2 基团的空间位阻影响，R_1、R_2 基团的空间位阻越小，越有利于反应的进行；反之，R_1、R_2 基团的空间位阻大，不利于亲核试剂的进攻，反应会变得缓慢或者难于进行。在过渡态中，如 R_1 和 R_2 均为烷基，则 R_1 和 R_2 基团推电子效应会使 O^-周围的电子云密度增大，从而使得 O^-带有更多的负电荷，进而导致过渡态稳定性能降低，使得反应不利于进行；若 R_1、R_2 其中之一为 H 原子，R_1、R_2 基团的推电子效应会减弱，则过渡态稳定性会增加，从而有利于反应的发生。此外，若在过渡态中含有芳基，它的吸电子效应会分散 O^- 上的负电荷，并且芳基形成的共轭体系有利于增强过渡态的稳定性，从而会加快反应的进行。由此可以看出，芳香族类 Schiff 碱相对于脂肪族类 Schiff 碱来说，其稳定性更好，更容易合成。手性伯胺作为亲核试剂，其结构对反应速率的影响同样很大。R_3 和 R_4 的诱导效应会影响进攻速率，如 R_3 和 R_4 均为推电子基团，则—NH_2 上的氮原子集聚了更多的负电荷，使其碱性得以加强，从而使其亲核加成反应较易发生；反之，若 R_3 和 R_4 均为吸电子基团，则不利于反应进行。以上可以看出，电子效应与空间位阻效应对反应进程均起着明显作用，所以在选择反应物取代基时应给予足够的重视。除此之外，在实际反应体系设计当中，反应介质的选择，体系的 pH 值，反应温度，催化剂等都需视具体反应体系而定。因此，了解缩合反应机理及其影响因素将非常有利于反应的进行，并有利于产率的提高。

4.1.3 手性 Schiff 碱配合物制备方法

手性 Schiff 碱配合物的制备方法具有多样性，选择使用何种合成手段主要取决于反应体系及应用领域的不同，主要包括水热-溶剂热合成法，直接合成法，分步合成法，模板合成法，逐滴合成法，超声波法和微波辐射法等，这些方法各有优缺点。因此，对于不同的反应体系来说，选择适当的制备方法显得尤为重要。

4.1.3.1 水热-溶剂热合成法

将反应物（手性 Schiff 碱配体与金属盐）按一定的比例投放到聚四氟乙烯的反

应器中，加入一定的溶剂并调节体系的 pH 值，然后装入不锈钢反应釜中，放入烘箱中加热。密闭的反应釜中会产生相对高温高压的环境，使得溶剂黏性减小，溶解性增强，有利于溶质的扩散，从而使得反应平衡得以快速进行，降温减压后，快速从溶剂中析出得到目标产物。该法得到的产物产率虽不高，但产品纯度较高，反应快速，操作简单并且是培养 X 射线衍射测试所需单晶的有效手段之一。

4.1.3.2　直接合成法

直接合成法就是直接将羰基化合物（醛或酮）、手性胺与金属盐按一定摩尔比，一起加入到同一个反应体系中直接混合反应，制备得到手性 Schiff 碱配合物。此法操作简便，但容易发生副反应，导致产品纯度较低，产品纯化繁琐，一般很少使用。

4.1.3.3　分步合成法

分步合成法顾名思义就是分成两步反应，第一步：先制备手性 Schiff 碱配体，其由羰基化合物（醛或酮）和手性胺缩合反应得到，之后对手性 Schiff 碱配体进行提纯；第二步：在适宜的条件下，用提纯后的手性 Schiff 碱配体与金属盐按一定的比例反应，从而得到手性 Schiff 碱配合物。用此方法合成的手性 Schiff 碱配合物，产品纯度较好，产率一般也较高。因此，目前制备手性 Schiff 碱配合物大多采用此法。

4.1.3.4　模板合成法

模板合成法是金属离子当作模板剂，在反应进行时，能促进多种有机物小分子定向缩合成大分子有机配体，并在缩合过程中伴随着金属配合物的形成。一般操作流程是在一定的反应条件下，将金属离子、羰基（醛或酮）化合物与手性胺类化合物按一定的顺序混合均匀，便可得到目标产物，此法简单方便易行。

4.1.3.5　逐滴反应法

逐滴反应法适用于一些手性 Schiff 碱配体在常见的有机溶剂中溶解性很差的手性 Schiff 碱配合物的合成。此法先是将金属离子与手性胺类溶液按一定的比例均匀混合，然后再逐滴加稀的羰基（醛或酮）溶液，并剧烈搅拌，此过程一旦有少量手性 Schiff 碱配体生成就会立刻与过量的金属离子形成相应的手性 Schiff 碱配合物。

4.1.3.6　超声波合成法

超声波合成法是指用超声波的能量促进配体与金属离子配位形成金属配合物

的一种方法。在超声波的作用下，液态介质会产生极其短暂的局部高温、高压、大的温差梯度等，进而会引起分子快速运动、反应物的反应位点的活化，从而促进了金属配合物成核与生长。

4.1.3.7 微波辐射法

微波辐射法和超声波合成法相类似，不过它是利用微波能量促进配合物迅速生长。微波能快速的使反应介质受热均匀，从而提供晶体成核的条件，使得晶体迅速生长并得到粒径均匀的晶体。通过优化反应温度、时间、反应物溶液浓度、微波功率等实验条件，可以加快获得较好的所需产物。

4.1.4 研究目的及意义

手性吸波材料作为一种新型的吸波材料，因其具有高吸收、宽频带、易实现阻抗匹配等优点，而成为研究的热门领域之一。在 20 世纪 50 年代，Tinoco 等人[1]就利用手工的方法把铜丝绕成三匝螺线圈，从而使其具有手性，并加入到聚苯乙烯中，发现这种复合材料对微波段能像光波在手性媒介中一样发生旋光色散，证实了手性材料与一般的旋磁、旋光介质不同，后者对偏振面的旋转是由介质的各向异性引起的，因此在电场的作用下不会引起磁极化，反之，在磁场的作用下也不能引起电极化。而手性材料不仅会发生电磁场的自极化，还会发生电场和磁场的交叉极化，这就是手性材料具有良好的吸波性能的一个特点。目前研究的手性吸波剂主要有螺旋形纤维[2,3]和樟脑磺酸诱导合成的手性聚苯胺[4]等。前者主要存在制备工艺复杂，需加入催化剂，且反应温度高等缺点，而后者存在需要加入樟脑磺酸作为手性诱导剂的缺点。

为此，我们设计出了一种新型的吸波剂——手性 Schiff 碱类化合物吸波剂。设计的理念是将手性源引入到 Schiff 碱中，制备手性 Schiff 碱及其金属配合物。手性 Schiff 碱类化合物因其本身就具有手性结构，所以不需加入其他的手性诱导剂，并且 Schiff 中的氮原子很容易与金属离子发生配位，有望合成出具有良好的光、电、磁性能的配合物。本文研究手性吸波材料的目的是为了得到结构稳定，性能优异，制备工艺简单的手性吸波剂，期望其具有优良电磁波吸收性能。

4.2 L-氨基丙醇 Schiff 碱及其配合物的合成与表征

使用 L-氨基丙醇作为手性源，分别和水杨醛、肉桂醛、噻吩-2-甲醛、对羟基苯甲醛、3-硝基苯甲醛、对二甲氨基苯甲醛和对苯二甲醛 7 种不同的醛反应制备手性 Schiff 碱，利用生成的手性 Schiff 碱和金属铁盐反应制备手性 Schiff 碱铁配合物。并通过质谱、核磁、紫外、红外光谱、旋光和 X 射线单晶衍射等手段对手性 Schiff 碱配体及配合物进行表征。期望合成出具有光学性能、导电性能和磁性的配合物，使其能更好地在人类生产和生活中得到应用。

4.2.1 合成部分

4.2.1.1 L-氨基丙醇 Schiff 碱的合成路线

L-氨基丙醇 Schiff 碱的合成路线，如图 4-1 所示。

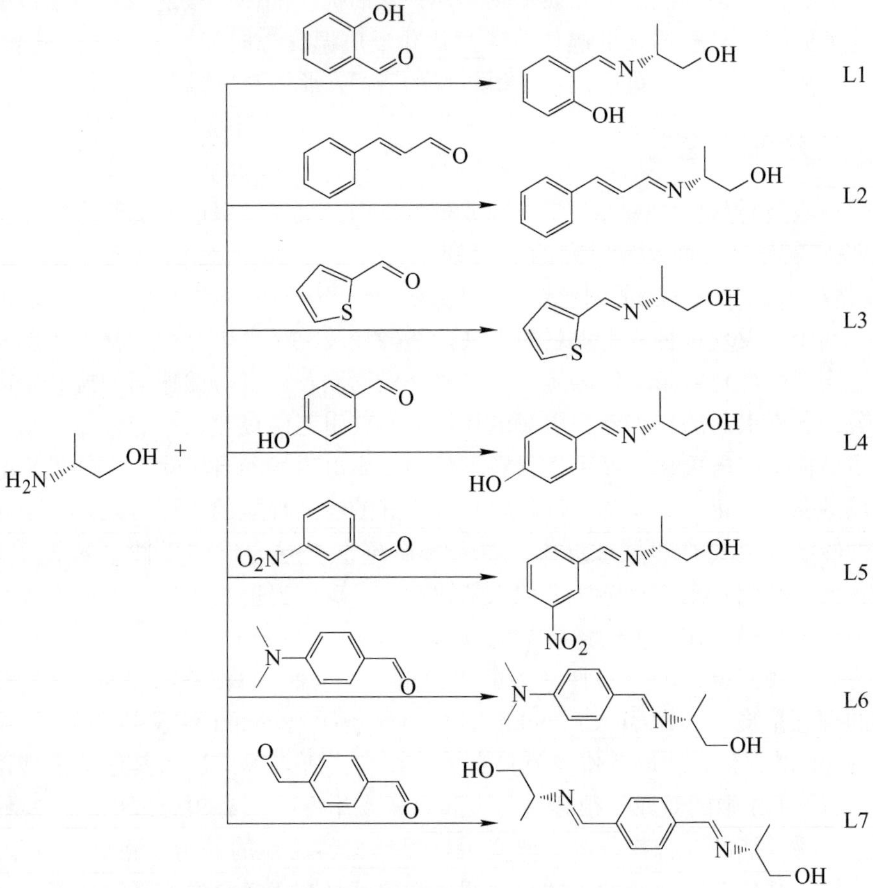

图 4-1　L-氨基丙醇 Schiff 碱的合成路线

4.2.1.2 L-氨基丙醇 Schiff 碱配体的合成

（1）L-氨基丙醇缩水杨醛 Schiff 碱配体（L1）的合成。取 20mmol(1.50g) L-氨基丙醇加入到 50mL 干净的烧杯中，加入 10mL 的甲醇溶剂，放在磁力搅拌器上搅拌；然后取 20mmol(2.44g) 水杨醛溶解在 10mL 的甲醇溶剂中，之后将水杨醛溶液缓慢的滴加到 L-氨基丙醇溶液中去。常温下，磁力搅拌 5h，得亮黄色的溶液。常温下静置，有黄色沉淀生成，过滤，并用乙醇洗涤 3 次。真空干燥，得产物 1.68g，产率为 46.9%，熔点为 256~258℃。

（2）L-氨基丙醇缩肉桂醛 Schiff 碱配体（L2）的合成。取 20mmol(1.50g)L-氨基丙醇加入到 50mL 的干净的烧杯中，加入 10mL 的甲醇溶剂，放在磁力搅拌器上搅拌；然后取 20mmol(2.64g)肉桂醛溶解在 10mL 的甲醇溶剂中，之后将肉桂醛溶液缓慢的滴加到 L-氨基丙醇溶液中去。常温下，磁力搅拌 5h，得褐色的溶液。常温下静置，有褐色沉淀生成，过滤，用无水乙醇重结晶，得淡黄色透明的薄片状晶体，真空干燥，得产物 1.89g，产率为 50.0%，熔点为 80~83℃。

（3）L-氨基丙醇缩噻吩-2-甲醛 Schiff 碱配体（L3）的合成。取 20mmol(1.50g)L-氨基丙醇加入到 50mL 的干净的烧杯中，加入 10mL 的甲醇溶剂，放在磁力搅拌器上搅拌；然后取 20mmol(2.24g)噻吩-2-甲醛溶解在 10mL 的甲醇溶剂中，之后将噻吩-2-甲醛溶液缓慢的滴加到 L-氨基丙醇溶液中去。常温下，磁力搅拌 5h，得淡黄色的溶液。常温下静置，有淡黄色块状晶体析出，过滤，真空干燥，得产物 2.79g，产率为 82.5%，熔点为 96~98℃。

（4）L-氨基丙醇缩对羟基苯甲醛 Schiff 碱配体（L4）的合成。取 20mmol(1.50g)L-氨基丙醇加入到 50mL 的干净的烧杯中，加入 10mL 的甲醇溶剂，放在磁力搅拌器上搅拌；然后称取 20mmol(2.44g)对羟基苯甲醛溶解在 15mL 的甲醇溶剂中，之后将对羟基苯甲醛溶液缓慢的滴加到 L-氨基丙醇溶液中去。常温下，磁力搅拌 5h，得淡黄色的溶液。常温下静置，有淡黄色块状晶体析出，过滤，真空干燥，得产物 2.81g，产率为 79.3%，熔点为 185~187℃。

（5）L-氨基丙醇缩 3-硝基苯甲醛 Schiff 碱配体（L5）的合成。取 20mmol(1.50g)L-氨基丙醇加入到 50mL 的干净的烧杯中，加入 10mL 的甲醇溶剂，放在磁力搅拌器上搅拌；然后称取 20mmol(3.02g)3-硝基苯甲醛溶解在 15mL 的甲醇溶剂中，之后将 3-硝基苯甲醛溶液缓慢的滴加到 L-氨基丙醇溶液中去。常温下，磁力搅拌 5h，得淡黄色的溶液。常温下静置，有淡黄色块状晶体析出，过滤，真空干燥，得产物 3.20g，产率为 76.9%，熔点为 118~119℃。

（6）L-氨基丙醇缩对二甲氨基苯甲醛 Schiff 碱配体（L6）的合成。取 20mmol(1.50g)L-氨基丙醇加入到 50mL 的干净的烧杯中，加入 10mL 的甲醇溶剂，放在磁力搅拌器上搅拌；然后称取 20mmol(2.98g)对二甲氨基苯甲醛溶解在 15mL 的甲醇溶剂中，之后将对二甲氨基苯甲醛溶液缓慢的滴加到 L-氨基丙醇溶液中去。常温下，磁力搅拌 5h，得淡黄色的溶液。常温下静置，有淡黄色块状晶体析出，过滤，真空干燥，得产物 3.38g，产率为 82.0%；熔点为 112~113℃。

（7）L-氨基丙醇缩对苯二甲醛 Schiff 碱配体（L7）的合成。取 20mmol(1.50g)L-氨基丙醇加入到 50mL 的干净的烧杯中，加入 10mL 的甲醇溶剂，放在磁力搅拌器上搅拌；然后称取 10mmol(1.34g) 对苯二甲醛溶解在 10mL 的甲醇溶剂中，之后将对苯二甲醛溶液缓慢的滴加到 L-氨基丙醇溶液中去。在常温下，磁力搅拌 5h，得淡黄色的液体。常温下静置，有淡黄色块状晶体析出，过滤，真空干燥，得产物 2.11g，产率为 85.1%，熔点为 144~145℃。

4.2.1.3　L-氨基丙醇 Schiff 碱铁配合物的合成

(1) L-氨基丙醇缩水杨醛 Schiff 碱铁配合物（C1）的合成。将 0.179g (1mmol) L-氨基丙醇缩水杨醛 Schiff 碱与 0.404g(1mmol) 硝酸铁加入 20mL 干净试管中，加入 10mL 无水乙醇，水浴加热至 60℃，恒温 12h 后再降至室温；试管中有褐色沉淀生成，过滤，并用 EtOH 洗涤 3 次，真空干燥 24h，得到少量红褐色的固体，测其熔点大于 300℃。

(2) L-氨基丙醇缩对羟基苯甲醛 Schiff 碱铁配合物（C4）的合成。将 0.179g(1mmol) L-氨基丙醇缩对羟基苯甲醛 Schiff 碱与 0.404g(1mmol) 硝酸铁加入 20mL 干净试管中，加入 10mL 无水乙醇，水浴加热至 60℃，恒温 12h 后再降至室温；试管中有深褐色沉淀生成，过滤，并用 EtOH 洗涤 3 次，真空干燥 24h，得到少量红褐色的固体，测其熔点大于 300℃。

(3) L-氨基丙醇缩3-硝基苯甲醛 Schiff 碱铁配合物（C5）的合成。将 0.208g (1mmol) L-氨基丙醇缩3-硝基苯甲醛 Schiff 碱与 0.404g(1mmol) 硝酸铁加入 20mL 干净试管中，加入 10mL 无水乙醇，水浴加热至 60℃，恒温 12h 后再降至室温；有深褐色沉淀产生，过滤，并用 EtOH 洗涤 3 次，真空干燥 24h，得到少量红褐色的固体，测其熔点大于 300℃。

4.2.2　结果与讨论

4.2.2.1　L-氨基丙醇 Schiff 碱配体的表征

A　L-氨基丙醇 Schiff 碱配体的质谱分析

L-氨基丙醇 Schiff 碱配体 L1~L7 的质谱图，见附录 1。从图中可以得出，L-氨基丙醇 Schiff 碱配体 L1~L7 的 EST-MS [$M+H^+$] 峰分别为 m/z (%)：180.0、190.0、170.0、180.0、208.0、207.0、248.9，这与目标化合物分子量相吻合。

B　L-氨基丙醇 Schiff 碱配体的核磁分析

L1~L7 的核磁分析分别如下，核磁谱图见附录 2。

L1：^{1}H NMR (400MHz, d_6-DMSO, δ/ppm)：8.52 (s, 1H, —CH ═N), 7.45~7.43 (t, 1H, Ph-H), 7.432 (s, 1H, Ph-H), 6.88~6.87 (t, 2H, Ph-H), 4.82 (s, 1H, —OH), 3.49 (s, 1H, —CH), 3.41 (s, 2H, —CH_2), 1.26~1.25

(s, 1H, —OH), 1.18~1.17 (t, 3H, —CH_3)。

L2:^{1}H NMR (400MHz, d_6-DMSO, δ/ppm): 8.07~8.05 (t, 1H, —CH =N), 7.64~7.54 (m, 2H, Ph-H), 7.47~7.22 (m, 3H, Ph-H), 7.14~7.07 (t, 1H, —CH), 6.92~6.86 (m, 1H, —CH), 4.60~4.50 (m, 1H, —OH), 3.64~3.32 (m, 2H, —CH_2), 3.28~3.23 (m, 1H, —CH), 1.14~1.09 (m, 3H, —CH_3)。

L3:^{1}H NMR (400MHz, d_6-DMSO, δ/ppm): 8.43 (s, 1H, —CH =N), 7.64~7.63 (t, 1H, Ph-H), 7.46~7.45 (t, 1H, Ph-H), 7.14~7.12 (q, 1H, Ph-H), 4.61 (s, 1H, —OH), 3.42~3.41 (t, 1H, —CH), 3.35~3.31 (m, 2H, —CH_2), 1.10~1.09 (t, 3H, —CH_3)。

L4:^{1}H NMR (400MHz, $CDCl_3$, δ/ppm): 8.59 (s, 1H, —CH =N), 8.42 (s, 1H, Ph-H), 8.29~8.25 (m, 1H, Ph-H), 8.08~8.06 (t, 1H, Ph-H), 7.62~7.57 (m, 1H, Ph-H), 3.75~3.73 (t, 2H, —CH_2), 3.63~3.57 (m, 1H, —CH), 3.39~3.34 (m, 1H, —OH), 1.32~1.30 (t, 1H, —OH), 1.27~1.25 (m, 3H, —CH_3)。

L5:^{1}H NMR (400MHz, d_6-DMSO, δ/ppm): 8.57~8.56 (q, 1H, —CH = N), 8.48 (s, 1H, Ph-H), 8.31~8.28 (t, 1H, Ph-H), 8.18~8.16 (t, 1H, Ph-H), 7.77~7.73 (t, 1H, Ph-H), 4.68~4.67 (q, 1H, —OH), 3.51~3.48 (m, 1H, —CH), 3.47~3.42 (m, 2H, —CH_2), 1.17~1.16 (t, 3H, —CH_3)。

L6:^{1}H NMR (400MHz, $CDCl_3$, δ/ppm): 8.19 (s, 1H, —CH =N), 7.60~7.57 (t, 2H, Ph-H), 6.69~6.66 (t, 2H, Ph-H), 3.68~3.66 (t, 2H, —CH_2), 3.47~3.43 (m, 1H, —CH), 3.02 (s, 6H, —$N(CH_3)_2$), 2.00~1.98 (s, 1H, —OH), 1.22~1.20 (t, 6H, —CH_3)。

L7:^{1}H NMR (400MHz, d_6-DMSO, δ/ppm): 8.30 (s, 2H, —CH =N), 7.80 (s, 4H, Ph-H), 4.64~4.61 (q, 2H, —OH), 3.49~3.39 (m, 2H, —CH), 3.33 (s, 2H, —CH_2), 1.15~1.13 (t, 6H, —CH_3)。

C L-氨基丙醇 Schiff 碱配体的红外分析

测试方法：KBr 压片法，在 4000~400cm^{-1}范围内测定配体的红外光谱。

L1~L7 的红外光谱谱图中均未观察到羰基和胺基的特征吸收峰，Schiff 碱的—HC =N 特征伸缩振动峰位于 1690~1590cm^{-1}范围内。L1~L7 的—HC =N 特征伸缩振动峰分别位于：1634cm^{-1}，1634cm^{-1}，1636cm^{-1}，1635cm^{-1}，1647cm^{-1}，1609cm^{-1}，1636cm^{-1}。说明已经成功合成出 L-氨基丙醇 Schiff 碱配体 L1~L7，红外谱图见附录 3。

L1 红外谱图归属情况 (KBr, ν/cm^{-1}): 3402 (—OH, w), 3057 (w), 2966 (—CH_3, w), 2922 (—CH_2, w), 2872 (m), 1634 (—HC =N—, vs), 1537 (s), 1479 (s), 1402 (s), 1319 (s), 1198 (m), 1142 (s), 1049 (m), 988 (m), 907 (m), 845 (m), 756 (s), 695 (m), 646 (w), 584 (w), 509 (w), 447 (w)。

L2 红外谱图归属情况 (KBr, ν/cm^{-1}): 3198 (—OH, w), 3030 (w), 2963 (—CH_3, w), 2922 (—CH_2, w), 2864 (m), 1634 (—HC ═N—, vs), 1558 (m), 1410 (s), 1369 (m), 1161 (m), 1055 (m), 986 (m), 912 (w), 833 (m), 754 (m), 690 (m), 654 (w), 538 (w)。

L3 红外谱图归属情况 (KBr, ν/cm^{-1}): 3209 (—OH, s), 3067 (m), 2976 (—CH_3, m), 2885 (—CH_2, s), 1636 (—HC ═N—, vs), 1521 (w), 1431 (m), 1385 (m), 1346 (m), 1215 (w), 1136 (m), 1051 (s), 961 (w), 914 (m), 845 (s), 716 (s), 538 (m), 482 (m)。

L4 红外谱图归属情况 (KBr, ν/cm^{-1}): 3218 (—OH, s), 2867 (—CH_3, —CH_2, s), 1635 (—HC ═N—, s), 1595 (vs), 1512 (s), 1458 (s), 1379 (m), 1298 (s), 1242 (s), 1128 (m), 1045 (s), 928 (m), 826 (vs), 644 (w), 584 (w), 515 (m)。

L5 红外谱图归属情况 (KBr, ν/cm^{-1}): 3235 (—OH, m), 3090 (w), 2970 (—CH_3, w), 2903 (—CH_2, m), 1647 (—HC ═N—, s), 1531 (vs), 1404 (w), 1344 (vs), 1285 (m), 1138 (m), 1083 (m), 1051 (m), 980 (m), 818 (m), 785 (m), 679 (m), 500 (w)。

L6 红外谱图归属情况 (KBr, ν/cm^{-1}): 3221 (—OH, m), 2972 (—CH_3, w), 2935 (—CH_2, w), 2845 (—CH_3, —CH_2, s), 1609 (—HC ═N—, s), 1528 (s), 1414 (s), 1364 (s), 1312 (m), 1232 (m), 1182 (s), 1124 (m), 1055 (s), 974 (w), 907 (w), 920 (m), 699 (w), 606 (w), 509 (m)。

L7 红外谱图归属情况 (KBr, ν/cm^{-1}): 3554 (—OH, m), 3127 (s), 2970 (—CH_3, w), 2872 (—CH_3, —CH_2, s), 1636 (—HC ═N—, vs), 1566 (m), 1468 (m), 1404 (w), 1352 (m), 1304 (m), 1142 (m), 1091 (m), 1049 (s), 984 (m), 923 (m), 897 (m), 820 (s), 706 (m), 555 (w), 497 (s), 442 (w)。

D L-氨基丙醇 Schiff 碱配体的紫外光谱分析

L-氨基丙醇 Schiff 碱 (L1 ~ L7) 的紫外光谱如图 4-2 所示。L1 ~ L7 的紫外光谱是在甲醇的溶液中测定, L1 ~ L7 的紫外吸收峰主要分别出现在 214nm, 256nm, 319nm; 282nm; 261nm, 280nm; 270nm, 375nm; 233nm; 231nm, 329nm, 391nm; 273nm。

E L-氨基丙醇 Schiff 碱配体的旋光分析

在温度 T = 22℃条件下, 以甲醇为溶剂, 分别配置浓度为 0.01g/mL 的 L1 ~ L7 溶液, 用 WSS-2S 自动旋光仪对 L1 ~ L7 的旋光性进行了测试, 测试三次, 取

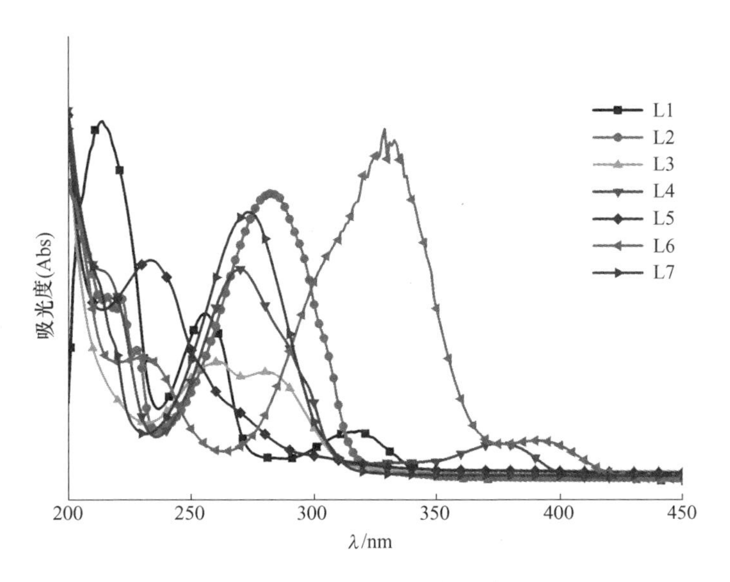

图 4-2 L1~L7 的紫外光谱

三次测试数值的平均值，计算 L1~L7 的比旋光度，见表 4-1。

表 4-1 L1~L7 的比旋光度

L-氨基丙醇 Schiff 碱	L1	L2	L3	L4	L5	L6	L7
比旋光度 $[\alpha]_D/(°)$	67.3	48.2	72.1	79.5	52.5	94.4	117.0

F 单晶 X 射线衍射分析

挑选一定尺寸的单晶放到 Bruker Smart APEX Ⅱ CCD 型 X 射线单晶衍射仪上，在室温条件下，用经石墨单色器单色化的 Mo K_α 射线（λ = 0.071073nm）采集设定范围中的 θ 衍射数据。单晶结构采用 SHELXS-97 程序由直接法解出[5]，采用 SHELXL-97 程序对结构进行精修[6]，对非 H 和 H 分别使用各向异性和各向同性的温度因子，然后利用全矩阵最小二乘法对其进行修正。化合物 L2~L7 的晶体数据见表 4-2，主要氢键数据见表 4-3。

表 4-2 L2~L7 的晶体学数据

化合物	L2	L3	L4	L5	L6	L7
分子式	$C_{12}H_{15}NO$	$C_{16}H_{22}N_2O_2S_2$	$C_{10}H_{13}NO_2$	$C_{10}H_{12}N_2O_3$	$C_{24}H_{36}N_4O_2$	$C_7H_{10}NO$
分子量	189.25	338.48	179.21	208.22	412.57	124.16
T/K	296(2)	296(2)	296(2)	296(2)	296(2)	296(2)
晶系	Monoclinic	Monoclinic	Orthorhombic	Monoclinic	Monoclinic	Orthorhombic
空间群	$P2_1$	$P2_1$	$P2_12_12_1$	$P2_1$	$P2_1$	$C222_1$

续表 4-2

化合物	L2	L3	L4	L5	L6	L7
a/nm	0.48586(9)	0.69185(6)	0.44811(14)	0.8430(3)	0.9640(5)	1.2637(6)
b/nm	0.98606(18)	0.74783(6)	1.1121(3)	0.6947(3)	1.0125(5)	1.6092(8)
c/nm	1.1774(2)	1.72495(15)	1.9004(6)	0.9207(3)	1.2602(6)	0.7202(4)
α/(°)	90	90	90	90	90	90
β/(°)	91.998(2)	90	90	98.991(4)	109.055(6)	90
γ/(°)	90	90	90	90	90	90
V/nm^3	563.73(18) $\times 10^{-3}$	892.47(13) $\times 10^{-3}$	947.1(5) $\times 10^{-3}$	532.6(3) $\times 10^{-3}$	1162.6(10) $\times 10^{-3}$	1464.5(12) $\times 10^{-3}$
Z	2	2	4	2	2	8
D_C/g · cm^{-3}	1.115	1.260	1.257	1.298	1.179	1.126
μ/mm^{-1}	0.071	0.306	0.088	0.097	0.076	0.076
F(000)	204	360	384	220	448	536
θ range/(°)	2.70~25.50	2.94~25.50	2.82~25.50	2.24~25.48	2.24~25.50	2.53~25.49
GOF	1.057	1.227	1.057	1.045	1.009	1.093
所有收集数据	4325	6911	7297	4098	9025	5342
用于计算数据	2072	3247	1772	1937	4297	1370
Rint	0.0145	0.0187	0.0171	0.0169	0.0386	0.0855
R_1, wR_2 [$I>2\sigma$(I)]	0.0356, 0.0743	0.0430, 0.1102	0.0269, 0.0668	0.0376, 0.0922	0.0473, 0.0887	0.1066, 0.2912
R_1, wR_2 (all data)	0.0527, 0.0817	0.0450, 0.1127	0.0299, 0.0695	0.0494, 0.0989	0.0819, 0.1026	0.1424, 0.3132

表 4-3 L2~L7 的氢键键长与键角

化合物	D—H···A	d(D—H)	d(H···A)	d(D···A)	<(DHA)
L2	O1—H(1A)··· N1#1	0.82	2.05	2.861(2)	170.6
	C3—H3··· O1#2	0.93	2.65	3.403(2)	138.0
L3	O1—H(1A)··· N1#1	0.82	2.05	2.857(2)	167.3
	O2—H(2A)··· N1#2	0.82	2.05	2.858(2)	170.0
L4	O1—H1A···O2#1	0.82	1.83	2.647(2)	170.7
	O2—H2A···N1#2	0.82	2.01	2.825(2)	177.4
L5	O3—H3A···N1#1	0.82	2.07	2.888(2)	174.6
	C5—H5···O1#2	0.93	2.65	3.562(3)	167.0
	C7—H7···O2#2	0.93	2.58	3.458(3)	157.0

续表 4-3

化合物	D—H···A	d(D—H)	d(H···A)	d(D···A)	<(DHA)
L6	O1—H1A···N3#1	0.82	2.14	2.956(3)	173.1
	O2—H2A···N1	0.82	2.12	2.920(3)	164.8
	C12—H12B···O1#2	0.93	2.55	3.512(3)	176.0
	C24—H24B···O2#3	0.93	2.58	3.443(3)	150.0
L7	O1—H1A···N1#1	0.82	2.03	2.839(6)	167.9

对称操作：L2 #1 $x+1, y, z$; #2 $-x+1, y+1/2, -z+1$; L3 #1 $-x+1, y+1/2, -z$; #2 $-x, y-1/2, -z+1$; L4 #1 $-x+1, y+1/2, -z+1/2$; #2 $x-1, y, z$; L5 #1 $-x+1, y+1/2, -z+2$; #2 $x+1, y, z$; L6 #1 $x+1, y, z$; #2 $-x+1, y+1/2, -z$; #3 $-x, y+1/2, -z$; L7 #1 $-x+1/2, -y+1/2, z-1/2$。

（1）单晶 L2 结构分析。化合物 L2 属于单斜晶系，具有手性空间群 $P2_1$，L2 的不对称单元结构如图 4-3a 所示。C9 ═N1 的键长为 0.1264(2) nm，分子之间通过 O1—H1A···N1 氢键形成了螺旋链状结构，如图 4-3b 所示。相邻的一维链进一步通过 C3—H3···O1 氢键连接成为二维结构，如图 4-3c 所示。

（2）单晶 L3 结构分析。化合物 L3 属于单斜晶系，具有手性空间群 $P2_1$，L3 的不对称单元结构如图 4-4a 所示。C5 ═N1 和 C13 ═N2 的键长分别为 0.1251(3) nm 和 0.1252(3) nm，分子之间通过 O—H···N 氢键形成了一维螺旋链状结构，如图 4-4b 所示。

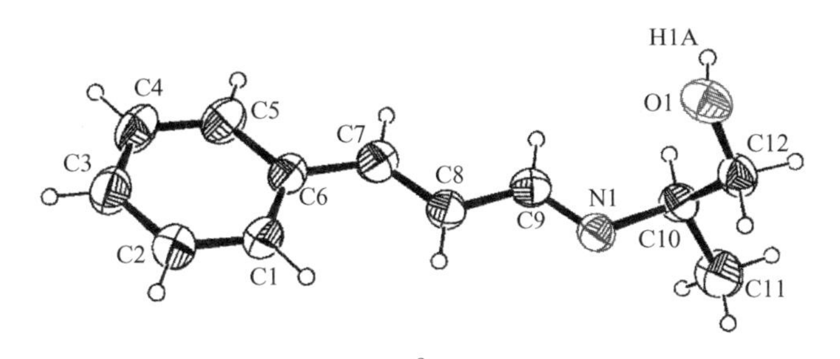

a

b

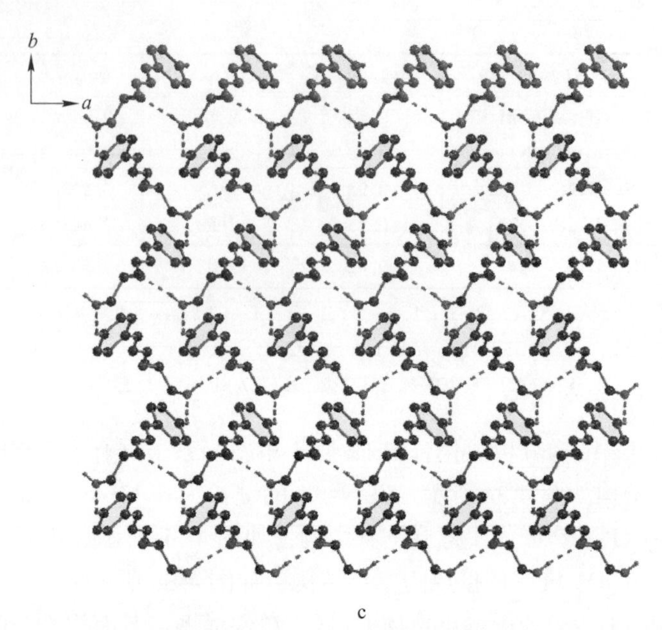

c

图 4-3　L2 的不对称单元结构（a），通过 O1—H1A…N1 氢键形成的螺旋链（b）和通过 C3—H3…O1 氢键形成的二维结构（c）

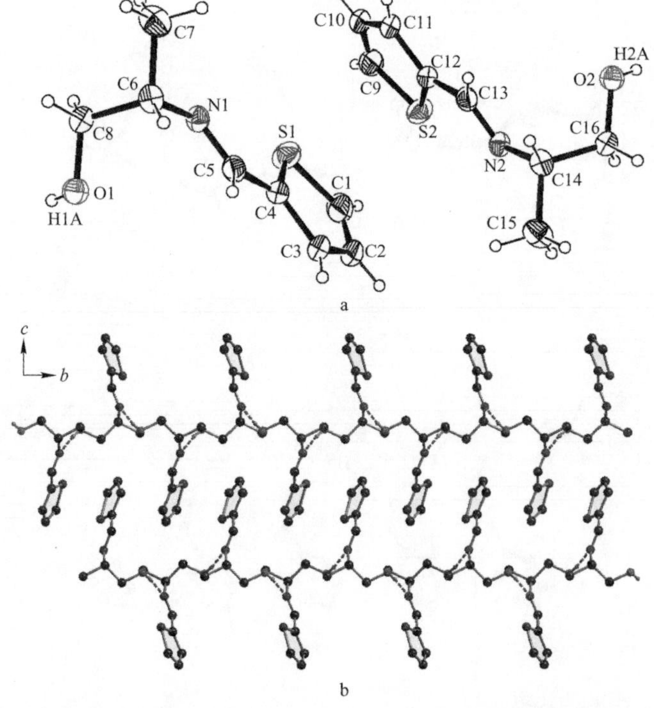

图 4-4　L3 的不对称单元结构（a）和通过 O—H…N 氢键形成的螺旋链（b）

（3）单晶L4结构分析。化合物L4属于正交晶系，具有手性空间群$P2_12_12_1$，L4的不对称单元结构如图4-5a所示。C7 ═N1的键长为0.1272(2) nm，分子之间通过O1—H1A···O2氢键形成了螺旋链状结构，如图4-5b所示。相邻的一维链进一步通过O2—H2A···N1氢键连接成为二维结构，如图4-5c所示。

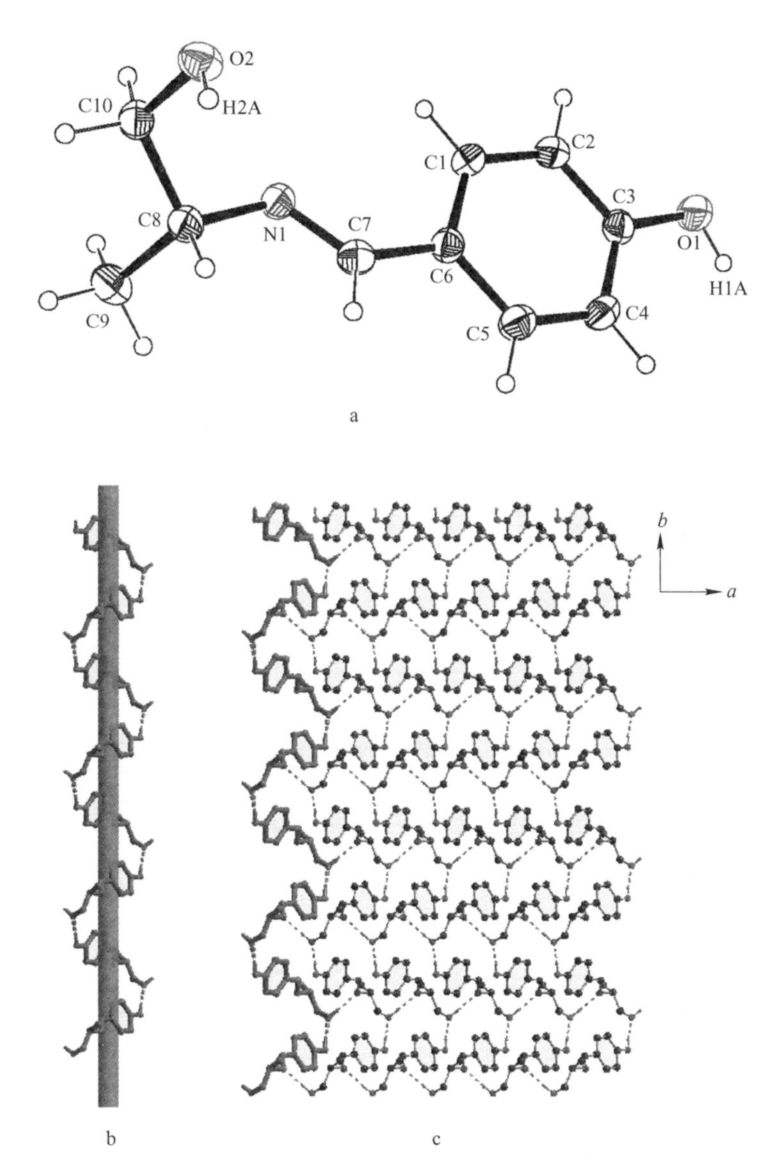

图4-5 L4的不对称单元结构（a），通过O1—H1A···O2氢键形成的一维螺旋链（b）和通过O2—H2A···N1氢键形成的二维结构（c）

（4）单晶 L5 结构分析。化合物 L5 属于单斜晶系，具有手性空间群 $P2_1$，L5 的不对称单元结构如图 4-6a 所示。C7 ═N1 的键长为 0. 1256(2)nm，分子之间通过 O3—H3A…N1 氢键形成了螺旋链状结构，如图 4-6b 所示。相邻的一维链通过 π…π 堆积作用（相邻的苯环中心间距为 0. 4417nm，垂直距离为 0. 3371nm）形成二维结构，如图 4-6c 所示。C5—H5…O1 和 C7—H7…O2 氢键作用进一步把相邻的层状结构连接形成三维超分子结构，如图 4-6d 所示。

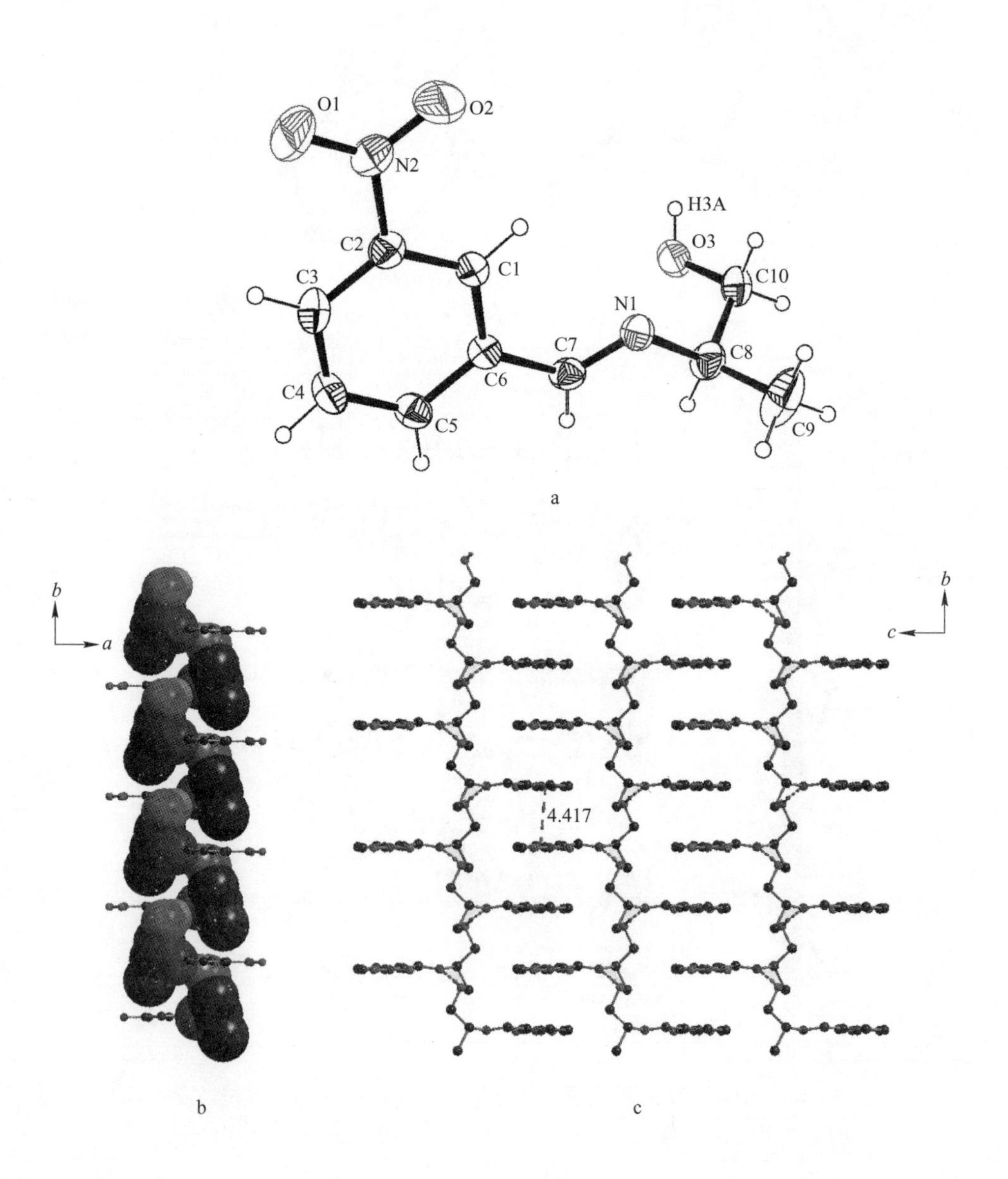

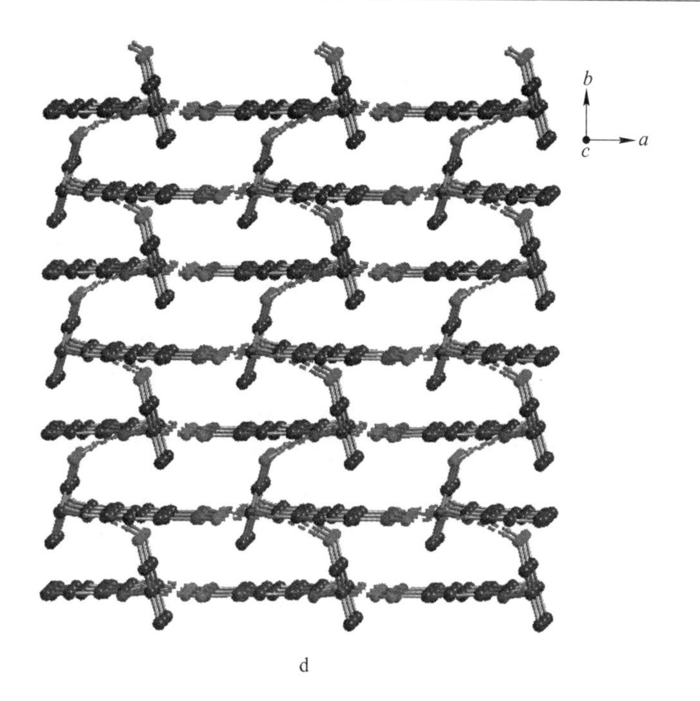

d

图 4-6 L5 的不对称单元结构（a），通过 O3—H3A···N1 氢键形成的螺旋链（b），通过 π···π 堆积作用形成的二维结构（c）和沿 *c* 方向看 L5 三维结构图（d）

（5）单晶 L6 结构分析。化合物 L6 属于单斜晶系，具有手性空间群 $P2_1$，L6 的不对称单元结构如图 4-7a 所示。在 L6 的不对称单元中含有两个 L-氨基丙醇缩对二甲氨基苯甲醛手性 Schiff 碱分子。其中，C7 ═N1 和 C19 ═N3 的键长均为 0.1269(3)nm，分子之间通过 O1—H1A···N3 和 O2—H2A···N1 氢键形成了螺旋链状结构，如图 4-7b 所示。相邻的一维链通过 C12—H12B···O1 和 C24—H24B···O2 的氢键作用形成二维结构，如图 4-7c 所示。

a

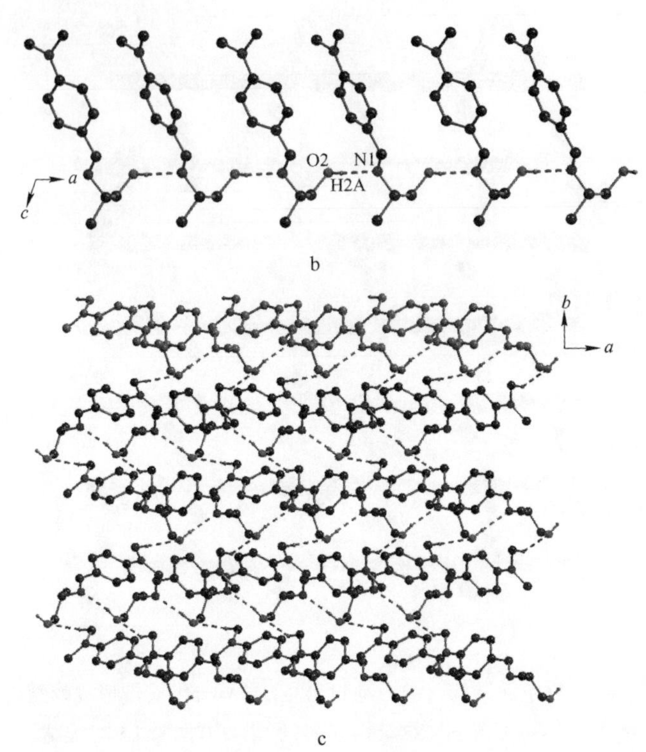

b

c

图 4-7　L6 的不对称单元结构（a），通过 O1—H1A…N3 和 O2—H2A…N1 氢键形成的螺旋链（b）和通过 C12—H12B…O1 和 C24—H24B…O2 氢键作用形成的二维结构（c）

（6）单晶 L7 结构分析。化合物 L7 属于正交晶系，具有手性空间群 $C222_1$，L7 的不对称单元结构如图 4-8a 所示。在 L7 的不对称单元中含有半个 L-氨基丙醇缩对苯二甲醛手性 Schiff 碱分子。其中，C4 ═N1 的键长为 0. 1253(7) nm，分子之间通过 O1—H1A…N1 氢键作用形成二维结构，存在氢键形成的螺旋，如图 4-8b 所示。相邻的层状结构通过 π…π 堆积作用（相邻的苯环中心间距为 0. 3893nm，垂直距离为 0. 3597nm）进一步形成三维超分子结构，如图 4-8c 和 d 所示。

a

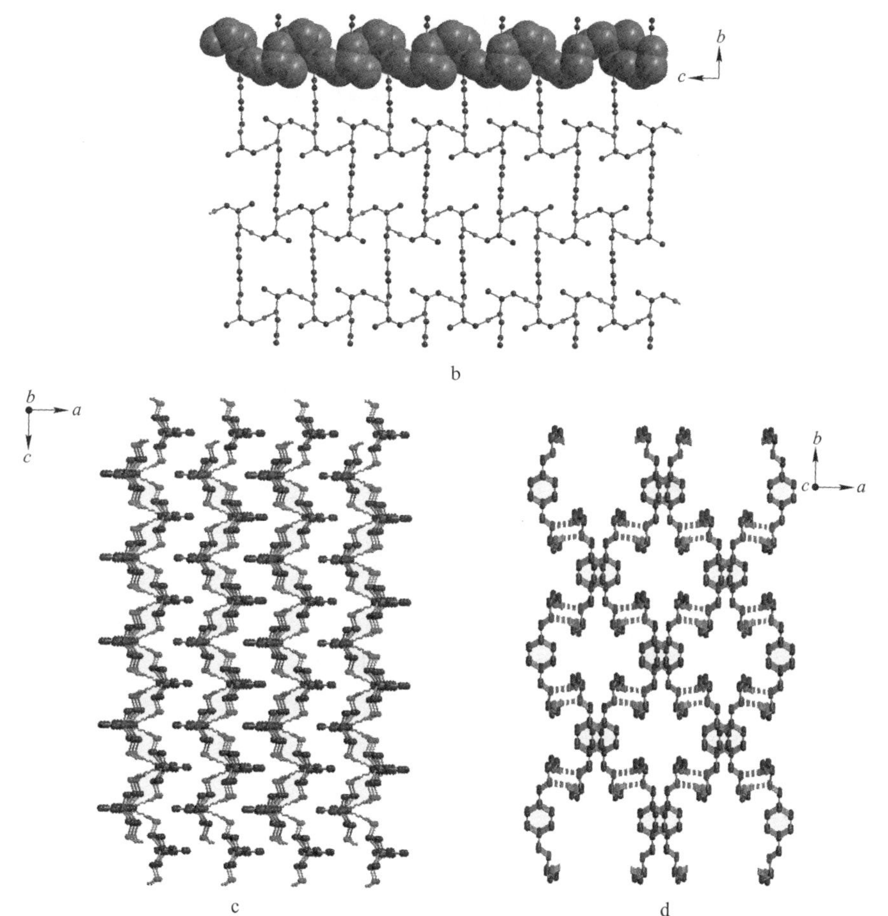

图 4-8 L7 的不对称单元结构图（a），通过 O1—H1A…N1 氢键作用形成的二维结构（b），沿 *b* 方向看 L7 三维堆积图（c）和沿 *c* 方向看 L7 三维堆积图（d）

4.2.2.2 L-氨基丙醇 Schiff 碱配合物的表征

A 配合物的红外光谱分析

在 4000~400cm^{-1}范围内测试了配合物 C1、C4 和 C5 的红外光谱，并分别与对应的配体进行对比，红外谱图见附录 3，从红外谱图可以看出配合物的红外光谱与配体的红外光谱有差异，C1 和 C4 中的—HC ═N—伸缩振动吸收峰发生了蓝移，可能是由于羟基，氮原子与金属离子发生了配位，使得配体发生了一定的扭曲，离域共轭体系被破坏，离域共轭效应减弱，从而增强了—HC ═N—双键的性质，使得其特征吸收峰向高波数移动，发生蓝移。C5 中的—HC ═N—伸缩振动吸收峰发生了红移，可能是由于金属 Fe^{3+}与氮原子发生了配位使得离域共轭性加强，进一步降低了—HC ═N—双键的性质，致使其特征吸收峰向低波数移动，发生红移。

B 配合物的铁离子含量分析

配制 Fe^{3+} 标准溶液，标准溶液的浓度梯度为 0mg/L、2mg/L、4mg/L、6mg/L、8mg/L。利用德国椰拿 ContrAA 700 原子吸收光谱进行测试，得到的标准曲线如图 4-9 所示。

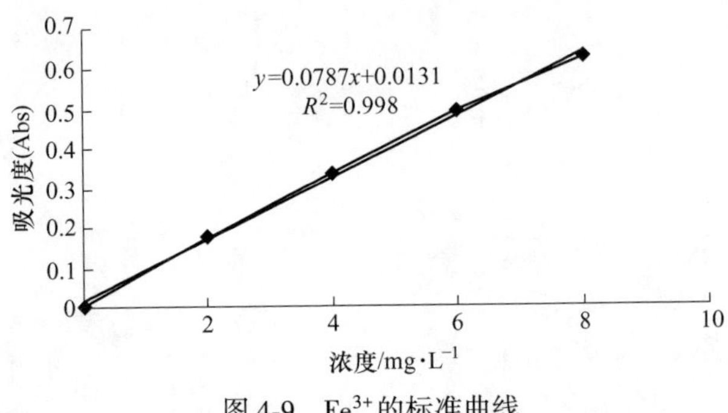

图 4-9 Fe^{3+} 的标准曲线

将得到的铁配合物配制成一定浓度的溶液，将测得吸光度值，代入标准曲线中，计算得到各铁配合物中的 Fe^{3+} 的含量，见表 4-4。

表 4-4 铁离子的含量

配 合 物	质量分数/%
C1	28.9
C4	36.5
C5	35.7

4.2.3 小结

利用 L-氨基丙醇作为手性源，分别和水杨醛，肉桂醛，噻吩-2-甲醛，对羟基苯甲醛，3-硝基苯甲醛，对二甲氨基苯甲醛和对苯二甲醛 7 种不同的醛缩合反应得到 L-氨基丙醇缩水杨醛，L-氨基丙醇缩肉桂醛，L-氨基丙醇缩噻吩-2-甲醛，L-氨基丙醇缩对羟基苯甲醛，L-氨基丙醇缩 3-硝基苯甲醛，L-氨基丙醇缩对二甲氨基苯甲醛和 L-氨基丙醇缩对苯二甲醛 7 种手性 Schiff 碱，并通过熔点、旋光、红外光谱、核磁、质谱和单晶 X 射线衍射等手段对它们的结构和手性进行了表征。与此同时，利用得到的手性 Schiff 碱配体与硝酸铁反应制备得到三个手性 Schiff 碱铁配合物，并通过红外光谱测试手段确定配合物已形成。

4.3 L-苯甘氨醇 Schiff 碱及其配合物的合成与表征

使用 L-苯甘氨醇作为手性源，分别和水杨醛，肉桂醛，噻吩-2-甲醛，对羟基苯甲醛，3-硝基苯甲醛和对二甲氨基苯甲醛 6 种不同的醛反应制备手性 Schiff 碱，利用生成的手性 Schiff 碱和金属铁盐反应制备手性 Schiff 碱铁配合物。并通过质谱、核磁、紫外、红外光谱、旋光和 X 射线单晶衍射等手段对手性 Schiff 碱配体及配合物进行表征。

4.3.1　实验合成

4.3.1.1　L-苯甘氨醇 Schiff 碱的合成路线

L-苯甘氨醇 Schiff 碱的合成路线，如图 4-10 所示。

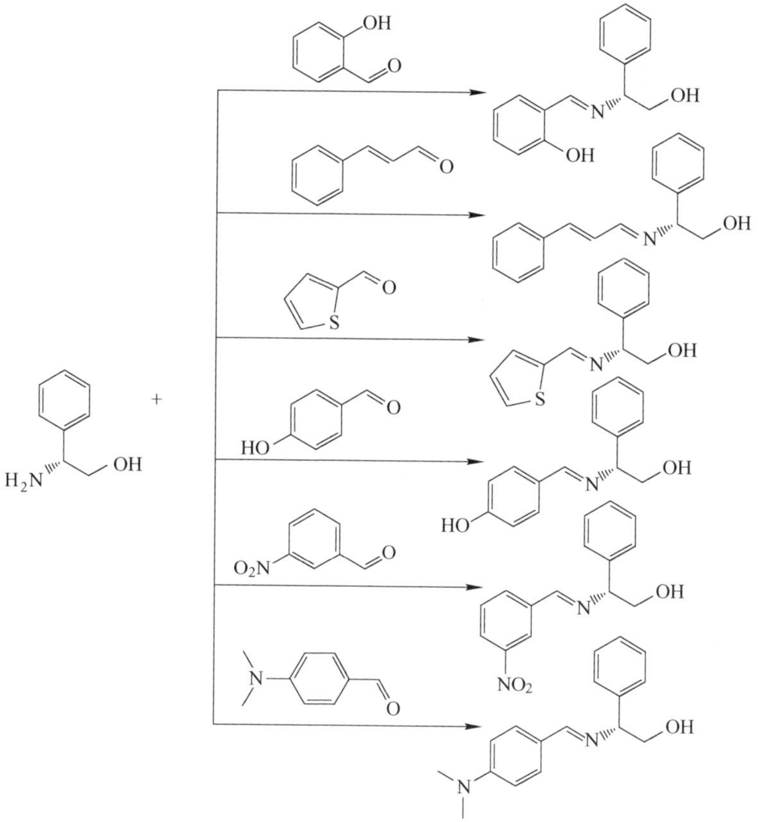

图 4-10　L-苯甘氨醇 Schiff 碱的合成路线

4.3.1.2　L-苯甘氨醇 Schiff 碱配体的合成

（1）L-苯甘氨醇缩水杨醛 Schiff 碱配体（L8）的合成。称取 10mmol（1.37g）L-苯甘氨醇加入到 50mL 的干净的烧杯中，加入 10mL 的乙醇溶剂，放在磁力搅拌器上搅拌；然后取 10mmol（1.22g）水杨醛溶解在 10mL 的乙醇溶剂中，之后将水杨醛溶液缓慢的滴加到 L-苯甘氨醇溶液中去。常温下，磁力搅拌 12h，得亮黄色的溶液。常温下静置，有黄色针状晶体析出，过滤，真空干燥，得产物 2. 20g，产率为 91. 3%，熔点为 87～89℃。DL-苯甘氨醇缩水杨醛 Schiff 碱的制备方法与此相同。

（2）L-苯甘氨醇缩肉桂醛 Schiff 碱配体（L9）的合成。称取 10mmol(1. 37g) L-苯甘氨醇加入到 50mL 的干净的烧杯中，加入 10mL 的乙醇溶剂，放在磁力搅拌器上搅拌；然后取 10mmol(1. 32g)肉桂醛溶解在 10mL 的乙醇溶剂中，之后将肉桂醛溶液缓慢的滴加到 L-苯甘氨醇溶液中去。常温下，磁力搅拌 12h，得浅褐色的溶液。常温下静置，有浅褐色沉淀生成，过滤，用无水乙醇重结晶，有淡黄色透明的薄片状晶体析出，过滤，真空干燥，得产物 0. 92g，产率为 36. 7%，熔点为 101～102℃。

（3）L-苯甘氨醇缩噻吩-2-甲醛 Schiff 碱配体（L10）的合成。称取 10mmol (1. 37g) L-苯甘氨醇加入到 50mL 的干净的烧杯中，加入 10mL 的乙醇溶剂，放在磁力搅拌器上搅拌；然后取 10mmol(1. 12g)噻吩-2-甲醛溶解在 10mL 的乙醇溶剂中，之后将噻吩-2-甲醛溶液缓慢的滴加到 L-苯甘氨醇溶液中去。在常温下，磁力搅拌 12h，得淡黄色的液体。常温下静置，有淡黄色块状晶体析出，过滤，真空干燥，得产物 2. 00g，产率为 86. 6%，熔点为 98～100℃。

（4）L-苯甘氨醇缩对羟基苯甲醛 Schiff 碱配体（L11）的合成。称取 10mmol (1. 37g) L-苯甘氨醇加入到 50mL 的干净的烧杯中，加入 10mL 的乙醇溶剂，放在磁力搅拌器上搅拌；然后称取 10mmol(1. 22g)对羟基苯甲醛溶解在 10mL 的乙醇溶剂中，之后将对羟基苯甲醛溶液缓慢的滴加到 L-苯甘氨醇溶液中去。在常温下，磁力搅拌 12h，得淡黄色的液体。常温下静置，有淡黄色块状晶体析出，过滤，真空干燥，得产物 1. 88g，产率为 78. 0%，熔点为 146～148℃。

（5）L-苯甘氨醇缩 3-硝基苯甲醛 Schiff 碱配体（L12）的合成。称取 10mmol (1. 37g) L-苯甘氨醇加入到 50mL 的干净的烧杯中，加入 10mL 的乙醇溶剂，放在磁力搅拌器上搅拌；然后称取 20mmol(1. 51g)3-硝基苯甲醛溶解在 10mL 的乙醇溶剂中，之后将 3-硝基苯甲醛溶液缓慢的滴加到 L-苯甘氨醇溶液中去。在常温下，磁力搅拌 12h，得淡黄色的液体。常温下静置，有淡黄色块状晶体析出，过滤，真空干燥，得产物 2. 32g，产率为 85. 9%，熔点为 86～87℃。

（6）L-苯甘氨醇缩对二甲氨基苯甲醛 Schiff 碱配体（L13）的合成。称取 10mmol(1. 37g) L-苯甘氨醇加入到 50mL 的干净的烧杯中，加入 10mL 的乙醇溶剂，放在磁力搅拌器上搅拌；然后称取 10mmol(1. 49g)对二甲氨基苯甲醛溶解在 10mL 的乙醇溶剂中，之后将对二甲氨基苯甲醛溶液缓慢的滴加到 L-苯甘氨醇溶液中去。常温下，磁力搅拌 12h，有白色沉淀生成，过滤，用无水乙醇重结晶得到块状透明的晶体，产物 2. 45g，产率为 91. 4%，熔点为 124～126℃。

4.3.1.3 L-苯甘氨醇 Schiff 碱铁配合物的合成

（1）L/DL-苯甘氨醇缩水杨醛 Schiff 碱铁配合物（C8）的合成。将 0.241g (1mmol) L/DL-苯甘氨醇缩水杨醛 Schiff 碱与 0.404g(1mmol) 硝酸铁加入 20mL 干净试管中，加入 10mL EtOH，水浴加热至 60℃，恒温 12h 后再降至室温；试管中有深色沉淀生成。过滤，并用 EtOH 洗涤 3 次，真空干燥 24h。得到少量红褐色的固体，测其熔点大于 300℃。

（2）L-苯甘氨醇缩噻吩-2-甲醛 Schiff 碱铁配合物（C10）的合成。将 0.231g (1mmol) L-苯甘氨醇缩噻吩-2-甲醛 Schiff 碱与 0.404g(1mmol) 硝酸铁加入 20mL 干净试管中，加入 10mL EtOH，水浴加热至 60℃，恒温 12h 后再降至室温；有深褐色沉淀产生。过滤，并用 EtOH 洗涤 3 次，真空干燥 24h。得到少量红褐色的固体，测其熔点大于 300℃。

（3）L-苯甘氨醇缩对羟基苯甲醛 Schiff 碱铁配合物（C11）的合成。将 0.241g(1mmol) L-苯甘氨醇缩对羟基苯甲醛 Schiff 碱与 0.404g(1mmol) 硝酸铁加入 20mL 干净试管中，加入 10mL EtOH，水浴加热至 60℃，恒温 12h 后再降至室温，有深褐色沉淀产生。过滤，并用 EtOH 洗涤 3 次，真空干燥 24h。得到少量红褐色的固体，测其熔点大于 300℃。

4.3.2 结果与讨论

4.3.2.1 L-苯甘氨醇 Schiff 碱配体的表征

A L-苯甘氨醇 Schiff 碱配体的质谱分析

L-苯甘氨醇 Schiff 碱配体 L8~L13 的质谱图，见附录 1。从图中可以得出，L-苯甘氨醇 Schiff 碱配体 L8~L13 的 EST-MS [$M+H^+$] 峰分别为 m/z (%)：242.0、252.0、232.0、241.9、270.9、268.9，这与目标化合物分子量相吻合。

B L-苯甘氨醇 Schiff 碱配体的核磁分析

L8~L13 的核磁分析分别如下，核磁谱图见附录 2。

L8：^1H NMR(400MHz，$CDCl_3$，δ/ppm)：8.49(s，1H，—CH=N)，7.39~7.27(m，7H，Ph-H)，7.00~6.97(t，1H，Ph-H)，6.92~6.87(q，1H，Ph-H)，4.51~4.47(t，1H，—CH)，3.95~3.92(t，2H，—CH_2)，1.61(s，1H，—OH)，1.27(s，1H，—OH)。

L9：^1H NMR(400MHz，$CDCl_3$，δ/ppm)：8.15~8.12(t，1H，—CH=N)，7.42~7.34(m，10H，Ph-H)，6.97~6.93(m，2H，—CH=CH—)，4.42~4.38(m，1H，—CH)，4.03~3.86(m，2H，—CH_2)，1.27(s，1H，—OH)。

L10:^{1}H NMR(400MHz, $CDCl_3$, δ/ppm): 8.45(s, 1H, —CH ═N), 7.43~7.30(m, 7H, Ph-H), 7.07~7.05(t, 1H, Ph-H), 4.50~4.47(m, 1H, —CH), 3.99—3.85(m, 2H, —CH_2), 1.27(s, 1H, —OH)。

L11:^{1}H NMR(400MHz, $CDCl_3$, δ/ppm): 8.31(s, 1H, —CH ═N), 7.80(s, 1H, Ph-H), 7.70~7.67(s, 1H, Ph-H), 7.43~7.32(m, 5H, Ph-H), 6.95~6.92(s, 1H, Ph-H), 6.86~6.84(s, 1H, Ph-H), 4.50~4.45(t, 1H, —CH), 4.01~3.89(t, 2H, —CH_2), 1.26(s, 1H, —OH), 0.86~0.84(m, 1H, —OH)。

L12:^{1}H NMR(400MHz, $CDCl_3$, δ/ppm): 8.66~8.65(s, 1H, —CH ═N), 8.46~8.45(t, 1H, Ph-H), 8.29~8.26(t, 1H, Ph-H), 8.13~8.10(t, 1H, Ph-H), 7.63~7.56(m, 1H, Ph-H), 7.43~7.35(m, 5H, Ph-H), 4.58~4.54(m, 1H, —CH), 3.99~3.94(t, 2H, —CH_2), 1.27(s, 1H, —OH)。

L13:^{1}H NMR(400MHz, $CDCl_3$, δ/ppm): 8.25(s, 1H, —CH ═N), 7.68~7.65(t, 2H, Ph-H), 7.44~7.27(m, 5H, Ph-H), 6.70~6.68(t, 2H, Ph-H), 4.46~4.42(m, 1H, —CH), 3.98~3.89(t, 2H, —CH_2), 3.03(s, 6H, —$N(CH_3)_2$), 1.27(s, 1H, —OH)。

C L-苯甘氨醇 Schiff 碱配体的紫外光谱分析

L-苯甘氨醇 Schiff 碱（L8~L13）的紫外光谱如图 4-11 所示。L8~L13 的紫外光谱是在甲醇的溶液中测定，L8~L13 的紫外吸收峰主要分别出现在 253nm，316nm；205nm，286nm；261nm，281nm；271nm；235nm；234nm，344nm。

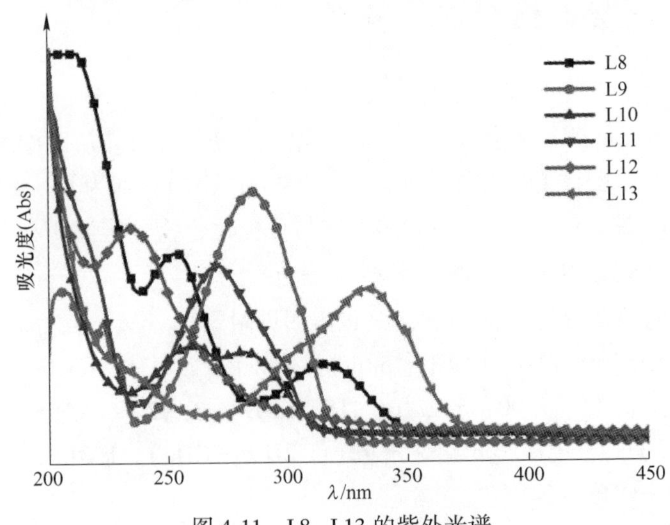

图 4-11 L8~L13 的紫外光谱

D L-苯甘氨醇 Schiff 碱配体的旋光分析

在温度 T = 22℃条件下，以甲醇为溶剂，分别配置浓度为 0.01g/mL 的 L8~

L13 溶液，用 WSS-2S 自动旋光仪对 L8～L13 的旋光性进行了测试，测试三次，取三次测试数值的平均值，计算 L8～L13 比旋光度，见表 4-5。

表 4-5 L8～L13 的比旋光度

L-苯甘氨醇 Schiff 碱	L8	L9	L10	L11	L12	L13
比旋光度 $[\alpha]_D/(°)$	-137.6	-89.4	-90.9	-92.7	-48.5	-140.2

E L-苯甘氨醇 Schiff 碱配体的红外分析

测试方法：KBr 压片法，在 4000～400cm^{-1}范围内测定配体的红外光谱。

L8～L13 的红外光谱谱图中均未观察到羰基和胺基的特征吸收峰，并且 6 种 L-苯甘氨醇 Schiff 碱配体—HC ═N—特征伸缩振动峰分别位于：1622cm^{-1}，1612cm^{-1}，1632cm^{-1}，1636cm^{-1}，1638cm^{-1}，1607cm^{-1}，说明已经成功合成出 L-苯甘氨醇 Schiff 碱配体 L8～L13，红外谱图见附录 3。

L8 红外谱图归属情况（KBr，ν/cm^{-1}）：3215(—OH，s)，2924(—CH_2，w)，2855(—CH_2，m)，1622(—HC ═N—，vs)，1578(s)，1491(s)，1408(m)，1317(w)，1269(s)，1205(m)，1153(w)，1070(s)，910(m)，810(s)，760(s)，689(s)，523(w)，457(w)。

L9 红外谱图归属情况（KBr，ν/cm^{-1}）：3358(—OH，s)，2953(—CH_2，w)，1612(—HC ═N—，m)，1535(s)，1425(s)，1152(s)，1096(vs)，986(w)，843(w)，748(m)，635(m)，447(w)。

L10 红外谱图归属情况（KBr，ν/cm^{-1}）：3215(—OH，s)，3069(w)，2957(—CH_2，w)，2870(—CH_2，m)，1632(—HC ═N—，vs)，1491(w)，1421(m)，1350(w)，1221(w)，1082(m)，905(w)，849(w)，752(m)，704(s)，546(w)，505(w)，430(w)。

L11 红外谱图归属情况（KBr，ν/cm^{-1}）：3398(—OH，m)，3036(w)，2932(—CH_2，m)，2847(—CH_2，m)，1636(—HC ═N—，s)，1595(vs)，1510(m)，1443(s)，1387(w)，1277(s)，1163(s)，1072(m)，1024(m)，912(w)，837(s)，756(w)，694(m)，644(w)，513(m)。

L12 红外谱图归属情况（KBr，ν/cm^{-1}）：3290(—OH，m)，3080(w)，2930(—CH_2，m)，2866(—CH_2，m)，1638(—HC ═N—，m)，1528(vs)，1400(w)，1346(s)，1219(w)，1032(m)，949(w)，907(w)，818(w)，744(s)，687(s)，525(w)，474(w)。

L13 红外谱图归属情况（KBr，ν/cm^{-1}）：3130(—OH，m)，2901(—CH_2，m)，2814(—CH_2，m)，1607(—HC ═N—，vs)，1530(s)，1439(m)，1367(s)，1317(m)，1234(m)，1180(s)，1061(s)，910(m)，802(s)，762(s)，704(s)，640(w)，519(s)。

F 单晶 X 射线衍射分析

挑选一定尺寸的单晶放到 Bruker Smart APEX Ⅱ CCD 型 X 射线单晶衍射仪上，在室温条件下，用经石墨单色器单色化的 Mo K_α 射线（λ = 0.071073nm）采集设定范围中的 θ 衍射数据。单晶结构采用 SHELXS-97 程序由直接法解出[5]，采用 SHELXL-97 程序对结构进行精修[6]，对非 H 和 H 分别使用各向异性和各向同性的温度因子，然后利用全矩阵最小二乘法对其进行修正。化合物 L8～L13 的晶体数据见表 4-6，主要氢键数据见表 4-7。

表 4-6 L8～L13 的晶体学数据

化合物	L8	L9	L10	L11	L12	L13
分子式	$C_{90}H_{90}N_6O_{12}$	$C_{17}H_{17}NO$	$C_{13}H_{13}NOS$	$C_{15}H_{15}NO_2$	$C_{15}H_{14}N_2O_3$	$C_{34}H_{40}N_4O_2$
分子量	1447.68	251.32	231.30	241.28	270.28	536.70
T/K	296(2)	296(2)	296(2)	296(2)	296(2)	296(2)
晶系	Triclinic	Monoclinic	Monoclinic	Orthorhombic	Monoclinic	Monoclinic
空间群	$P1$	$C2$	$C2$	$P2_12_12_1$	$P2_1$	$P2_1$
a/nm	0.5965(3)	2.1308(3)	2.023(3)	0.59234(5)	0.46031(8)	1.1520(9)
b/nm	1.4258(8)	0.63128(9)	0.8824(12)	1.00231(9)	2.3682(4)	0.6603(5)
c/nm	2.3813(13)	1.11146(16)	0.6648(9)	2.2151(2)	0.60890(11)	2.0775(15)
α/(°)	90	90	90	90	90	90
β/(°)	90	95.729(2)	99.014(19)	90	92.971(2)	103.954(9)
γ/(°)	97.920(7)	90	90	90	90	90
V/nm^3	2006.1(19) ×10^{-3}	1487.6(4) ×10^{-3}	1172(3) ×10^{-3}	1315.1(2) ×10^{-3}	662.9(2) ×10^{-3}	1533.7(19) ×10^{-3}
Z	1	4	4	4	2	2
D_C/g · cm^{-3}	1.198	1.122	1.311	1.219	1.354	1.162
μ/mm^{-1}	0.080	0.069	0.253	0.081	0.096	0.073
F(000)	768	536	488	512	284	576
θ range/(°)	2.57～25.50	2.53～25.50	3.10～25.50	2.74～25.50	3.35～25.49	2.29～25.49
GOF	1.022	1.046	1.087	1.087	1.021	0.996
所有收集数据	15478	5783	4248	10095	5098	11847
用于计算数据	12234	2755	1886	2438	2142	5547
Rint	0.0209	0.0245	0.1767	0.0196	0.0154	0.0285
R_1, wR_2[I>2σ(I)]	0.0458, 0.0972	0.0394, 0.0743	0.0864, 0.2170	0.0525, 0.1435	0.0282, 0.0694	0.0452, 0.0854
R_1, wR_2(all data)	0.0748, 0.1122	0.0590, 0.0809	0.1050, 0.2382	0.0591, 0.1503	0.0313, 0.0717	0.0766, 0.0983

表 4-7 L8~L13 的氢键键长与键角

化合物	D—H…A	d(D—H)	d(H…A)	d(D…A)	<(DHA)
L8	O(2)—H(2)…N(1)	0.82	1.92	2.645(3)	146.7
	O(3)—H(3A)…O(7)#1	0.82	1.88	2.698(3)	172.7
	O(5)—H(5A)…O(3)	0.82	1.87	2.654(3)	158.7
	O(8)—H(8)…N(4)	0.82	1.94	2.666(3)	146.8
	O(9)—H(9A)…O(1)#2	0.82	1.85	2.668(4)	174.5
	O(10)—H(10)…N(5)	0.82	1.90	2.627(3)	146.7
	O(11)—H(11A)…O(9)#3	0.82	1.80	2.607(4)	170.3
	O(12)—H(12A)…N(6)	0.82	1.94	2.646(3)	143.9
	C(18)—H(18)…π#4	0.93	3.83	4.218(5)	108.5
	C(63)—H(63)…π	0.93	3.29	3.765(5)	114.2
	C(72)—H(72)…π	0.93	2.90	3.731(3)	149.6
L9	O(1)—H(1A)…N(1)	0.82	2.06	2.874(2)	176.0
	C(14)—H(14)…π#2	0.93	2.87	3.573(2)	134.0
	C(16)—H(16)…π#3	0.93	2.76	3.512(2)	138.0
L10	O(1)—H(1A)…N(1)#1	0.82	2.04	2.856(2)	172.0
L11	O(2)—H(2A)…N(1)#1	0.82	1.95	2.748(3)	164.9
L12	O(1)—H(1A)…N(1)#1	0.82	2.19	3.011(2)	173.5
	C(12)—H(12)…O(3)#2	0.93	2.90	3.731(3)	149.6
L13	O(1)—H(1A)…N(1)#1	0.82	2.03	2.847(3)	172.0
	O(2)—H(2A)…N(3)#2	0.82	2.03	2.843(3)	174.3
	C(33)—H(33C)…π#3	0.96	2.90	3.651(4)	136.0
	C(34)—H(34B)…π#4	0.96	2.97	3.831(4)	151.0

对称操作：L8 #1 $x+1, y, z$; #2 $x, y, z+1$; #3 $x+1, y+1, z-1$; #4 $x, y-1, z$; L9 #1 $-x+1/2, y-1/2, -z+1$; #2 $-x+1/2, y+1/2, -z+2$; #3 $x, y+1, z+1$; L10 #1 $-x, y, -z$; L11 #1 $-x+2, y-1/2, -z+1/2$; L12 #1 $x+1, y, z$; #2 $x+1, y, z-1$; L13 #1 $-x+1, y+1/2, -z+1$; #2 $-x, y-1/2, -z$; #3 $-x+1, y-1/2, -z$; #4 $-x+1, y+1/2, -z$。

（1）单晶 L8 结构分析。化合物 L8 属于三斜晶系，具有手性空间群 $P1$，L8 的不对称单元结构如图 4-12a 所示。L8 的不对称单元含有 6 个 L-苯甘氨醇缩水杨醛手性 Schiff 碱分子，其中 C ═N 的键长在 0.1272(4)～0.1278(4) nm 范围内，分子之间通过 O—H…O 氢键形成了一维结构，如图 4-12b 所示。相邻的一维链进一步通过 C—H…π 氢键作用连接成为三维超分子结构，如图 4-12c 所示。

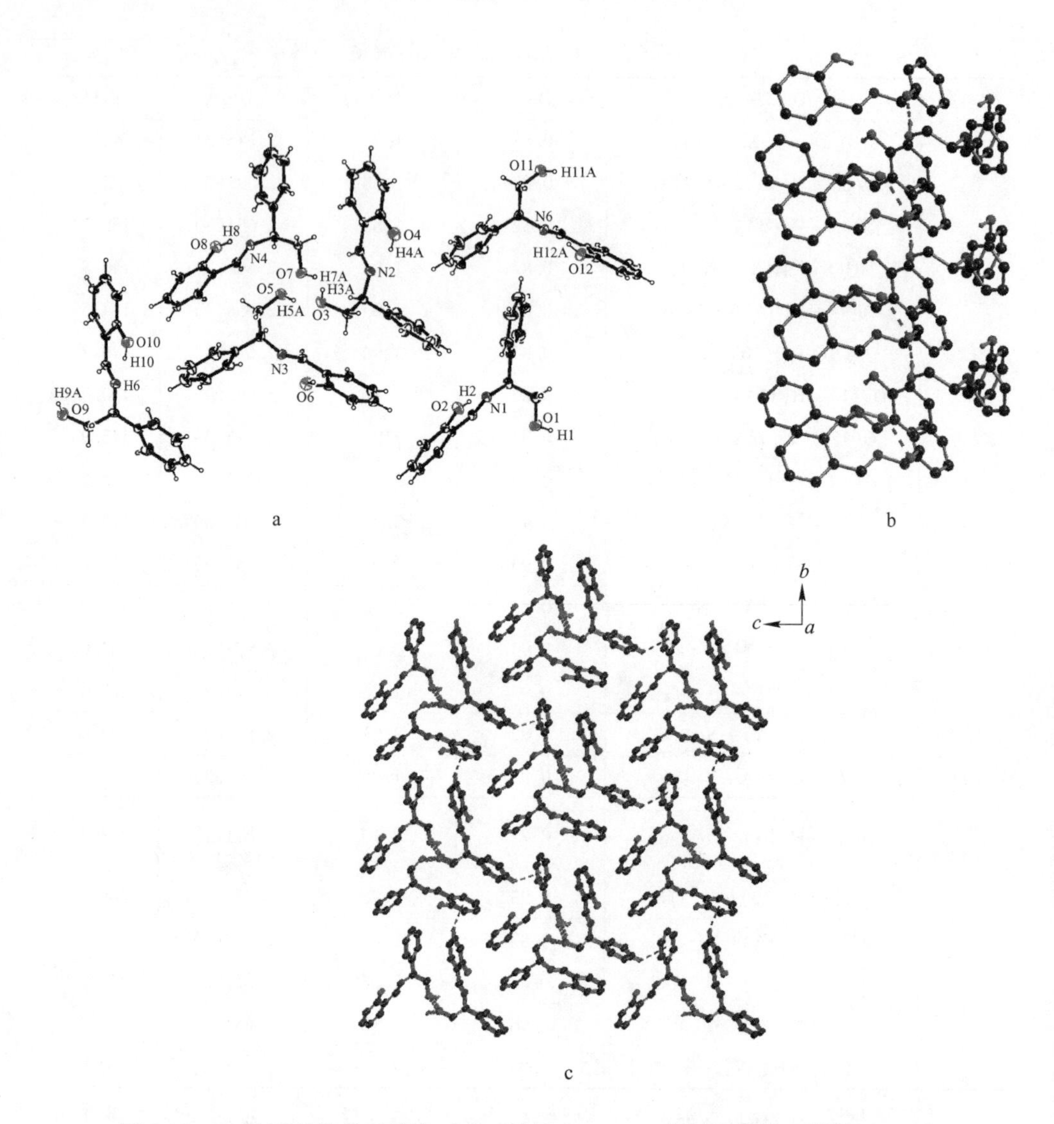

图 4-12 L8 的不对称单元结构（a），通过 O—H···O 氢键形成的一维链（b）和通过 C—H···π 氢键作用形成的三维超分子结构（c）

（2）单晶 L9 结构分析。化合物 L9 属于单斜晶系，具有手性空间群 $C2$，L9 的不对称单元结构如图 4-13a 所示。C9 ═N1 的键长为 0.1265(2) nm，两个苯环间的二面角为 55.723(61)°。分子之间通过 O1—H1A···N1 氢键作用形成了一维结构，如图 4-13b 所示。相邻的一维链进一步通过 C—H···π 氢键作用连接成为二维结构，如图 4-13c 所示。

（3）单晶 L10 结构分析。化合物 L10 属于单斜晶系，具有手性空间群 $C2$，

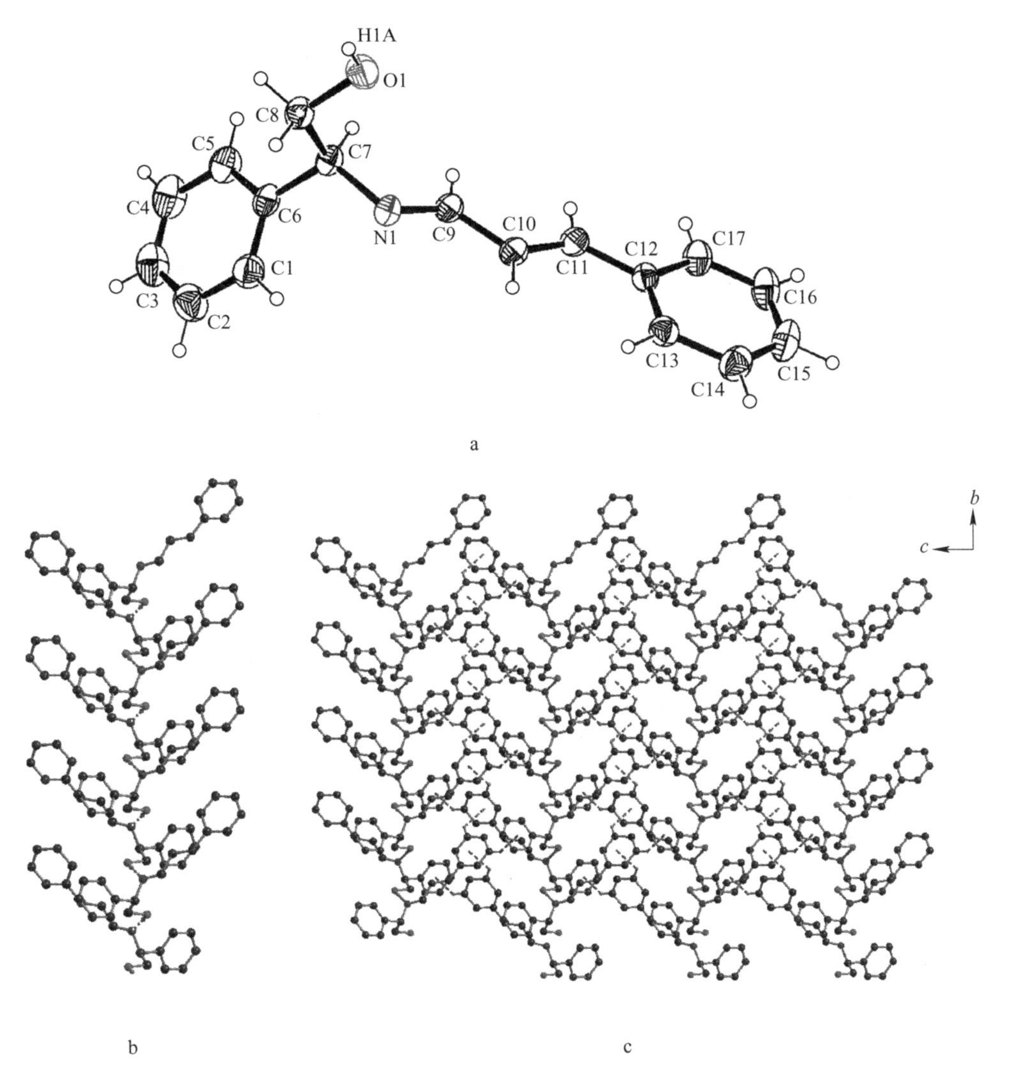

图 4-13 L9 的不对称单元结构（a），通过 O1—H1A…N1 氢键形成的一维链（b）和通过 C—H…π 氢键作用形成的二维结构（c）

L10 的不对称单元结构如图 4-14a 所示。C9 ═N1 的键长为 0. 1251(7) nm，两个苯环间的二面角为 69. 955°。分子之间通过 O1—H1A…N1 氢键作用形成了零维结构，如图 4-14b 所示。

（4）单晶 L11 结构分析。化合物 L11 属于正交晶系，具有手性空间群 $P2_12_12_1$，L11 的不对称单元结构如图 4-15a 所示。C9 ═N1 的键长为 0. 1272(3) nm，两个苯环间的二面角为 80. 189(75)°。分子之间通过 O2—H2A…N1 氢键作用形成了螺旋链状结构，如图 4-15b 所示。

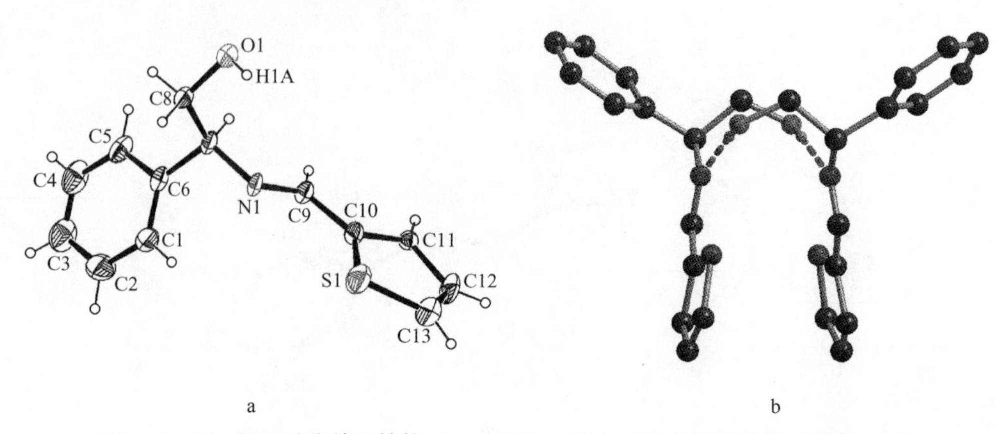

图 4-14　L10 的不对称单元结构（a）和 O1—H1A…N1 氢键形成的二聚体（b）

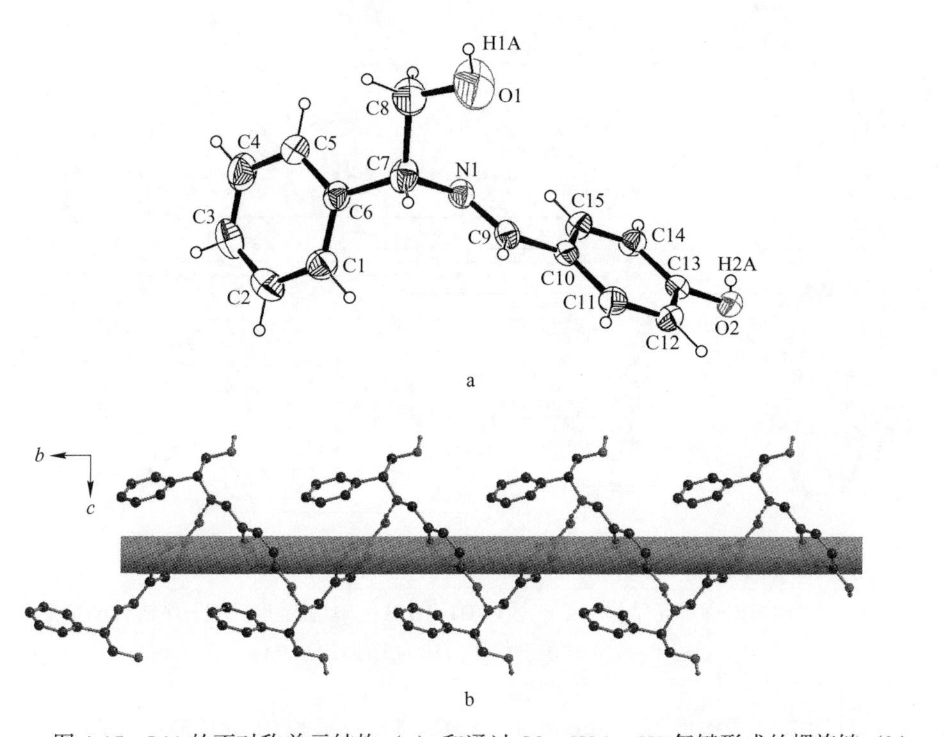

图 4-15　L11 的不对称单元结构（a）和通过 O2—H2A…N1 氢键形成的螺旋链（b）

（5）单晶 L12 结构分析。化合物 L12 属于单斜晶系，具有手性空间群 $P2_1$，L12 的不对称单元结构如图 4-16a 所示，C9 ═N1 的键长为 0. 1265(2) nm，两个苯环间的二面角为 80. 719(51)°。分子之间通过 O1—H1A…N1 氢键作用形成了螺旋链状结构，如图 4-16b 所示。相邻的一维链进一步通过 C12—H12…O3 氢键作用连接成为二维结构，如图 4-16c 所示。

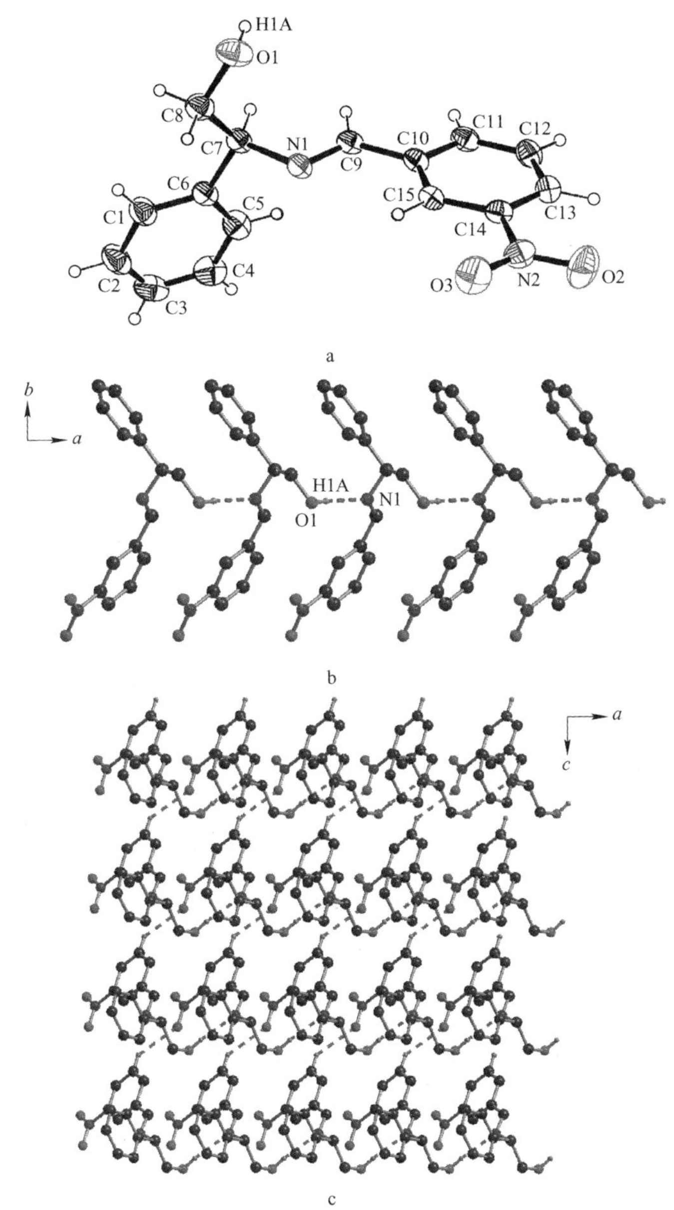

图 4-16 L12 的不对称单元结构（a），通过 O1—H1A···N1 氢键形成的螺旋链（b）和通过 C12—H12···O3 氢键作用形成的二维结构（c）

（6）单晶 L13 结构分析。化合物 L13 属于单斜晶系，具有手性空间群 $P2_1$，L13 的不对称单元结构如图 4-17a 所示。不对称单元中含有两分子的 L-苯甘氨醇缩对二甲基氨苯甲醛手性 Schiff 碱，其中 C9 ═N1 和 C26 ═N3 的键长分别为 0.1265(3) nm 和 0.1270(3) nm，两个苯环间的二面角为 80.719(51)°。分子之间通过 O1—H1A…N1 氢键作用形成了螺旋链状结构，如图 4-17b 所示。相邻的一维链进一步通过 C33—H33C…π 和 C34—H34B…π 氢键作用连接成为三维结构，如图 4-17c 所示。

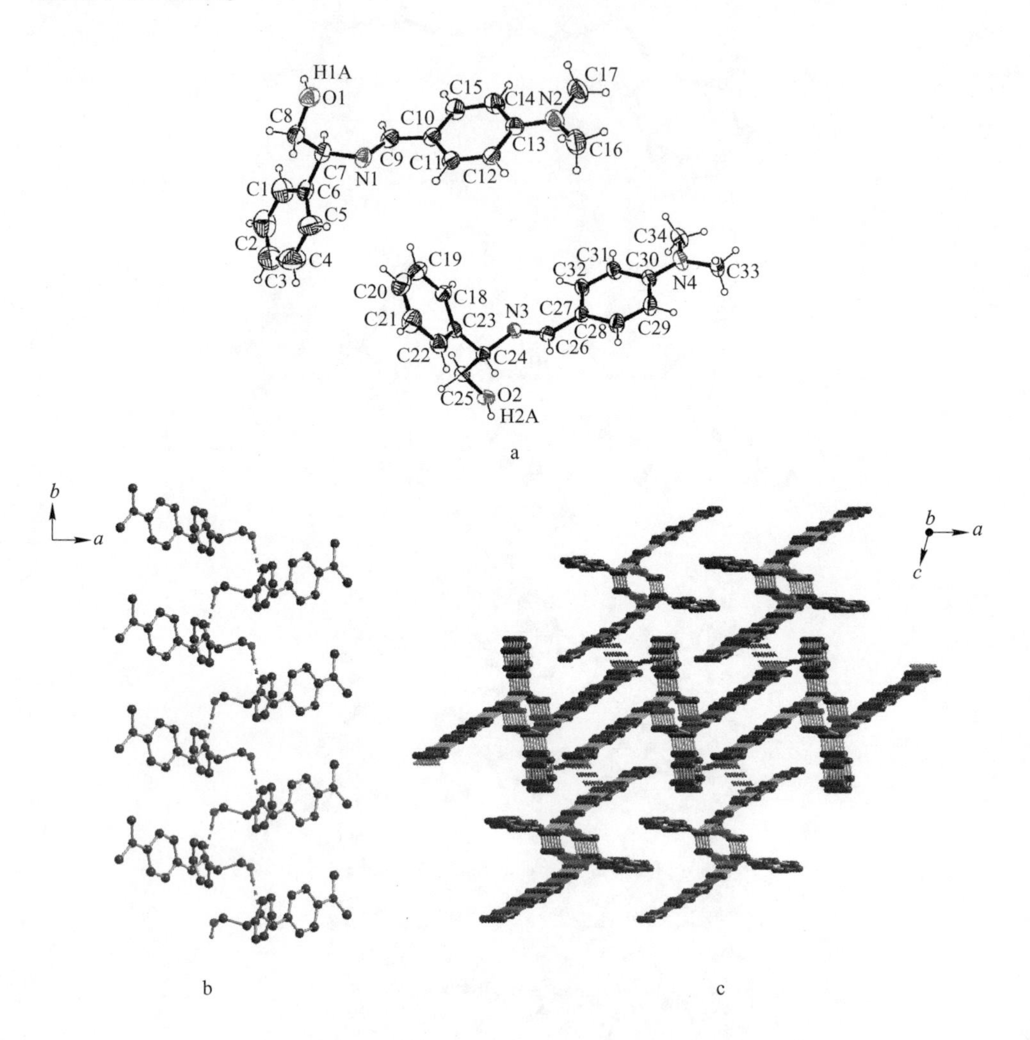

图 4-17　L13 的不对称单元结构（a），通过 O—H…N 氢键形成的螺旋链（b）和通过 C—H…π 氢键作用形成的 3D 结构（c）

4.3.2.2　L-苯甘氨醇 Schiff 碱配合物的表征

A　配合物的红外光谱分析

在 4000~400cm^{-1}范围内测试了配合物 C8、C10 和 C11 的红外光谱，并分别与对应的配体进行对比，红外谱图见附录 3。从红外谱图可以看出，配合物的红外光谱与配体的红外光谱有差异，C8 中的—HC ═N—伸缩振动吸收峰发生了蓝移，可能是由于羟基，氮原子与金属离子发生了配位，使得配体发生了扭曲，离域共轭体系被破坏，离域共轭效应减弱，从而增强了—HC ═N—双键的性质，使得其特征吸收峰向高波数移动，发生蓝移。C10 和 C11 中的—HC ═N—伸缩振动吸收峰均发生了红移，可能是由于金属 Fe^{3+} 与氮原子发生了配位使得配体的离域共轭性加强，进一步降低了—HC ═N—双键的性质，致使其特征吸收峰向低波数移动，发生红移。

B 配合物的铁离子含量分析

将得到的铁配合物配制成一定浓度的溶液，将测得吸光度值，代入标准曲线中，计算得到各铁配合物中的 Fe^{3+} 的含量，见表 4-8。

表 4-8 铁离子的含量

配 合 物	质量分数/%
C8	35.8
C10	38.5
C11	32.95

4.3.3 小结

本节用 L-苯甘氨醇作为手性源，分别和水杨醛，肉桂醛，噻吩-2-甲醛，对羟基苯甲醛，3-硝基苯甲醛和对二甲氨基苯甲醛 6 种不同的醛缩合反应得到 L-苯甘氨醇缩水杨醛，L-苯甘氨醇缩肉桂醛，L-苯甘氨醇缩噻吩-2-甲醛，L-苯甘氨醇缩对羟基苯甲醛，L-苯甘氨醇缩 3-硝基苯甲醛和 L-苯甘氨醇缩对二甲氨基苯甲醛 6 种手性 Schiff 碱，并通过熔点、旋光、红外光谱、核磁、质谱和单晶 X 射线衍射等手段对它们的结构和手性进行了表征。与此同时，利用得到的手性 Schiff 碱配体与硝酸铁反应制备得到三个手性 Schiff 碱铁配合物，并通过红外光谱测试手段确定配合物已形成。

4.4 R-(+)-α-甲基苄胺 Schiff 碱及其配合物的合成与表征

主要利用 R-(+)-α-甲基苄胺作为手性源，分别和水杨醛，肉桂醛，噻吩-2-甲醛，对羟基苯甲醛，3-硝基苯甲醛，对二甲氨基苯甲醛和对苯二甲醛 7 种不同的醛反应制备手性 Schiff 碱，利用生成的手性 Schiff 碱和金属铁盐反应制备手性 Schiff 碱铁配合物。并通过质谱、核磁、紫外、红外光谱、旋光和 X 射线单晶衍射等手段对手性 Schiff 碱配体及配合物进行表征。

4.4.1　实验合成

4.4.1.1　R-(+)-α-甲基苄胺 Schiff 碱的合成路线

R-(+)-α-甲基苄胺 Schiff 碱的合成路线，如图 4-18 所示。

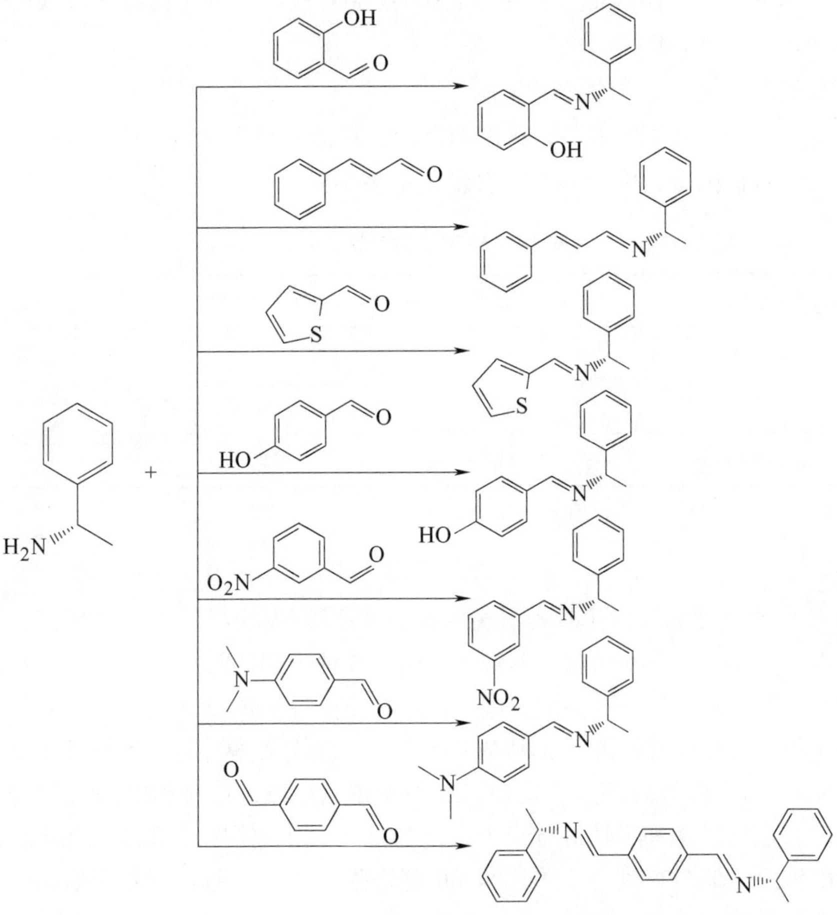

L14

L15

L16

L17

L18

L19

L20

图 4-18　R-(+)-α-甲基苄胺 Schiff 碱的合成路线

4.4.1.2　R-(+)-α-甲基苄胺 Schiff 碱配体的合成

(1) R-(+)-α-甲基苄胺缩水杨醛 Schiff 碱配体（L14）的合成。分别取 10mmol(1.22g)水杨醛与等摩尔的 R-(+)-α-甲基苄胺(1.21g)加入到 100mL 的三口烧瓶中，加入 20mL 的甲苯溶剂，再加入少量的对甲基苯磺酸（*P*-TsOH）作催化剂，及适量的无水 $MgSO_4$，然后放在磁力搅拌器上搅拌，在温度 T = 140℃下冷凝回流18h，之后趁热过滤，保留滤液，减压旋蒸掉溶剂甲苯，得黄色固体，用无水乙醇重结晶，有黄色块状晶体析出，得产物1.44g，产率为64.0%，熔点为72~74℃。

（2）R-(+)-α-甲基苄胺缩肉桂醛Schiff碱配体（L15）的合成。分别取10mmol(1.32g)肉桂醛与等摩尔的R-(+)-α-甲基苄胺(1.21g)加入到100mL的三口烧瓶中，加入20mL的甲苯溶剂，再加入少量的*P*-TsOH作催化剂，及适量的无水$MgSO_4$，然后放在磁力搅拌器上搅拌，在温度$T=140$℃下冷凝回流18h，之后趁热过滤，保留滤液，减压旋蒸掉溶剂甲苯，得褐色固体，用无水乙醇重结晶，有浅褐色薄片状晶体析出，得产物1.25g，产率为51.2%，熔点为160~162℃。

（3）R-(+)-α-甲基苄胺缩噻吩-2-甲醛Schiff碱配体（L16）的合成。分别取10mmol(1.12g)噻吩-2-甲醛与等摩尔的R-(+)-α-甲基苄胺(1.21g)加入到100mL的三口烧瓶中，加入20mL的甲苯溶剂，再加入少量的*P*-TsOH作催化剂，及适量的无水$MgSO_4$，然后放在磁力搅拌器上搅拌，在温度$T = 140$℃下冷凝回流18h，之后趁热过滤，保留滤液，减压旋蒸掉溶剂甲苯，得浅黄色固体，用无水乙醇重结晶，有浅黄色块状晶体析出，得产物1.78g，产率为82.8%，熔点为48~50℃。

（4）R-(+)-α-甲基苄胺缩对羟基苯甲醛Schiff碱配体（L17）的合成。分别取10mmol(1.22g)对羟基苯甲醛与等摩尔的R-(+)-α-甲基苄胺(1.21g)加入到100mL的三口烧瓶中，加入20mL的甲苯溶剂，再加入少量的*P*-TsOH作催化剂，及适量的无水$MgSO_4$，然后放在磁力搅拌器上搅拌，在温度$T=140$℃下冷凝回流18h，之后趁热过滤，保留滤液，减压旋蒸掉溶剂甲苯，得浅黄色固体，用无水乙醇重结晶，有浅黄色块状晶体析出，得产物1.62g，产率为72.0%，熔点为179~181℃。

（5）R-(+)-α-甲基苄胺缩3-硝基苯甲醛Schiff碱配体（L18）的合成。分别取10mmol(1.51g)3-硝基苯甲醛与等摩尔的R-(+)-α-甲基苄胺(1.21g)加入到100mL的三口烧瓶中，加入20mL的甲苯溶剂，再加入少量的*P*-TsOH作催化剂，及适量的无水$MgSO_4$，然后放在磁力搅拌器上搅拌，在温度$T=140$℃下冷凝回流18h，之后趁热过滤，保留滤液，减压旋蒸掉溶剂甲苯，得淡黄色固体，用淡黄水乙醇重结晶，有浅黄色块状晶体析出，得产物2.00g，产率为78.7%，熔点为48~50℃。

（6）R-(+)-α-甲基苄胺缩对二甲氨基苯甲醛Schiff碱配体（L19）的合成。分别取10mmol(1.49g)对二甲氨基苯甲醛与等摩尔的R-(+)-α-甲基苄胺(1.21g)加入到100mL的三口烧瓶中，加入20mL的甲苯溶剂，再加入少量的*P*-TsOH作催化剂，及适量的无水$MgSO_4$，然后放在磁力搅拌器上搅拌，在温度$T=140$℃下冷凝回流18h，之后趁热过滤，保留滤液，减压旋蒸掉溶剂甲苯，得浅黄色固体，用淡黄水乙醇重结晶，有浅黄色块状晶体析出，得产物1.89g，产率为75.0%，熔点为82~83℃。

（7）R-(+)-α-甲基苄胺缩对苯二甲醛Schiff碱配体（L20）的合成。分别取10mmol(1.34g)对苯二甲醛与两倍摩尔的R-(+)-α-甲基苄胺(2.42g)加入到100mL的三口烧瓶中，加入35mL的甲苯溶剂，再加入少量的*P*-TsOH作催化剂，及适量的无水$MgSO_4$，然后放在磁力搅拌器上搅拌，在温度$T=140$℃下冷凝回流24h，之后趁热过滤，保留滤液，减压旋蒸掉溶剂甲苯，得浅褐色固体，用无水乙醇重结晶，有浅褐色块状晶体析出，得产物2.74g，产率为80.6%，熔点为97~98℃。

4.4.1.3 R-(+)-α-甲基苄胺Schiff碱铁配合物的合成

（1）R-(+)-α-甲基苄胺缩水杨醛Schiff碱铁配合物（C14）的合成。将0.225g(1mmol)R-(+)-α-甲基苄胺缩水杨醛Schiff碱与0.404g(1mmol)硝酸铁加入20mL干净试管中，加入10mL无水乙醇，水浴加热至60℃，恒温12h后再降至室温，试管中有深褐色沉淀生成。过滤，并用无水乙醇洗涤3次，真空干燥24h。得到少量红褐色的固体，测其熔点大于300℃。

（2）R-(+)-α-甲基苄胺缩对羟基苯甲醛Schiff碱铁配合物（C17）的合成。将0.225g(1mmol)R-(+)-α-甲基苄胺缩对羟基苯甲醛Schiff碱与0.404g(1mmol)硝酸铁加入20mL干净试管中，加入10mL无水乙醇，水浴加热至60℃，恒温12h后再降至室温，有深褐色沉淀产生。过滤，并用EtOH洗涤3次，真空干燥24h。得到少量红褐色的固体，测其熔点大于300℃。

（3）R-(+)-α-甲基苄胺缩3-硝基甲醛Schiff碱铁配合物（C18）的合成。将0.254g(1mmol)R-(+)-α-甲基苄胺缩3-硝基甲醛Schiff碱与0.404g(1mmol)硝酸铁加入20mL干净试管中，加入10mL无水乙醇，水浴加热至60℃，恒温12h后再降至室温，有深褐色沉淀产生。过滤，并用EtOH洗涤3次，真空干燥24h。得到少量红褐色的固体，测其熔点大于300℃。

（4）R-(+)-α-甲基苄胺缩对二甲氨基苯甲醛Schiff碱铁配合物（C19）的合成。将0.252g(1mmol)R-(+)-α-甲基苄胺缩对二甲氨基苯甲醛Schiff碱与0.404g(1mmol)硝酸铁加入20mL干净试管中，加入10mL无水乙醇，水浴加热至60℃，恒温12h后再降至室温，有深褐色沉淀产生。过滤，并用EtOH洗涤3次，真空干燥24h。得到少量红褐色的固体，测其熔点大于300℃。

4.4.2 结果与讨论

4.4.2.1 R-(+)-α-甲基苄胺Schiff碱配体的表征

A R-(+)-α-甲基苄胺Schiff碱配体的质谱分析

R-(+)-α-甲基苄胺Schiff碱配体L14~L20的质谱图，见附录1。从图中可以得出，R-(+)-α-甲基苄胺Schiff碱配体L14~L20的EST-MS［$M+H^+$］峰分别为m/z（%）：226.0、236.1、215.9、225.9、255.0、253.3、341.0，这与目标化合物分子量相吻合。

B R-(+)-α-甲基苄胺Schiff碱配体核磁分析

L14~L20的核磁分析分别如下，核磁谱图见附录2。

L14：^{1}H NMR(400MHz，$CDCl_3$，δ/ppm)：8.38(s，1H，—CH=N)，7.34~7.28(m，4H，Ph-H)，7.23~7.20(m，3H，Ph-H)，6.95~6.85(t，2H，Ph-H)，4.57~4.50(m，1H，—CH)，1.64~1.59(q，3H，—CH_3)，1.24(s，1H，—OH)。

L15：^{1}H NMR(400MHz，d_6-DMSO，δ/ppm)：7.64~7.62(t，2H，Ph-H)，7.48(s，1H，—CH=N)，7.44~7.38(m，6H，Ph-H)，7.34~7.30(q，2H，Ph-H)，7.25~7.21(q，1H，—CH)，6.53~6.49(t，1H，—CH)，4.12~4.06(m，1H，—CH)，1.32~1.30(t，3H，—CH_3)。

L16：^{1}H NMR(400MHz，d_6-DMSO，δ/ppm)：8.56(s，1H，—CH=N)，7.66~7.12(m，8H，Ph-H)，4.50~4.45(m，1H，—CH)，1.46~1.44(q，3H，—CH_3)。

L17：^{1}H NMR(400MHz，d_6-DMSO，δ/ppm)：9.90(s，1H，—OH)，8.30(s，1H，—CH=N)，7.34~7.28(m，4H，Ph-H)，7.23~7.20(m，3H，Ph-H)，6.95~6.85(t，2H，Ph-H)，4.57~4.50(m，1H，—CH)，1.64~1.59(q，3H，—CH_3)，1.45~1.43(t，1H，—OH)。

L18：^{1}H NMR(400MHz，d_6-DMSO，δ/ppm)：8.65(s，1H，—CH=N)，8.59(s，1H，Ph-H)，8.32(s，1H，Ph-H)，8.30(s，1H，Ph-H)，7.78~7.74(q，1H，Ph-H)，7.46~7.44(t，2H，Ph-H)，7.38~7.34(q，2H，Ph-H)，7.28~7.24(q，1H，Ph-H)，4.69~4.64(m，1H，—CH)，1.54-1.52(t，3H，—CH_3)。

L19：^{1}H NMR(400MHz，$CDCl_3$，δ/ppm)：8.24(s，1H，—CH=N)，7.66~6.68(m，8H，Ph-H)，4.50~4.47(m，1H，—CH)，3.02~3.01(t，6H，—$N(CH_3)_2$)，1.67~1.59(q，3H，—CH_3)。

L20：^{1}H NMR(400MHz，$CDCl_3$，δ/ppm)：8.38~8.37(s，1H，—CH=N)，7.81~7.80(s，2H，Ph-H)，7.44~7.32(m，5H，Ph-H)，4.58~4.55(m，1H，—CH)，1.63~1.60(q，3H，—CH_3)。

C R-(+)-α-甲基苄胺Schiff碱配体的紫外光谱分析

R-(+)-α-甲基苄胺Schiff碱(L14~L20)的紫外光谱如图4-19所示。L14~L20的紫外光谱是在甲醇的溶液中测定，L14~L20的紫外吸收峰主要分别出现在254nm，315nm；267nm；262nm，282nm；272nm，381nm；235nm；232nm，333nm，397nm；277nm。

D R-(+)-α-甲基苄胺Schiff碱配体的旋光分析

在温度T = 22℃条件下，以甲醇为溶剂，分别配置浓度为0.01g/mL的L14~

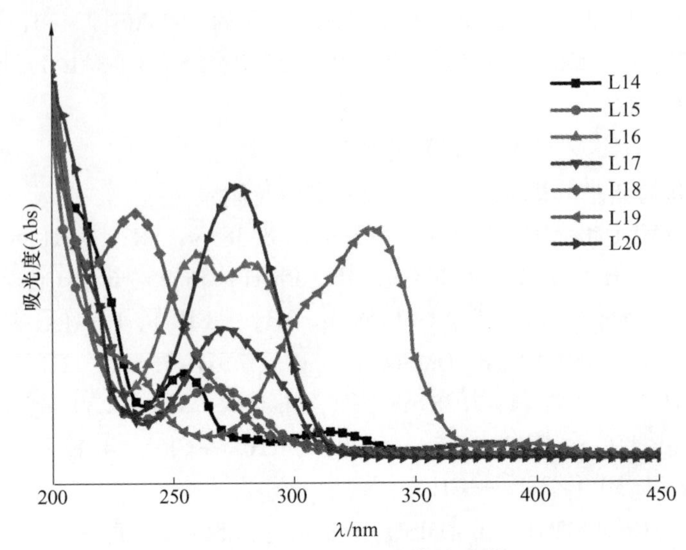

图 4-19 L14~L20 的紫外光谱

L20 溶液，用 WSS-2S 自动旋光仪对 L14~L20 的旋光性进行了测试，测试三次，取三次测试数值的平均值，计算 L14~L20 比旋光度，见表 4-9。

表 4-9 L14~L20 的比旋光度

R-(+)-α-甲基苄胺 Schiff 碱	L14	L15	L16	L17	L18	L19	L20
比旋光度 $[\alpha]_D/(°)$	-152.8	-100.8	-130.7	-102.1	-62.4	-222.1	-188.6

E R-(+)-α-甲基苄胺 Schiff 碱配体的红外分析

测试方法：KBr 压片法，在 4000~400cm^{-1}范围内测定配体的红外光谱。

L14~L20 的红外光谱谱图中均未观察到羰基和胺基的特征吸收峰，并且 7 种 R-(+)-α-甲基苄胺 Schiff 碱配体—HC ═N—特征伸缩振动峰分别位于：1626cm^{-1}，1641cm^{-1}，1628cm^{-1}，1625cm^{-1}，1641cm^{-1}，1607cm^{-1}，1643cm^{-1}，说明已经成功合成出 R-(+)-α-甲基苄胺 Schiff 碱配体 L14~L20，红外谱图见附录 3。

L14 红外谱图归属情况（KBr，ν/cm^{-1}）：3462（—OH，m），3053（m），2932（—CH_3，m），2880（—CH_3，m），1626（—HC ═N—，vs），1497（m），1408（s），1369（s），1279（m），1204（w），1124（w），1080（w），1009（m），914（w），835（m），762（s），700（s），648（w），536（w），461（w）。

L15 红外谱图归属情况（KBr，ν/cm^{-1}）：3028（w），2928（—CH_3，m），2873（—CH_3，w），1641（—HC ═N—，vs），1560（s），1408（s），1374（s），1290（m），1086（w），798（s），887（w），837（m），770（m），698（s），584（w），532（w），486 (w)。

L16 红外谱图归属情况(KBr, ν/cm^{-1}): 3069(w), 3020(w), 2968(—CH_3, m), 2849(—CH_3, m), 1628(—HC═N—, vs), 1485(m), 1437(s), 1333(m), 1205(w), 1109(w), 1069(m), 1026(s), 957(m), 850(m), 758(s), 704(s), 608(w), 532(w), 484(w)。

L17 红外谱图归属情况(KBr, ν/cm^{-1}): 3034(w), 2968(—CH_3, m), 2848(—CH_3, m), 1625(—HC═N—, m), 1597(vs), 1510(m), 1447(s), 1379(m), 1279(s), 1169(s), 1099(m), 972(w), 922(w), 829(s), 760(w), 698(m), 606(w), 505(m)。

L18 红外谱图归属情况(KBr, ν/cm^{-1}): 3076(w), 2972(—CH_3, m), 2862(—CH_3, m), 1641(—HC═N—, s), 1607(w), 1528(vs), 1445(s), 1352(vs), 1273(m), 1213(w), 1072(s), 1016(w), 974(w), 914(w), 833(w), 768(s), 694(s), 619(w), 532(m)。

L19 红外谱图归属情况(KBr, ν/cm^{-1}): 3026(w), 2968(—CH_3, m), 2824(—CH_3, m), 1607(—HC═N—, vs), 1529(s), 1411(s), 1367(s), 1286(m), 1229(m), 1176(s), 1096(m), 1061(w), 1011(w), 974(w), 903(w), 812(s), 758(m), 698(s), 646(w), 503(m)。

L20 红外谱图归属情况(KBr, ν/cm^{-1}): 3024(w), 2972(—CH_3, m), 2849(—CH_3, m), 1643(—HC═N—, vs), 1570(s), 1493(m), 1410(s), 1367(s), 1294(s), 1221(m), 1113(m), 1070(m), 1009(m), 972(m), 914(w), 837(s), 764(m), 702(s), 650(w), 514(w)。

F 单晶 X 射线衍射分析

挑选一定尺寸的单晶放到 Bruker Smart APEX Ⅱ CCD 型 X 射线单晶衍射仪上，在室温条件下，用经石墨单色器单色化的 Mo K_α射线(λ=0.071073nm) 采集设定范围中的 θ 衍射数据。单晶结构采用 SHELXS-97 程序由直接法解出[5]，采用 SHELXL-97 程序对结构进行精修[6]，对非 H 和 H 分别使用各向异性和各向同性的温度因子，然后利用全矩阵最小二乘法对其进行修正。化合物 L14~L20 的晶体数据见表 4-10。

表 4-10 L14，L16~L20 的晶体学数据

化合物	L14	L16	L17	L18	L19	L20
分子式	$C_{15}H_{15}NO$	$C_{13}H_{13}NS$	$C_{15}H_{15}NO$	$C_{15}H_{14}N_2O_2$	$C_{8.5}H_{10}N$	$C_{48}H_{48}N_4$
分子量	225.28	215.30	225.28	254.28	126.18	680.90
T/K	296(2)	296(2)	296(2)	296(2)	296(2)	296(2)
晶系	Monoclinic	Monoclinic	Orthorhombic	Monoclinic	Monoclinic	Monoclinic

续表 4-10

化合物	L14	L16	L17	L18	L19	L20
空间群	$C2$	$P2_1$	$P2_12_12_1$	$C2$	$P2_1$	$P2_1$
a/nm	1.8535(12)	0.5612(8)	0.60441(4)	1.9147(4)	0.86418(15)	0.76472(7)
b/nm	0.5910(4)	0.7603(10)	0.99803(7)	0.9962(2)	0.60457(11)	1.58643(14)
c/nm	1.4722(10)	1.3978(19)	2.12628(16)	0.74246(15)	1.4104(3)	1.68064(15)
α/(°)	90	90	90	90	90	90
β/(°)	129.01	95.211(18)	90	102.400(3)	92.568(2)	90
γ/(°)	90	90	90	90	90	90
V/nm^3	1253.2(14) $\times10^{-3}$	594.0(14) $\times10^{-3}$	1282.61(16) $\times10^{-3}$	1383.1(5) $\times10^{-3}$	736.1(2) $\times10^{-3}$	2038.9(3) $\times10^{-3}$
Z	4	2	4	4	4	2
D_C/g · cm^{-3}	1.194	1.204	1.167	1.221	1.138	1.109
μ/mm^{-1}	0.075	0.239	0.073	0.083	0.067	0.065
F(000)	480	228	480	536	272	728
θ range /(°)	2.83~25.50	2.93~25.49	2.25~19.53	2.18~25.49	2.36~25.50	2.42~25.50
GOF	1.030	1.542	1.070	1.054	1.053	1.020
所有收集数据	4816	2532	5540	5253	5682	15888
用于计算数据	2312	1873	1116	2533	2713	7568
Rint	0.0504	0.0967	0.0195	0.0188	0.0220	0.0272
R_1, wR_2 [$I>2\sigma$(I)]	0.0457, 0.1206	0.1509, 0.3997	0.0213, 0.0542	0.0445, 0.0927	0.0322, 0.0841	0.0481, 0.1032
R_1, wR_2 (all data)	0.0506, 0.1272	0.1761, 0.4129	0.0234, 0.0556	0.0721, 0.1034	0.0361, 0.0873	0.0896, 0.1202

(1) 单晶 L14 结构分析。从晶体数据表 4-10 可以看到，化合物 L14 属于单斜晶系，具有手性空间群 $C2$，L14 的不对称单元结构如图 4-20 所示。C9 ═N1 的键长为 0.1263(2)nm，分子内存在 O1—H1A…N1 氢键作用，两个苯环间的二面角为 55.758(81)°。

(2) 单晶 L16 结构分析。从晶体数据表 4-10 可以看到，化合物 L16 属于单斜晶系，具有手性空间群 $P2_1$，L16 的不对称单元结构如图 4-21 所示。C9 ═N1 的键长为 0.1209(16)nm，苯环和噻吩环之间的二面角为 30.176(483)°。

(3) 单晶 L17 结构分析。从晶体数据表 4-10 可以看到，化合物 L17 属于正交晶系，具有手性空间群 $P2_12_12_1$，L17 的不对称单元结构如图 4-22a 所示。C9 ═N1的键长为 0.1271(2)nm，两苯环之间的二面角为 80.220(65)°。分子之

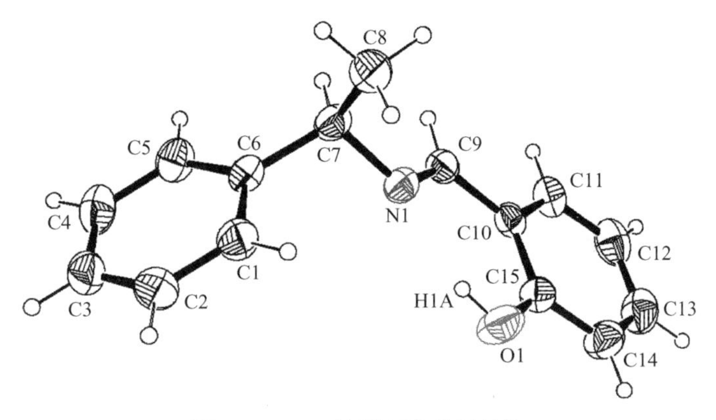

图 4-20 L14 的不对称单元结构

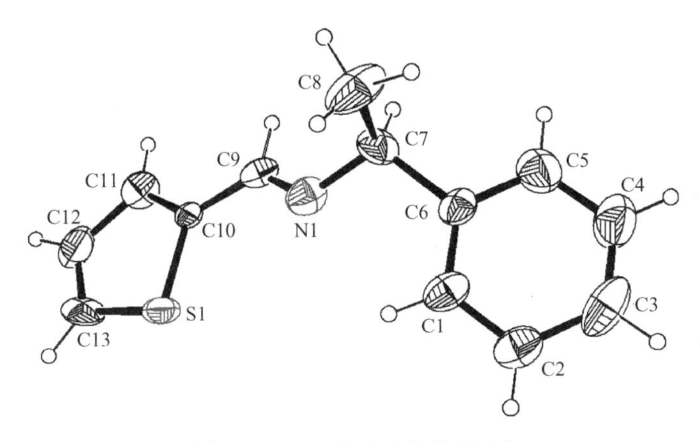

图 4-21 L16 的不对称单元结构

间通过 O1—H1A⋯N1 氢键（H⋯N 距离为 0.196nm，二面角为 169.1°）作用形成了螺旋链状结构，如图 4-22b 所示。

（4）单晶 L18 结构分析。从晶体数据表 4-10 可以看到，化合物 L18 属于单斜晶系，具有手性空间群 $C2$，L18 的不对称单元结构如图 4-23 所示。C9 ═N1 的键长为 0.1252(3)nm，两苯环之间的二面角为 64.537(65)°。

（5）单晶 L19 结构分析。从晶体数据表 4-10 可以看到，化合物 L19 属于单斜晶系，具有手性空间群 $P2_1$，L19 的不对称单元结构如图 4-24 所示。C9 ═N1 的键长为 0.1263(2)nm，两苯环之间的二面角为 85.971(47)°。此晶体结构在 2011 年已被 Khalaji 等人[7]报道过。

（6）单晶 L20 结构分析。从晶体数据表 4-10 可以看到，化合物 L20 属于单斜晶系，具有手性空间群 $P2_1$，L20 的不对称单元结构如图 4-25 所示。C9 ═N1，C16 ═N2，C33 ═N3，C40 ═N4 的键长分别为 0.1253(3)nm、0.1255(3)nm、

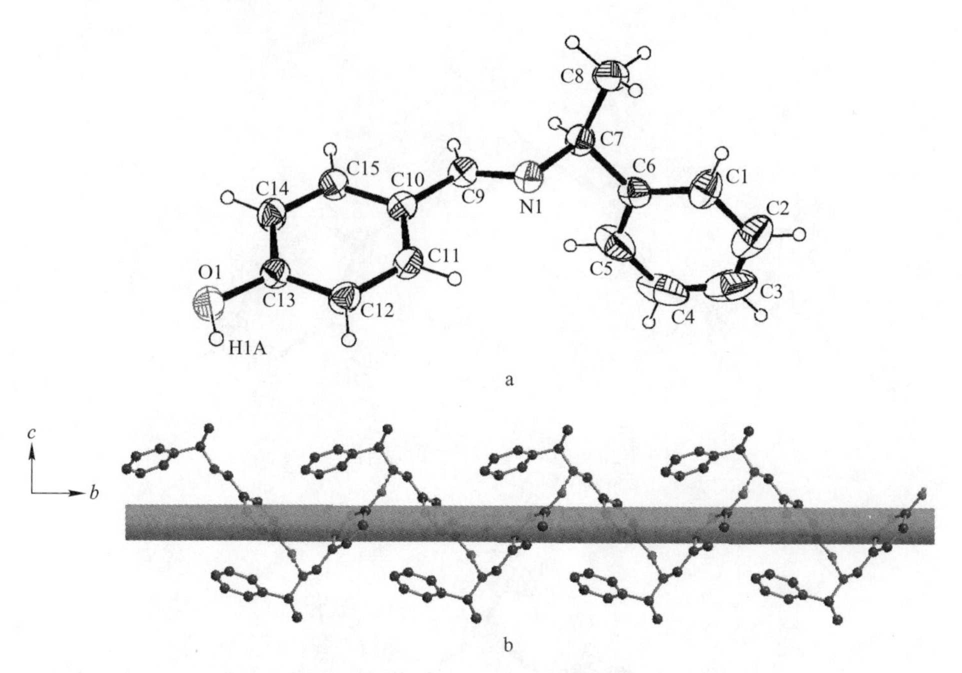

图 4-22　L17 的不对称单元结构（a）和通过 O1—H1A…N1 氢键形成的螺旋链（b）

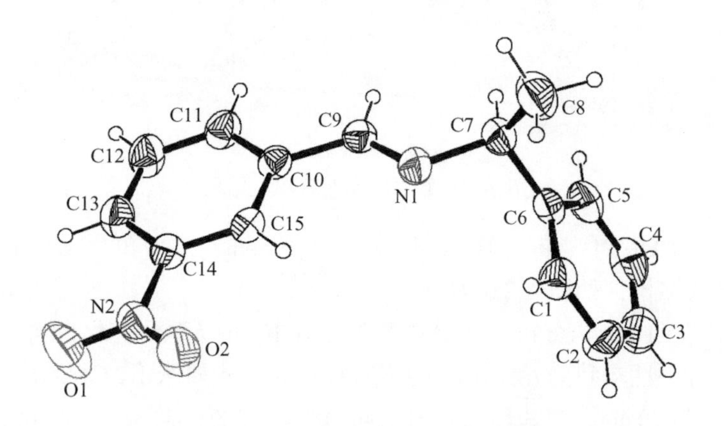

图 4-23　L18 的不对称单元结构

0.1255(3)nm，0.1255(3)nm。

4.4.2.2　R-(+)-α-甲基苄胺 Schiff 碱配合物的表征

A　R-(+)-α-甲基苄胺 Schiff 碱配合物的红外分析

在 4000~400cm^{-1}范围内测试了配合物 C14、C17、C18 和 C19 的红外光谱，

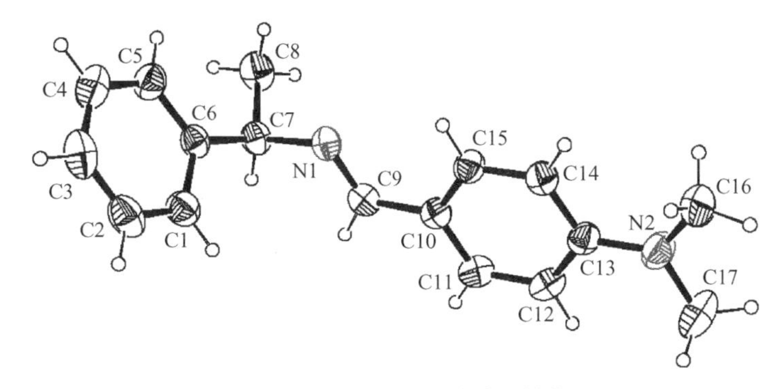

图 4-24 L19 的不对称单元结构

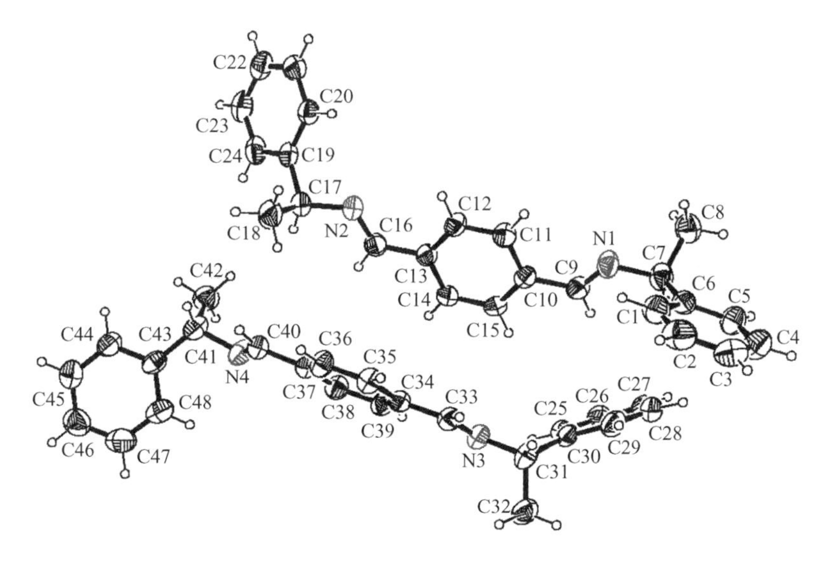

图 4-25 L20 的不对称单元结构

并分别与对应的配体进行对比，红外谱图见附录 3。从红外谱图可以看出，配合物的红外光谱与配体的红外光谱有差异，C14 中的—HC ═N—伸缩振动吸收峰发生了蓝移，原因是由于羟基、氮原子与金属离子发生了配位，使得配体发生了扭曲，离域共轭体系被破坏，离域共轭效应减弱，从而增强了—HC ═N—双键的性质，使得其特征吸收峰向高波数移动，发生蓝移。C17 中的—HC═N—伸缩振动吸收峰未发生明显的变化，是由于 L17 配体的氮原子参与分子内氢键形成，在与金属离子配位时，因为氢离子和金属离子都属于硬酸，对—HC ═N—的影响效应相似，故而—HC ═N—特征吸收峰的变化不大。C18 中的—HC ═N—伸缩振动吸收峰发生了蓝移，原因是由于氮原子与金属离子发生了配位，从而增强了—HC ═N—双键的性质，使得其特征吸收峰向高波数移动，发生蓝移。C19 的

—HC═N—伸缩振动吸收峰均发生了红移，是由于金属 Fe^{3+} 与氮原子发生了配位使得配体的共轭性加强，降低了—HC ═N—双键的性质，致使其特征吸收峰向低波数移动，发生红移。

B 配合物的铁离子含量分析

将得到的铁配合物配制成一定浓度的溶液，将测得吸光度值，代入标准曲线中，计算得到各铁配合物中的 Fe^{3+} 的含量，见表 4-11。

表 4-11 铁离子的含量

配 合 物	质量分数/%
C14	35.9
C17	33.6
C18	45.5
C19	35.8

4.4.3 小结

用 R-(+)-α-甲基苄胺作为手性源，分别和水杨醛，肉桂醛，噻吩-2-甲醛，对羟基苯甲醛，3-硝基苯甲醛，对二甲氨基苯甲醛和对苯二甲醛 7 种不同的醛缩合反应得到 R-(+)-α-甲基苄胺缩水杨醛，R-(+)-α-甲基苄胺缩肉桂醛，R-(+)-α-甲基苄胺缩噻吩-2-甲醛，R-(+)-α-甲基苄胺缩对羟基苯甲醛，R-(+)-α-甲基苄胺缩 3-硝基苯甲醛，R-(+)-α-甲基苄胺缩对二甲氨基苯甲醛和 R-(+)-α-甲基苄胺缩对苯二甲醛 7 种手性 Schiff 碱，并通过熔点、旋光、红外光谱、核磁、质谱和单晶 X 射线衍射等手段对它们的结构和手性进行了表征。与此同时，利用得到的手性 Schiff 碱配体与硝酸铁反应制备得到四个手性 Schiff 碱铁配合物，并通过红外光谱测试手段确定配合物已形成。

4.5 手性 Schiff 碱配合物及复合材料吸波性能的研究

为了获得具有轻质、薄层、宽频和强吸收等性能的电磁波吸收材料，国内外许多研究者研究了许多方法，如将不同的电磁波吸收剂进行复合，优化吸收剂加入量，设计多层结构等。目前，CNTs 复合吸波材料研究主要集中在磁性金属与 CNTs 复合吸波材料，稀土与 CNTs 复合吸波材料，铁氧体与 CNTs 复合吸波材料，聚合物与 CNTs 复合吸波材料以及陶瓷与 CNTs 复合吸波材料等。CNTs 由于其具有良好的导电性能，可以很好地调控复合材料的阻抗匹配特性。

本节主要是对前文合成的部分手性 Schiff 碱配合物及其与 CNTs 复合得到的复合材料的电磁参数进行测定，并对其吸波性能进行研究。通过优化两者的复合比例，期望得到吸波性能优良的复合吸波材料。

4.5.1 吸波材料性能表征及测试

吸波材料的性能表征主要有电导率（σ），电磁参数（ε，μ）和反射率（R）等。

电导率测试方法：四探针法。

目前，对吸波材料的电磁参数测量方法有：驻波法和网络法。前者的优点是仪器设备简易，只需检测被测线中在终端“短路”和“开路”两种状态下的驻波改动从而可得到测试材料的电磁参数。而后者是把介质试样段当成是一个对称二端口网络，通过等效网络参数可以计算出介质的电磁参数。

反射率是衡量吸波材料性能优异一个的重要指标，是通过比较吸波材料相对于平板反射而言的。反射率测量有两种方法：一种是弓形法，另一种是远场 RCS 法扫频测试法。前者一般以标量网络分析仪为基础，一般测试频率为 2～18GHz 的电磁波；而后者是以矢量网络分析仪为测试基础，现今测试频率范围在 2~40GHz 之间。

本节测试了前文合成的手性 Schiff 碱配合物及其与导电 CNTs 材料复合后的复合材料的电导率，部分复合材料的电磁参数，并对其吸波性能进行了研究。

4.5.2 手性 Schiff 碱配合物及其复合材料的电导率研究

取一定量的样品，放入玛瑙研钵中研磨均匀，然后放入 13mm 普通圆柱形模具中，用 SB-10 液压压片机将样品压制成厚薄均匀，得直径 13mm 的测试圆片。然后用 Lake Shore CRX-4K、RTS-8 型四探针电导率测试仪对其电导率进行测试。

电导率测试结果见表 4-12，手性 Schiff 碱配合物的电导率 σ 均在 10^{-8} 数量级，通过与导电 CNTs 材料复合后的复合材料的电导率均有大幅度提高。例如，L-氨基丙醇缩水杨醛铁配合物与 CNTs 按不同比例复合，从电导率数据可以看出，随着掺入的 CNTs 量减少，复合材料的电导率呈递减的趋势。对于不同的手性 Schiff 铁配合物，手性 Schiff 铁配合物与 CNTs 掺杂的比例相同时，电导率也均有所不同。由此可以得出，复合材料的电导率与手性 Schiff 铁配合物是有关联的。

表 4-12 电导率数据

手性 Schiff 铁配合物	电导率 σ /S · cm^{-1}	复合材料	电导率 σ /S · cm^{-1}
L-氨基丙醇缩水杨醛铁配合物	1.024×10^{-8}	L-氨基丙醇缩水杨醛铁配合物与 CNTs（10∶1）	0.909
		L-氨基丙醇缩水杨醛铁配合物与 CNTs（15∶1）	0.553
		L-氨基丙醇缩水杨醛铁配合物与 CNTs（20∶1）	0.137

续表 4-12

手性 Schiff 铁配合物	电导率 σ /S · cm^{-1}	复合材料	电导率 σ /S · cm^{-1}
L-氨基丙醇缩对羟基苯甲醛铁配合物	4.578×10^{-8}	L-氨基丙醇缩对羟基苯甲醛铁配合物与 CNTs（15：1）	1.106
L-氨基丙醇缩 3-硝基苯甲醛铁配合物	3.333×10^{-8}	L-氨基丙醇缩 3-硝基苯甲醛铁配合物与 CNTs（15：1）	0.941
L-苯甘氨醇缩水杨醛铁配合物	1.132×10^{-8}	L-苯甘氨醇缩水杨醛铁配合物与 CNTs（10：1）	1.408
		L-苯甘氨醇缩水杨醛铁配合物与 CNTs（15：1）	0.573
		L-苯甘氨醇缩水杨醛铁配合物与 CNTs（20：1）	0.051
DL-苯甘氨醇缩水杨醛铁配合物	1.101×10^{-8}	DL-苯甘氨醇缩水杨醛铁配合物与 CNTs（20：1）	0.046
L-苯甘氨醇缩对羟基苯甲醛铁配合物	4.108×10^{-8}	L-苯甘氨醇缩对羟基苯甲醛铁配合物与 CNTs（15：1）	1.029
L-苯甘氨醇缩对噻吩-2-甲醛铁配合物	5.327×10^{-8}	L-苯甘氨醇缩对噻吩-2-甲醛铁配合物与 CNTs（15：1）	1.333
R-(+)-α-甲基苄胺缩水杨醛铁配合物	1.854×10^{-8}	R-(+)-α-甲基苄胺缩水杨醛铁配合物与 CNTs（10：1）	1.667
		R-(+)-α-甲基苄胺缩水杨醛铁配合物与 CNTs（15：1）	0.658
		R-(+)-α-甲基苄胺缩水杨醛铁配合物与 CNTs（20：1）	0.357
R-(+)-α-甲基苄胺缩对羟基苯甲醛铁配合物	3.081×10^{-8}	R-(+)-α-甲基苄胺缩对羟基苯甲醛铁配合物与 CNTs（15：1）	0.855
R-(+)-α-甲基苄胺缩 3-硝基苯甲醛铁配合物	3.712×10^{-8}	R-(+)-α-甲基苄胺缩 3-硝基苯甲醛铁配合物与 CNTs（15：1）	1.362
R-(+)-α-甲基苄胺缩对二甲氨基苯甲醛铁配合物	2.198×10^{-8}	R-(+)-α-甲基苄胺缩对二甲氨基苯甲醛铁配合物与 CNTs（15：1）	0.207

4.5.3　手性 Schiff 碱配合物及其复合材料的电磁参数研究

称取一定量的手性 Schiff 碱铁配合物及其复合材料分别均匀地分散在熔融的石蜡中，制备含量为 70%，厚度为 2mm 的测试样片。使用美国（惠普）安捷伦公司生产的 HP-8722ES 矢量网络分析仪在 0℃ 低温测试环境下测试样片的电磁参数 ε'、ε''、μ'、μ''，测试频率范围为 1～18GHz。

选取了 L-氨基丙醇缩水杨醛铁配合物（CM1），按 10：1 得到的复合材料

(CM2), L-氨基丙醇缩水杨醛铁配合物与 CNTs 按 20∶1 得到的复合材料(CM3), R-(+)-α-甲基苄胺缩水杨醛铁配合物与 CNTs 按 20∶1 得到的复合材料(CM4), L-苯甘氨醇缩水杨醛铁配合物与 CNTs 按 20∶1 得到的复合材料(CM5)和 DL-苯甘氨醇缩水杨醛铁配合物与 CNTs 按 20∶1 得到的复合材料(CM6)进行了电磁参数测试, 测试样品 CM1~6 的电磁参数 (ε'、ε''、μ'、μ'') 与频率 (f) 的曲线图, 如图 4-26 所示。

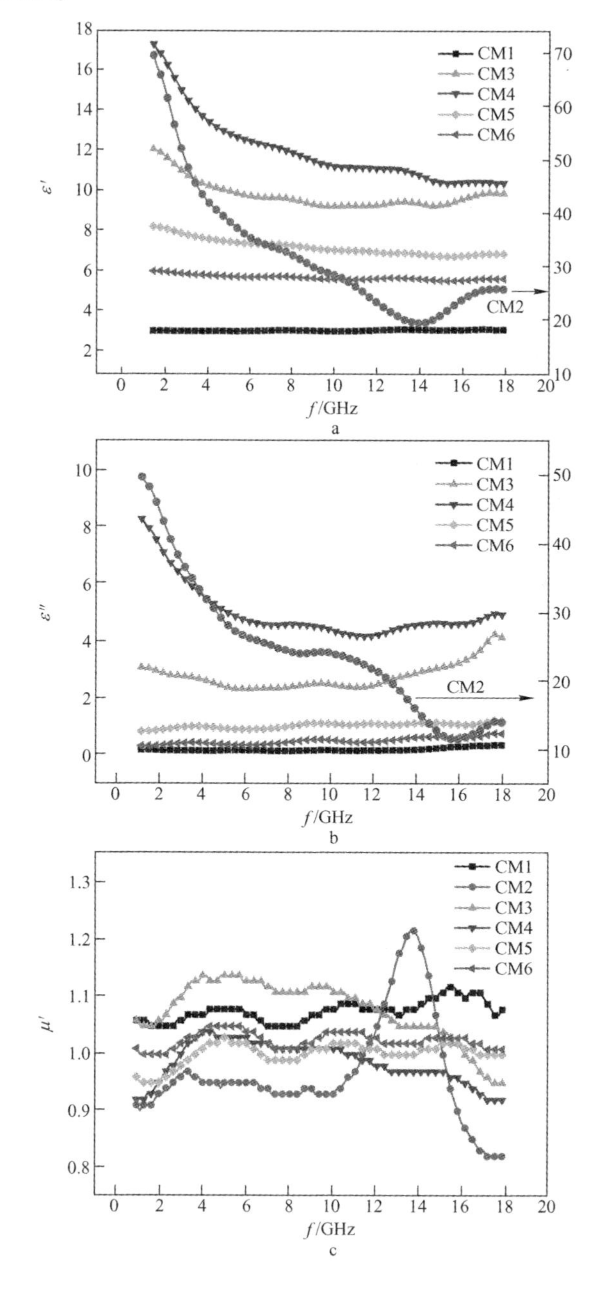

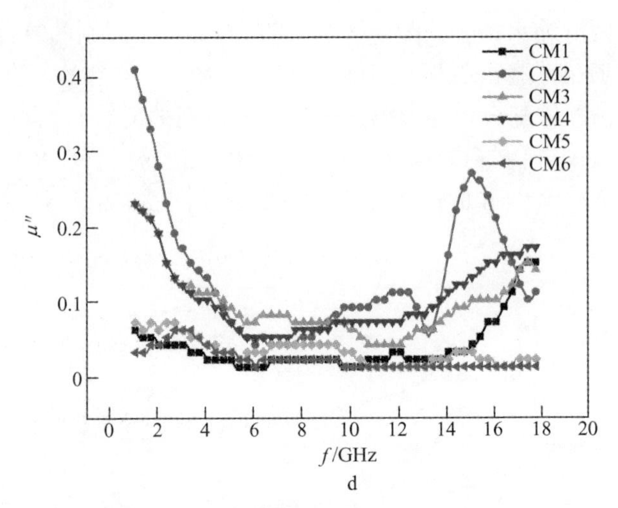

图 4-26 CM1～6 的电磁参数与频率的曲线图

由图 4-26a 可以看出，CM1 的介电损耗 ε'值在频率 1～18GHz 范围内一直保持在 3.0 左右；CM2 的 ε'值随着频率的增大而减少，在频率为 13.92GHz 达到极小值为 19.02，然后 ε'值随着频率的增大而增大；在频率 1～18GHz 范围内，CM3 的介电损耗 ε'值在 12.13～9.24 之间；CM4 的介电损耗 ε'值在 17.41～10.42 之间；CM5 的介电损耗 ε'值在 8.22～6.73 之间；CM6 的介电损耗 ε'值在 5.98～5.50 之间。CM2 的 ε'比 CM1，CM3～6 的 ε'值要大很多，其最大 ε'值达 70.58。

由图 4-26b 可以看出，CM1 的介电损耗 ε''值在 1～12GHz 范围内在 0.05 上下波动，然后就随着频率的增大逐渐增大到 0.26；CM2 的 ε''值随着频率的增大而减少，频率为 15.96GHz 达到极小值为 11.13，变化趋势与 ε'曲线有点类似；CM3 的 ε''值在频率为 17.66GHz 处最大为 4.24，5.93GHz 处最小为 2.27，变化趋势是先随频率增大而减少，后又随频率增大而增大；CM4 的 ε''值随着频率的增大而减少，在频率为 11.54GHz 达到极小值为 4.16，然后又随着频率的增大而小幅度的增大；CM5 和 CM6 的 ε''值随着频率的增大变化均不大。

由图 4-26c 可以看出，CM1 的磁损耗 μ'值在频率 1～18GHz 范围内维持在 1.05～1.12 之间；CM2 的 μ'值随着频率的增大而增大，在频率为 13.75GHz 达到最大值为 1.22，然后 μ'值随着频率的增大而减小；CM3 的磁损耗 μ'值在频率 1～18GHz 范围内先增大后减少，其值维持在 0.95～1.14 之间；CM4～6 的磁损耗 μ'的变化趋势与 CM3 相似；CM1～6 的 μ'值均在 1 左右。

由图 4-26d 可以看出，CM1 的磁损耗 μ''值在 1～14.09GHz 范围内维持 0.02 上下，然后就随着频率的增大逐渐增大到 0.15；CM2 的 μ''值在 1～7.80GHz 范围内，从 0.41 减小至 0.04。在 7.80～13.41GHz 频率范围内出现峰值为 0.11，随后在 13.41～18GHz 内又出现一个峰值为 0.27；CM3 的 μ''值在 1～18GHz 范围内先从 0.23 逐渐减少至 0.04，然后又随频率增大而增大至 0.15；CM4 的磁损耗 μ''值的变化趋势与 CM3 相似；CM5 和 CM6 的磁损耗 μ''值在 1~6GHz 范围内随频率增大先增大后减少，然后在 6~10GHz 范围内保持不变，在 10~18GHz 范围内维持在 0.01 左右。CM1~6 的 μ''值均小于 0.5。

介电损耗角正切 $\tan\delta_E$ 和磁损耗角正切 $\tan\delta_M$ 与频率的曲线图如图 4-27 所示。

如图 4-27a 所示的是介电损耗角正切 $\tan\delta_E$与频率的曲线图，CM1 的介电损耗角正切 $\tan\delta_E$保持在 0.01~0.09 之间；CM2 的介电损耗角正切 $\tan\delta_E$先随着频率的增大而增大，在 f = 12.39GHz 处有极大值为 0.96，然后又随着频率的增大而减少，在 f = 116.13GHz 有极小值为 0.47；CM3 和 CM4 的介电损耗角正切 $\tan\delta_E$与频率的变化曲线相似，$\tan\delta_E$维持在 0.2~0.5 之间；CM5 和 CM6 的介电损耗角正切 $\tan\delta_E$与频率的变化曲线相似，分别保持在 0.09~0.17 和 0.04~0.12 之间。

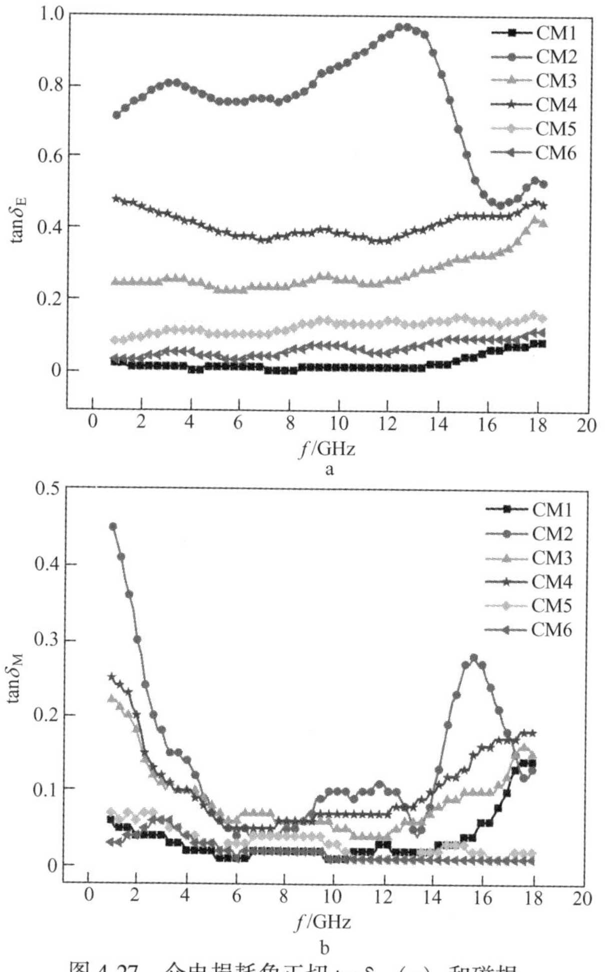

图 4-27 介电损耗角正切 $\tan\delta_E$（a）和磁损耗角正切 $\tan\delta_M$（b）与频率的曲线图

图 4-27b 所示的是磁损耗角正切 $\tan\delta_M$ 与频率的曲线图整体上与电磁参数 μ'' 与频率的曲线图趋势相似，CM1 的磁损耗角正切 $\tan\delta_M$ 随着频率的增大而缓慢的增大，f = 18GHz 时达最大为 0.14，在 f = 1~10.01GHz 之间；CM2 的磁损耗角正切 $\tan\delta_M$ 随频率的增大先减小后增大，在 f = 7.46GHz 处有极小值 0.04，在 f = 10.01~18GHz 之间 $\tan\delta_M$ 随频率的增大先减小后增大再减小，在 f = 13.41GHz 处有极小值 0.04，f = 15.62GHz 处有极大值 0.28；CM3 和 CM4 的磁损耗角正切 $\tan\delta_M$ 在频率 f = 1~18GHz 范围内，变化趋势是随着频率的增大先减小后增大；CM5 和 CM6 的磁损耗角正切 $\tan\delta_M$ 变化趋势是随着频率（1~6GHz）增大先增大后减少，然后维持在 0.01。

从上述的电磁参数与频率曲线可以看出，由于 CNTs 具有较高的电导率，当其含量相对较大时，很容易形成较大的导电网络，从而使得复合材料的介电损耗（ε）随着 CNTs 相对含量的增加而呈现增大的趋势。这也表明着高的介电损耗并不意味着具有好的吸波能力，因为从阻抗匹配的角度来看，较大的介电常数会使得阻抗匹配特性下降，电磁波大多数会被反射而并非进入到材料的内部。因此不利于电磁波的吸收，从下文吸波性能曲线可以很好地印证这一点。

4.5.4　吸波性能研究

使用传输线理论公式，对 CM1~6 的吸波性能进行模拟。

$$R = 20\lg\left|\frac{Z - Z_0}{Z + Z_0}\right| \quad \left(Z_0 = \sqrt{\frac{\mu_0}{\varepsilon_0}} \quad Z = Z_0\sqrt{\frac{\mu}{\varepsilon}}\tanh\left(i\frac{2\pi fd}{c}\sqrt{\mu\varepsilon}\right)\right)$$

式中，R 表示反射率，dB；Z_0 表示自由空间对电磁波的阻抗；Z 表示单层吸波介质对电磁波的阻抗；ε_0 为自由空间的复介电常数；μ_0 为自由空间的复磁导率；ε 为单层吸波介质相对的复介电常数；μ 为单层吸波介质相对的复磁导率；d 为吸波样品层的厚度；f 为电磁波；c 为光速；h 为普朗克常数。

利用传输线理论公式，模拟得出 CM1~6 吸波反射率与频率的曲线，如图 4-28所示。图 4-28a 表示的是 CM1 在低频区(1~14GHz)基本上无吸波性能，对频率在 14~18GHz 范围内的电磁波表现出较弱的吸波效果，当吸波层的厚度为 2.5mm 时，吸收最强为 5.52dB。当 CM1 与 CNTs 制备成复合材料 CM2 时，其吸波性能如图 4-28b 所示，CM2 在 1~18GHz 范围内均有一定的吸波效果，吸波最强的是在吸波层为 1mm 时，对电磁波频率为 15.79GHz 时具有最大的吸收(6.70dB)。CM3 相比 CM2 掺入的 CNTs 的量减少，比例由 1/10 减小到 1/20，其吸波效果要好很多，而且当吸波层的厚度为 1.5mm 时，吸波效果最好，在 16.47GHz 处最大吸收强度可达 25.48dB，反射率小于 -10dB 的最宽频带为 3.34GHz，如图 4-28c 所示。CM4 的吸波性能如图 4-28d 所示，当吸波层的厚度为 2mm 时，在 11.54GHz 处，吸收最强可达 21.79dB，反射率小于-10dB 的最宽频带为 3.50GHz。

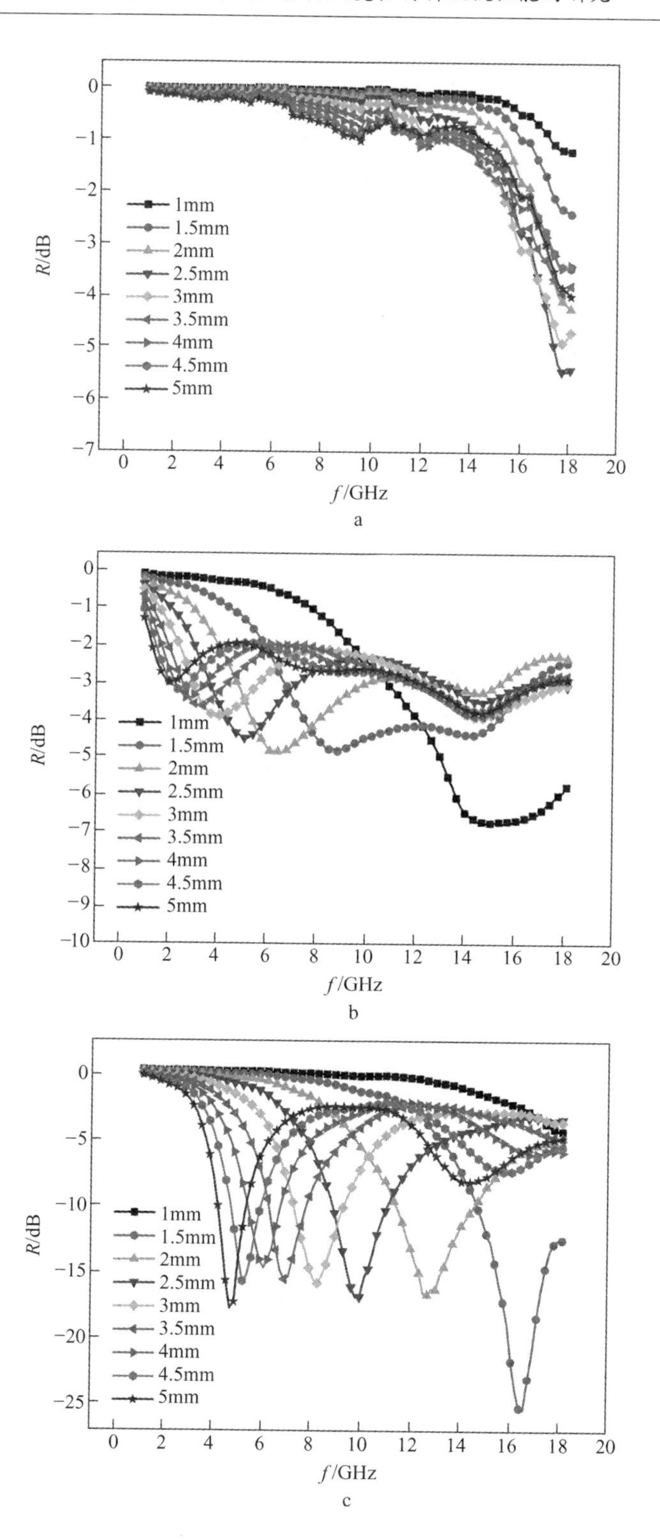

a

b

c

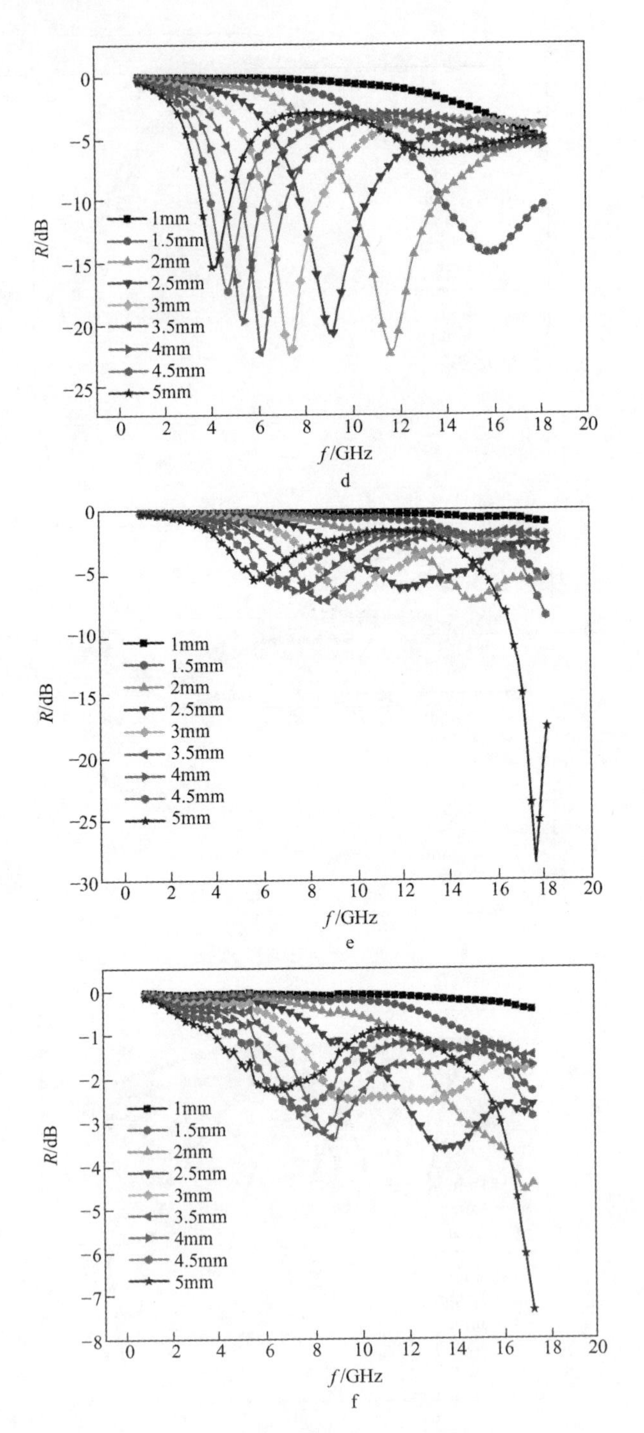

图 4-28　反射率与频率曲线图

a—CM1；b—CM2；c—CM3；d—CM4；e—CM5；f—CM6

图 4-28e 和 f 所示的是手性 CM5 和非手性的 CM6 的吸波性能。CM5 复合材料在厚度为 5mm 时，在 17.49GHz 处，吸收最强可达 28.18dB。CM5 在1～4.5mm 不同厚度的模拟吸波值在-7dB 左右，而 CM6 在-3dB 左右。对比发现，具有手性的复合材料的吸波效果要比非手性的复合材料的吸波效果要好。

对比 CM3～5 可以发现，三者是不同的手性胺分别与水杨醛反应得到的手性 Schiff 碱与铁配位得到的配合物，然后掺入等量的 CNTs 而制备的复合材料。从吸波性能图可以看出三者的吸波性能有较大差异，CM3 在厚度为 1.5mm 时的吸波效果最好。但是厚度为 2～4mm 之间时，CM4 的吸波性能要比 CM3 与 CM5 好，其吸波效果均可以达到-20dB 左右。CM5 在厚度为 5mm 时的吸波效果最好，最强吸收达 28.18dB。可以看出，得到的复合材料对高频的电磁波吸收效果要明显。CM5 在低频区的吸波效果不明显，而且不同厚度（1～4.5mm）的吸波性能差异不大。

从三者的手性 Schiff 配体的结构上对比发现，L1 手性 Schiff 碱相比与 L8 和 L14，少了一个苯基；而 L14 与 L1 和 L8 相比，少了一个羟基，配位点更少。三者铁配合物与等量的 CNTs 掺杂时，得到的复合材料的电导率是 CM4>CM3>CM5。导致这种现象可能的原因是由于金属铁离子与不同的 Schiff 碱发生配位时，配位模式不同，如图 4-29 所示。导致配体整个体系的共轭效应有所改变，从而表现出电导率上的差异。

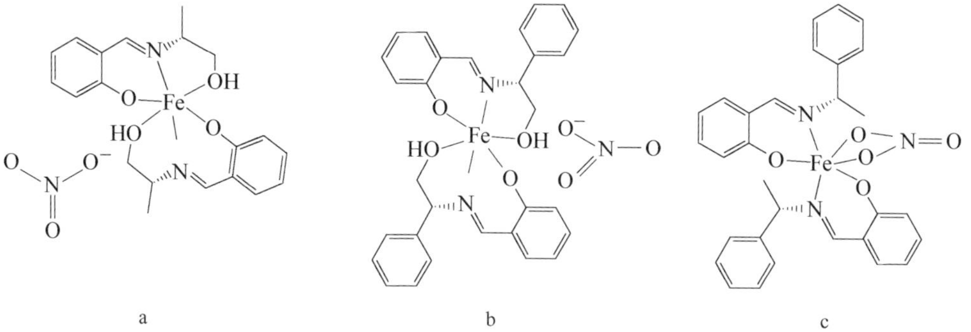

a　　b　　c

图 4-29　推测结构

a—C1；b—C8；c—C14

从上述的吸波性能图可以看出，单独的手性 Schiff 碱铁配合物吸波效果是不好的，而且纯的 CNTs 由于其具有很高的电导率 10^2S/cm，吸波效果不好。把两者按合适的比例复合之后，电损耗和磁损耗可以得到良好的匹配，从而获得较好的吸波性能；并且铁离子含量的测试结果表明，配合物的铁离子含量在 28.9%～45.5%不等，相比与传统的铁氧体吸波剂（如 Fe_3O_4——铁的含量为 72.4%）而言，具有相对密度更小的特点。本文得到的复合吸波材料若制成涂敷型吸波材料，因其结构中含有有机物，此类吸波剂较易与黏合剂结合，不易脱落，而传统的铁氧体存在易脱落，修补时需大面积的重新涂敷。

与已见报道的视黄基席夫碱银盐的吸波材料，最大吸收强度为 16dB 相比，本文所得到的手性 Schiff 碱配合物与 CNTs 复合材料（CM3 和 CM4）展现出更好的吸波效果，两者的最大吸收均可达 20dB 以上。

总的来说，本文得到的手性 Schiff 铁配合物通过与少量的 CNTs 复合，可以有效地增大配合物的电导率，使得其介电常数也相应的增大，但介电常数并不是越大越好，还要满足复合材料对电磁波具有较好的阻抗匹配特性。相比于其他的铁氧体与 CNTs 复合材料而言，本文制备的复合材料具有相对来说密度小的优点，而且初步证实了手性复合材料的吸波效果相对非手性复合材料要好。为制备质轻，宽频，强吸收的手性吸波材料奠定了一定的实验基础。

4.6　本章小结

本章通过 3 种手性胺与 7 种醛反应获得了 20 种手性 Schiff 碱，并用其中的 10 种与 $Fe(NO_3)_3$ 反应得到手性 Schiff 碱铁配合物。对手性 Schiff 碱及其配合物结构进行表征，测定部分配合物导电性能及其电磁参数。主要做了以下几个方面的工作[8]：

（1）得到了 L-氨基丙醇缩水杨醛，L-氨基丙醇缩肉桂醛，L-氨基丙醇缩噻吩-2-甲醛，L-氨基丙醇缩对羟基苯甲醛，L-氨基丙醇缩 3-硝基苯甲醛，L-氨基丙醇缩对二甲氨基苯甲醛和 L-氨基丙醇缩对苯二甲醛 7 种手性 Schiff 碱，并通过熔点、红外光谱、核磁、质谱和单晶 X 射线衍射等方法对它们进行表征，确定它们的结构。利用其中三种手性 Schiff 碱合成了 3 种手性 Schiff 碱铁配合物，根据熔点和红外光谱表征确定配合物已形成。

（2）得到了 L-苯甘氨醇缩水杨醛，L-苯甘氨醇缩肉桂醛，L-苯甘氨醇缩噻吩-2-甲醛，L-苯甘氨醇缩对羟基苯甲醛，L-苯甘氨醇缩 3-硝基苯甲醛和 L-苯甘氨醇缩对二甲氨基苯甲醛 6 种手性 Schiff 碱，并通过熔点、红外光谱、核磁、质谱和单晶 X 射线衍射等方法对它们进行表征，确定它们的结构。利用其中三种手性 Schiff 碱合成了 3 种手性 Schiff 碱铁配合物，根据熔点和红外光谱表征确定配合物已形成。

（3）得到了 R-(+)-α-甲基苄胺缩水杨醛，R-(+)-α-甲基苄胺缩肉桂醛，R-(+)-α-甲基苄胺缩噻吩-2-甲醛，R-(+)-α-甲基苄胺缩对羟基苯甲醛，R-(+)-α-甲基苄胺缩 3-硝基苯甲醛，R-(+)-α-甲基苄胺缩对二甲氨基苯甲醛和 R-(+)-α-甲基苄胺缩对苯二甲醛 7 种手性 Schiff 碱，并通过熔点、IR、^{1}H NMR、MS 和单晶 X 射线衍射等方法对它们进行表征，确定它们的结构。利用其中四种手性 Schiff 碱合成了 4 种手性 Schiff 碱铁配合物，根据熔点和红外光谱表征确定配合物已形成。

（4）AAS 测试结果表明，配合物中的铁的含量在 28.9%~45.5%之间。对部分手性 Schiff 碱铁配合物及其与 CNTs 复合得到的复合材料的电导率及电磁参数测试。通过调节掺入的 CNTs 的比例，获得了吸波性能较好的复合吸波材料，而且通过与非手性的复合材料对比，发现手性的复合材料的吸波效果要比非手性复合材料的吸波效果要好。

参 考 文 献

[1] Tinoco I Jr, Freeman M P. The optical activity of oriented copper helices I. experimental [J]. Journal of Physical Chemistry, 1957, 61 (9): 1196~1200.

[2] 赵东林, 高云雷, 沈曾民. 螺旋形碳纤维结构吸波材料的制备及性能研究 [J]. 材料应用, 2009, 6: 60~63.

[3] Radan V K, Varadan V V. Electromagnetic shielding and absorptive materials [P]. WO: 9003102, 1990-03-22.

[4] 徐分芳. 基于樟脑磺酸诱导手性聚苯胺/铁氧体复合物的制备、表征及吸波性能研究 [D]. 重庆: 重庆大学, 2014.

[5] Sheldrick G M. SHELXS 97, Program for Crystal Structure Solution. University of Göttingen, Germany, 1997.

[6] Sheldrick G M. SHELXL 97, Program for Crystal Structure Refinement. University of Göttingen, Germany, 1997.

[7] Khalaji A D, Rad S M, Grivani G, et al. Synthesis, Crystal structure, spectral and thermal studies of (E)-4-dimethamino [(1 - pheny lethyl) iminomethyl] benzyne [J]. Journal of Chemical Crystallography, 2011, 41: 1145~1149.

[8] 杨高山. 手性单胺类 Schiff 碱及配合物的合成与吸波性能研究 [D]. 南昌: 南昌航空大学, 2015.

5 二茂铁基手性聚 Schiff 碱的合成及复合材料吸波性能研究

5.1 概述

5.1.1 石墨烯复合吸波材料的研究进展

石墨烯是一种由单层碳原子按照六角形排列的新颖的碳材料，石墨烯的吸波机制是介电损耗。石墨烯具有卓越的电、热、机械性质和超大比表面积，并且稳定性很好[1~3]。S. A. Mikhailov[4]研究发现石墨烯中的电子和空穴具有无质量狄拉克能谱，在太赫兹频段抗电磁干扰效果较好。石墨烯单独用作吸波材料也存在较多的不足，因而大部分研究重点在于研究石墨烯复合吸波材料。

5.1.1.1 石墨烯/聚合物吸波材料研究进展

石墨烯与聚合物进行复合制备吸波材料，在复合材料中石墨烯可以通过氢键、共价键、π-π 共轭或范德华力作用与聚合物紧密结合在一起，复合后不仅阻碍了石墨烯的团聚，使石墨烯可以均匀地分散在聚合物中，更增大复合材料的界面结合面积，增强对电磁波的吸收；同时复合材料还有密度小，容易加工的优点[5]。D. B. Giovanni 等人[6]分别对比了石墨烯、碳纳米管、短碳纤维和环氧乙烯基酯树脂复合材料在 8.2～18GHz 的吸波性能，结果表明石墨烯具有高纵横比，易形成导电网络且能形成大的复合界面的特征，比其他材料具有更好的吸波性能。Wu Fan[7]等人制备了一种 3D-RGO/聚(3,4-亚乙二氧基噻吩)复合吸波材料，该复合材料在 2.0mm 时可到达-35.5dB 的吸收，低于-10dB 的吸收频带接近 5GHz。袁冰清等人[8]合成的一种石墨烯/聚苯胺材料，吸波效果随着石墨烯含量的增加而增强，当石墨烯含量为 25%时，电磁吸波的峰值可达到-34.2dB。Liu 等人[9]合成了一种新型聚吡咯-石墨烯-Co_3O_4 复合材料，该复合材料在 15.8GHz，2.5mm 厚度时有最大反射损失-33.5dB 且频带较宽。

5.1.1.2 石墨烯/金属吸波材料研究进展

石墨烯与金属粒子复合制备吸波材料可以同时具有介电损耗和磁损耗，并且具有质量轻、频带宽、吸收强的特点，作为吸波材料有广阔的应用前景。

Zong Meng等人[10]利用简单的同釜共沉淀方法制备 RGO-Fe_3O_4 复合材料在 6.6GHz 处反射损耗峰值达到-44.6dB，反射损耗 R_L<-10dB 的频带宽为 4.3GHz。Hui Zhang 等人[11]将 NiO 经过热处理后均匀的分散到还原氧化石墨烯表面制备了一种 RGO/NiO 复合材料，该种轻质复合材料在厚度为 3.5mm，频率为 10.6GHz 时的反射损耗峰值为-55.5dB。Zhao Xingchen 等人[12]制备了石墨烯包覆铁纳米粒子的复合材料，在 3mm 厚度下复合材料的反射损耗在 7.1GHz 处达到最小值-45dB。Zong Meng 等人[13]制备的 RGO/$NiFe_2O_4$ 新型复合材料在 9.2GHz 处有最大反射损耗在-39.7dB，厚度 3.0mm 处的有效频宽（低于-10dB）为 5.0GHz。Wang Yan 等人[14]合成了一种新型 Ni/PANI/RGO 三元复合吸波材料，在频率为 4.9GHz 时的反射损耗峰值可达到-51.3dB，反射损耗 R_L<-10dB 的频带宽为 3.1GHz。

5.1.2 手性吸波材料的研究进展

5.1.2.1 金属手性微体

金属手性微体研究的时间比较长，其优点包括以下：弹性大、耐磨性好、优良烧结性、良好导电性等。实际应用中，金属手性微体需要掺进环氧树脂或者石蜡基体中作为吸波材料，因而会导致整个复合材料出现密度大和尺寸厚的缺点。制作手性材料的方法比较简单，Tmoco 等人[15]将铜丝绕成了螺旋圈便使其具备了手性的特征。将螺线圈作为手性体加入含有铁晶矿砂与 425 级水泥的细骨料中，使其混合均匀后测定样品的吸波性能发现，该种具有手性的混凝土材料手性吸波混凝土在 10MHz 以下低频段具有良好的屏蔽效能[16]。G. C. Sun[17]在 Fe_3O_4-聚苯胺复合材料中加入具有手性的铜螺线圈，复合材料的最强反射损耗得到一定的提高。章平[18]选用细铜丝烧制成铜螺旋体，研究了螺旋体在基质中的含量对手性参数及电磁参数的影响，结果发现在频率为 8.5~11.5GHz 时手性螺旋体浓度为 1.6%~3.2%时吸波效果最好。

5.1.2.2 螺旋碳纤维

螺旋碳纤维是具有特殊的卷曲几何结构的手性吸波材料，它的螺旋结构可以通过交叉偏振来提高电磁匹配，从而产生更高的电磁损耗。Zheng Tianliang[19]等人制备了一种经过修饰的手性螺旋碳纤维，修饰后材料的吸波效果可达到-18dB 以下，与未修饰前相比有明显的提升。Liu Lei[20]用均相沉淀还原法将 Ni 纳米粒子沉积到手性螺旋碳纤维中，再与 10%的石蜡复合后测试吸波效果，在 3.5mm 时可达到-16dB 以下的吸收。

5.1.2.3　手性导电高聚物

手性高聚物是一种有旋光性的高分子，且导电性能良好。手性导电高聚物的合成方法有以下两种：（1）在单体聚合时使用手性诱导剂，加入手性诱导剂后可在高聚物分子中获得空间螺旋构象，具有手性的导电聚苯胺是按照类似的方法合成的；（2）可以直接选取手性单体作为起始原料，例如手性二胺与二酮类发生缩聚反应生成具有螺旋结构的导电高分子（手性导电聚噻吩、聚吡咯）。朱俊廷等人[21]利用手性樟脑磺酸通过二次掺杂获得手性聚苯胺，用该手性聚苯胺制备厚度为 1.5mm 的涂层，其最大吸收强度为-12.8dB，与掺杂盐酸的聚苯胺相比吸波效果更好。

手性导电聚 Schiff 碱是一种新型的高分子吸波材料，是结合导电 Schiff 碱以及手性材料优势于一体的具有潜在吸波应用价值的材料。选择不同的手性单体以及通过化学反应对聚合物碳链进行修饰，可以得到性能比较稳定的手性导电聚 Schiff 碱。本课题组[22]通过原位聚合反应合成了一种手性聚 Schiff 碱银配合物，在厚度为 5mm 时，可达到最大反射损耗-45.6dB。Xu Fengfang 等人[23]制备的手性聚苯胺/钡铁氧体复合材料，在厚度仅为 0.9mm 时达到了最大反射损耗-30.5dB。

5.1.3　二茂铁基 Schiff 碱研究现状

二茂铁是一种有特殊的夹心结构和芳香性的金属 π 配合物[24]，它的茂环在一定的条件下可以进行多种反应，例如汞化、酰基化等。Schiff 碱是羰基化合物与氨基化合物经缩合脱水反应形成的含有—C ═N—双键官能团的化合物。在二茂铁分子中引入—C ═N—结构后，化合物中的电子流动性会加大，同时离域度也会增强。二茂铁 Schiff 碱含有独特的结构和化学性能，越来越多的受到科研工作者的关注[25,26]。

Liu 等人[27]将二茂铁 Schiff 碱与 Zn 离子和 Cu 离子进行配位得到 Schiff 碱衍生物后发现，与金属络合后化合物抗真菌活性增强。K. Tridib 等人[28]制备的二茂铁-L-蛋氨酸 Schiff 碱铜配合物在光诱导下具有裂解蛋白质的行为。Shraddha Rani Gupta 等人[29]利用二茂铁甲醛制备两种新的 Schiff 碱二茂铁甲醛丙腙和二茂铁甲醛糠腙，发现它们具有一种可逆的氧化还原行为。刘卫冬等人[30]制备的与铁离子、铝离子等进行掺杂的二茂铁基 Schiff 碱化合物具有半导体的性质。熊小青[31]等人合成了导电型二茂铁聚 Schiff 碱，并且跟 Co、Zn 等进行掺杂，结果发现金属掺杂后聚合物的电导率升高了 4~5 个数量级，其中聚 Schiff 碱的钴配合物是一种软磁体。熊国宣等人[32]利用 Friedel-Crafts 反应制备导电型二茂铁聚 Schiff 碱，和碘掺杂后聚 Schiff 碱导电性得到有效提升。

5.1.4 研究目的及意义

本课题组在多年探索手性聚Schiff碱吸波材料的基础上发现，单纯的手性聚Schiff碱化合物的导电性与磁性均不够突出。王少敏等人[33,34]合成大/小分子视黄基Schiff碱盐微波吸收剂，两种材料的吸收带宽分别为3.1GHz（< -11dB）和2.3GHz（< -9dB），吸收的强度比较小而且带宽也比较窄。本课题组[22]合成的手性聚Schiff碱银配合物，电导率可达到10^2S/cm，在厚度为5.0mm时的吸波强度达到了-45.6dB，该种手性聚Schiff碱吸波材料的吸波强度与视黄基Schiff碱相比有了明显的提升，但其厚度大，低于-10dB的带宽也不足2GHz，与理想的吸波材料（强吸收、质量轻、频带宽）存在一定的差距。

在阅读大量的文献后，我们设计将二茂铁的基团引入到手性聚Schiff碱中，并制成含铁的聚Schiff碱盐，目的是得到以磁损耗为主的手性聚合物高分子吸波材料；为了获得吸波性能更加优异的材料（轻质、强吸收、频带宽），综合考虑后选取石墨烯与聚Schiff碱铁盐进行复合。石墨烯电导率高，介电损耗大，又具有质量轻的优点，将石墨烯与聚Schiff碱铁盐进行复合后可以有效地提高复合材料的电导率，实现良好的介电损耗。由以上可知，二茂铁基手性聚Schiff碱铁盐/还原氧化石墨烯复合吸波材料不仅具有一定的磁损耗，而且介电损耗也得到增强，通过两者之间的协同增效作用预计可以获得理想的电磁波吸收效果。分析二茂铁基手性聚Schiff碱铁盐复合材料的导电性和电磁参数，探索它们的吸波性能，可以为该种类型材料在吸波领域的研究提供一些参考与指导。

5.1.5 研究内容

（1）我们以二茂铁甲醛作为引入二茂铁基团的原料，利用缩合反应分别与(R)-1,2-丙二胺、(1R,2R)-(-)-1,2-环己二胺、(R)-1,1′-联萘-2,2′-二胺和(1R,2R)-(+)-1,2-二苯基乙二胺生成相应双Schiff碱；随后在催化剂作用下分别与对苯二甲酰氯、己二酰氯和萘二酰氯发生Friedel-Crafts反应生成12种聚Schiff碱，再与$FeSO_4 \cdot 7H_2O$反应得到相应的铁盐。测定二茂铁基手性双Schiff碱、聚Schiff碱和聚Schiff碱铁盐的比旋光度、红外光谱、元素分析、凝胶色谱、离子含量和电导率；研究聚Schiff碱铁盐的手性特征、离子含量、聚合度等对电导率的影响。选取DL-1,2-丙二胺、DL-1,2-环己二胺、DL-1,1′-联萘-2,2′-二胺按照相同的方法与二茂铁甲醛、己二酰氯制备三种非手性的聚Schiff碱及其铁盐，与手性化合物做对比。

（2）我们以1,1-二乙酰基二茂铁和(R)-1,2-丙二胺、(1R,2R)-(-)-1,2-环己二胺、(R)-1,1′-联萘-2,2′-二胺和(1R, 2R)-(+)-1,2-二苯基乙二胺合成4类聚Schiff碱及盐，测定手性聚Schiff碱的比旋光度、红外光谱、元素分析、凝胶色谱、离子含量和电导率，研究聚 Schiff 碱铁盐的手性、主链结构、离子含量和聚合度等因素对导电性能的影响。选取 DL-1,2-丙二胺、DL-1,2-环己二胺、DL-1,1′-联萘-2,2′-胺按照相同的方法与 1,1′-二乙酰基二茂铁制备三种非手性的聚 Schiff 碱及其铁盐，与手性化合物做对比。

(3) 在前两个系列研究的基础上，我们尝试将二茂铁基手性聚 Schiff 碱铁盐与还原石墨烯进行复合，制备新型的二茂铁基手性聚 Schiff 碱铁盐/RGO 复合吸波材料，测试复合材料的电导率与电磁参数，并模拟计算其吸波性能。研究聚合物中不同的碳链长度，不同手性二胺的空间位阻对复合材料的电导率与吸波性能的影响；通过与非手性材料的对比，探索手性特征对吸波效果的影响。二茂铁基聚 Schiff 碱铁盐具有共轭分子结构，可以为配位铁盐提供更多 π 电子，引起分子的复数电磁参数发生变化；复合材料的手性特征还可以减少波反射、增加材料对电磁波的吸收并拓宽频带。

由以上可以预测得到的复合材料将是兼具手性、电、磁特殊功能于一体的新型复合材料，将为深入进行相关二茂铁基手性聚 Schiff 碱功能材料的开发应用提供依据。

5.2　二茂铁甲醛类聚 Schiff 碱及其铁盐的合成与表征

本章主要用二茂铁甲醛和(R)-1,2-丙二胺、(1R,2R)-(-)-1,2-环己二胺、(R)-1,1′-联萘-2,2′-胺和(1R,2R)-(+)-1,2-二苯基乙二胺反应设计合成 4 种手性双 Schiff 碱，12 种手性聚 Schiff 碱，并与 $FeSO_4 \cdot 7H_2O$ 反应得到相应的铁盐；选取其中 3 种手性二胺合成其对应的 3 种非手性聚 Schiff 碱及其铁盐。通过质谱测定 7 种双 Schiff 碱的相对分子质量；通过 C、H、N 元素分析、红外谱图和核磁表征 Schiff 碱的结构；通过测定手性 Schiff 碱的旋光度来表征其手性；通过原子吸收光谱对二茂铁基聚 Schiff 碱铁盐的铁离子含量进行测定，最后对二茂铁甲醛类聚 Schiff 碱铁盐的导电性进行测试。

5.2.1　实验部分

5.2.1.1　(R)-1,2-丙二胺缩二茂铁甲醛 Schiff 碱及其铁盐的合成

(1) 1,2-丙二胺的拆分。取 28g(0.186mol) D(-)-酒石酸和 80mL 去离子水，倒入 250mL 烧瓶中，搅拌溶解，冷却至 0℃；量取 11.9mL(0.14mol) 1,2-丙二胺，缓慢滴入烧瓶中，保持温度为 5~10℃搅拌 45min 后烧瓶内析出固体；过滤，用去离子水重结晶，干燥，得到产物 20g，熔点 149~152℃，产率为 52.08%，比旋光度：$[\alpha]_D^{20} = -19.3°$（水，4.0mg/mL），与文献值吻合[35]。如图 5-1 所示。

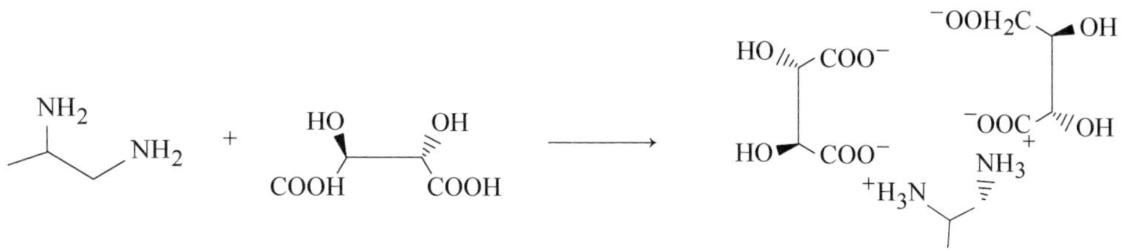

图 5-1　1,2-丙二胺的拆分

(2) 缩(R)-1,2-丙二胺二茂铁甲醛双 Schiff 碱 (L1) 的合成。分别称取 2.24g(6mmol)(R)-1,2-丙二胺双-(-)酒石酸盐和 3.22g(12mmol)K_2CO_3 置于 250mL 三口瓶内，加入少量去离子水使其溶解，随后加入 50mL 三氯甲烷；称取 2.56g(12mmol)二茂铁甲醛，并用 20mL 三氯甲烷充分溶解；将二茂铁甲醛溶液缓慢地滴入三口瓶中，升温至 50℃，回流 8h；过滤，干燥，得到褐色固体：1.58g，产率：59.75%，测得其熔点为 167~169℃。如图 5-2 所示。

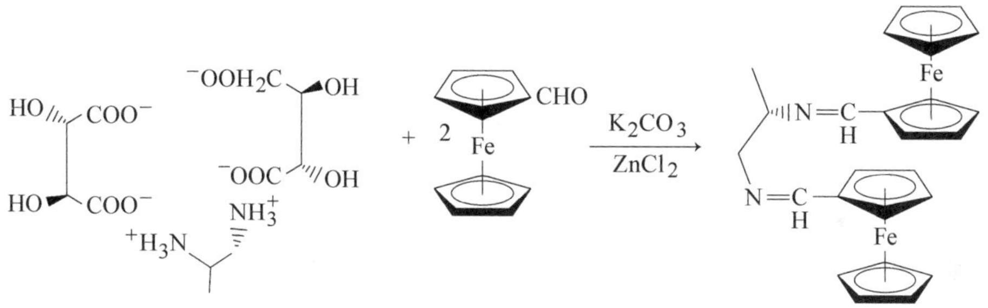

图 5-2　缩的(R)-1,2-丙二胺二茂铁甲醛双 Schiff 碱 (L1) 的合成

(3) 缩(R)-1,2-丙二胺二茂铁甲醛聚 Schiff 碱的合成 (PL1a~1c)。将 1.33g (10mmol)无水 $AlCl_3$ 和 50mL 硝基苯加入 250mL 烧瓶中，搅拌溶解；滴入 20mL 含有 1.95g(4mmol)(R)-1,2-丙二胺双 Schiff 碱的三氯甲烷溶液和 4mmol 二酰氯化合物，室温下反应 12h；过滤，干燥，得到产物。如图 5-3 所示。

其中，加入 0.82g(4mmol)对苯二甲酰氯生成缩(R)-1,2-丙二胺二茂铁甲醛聚 Schiff 碱 (PL1a)：黑色固体，1.29g，产率：52.26%，熔点大于 300℃。

加入 0.76mL(4mmol)己二酰氯生成缩(R)-1,2-丙二胺二茂铁甲醛聚 Schiff 碱 (PL1b)：黑色固体，1.50g，产率：62.76%，熔点大于 300℃。

加入 0.85mL(4mmol)葵二酰氯生成缩(R)-1,2-丙二胺二茂铁甲醛聚 Schiff 碱 (PL1c)：黑色固体，1.33g，产率：50.74%，熔点大于 300℃。

(4) 缩(R)-1,2-丙二胺二茂铁甲醛聚 Schiff 碱铁盐的合成 (PL1A~1C)。称

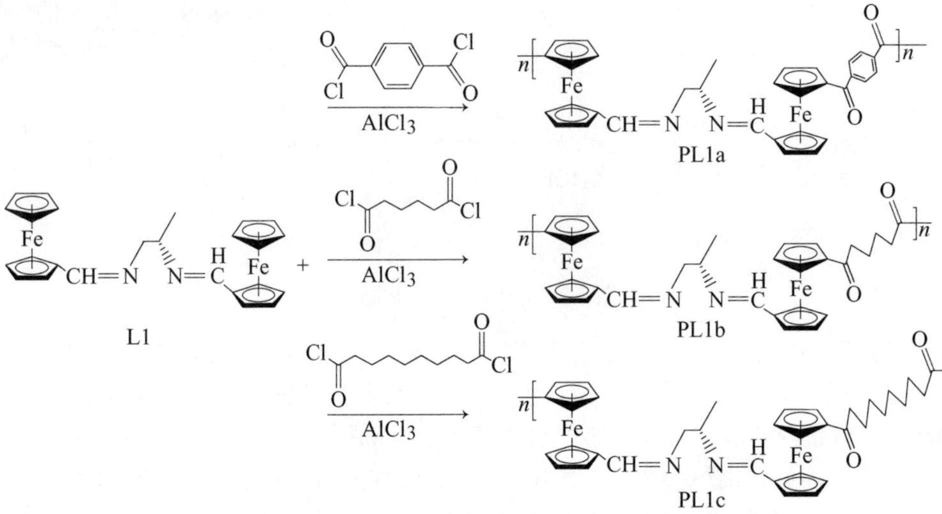

图 5-3 缩(R)-1,2-丙二胺二茂铁甲醛聚 Schiff 碱的合成

取 4mmol(R)-1,2-丙二胺聚 Schiff 碱置于 250mL 的三口瓶内，加入 50mL DMF，升温至 80℃，加入 5mL 溶有 1.11g(4mmol)$FeSO_4 \cdot 7H_2O$ 的水溶液，回流 24h；过滤，干燥，得到产物。

其中，加入 2.38g(4mmol)(R)-1,2-丙二胺聚 Schiff 碱 PL1a 生成聚 Schiff 碱铁盐 PL1A：黑色固体，1.66g，产率：54.64%，熔点大于 300℃。

加入 2.30g(4mmol)(R)-1,2-丙二胺聚 Schiff 碱 PL1b 生成聚 Schiff 碱铁盐 PL1B：黑色固体，1.20g，产率：40.69%，熔点大于 300℃。

加入 2.53g(4mmol)(R)-1,2-丙二胺聚 Schiff 碱 PL1c 生成聚 Schiff 碱铁盐 PL1C：黑色固体，1.70g，产率：53.61%，熔点大于 300℃。

(5) 缩 DL-1,2-丙二胺二茂铁甲醛聚 Schiff 碱及其铁盐的合成。缩 DL-1,2-丙二胺二茂铁甲醛双 Schiff 碱 DL1 的合成：称取 2.14g(10mmol)二茂铁甲醛，放入 250mL 烧瓶中，加入 50mL 无水乙醇，搅拌溶解，滴入 DL-1,2-丙二胺 0.42mL (5mmol)，升温至 65℃ 回流 8h；过滤，干燥，得到金黄色固体：1.81g，产率：77.68%，测得其熔点为 160~165℃。

缩 DL-1,2-丙二胺二茂铁甲醛聚 Schiff 碱 PDL1b 的合成：取 1.33g(10mmol)无水 $AlCl_3$ 和 50mL 硝基苯放入烧瓶内，搅拌溶解；滴入 20mL 含有 1.95g (4mmol)DL-1,2-丙二胺双 Schiff 碱的三氯甲烷溶液和 0.76mL(4mmol)己二酰氯，室温下反应 12h；过滤，干燥，得到产品 1.33g，产率：55.65%，熔点大于 300℃。

缩 DL-1,2-丙二胺二茂铁甲醛聚 Schiff 碱铁盐 PDL1B 的合成：取 250mL 三口瓶，加入 50mL 含有 2.30g(4mmol)DL-1,2-丙二胺聚 Schiff 碱 DL1b 的 DMF 溶液，

升温至 80℃，加入 5mL 溶有 1.11g(4mmol) $FeSO_4 \cdot 7H_2O$ 的水溶液，回流反应 24h；过滤，干燥，得到聚 Schiff 碱铁盐 PDL1B：黑色固体，1.13g，产率：38.30%，熔点大于 300℃。

缩 DL-1,2-丙二胺二茂铁甲醛双 Schiff 碱（DL1）及聚席夫碱 PDL1b 的合成，如图 5-4 所示。

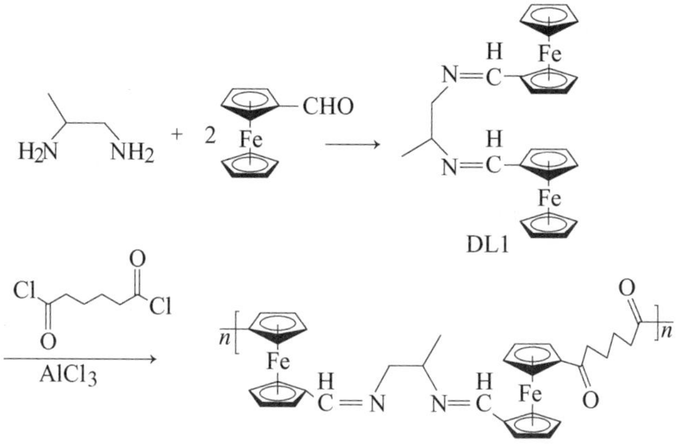

图 5-4 缩 DL-1,2-丙二胺二茂铁甲醛双 Schiff 碱（DL1）及聚席夫碱 PDL1b 的合成

5.2.1.2 缩(1R,2R)-(-)-1,2-环己二胺二茂铁甲醛聚 Schiff 碱及其铁盐的合成

（1）缩(1R,2R)-(-)-1,2-环己二胺二茂铁甲醛双 Schiff 碱（L2）的合成。取 250mL 烧瓶，放入二茂铁甲醛 4.28g(20mmol) 和 50mL 无水乙醇，搅拌溶解；滴入 1.22mL(10mmol)(R,R)-1,2-环己二胺，升温至 65℃ 回流 6h；过滤，干燥，得到金黄色固体：3.85g，产率：81.91%。测得其熔点为172~175℃。

缩(1R,2R)-(-)-1,2-环己二胺二茂铁甲醛双 Schiff 碱（L2）的合成，如图 5-5 所示。

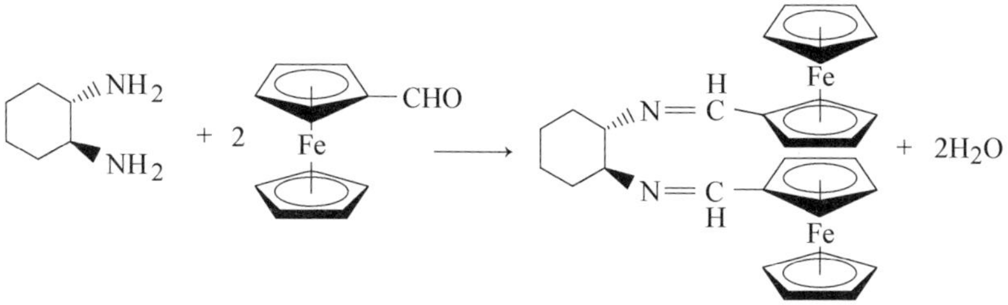

图 5-5 缩(1R,2R)-(-)-1,2-环己二胺二茂铁甲醛双 Schiff 碱（L2）的合成

（2）缩(1R,2R)-(-)-1,2-环己二胺二茂铁甲醛聚 Schiff 碱的合成(PL2a~2c)。取 250mL 三口瓶，加入 1.33g(10mmol)无水 $AlCl_3$ 和 50mL 硝基苯，充分搅拌溶解；向其中加入 50mL(1R,2R)-(-)-1,2-环己二胺双 Schiff 碱 1.12g（2mmol）的三氯甲烷溶液和 2mmol 二酰氯化合物，室温下反应 12h；过滤，干燥，得到固体。

其中，加入 0.41g(2mmol)对苯二甲酰氯生成缩(1R,2R)-(-)-1,2-环己二胺二茂铁甲醛聚 Schiff 碱 PL2a：黑色固体，0.85g，产率：61.42%，熔点大于 300℃。

加入 0.38mL(2mmol)己二酰氯生成缩（1R,2R)-(-)-1,2-环己二胺二茂铁甲醛聚 Schiff 碱 PL2b：黑色固体，0.70g，产率：52.08%，熔点大于 300℃。

加入 0.43mL(2mmol)葵二酰氯生成缩(1R,2R)-(-)-1,2-环己二胺二茂铁甲醛聚 Schiff 碱 PL2c：黑色固体，1.02g，产率：70.15%，熔点大于 300℃。

缩(1R,2R)-(-)-1,2-环己二胺二茂铁甲醛聚 Schiff 碱的合成，如图 5-6 所示。

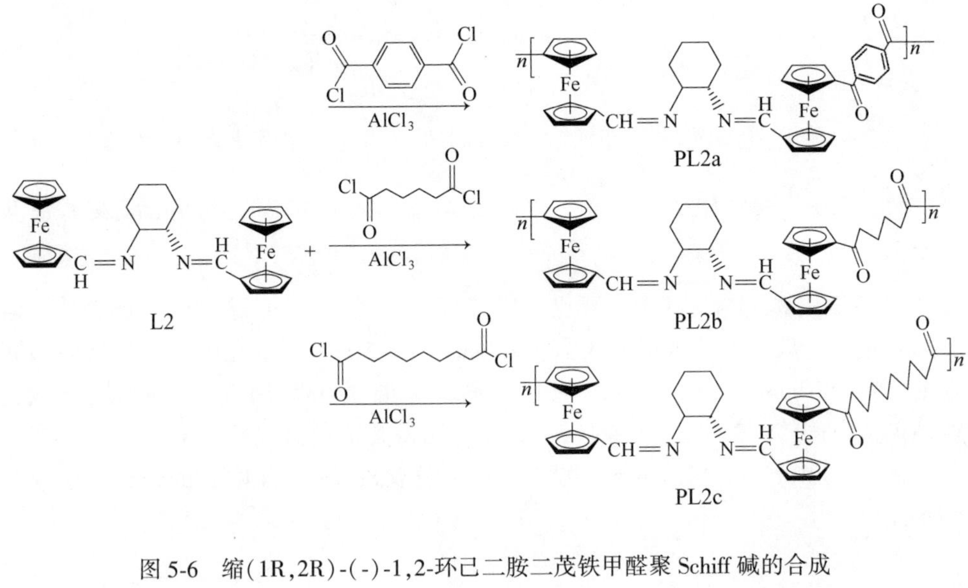

图 5-6　缩(1R,2R)-(-)-1,2-环己二胺二茂铁甲醛聚 Schiff 碱的合成

（3）缩(1R,2R)-(-)-1,2-环己二胺二茂铁甲醛聚 Schiff 碱铁盐的合成(PL2A~2C)。取 250mL 三口瓶，加入 50mL 含有 2mmol(1R,2R)-(-)-1,2-环己二胺聚 Schiff 碱的 DMF 溶液，回流升温至 80℃，加入 5mL 溶有 0.55g(2mmol) $FeSO_4·7H_2O$ 的水溶液，继续反应 24h；过滤，干燥，得到产物。

其中，加入 1.27g(2mmol)缩(1R,2R)-(-)-1,2-环己二胺二茂铁甲醛聚 Schiff 碱 PL2a 生成聚 Schiff 碱铁盐 PL1A：黑色固体，1.02g，产率：68.18%，熔点大于 300℃。

加入1.23g(2mmol)缩(1R,2R)-(-)-1,2-环已二胺二茂铁甲醛聚Schiff碱PL2b生成聚Schiff碱铁盐PL1B：黑色固体，1.14g，产率：78.51%，熔点大于300℃。

加入1.34g(2mmol)缩(1R,2R)-(-)-1,2-环已二胺二茂铁甲醛聚Schiff碱PL2c生成聚Schiff碱铁盐PL1C：黑色固体，1.03g，产率：65.70%，熔点大于300℃。

(4) 缩DL-1,2-环已二胺二茂铁甲醛聚Schiff碱及其铁盐的合成。DL2的合成路线与L2相同。称取二茂铁甲醛4.28g(20mmol)放入烧瓶中，量取50mL无水乙醇使其充分溶解，滴入1.22mL(10mmol)的DL-1,2-环已二胺，升温至65℃回流6h，过滤，干燥，得到黄褐色固体：3.40g，产率：72.33%。测得其熔点为170~171℃。

PDL2b的合成路线与PL2b相同。取250mL烧瓶，倒入1.33g(10mmol)无水$AlCl_3$和50mL硝基苯，充分搅拌溶解；向其中加入30mL DL-(-)-1,2-环已二胺双Schiff碱1.12g(2mmol)的三氯甲烷溶液和0.38mL(2mmol)已二酰氯，室温下反应12h，过滤，干燥，得到聚Schiff碱PDL2b：黑色固体，0.83g，产率：61.75%，熔点大于300℃。

缩DL-1,2-环已二胺二茂铁甲醛聚Schiff碱铁盐PDL2B的合成方法如下：取250mL三口瓶，加入50mL含有1.23g(2mmol)(1R,2R)-(-)-1,2-环已二胺聚Schiff碱PDL2b的DMF溶液，加入5mL溶有0.55g(2mmol)$FeSO_4 \cdot 7H_2O$的水溶液，升温至80℃回流24h；过滤，干燥，得到聚Schiff碱铁盐PDL2B：黑色固体，1.22g，产率：84.01%，熔点大于300℃。

5.2.1.3 缩(R)-1,1′-联萘-2,2′-二胺二茂铁甲醛聚Schiff碱及其铁盐的合成

(1) 缩(R)-1,1′-联萘-2,2′-二胺二茂铁甲醛双Schiff碱（L3）的合成。称取0.856g(4mmol)二茂铁甲醛放入烧瓶中，倒入20mL无水乙醇，搅拌溶解；称取0.568g(2mmol)(R)-1,1′-联萘-2,2′-二胺置于50mL烧杯中，加入10mL三氯甲烷，使其充分溶解，溶液滴入烧瓶中，升温至65℃回流6h，过滤，干燥，得到褐色固体：0.55g，产率：40.68%。测得其熔点为182~185℃。

缩(R)-1,1′-联萘-2,2′-二胺二茂铁甲醛双Schiff碱（L3）的合成，如图5-7所示。

(2) 缩(R)-1,1′-联萘-2,2′-二胺二茂铁甲醛聚Schiff碱的合成（PL3a~3c)。取250mL烧瓶，放入1.06g(8mmol)无水$AlCl_3$和50mL硝基苯，充分搅拌溶解；向其中加入50mL含有(R)-1,1′-联萘-2,2′-二胺双Schiff碱1.35g(2mmol)的三氯甲烷溶液和2mmol二酰氯化合物，室温下反应12h，过滤，干

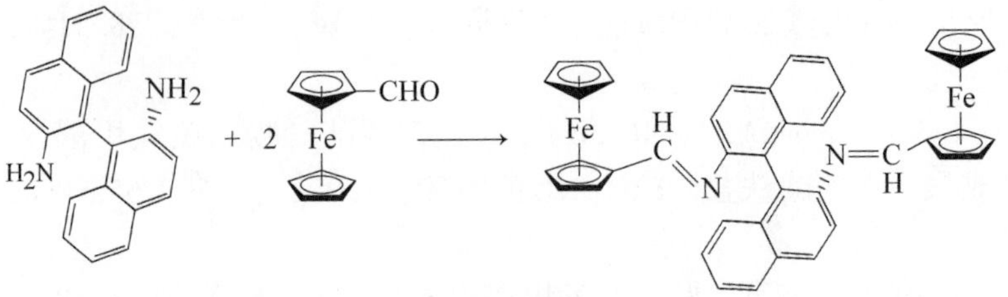

NH_2　H_2N　+ 2　Fe　CHO　→　Fe　H　C　N　N＝C　H　Fe

图 5-7　缩(R)-1,1′-联萘-2,2′-二胺二茂铁甲醛双 Schiff 碱（L3）的合成

燥，得到产物。

其中，加入 0.41g(2mmol) 对苯二甲酰氯生成缩(R)-1,1′-联萘-2,2′-二胺二茂铁甲醛聚 Schiff 碱 PL3a：黑色固体，0.95g，产率：58.56%，熔点大于 300℃。

加入 0.38mL(2mmol) 己二酰氯生成缩(R)-1,1′-联萘-2,2′-二胺二茂铁甲醛聚 Schiff 碱 PL3b：黑色固体，1.13g，产率：71.98%，熔点大于 300℃。

加入 0.43mL(2mmol) 葵二酰氯生成缩(R)-1,1′-联萘-2,2′-二胺二茂铁甲醛聚 Schiff 碱 PL3c：黑色固体，1.27g，产率：75.34%，熔点大于 300℃。

缩(R)-1,1′-联萘-2,2′-二胺二茂铁甲醛聚 Schiff 碱的合成，如图 5-8 所示。

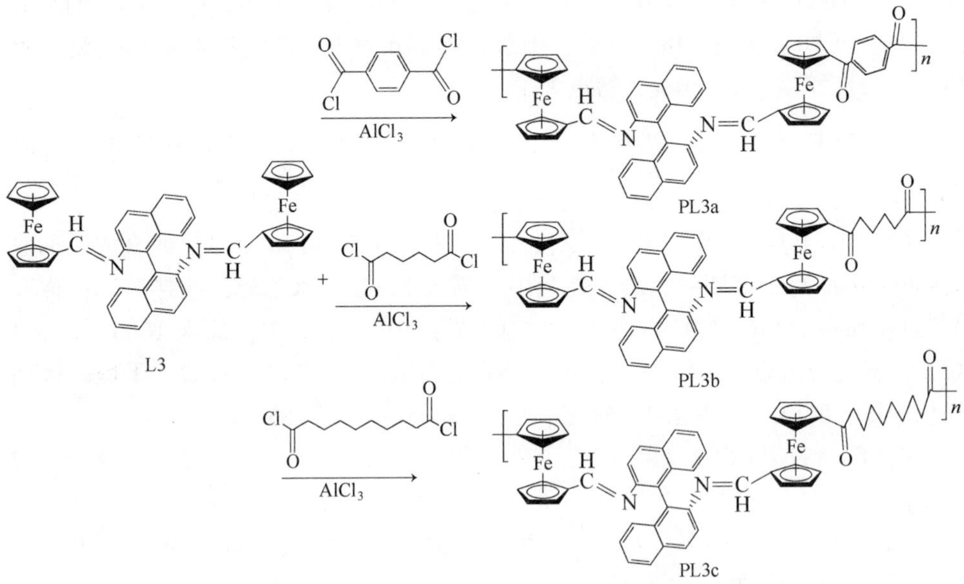

O　Cl　Cl　O　$AlCl_3$　Fe　H　C　N　N＝C　H　Fe　O　O　n　PL3a

Fe　H　C　N　N＝C　H　Fe　L3　+　Cl　O　O　Cl　$AlCl_3$　Fe　H　C　N　N＝C　H　Fe　O　O　n　PL3b

Cl　O　O　Cl　$AlCl_3$　Fe　H　C　N　N＝C　H　Fe　O　O　n　PL3c

图 5-8　缩(R)-1,1′-联萘-2,2′-二胺二茂铁甲醛聚 Schiff 碱的合成

（3）缩(R)-1,1′-联萘-2,2′-二胺二茂铁甲醛聚Schiff碱铁盐的合成（PL3A~3C）。取250mL三口瓶，向其中加入50mL含有2mmol(R)-1,1′-联萘-2,2′-二胺聚Schiff碱的DMF溶液，加热至80℃，滴入5mL溶有0.55g(2mmol)$FeSO_4 \cdot 7H_2O$的水溶液，回流24h，过滤，干燥，得到产物。

其中，加入1.66g(2mmol)缩(R)-1,1′-联萘-2,2′-二胺二茂铁甲醛聚Schiff碱PL3a生成聚Schiff碱铁盐PL3A：黑色固体，1.12g，产率：64.89%，熔点大于300℃。

加入1.62g(2mmol)缩(R)-1,1′-联萘-2,2′-二胺二茂铁甲醛聚Schiff碱PL3b生成聚Schiff碱铁盐PL3B：黑色固体，1.33g，产率：79.07%，熔点大于300℃。

加入1.73g(2mmol)缩(R)-1,1′-联萘-2,2′-二胺二茂铁甲醛聚Schiff碱PL3c生成聚Schiff碱铁盐PL3C：黑色固体，1.05g，产率：58.41%，熔点大于300℃。

（4）缩DL-1,1′-联萘-2,2′-二胺二茂铁甲醛聚Schiff碱及其铁盐的合成。DL-1,1′-联萘-2,2′-二胺二茂铁甲醛双Schiff碱(DL3)的合成路线与L3相同。250mL烧瓶中，放入二茂铁甲醛0.856g(4mmol)和20mL无水乙醇，搅拌使其充分溶解；往烧瓶中加入含有0.568g(2mmol)DL-1,1′-联萘-2,2′-二胺的10mL无水乙醇溶液，升高温度至65℃回流6h，过滤，干燥，得到褐色固体：0.58g，产率：42.89%。测得其熔点为167~170℃。

缩DL-1,1′-联萘-2,2′-二胺二茂铁甲醛聚Schiff碱PDL3b合成路线与PL3b相同。取250mL三口瓶，放入1.06g(8mmol)无水$AlCl_3$和50mL硝基苯，搅拌溶解；随后加入50mL含有DL-1,1′-联萘-2,2′-二胺双Schiff碱1.35g(2mmol)的三氯甲烷溶液和0.38mL(2mmol)已二酰氯，升温至50℃下反应24h；过滤，干燥，得到聚Schiff碱PDL3b：黑色固体，1.05g，产率：66.88%，熔点大于300℃。

缩DL-1,1′-联萘-2,2′-二胺二茂铁甲醛聚Schiff碱铁盐PDL3B的合成如下：取250mL三口瓶，向其中加入50mL含有1.62g(2mmol)DL-1,1′-联萘-2,2′-二胺二茂铁甲醛聚Schiff碱PDL3b的DMF溶液，加热至80℃，加入5mL溶有0.55g(2mmol)$FeSO_4 \cdot 7H_2O$的水溶液，继续反应24h；过滤，干燥，得到聚Schiff碱铁盐PDL3B：黑色固体，1.00g，产率：59.39%，熔点大于300℃。

5.2.1.4 缩(1R,2R)-(+)-1,2-二苯基乙二胺二茂铁甲醛聚Schiff碱及其铁盐的合成

（1）缩(1R,2R)-(+)-1,2-二苯基乙二胺二茂铁甲醛双Schiff碱(L4)的合成。取250mL三口瓶，放入二茂铁甲醛1.79g(8mmol)和50mL无水乙醇，搅拌溶解，滴入含有(1R,2R)-(+)-1,2-二苯基乙二胺1.13g(4mmol)的10mL无水乙醇溶液，升温至65℃回流6h；过滤，干燥，得到金黄色固体：2.25g，产率：81.05%。测得其熔点为150~151℃。缩(1R,2R)-(+)-1,2-二苯基乙二胺二茂铁甲醛双Schiff碱（L4）的合成，如图5-9所示。

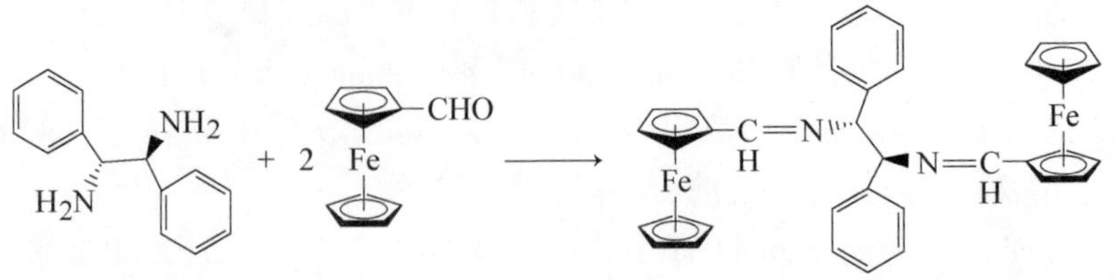

图 5-9 缩(1R,2R)-(+)-1,2-二苯基乙二胺二茂铁甲醛双 Schiff 碱（L4）的合成

（2）缩(1R,2R)-(+)-1,2-二苯基乙二胺二茂铁甲醛聚 Schiff 碱的合成(PL4a~4c)。取 250mL 三口瓶，放入 0.99g(7.5mmol)无水 $AlCl_3$ 和 30mL 硝基苯，搅拌溶解；随后加入 50mL 含有(1R,2R)-(+)-1,2-二苯基乙二胺双 Schiff 碱 0.91g(1.5mmol)的三氯甲烷溶液和 1.5mmol 二酰氯化合物，室温下反应 12h；过滤，干燥，得到产物。

其中，加入 0.31g(1.5mmol)对苯二甲酰氯生成缩(1R,2R)-(+)-1,2-二苯基乙二胺二茂铁甲醛聚 Schiff 碱 PL4a：黑色固体，0.66g，产率：59.43%，熔点大于 300℃。

加入 0.29mL(1.5mmol)已二酰氯生成缩(1R,2R)-(+)-1,2-二苯基乙二胺二茂铁甲醛聚 Schiff 碱 PL4b：黑色固体，0.75g，产率：69.46%，熔点大于 300℃。

加入 0.32mL(1.5mmol)葵二酰氯生成缩(1R,2R)-(+)-1,2-二苯基乙二胺二茂铁甲醛聚 Schiff 碱 PL4c：黑色固体，0.71g，产率：61.26%，熔点大于 300℃。

缩(1R,2R)-(+)-1,2-二苯基乙二胺二茂铁甲醛聚 Schiff 碱的合成，如图5-10所示。

（3）缩(1R,2R)-(+)-1,2-二苯基乙二胺二茂铁甲醛聚 Schiff 碱 Fe 盐的合成(PL4A~4C)。取 250mL 三口瓶，加入 50mL 含有 2mmol(1R,2R)-(+)-1,2-二苯基乙二胺聚 Schiff 碱的 DMF 溶液，升温至 80℃，加入 5mL 溶有 0.55g(2mmol) $FeSO_4 \cdot 7H_2O$ 的水溶液，继续反应 24h；过滤，干燥，得到产物。

其中，加入 1.48g(2mmol)缩(1R,2R)-(+)-1,2-二苯基乙二胺二茂铁甲醛聚 Schiff 碱 PL4a 生成聚 Schiff 碱铁盐 PL4A：黑色固体，0.66g，产率：55.25%，熔点大于 300℃。

加入 1.62g(2mmol)缩(1R,2R)-(+)-1,2-二苯基乙二胺二茂铁甲醛聚 Schiff 碱 PL4b 聚 Schiff 碱铁盐 PL4B：黑色固体，0.57g，产率：48.98%，熔点大于 300℃。

加入 1.73g(2mmol)缩(1R,2R)-(+)-1,2-二苯基乙二胺二茂铁甲醛聚 Schiff 碱 PL4c 生成聚 Schiff 碱铁盐 PL4C：黑色固体，0.65g，产率：47.45%，熔点大于 300℃。

实验部分的中间产物（L1~L4，DL1~DL3）通过质谱、核磁、比旋光度、红外、元素分析等手段表征其结构；制备的聚 Schiff 碱化合物通过比旋光度、红

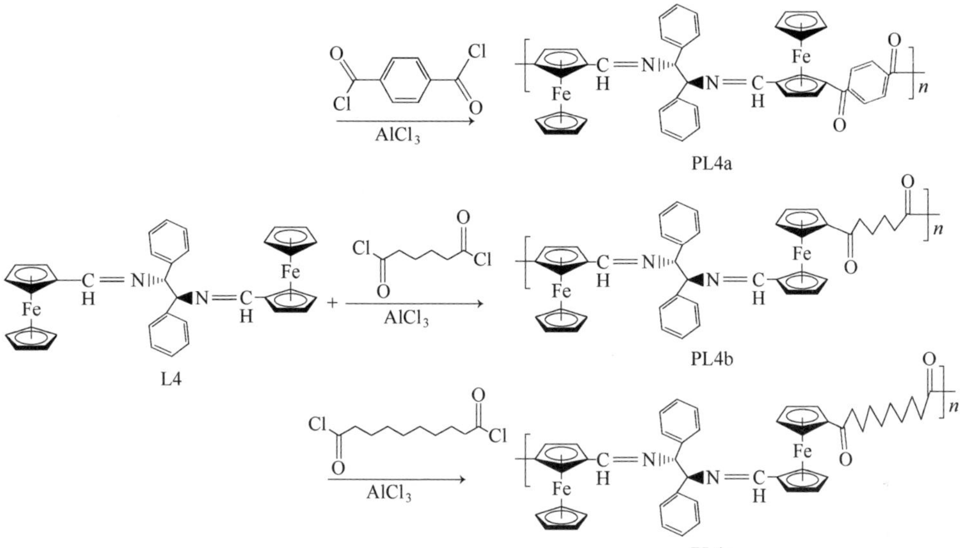

图 5-10 缩(1R,2R)-(+)-1,2-二苯基乙二胺二茂铁甲醛聚 Schiff 碱的合成

外、元素分析、GPC、电导率等手段进行表征；聚 Schiff 碱铁盐通过比旋光度、红外、元素分析、GPC、离子含量、电导率等对其进行表征。

5.2.2 结果讨论

5.2.2.1 质谱

缩(R)-1,2-丙二胺二茂铁甲醛双 Schiff 碱(L1)，缩(R,R)-(-)-1,2-环己二胺二茂铁甲醛双 Schiff 碱(L2)，缩(R)-1,1′-联萘-2,2′-二胺二茂铁甲醛双 Schiff 碱(L3)和缩(R,R)-(+)-1,2-二苯基乙二胺二茂铁甲醛双 Schiff 碱(L4)的质谱图，见附录 4。从图中可以得出，L1、L2、L3、L4 的 EST-MS[M+H$^+$]峰分别为 *m/z* (%)：467.5、507.1、677.17、605.1，这与相应的目标化合物分子量相吻合。缩 DL-1,2-丙二胺二茂铁甲醛双 Schiff 碱(DL1)，缩 DL-1,2-环己二胺二茂铁甲醛双 Schiff 碱(DL2)，缩 DL-1,1′-联萘-2,2′-二胺二茂铁甲醛双 Schiff 碱（DL3）的质谱图，见附录 4。从图中可以得出，DL1、DL2、DL3 的 EST-MS［M+H$^+$］峰分别为 *m/z*（%）：467.1、507.1、677.3，这与相应的目标化合物的分子量相吻合。

5.2.2.2 核磁

L1～L4 和 DL1～DL3 的核磁分析分别如下，核磁谱图见附录 5。

L1：^{1}H NMR(400MHz，$CDCl_3$，δ/ppm)：8.14(s，2H，—CH ═N)，4.62

(s, 4H), 4.35 (s, 4H), 4.14 (s, 10H), 3.34 (s, 1H, —CH), 2.50 (s, 2H, $—CH_2$), 1.17(t, 3H, $—CH_3$)。

L2: ^1H NMR (400MHz, $CDCl_3$, δ/ppm): 8.13(s, 2H, —CH═N), 4.52~4.80(s, 4H), 4.16~4.37(s, 4H), 4.03(s, 10H), 3.48(m, 2H, —NCH), 1.82~1.84(m, 2H), 1.75(s, 4H), 1.46(s, 2H)。

L3: ^1H NMR (400MHz, $CDCl_3$, δ/ppm): 8.29(s, 2H, —CH═N), 7.60~8.0(s, 8H, —CH), 7.0~7.26(s, 4H, —CH), 4.81(s, 4H), 4.63(t, 4H), 4.30(s, 10H), 3.67(m, 2H, —NCH)。

L4: ^1H NMR (400MHz, $CDCl_3$, δ/ppm): 8.27(s, 2H, —CH═N), 7.13~7.28(s, 10H, Ph—H), 4.58 ~ 4.80 (s, 4H), 4.28 (m, 4H), 4.18 (m, 2H, —CH), 3.98(s, 10H)。

DL1: ^1H NMR (400MHz, $CDCl_3$, δ/ppm): 8.13(s, 2H, —CH═N), 4.61 (s, 4H), 4.35 (s, 4H), 4.14 (s, 10H), 3.34 (s, 1H, —CH), 2.50 (s, 2H, $—CH_2$), 1.17(t, 3H, $—CH_3$)。

DL2: ^1H NMR (400MHz, $CDCl_3$, δ/ppm): 8.16(s, 2H, —CH═N), 4.60 (s, 4H), 4.27(s, 4H), 4.05(s, 10H), 3.40(m, 2H, —NCH), 1.83(m, 2H), 1.75(s, 4H), 1.44(s, 2H)。

DL3: ^1H NMR (400MHz, d_6-DMSO, δ/ppm): 8.24(s, 2H, —CH ═N), 7.75~8.03(s, 8H, —CH), 7.10~7.25(s, 4H, —CH), 4.82(s, 4H), 4.66 (t, 4H), 4.31(s, 10H), 3.36(m, 2H, —NCH)。

5.2.2.3 比旋光度

取长度 d 为 1dm 的样品管，装好待测物需要溶解的溶剂，放入旋光仪中进行零点校正；称取一定量的样品配置成一定浓度的溶液，先用待测溶液将样品管润洗三次，然后放入旋光仪中测定其旋光度，再根据公式 $[\alpha]=\alpha/(l\times C)$ 计算比旋光度。式中，C 为溶液的浓度，g/mL；l 为旋光管长度，dm。

手性单体发生聚合反应时会在主链中生成螺旋构象，因此会引起比旋光度的改变。从表 5-1~表 5-4 中可以看出，手性聚 Schiff 碱的旋光方向与手性单体是一样的，而聚 Schiff 碱的旋光度比单体要大得多，表明聚合后手性特征加强。表 5-5 中，3 种非手性的聚 Schiff 碱（PDL1b，PDL2b，PDL3b）及其聚 Schiff 碱铁盐（PDL1B，PDL2B，PDL3B）的比旋光度均为 0，说明这 6 种物质不具备手性。

表 5-1 缩(R)-1,2-丙二胺二茂铁甲醛及其聚 Schiff 碱的比旋光度

原料与产物	比旋光度 $[\alpha]_D$ 室温	溶剂与浓度
(R)-1,2-丙二胺双(-)酒石酸盐	-20°	H_2O，20mg/mL

续表 5-1

原料与产物	比旋光度 $[\alpha]_D$ 室温	溶剂与浓度
L1	-26°	EtOH，0.030mg/mL
PL1a	-233°	DMF，0.025mg/mL
PL1b	-104°	DMF，0.040mg/mL
PL1c	-103°	DMF，0.034mg/mL
PL1A	-729°	DMF，0.020mg/mL
PL1B	-325°	DMF，0.148mg/mL
PL1C	-339°	DMF，0.070mg/mL

表 5-2　缩(1R,2R)-(-)-1,2-环己二胺二茂铁甲醛及其聚 Schiff 碱的比旋光度

原料与产物	比旋光度 $[\alpha]_D$ 室温	溶剂与浓度
(1R,2R)-(-)-1,2-环己二胺	-16°	EtOH，20mg/mL
L2	-34°	EtOH，1.5mg/mL
PL2a	-117	DMF，0.020mg/mL
PL2b	-255°	DMF，0.015mg/mL
PL2c	-230°	DMF，0.030mg/mL
PL2A	-489°	DMF，0.054mg/mL
PL2B	-363°	DMF，0.148mg/mL
PL2C	-573°	DMF，0.070mg/mL

表 5-3　缩(R)-1,1′-联萘-2,2′-二胺二茂铁甲醛及其聚 Schiff 碱的比旋光度

原料与产物	比旋光度 $[\alpha]_D$ 室温	溶剂与浓度
(R)-1,1′-联萘-2,2′-二胺	+116°	CH_2Cl_2，20mg/mL
L3	+268°	$CHCl_3$，2.5mg/mL
PL3a	+404°	DMF，0.025mg/mL
PL3b	+376°	DMF，0.040mg/mL
PL3c	+459°	DMF，0.030mg/mL
PL3A	+661°	DMF，0.030mg/mL
PL3B	+933°	DMF，0.020mg/mL
PL3C	+1035°	DMF，0.070mg/mL

表 5-4　缩(1R,2R)-(+)-1,2-二苯基乙二胺二茂铁甲醛及其聚 Schiff 碱的比旋光度

原料与产物	比旋光度 [α]$_D$ 室温	溶剂与浓度
(1R,2R)-(+)-1,2-二苯基乙二胺	+35°	EtOH，20mg/mL
L4	+68°	EtOH，1.2mg/mL
PL4a	+246	DMF，0.020mg/mL
PL4b	+125°	DMF，0.040mg/mL
PL4c	+256°	DMF，0.040mg/mL
PL4A	+261°	DMF，0.040mg/mL
PL4B	+233°	DMF，0.020mg/mL
PL4C	+435°	DMF，0.050mg/mL

表 5-5　非手性二茂铁甲醛聚 Schiff 碱及其铁盐的比旋光度

原料与产物	比旋光度 [α]$_D$ 室温	溶剂与浓度
DL1	0	EtOH，1.0mg/mL
PDL1b	0	DMF，0.015mg/mL
PDL1B	0	DMF，0.015mg/mL
DL2	0	EtOH，1.0mg/mL
PDL2b	0	DMF，0.015mg/mL
PDL2B	0	DMF，0.020mg/mL
DL3	0	EtOH，2.0mg/mL
PDL3b	0	DMF，0.050mg/mL
PDL3B	0	DMF，0.020mg/mL

5.2.2.4　红外光谱

将溴化钾在 120℃的条件下干燥 3h，随后把要测试的样品与干燥好的溴化钾按 1∶50~1∶300 的比例放入研钵中进行充分的研磨，将研磨好的样品放入红外专用磨具中压成片状并进行测试，得到红外谱图后可对样品的结构进行表征。

（1）缩(R)-1,2-丙二胺二茂铁甲醛聚 Schiff 碱及其铁盐的红外光谱。图 5-11 为缩(R)-1,2-丙二胺二茂铁甲醛双 Schiff 碱（L1）、聚 Schiff 碱（PL1a）和铁盐（PL1A）的红外光谱。L1 的主要特征峰（cm^{-1}）为：813（茂环—C—H—），1100（茂环—C—C—），2939、2861（—CH_3），1637（—HC ═N—）；PL1a 的主要特征峰（cm^{-1}）为：819（茂环—C—H—），1106（茂环—C—C—），2939、2861（—CH_3），1637（—HC ═N—），1792（—C ═O）；PL1A

的主要特征峰（cm^{-1}）为：813（茂环—C—H—），1116（茂环—C—C—），2929、2861（—CH_3），1632（—HC ═N—），1717（—C ═O）；L1 出现 C ═N 峰并且没有氨基和羰基峰，表明得到了双 Schiff 碱；聚 Schiff 碱 PL1a 的特征峰与 L1 相比出现蓝移；铁盐 PL1A 的特征峰相比 PL1a 发生了红移。

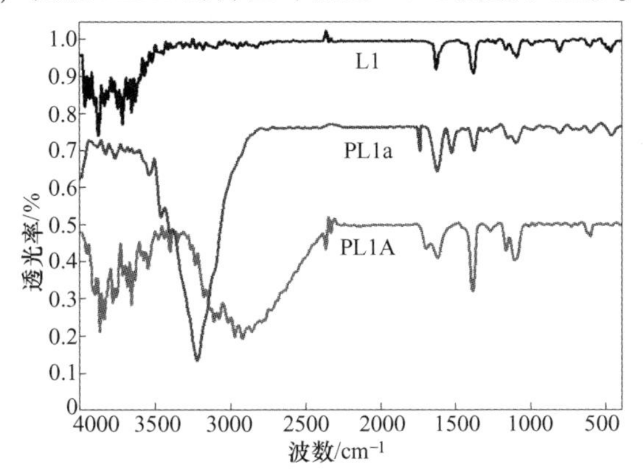

图 5-11 L1 及 PL1a、PL1A 的红外谱图

PL1b 的主要特征峰（cm^{-1}）为：818（茂环—C—H—），1130（茂环—C—C—），2942、2870（—CH_3），1675（—HC ═N—），1797（—C ═O）；PL1B 的主要特征峰（cm^{-1}）为：810（茂环—C—H—），1101（茂环—C—C—），2930、2842（—CH_3），1638（—HC ═N—），1728（—C ═O）；聚 Schiff 碱 PL1b 的特征峰与 L1 相比出现蓝移；铁盐 PL1B 的特征峰相比 PL1b 发生了红移，如图 5-12 所示。

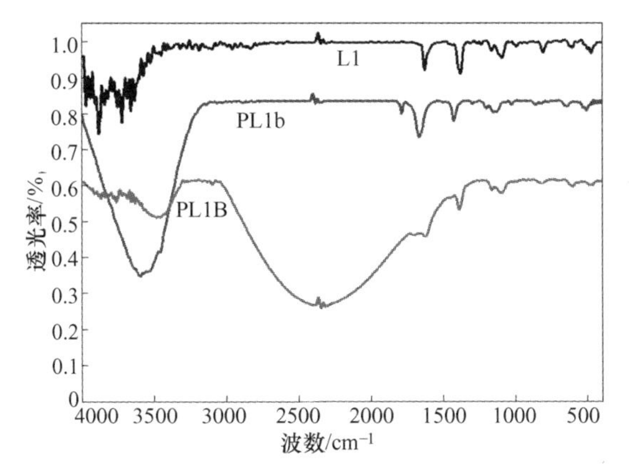

图 5-12 L1 及 PL1b、PL1B 的红外谱图

PL1c 的主要特征峰（cm^{-1}）为：815（茂环—C—H—），1130（茂环—C—C—），2942、2865（—CH_3），1643（—HC ═N—），1722（—C ═O）；PL1C 的主要特征峰（cm^{-1}）为：815（茂环—C—H—），1106（茂环—C—C—），

2915、2850（—CH_3），1611（—HC ═N—），1722（—C ═O）；聚 Schiff 碱 PL1c 的特征峰与 L1 相比出现蓝移；铁盐 PL1C 的特征峰相比 PL1c 发生了红移，如图 5-13 所示。

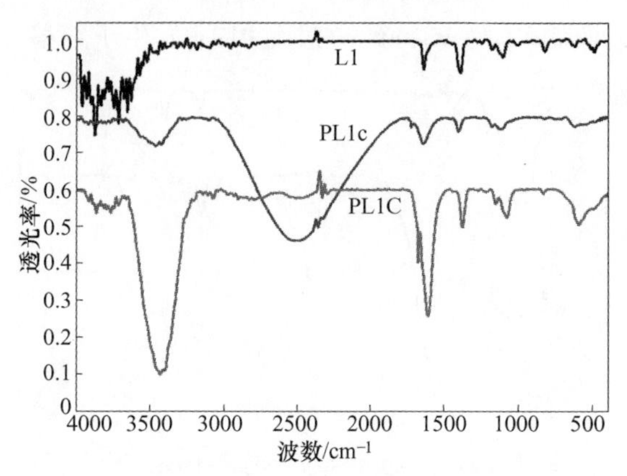

图 5-13 L1 及 PL1c、PL1C 的红外谱图

（2）缩 DL-1,2-丙二胺二茂铁甲醛聚 Schiff 碱及其铁盐的红外光谱。图 5-14 分别为 DL-1,2-丙二胺二茂铁甲醛双 Schiff 碱（DL1）、聚 Schiff 碱（PDL1b）和铁盐（PDL1B）的红外光谱。DL1 的主要特征峰（cm^{-1}）为：811（茂环—C—H—），1095（茂环—C—C—），2936、2845（—CH_3），1638（—HC ═N—）；PDL1b 的主要特征峰（cm^{-1}）为：819（茂环—C—H—），1106（茂环—C—C—），2938、2856（—CH_3），1659（—HC ═N—），1850（—C ═O）；PDL1B 的主要特征峰（cm^{-1}）为：813（茂环—C—H—），1110（茂环—C—C—），2932、2840（—CH_3），1617（—HC ═N—），1720（—C ═O）；DL1 出现 C ═N 峰并且没有氨基和羰基峰，表明得到了双 Schiff 碱；聚 Schiff 碱 PDL1b 的特征峰与 DL1 相比出现蓝移；铁盐 PDL1B 的特征峰相比 PDL1b 发生了红移。

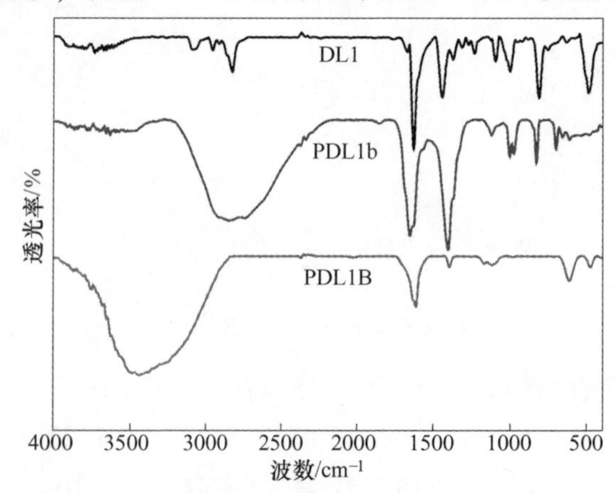

图 5-14 DL1 及 PDL1b、PDL1B 的红外谱图

（3）缩(1R,2R)-(-)-1,2-环己二胺二茂铁甲醛 Schiff 碱及其铁盐的红外光谱。图 5-15 分别为(1R,2R)-(-)-1,2-环己二胺二茂铁甲醛双 Schiff 碱（L2）、聚 Schiff 碱（PL2a）和铁盐（PL2A）的红外光谱，其中 L2 的主要特征峰（cm^{-1}）为：813（茂环—C—H—），1100（茂环—C—C—），2939、2855（$—CH_3$），1648（—HC ═N—）；PL2a 的主要特征峰（cm^{-1}）为：810（茂环—C—H—），1095（茂环—C—C—），2933、2843（$—CH_3$），1627（—HC ═N—），1701（—C ═O）；PL2B 的主要特征峰（cm^{-1}）为：813（茂环—C—H—），1115（茂环—C—C—），2943、2850（$—CH_3$），1638（—HC ═N—），1722（—C ═O）。L2 出现 C ═N 峰并且没有氨基和羰基峰，表明得到了双 Schiff 碱；聚 Schiff 碱 PL2a 的特征峰与 L2 相比出现红移；铁盐 PL2A 的特征峰对比 PL2a 产生了蓝移。

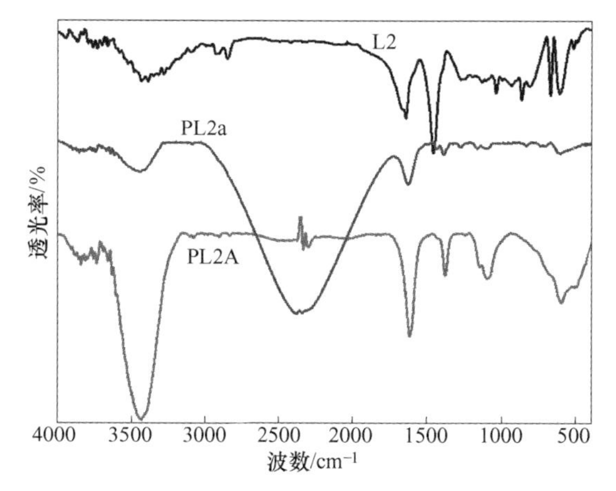

图 5-15　L2 及 PL2a、PL2A 的红外谱图

PL2b 的主要特征峰（cm^{-1}）为：813（茂环—C—H—），1006（茂环—C—C—），2930、2845（$—CH_3$），1617（—HC ═N—），1717（—C ═O）；PL2B 的主要特征峰（cm^{-1}）为：813（茂环—C—H—），1115（茂环—C—C—），2943、2850（$—CH_3$），1643（—HC ═N—），1744（—C ═O）；聚 Schiff 碱 PL2b 的特征峰与 L2 相比出现红移；铁盐 PL2B 的特征峰对比 PL2b 出现蓝移，如图 5-16 所示。

PL2c 的主要特征峰（cm^{-1}）为：813（茂环—C—H—），1006（茂环—C—C—），2913、2845（$—CH_3$），1627（—HC ═N—），1776（—C ═O）；PL2C 的主要特征峰（cm^{-1}）为：819（茂环—C—H—），1127（茂环—C—C—），2943、2850（$—CH_3$），1643（—HC ═N—），1792（—C ═O）；聚 Schiff 碱 PL2c 的特征峰与 L2 相比出现红移；铁盐 PL2C 的特征峰相比 PL2c 出现蓝移，如图 5-17 所示。

（4）缩 DL-1,2-环己二胺二茂铁甲醛 Schiff 碱及其铁盐的红外光谱。图 5-18

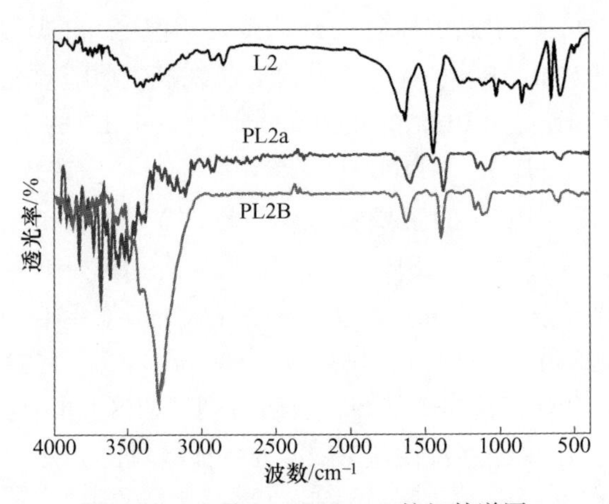

图 5-16 L2 及 PL2b、PL2B 的红外谱图

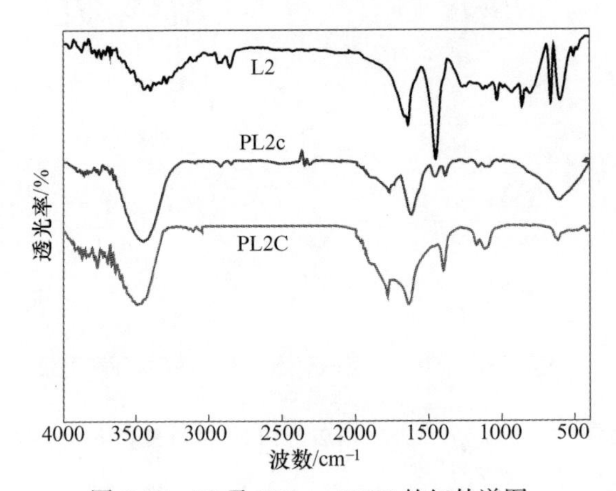

图 5-17 L2 及 PL2c、PL2C 的红外谱图

分别为 DL-1,2-环己二胺二茂铁甲醛双 Schiff 碱（DL2）、聚 Schiff 碱（PDL2b）和铁盐（PDL2B）的红外光谱，DL2 的主要特征峰（cm^{-1}）为：819（茂环—C—H—），1100（茂环—C—C—），2967、2839（—CH_3），1638（—HC ═N—）；PDL1b 的主要特征峰（cm^{-1}）为：819（茂环—C—H—），1106（茂环—C—C—），2925、2845（—CH_3），1606（—HC ═N—），1716（—C ═O）；PDL2B 的主要特征峰（cm^{-1}）为：813（茂环—C—H—），1110（茂环—C—C—），2977、2898（—CH_3），1638（—HC ═N—），1764（—C ═O）；DL2 出现 C ═N 峰并且没有氨基和羰基峰，表明得到了双 Schiff 碱；聚 Schiff 碱 PDL2b 的特征峰与 DL2 相比出现红移；铁盐 PDL2B 的特征峰相比 PDL2b 出现了蓝移。

（5）缩(R)-1,1′-联萘-2,2′-二胺二茂铁甲醛 Schiff 碱及其铁盐的红外光谱。图 5-19 分别为缩(R)-1,1′-联萘-2,2′-二胺二茂铁甲醛双 Schiff 碱（L3）、聚 Schiff

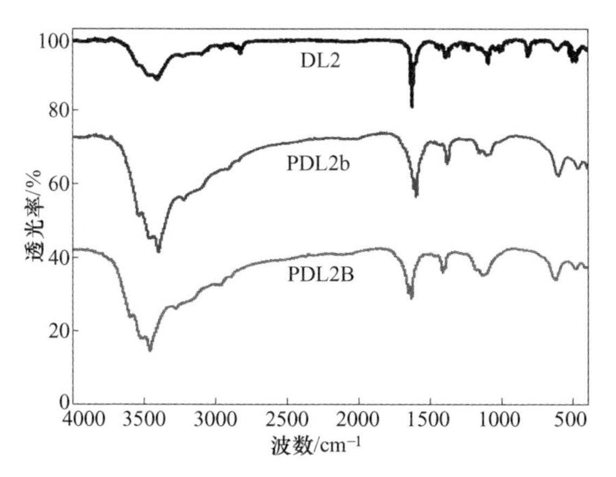

图 5-18 DL2 及 PDL2b、PDL2B 的红外谱图

碱（PL3a）和其铁盐（PL3A）的红外光谱，L3 的主要特征峰（cm^{-1}）为：819（茂环—C—H—），1100（茂环—C—C—），2930、2839（—CH_3），1617（—HC ═N—）；PL3a 的主要特征峰（cm^{-1}）为：819（茂环—C—H—），1106（茂环—C—C—），2943、2845（—CH_3），1653（—HC ═N—），1861（—C ═O）；PL3A 的主要特征峰（cm^{-1}）为：813（茂环—C—H—），1110（茂环—C—C—），2977、2898（—CH_3），1632（—HC ═N—），1717（—C ═O）；L3 出现 C ═N 峰并且没有氨基和羰基峰，表明得到了双 Schiff 碱；聚 Schiff 碱 PL3a 的特征峰与 L3 相比出现蓝移；铁盐 PL3A 的特征峰相比 PL3a 发生了红移。

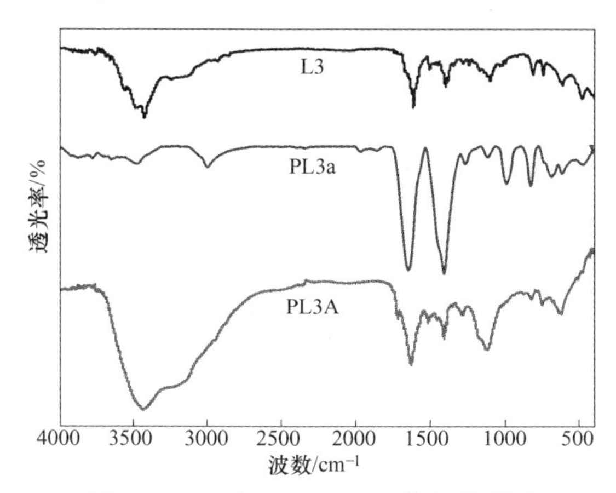

图 5-19 L3 及 PL3a、PL3A 的红外谱图

PL3b 的主要特征峰（cm^{-1}）为：819（茂环—C—H—），1106（茂环—C—C—），2943、2845（—CH_3），1632（—HC ═N—），1733（—C ═O）；PL3B 的主要特征峰（cm^{-1}）为：813（茂环—C—H—），1110（茂环—C—C—），2977、2898（—CH_3），1619（—HC ═N—），1704（—C ═O）；聚 Schiff 碱

PL3b 的特征峰与 L3 相比出现蓝移；铁盐 PL3B 的特征峰相比 PL3b 发生了红移，如图 5-20 所示。

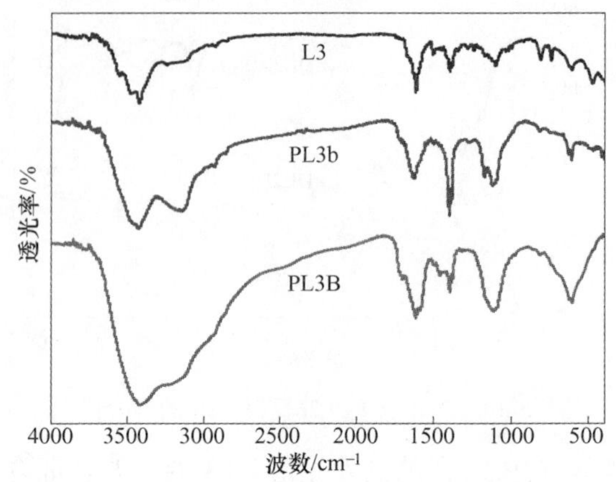

图 5-20　L3 及 PL3b、PL3B 的红外谱图

PL3c 的主要特征峰（cm^{-1}）为：819（茂环—C—H—），1106（茂环—C—C—），2943、2845（—CH_3），1619（—HC ═N—），1714（—C ═O）；PL3C 的主要特征峰（cm^{-1}）为：813（茂环—C—H—），1110（茂环—C—C—），2977、2898（—CH_3），1608（—HC ═N—），1710（—C ═O）；聚 Schiff 碱 PL3c 的特征峰与 L3 相比出现蓝移；铁盐 PL3C 的特征峰相比 PL3c 发生了红移，如图 5-21 所示。

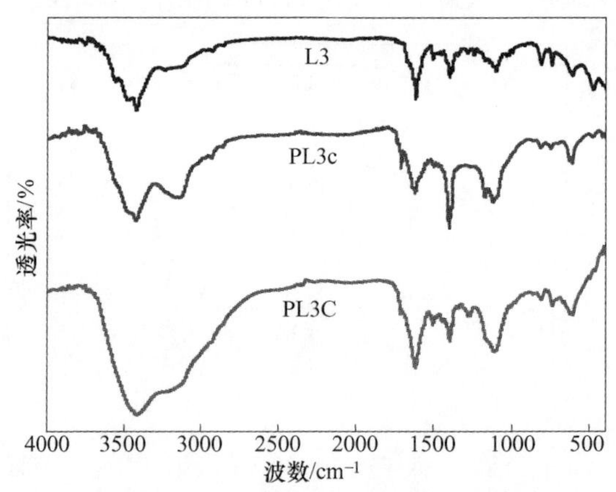

图 5-21　L3 及 PL3c、PL3C 的红外谱图

（6）缩 DL-1,1′-联萘-2,2′-二胺二茂铁甲醛 Schiff 碱及其铁盐的红外光谱。图 5-22 分别为缩 DL-1,1′-联萘-2,2′-二胺二茂铁甲醛双 Schiff 碱（DL3）、聚 Schiff 碱（PDL3b）和其铁盐（PDL3B）的红外光谱，DL3 的主要特征峰（cm^{-1}）为：819（茂环—C—H—），1100（茂环—C—C—），2930、2855（—CH_3），1622（—HC ═N—）；PDL3b 的主要特征峰（cm^{-1}）为：819（茂环—C—H—），1106（茂环

—C—C—)，2943、2845（$—CH_3$），1643（—HC ═N—），1761（—C ═O）；PDL3B 的主要特征峰（cm^{-1}）为：813（茂环—C—H—），1110（茂环—C—C—），2977、2898（$—CH_3$），1622（—HC ═N—），1717（—C ═O）；DL3 出现 C ═N 峰并且没有氨基和羰基峰，表明得到了双 Schiff 碱；聚 Schiff 碱 PDL3b 的特征峰与 DL3 相比出现蓝移；铁盐 PDL3B 的特征峰相比 PDL3b 发生了红移。

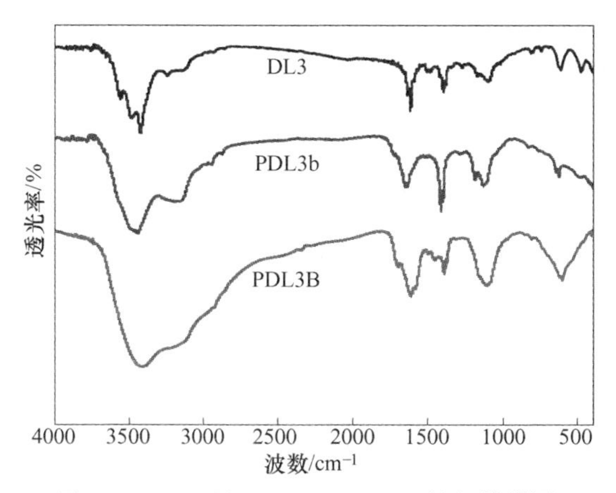

图 5-22 DL3 及 PDL3b、PDL3B 的红外谱图

（7）缩(1R,2R)-1,2-(+)-二苯基乙二胺二茂铁甲醛 Schiff 碱及其铁盐的红外光谱。图 5-23 为缩(1R,2R)-1,2-(+)-二苯基乙二胺二茂铁甲醛双 Schiff 碱（L4）、聚 Schiff 碱（PL4a）和铁盐（PL4A）的红外光谱，L4 的主要特征峰（cm^{-1}）为：819（茂环—C—H—），1106（茂环—C—C—），2925、2850（$—CH_3$），1643（—HC ═N—）；PL4a 的主要特征峰（cm^{-1}）为：810（茂环—C—H—），1100（茂环—C—C—），2920、2845（$—CH_3$），1617（—HC ═N—），1707（—C ═O）；PL4A 的主要特征峰（cm^{-1}）为：816（茂环—C—H—），1115（茂环—C—C—），2977、2898（$—CH_3$），1643（—HC ═N—），1850（—C ═O）；L4 出现 C ═N 峰并且没有氨基和羰基峰，表明得到了双 Schiff 碱；聚 Schiff 碱 PL4a 的特征峰与 L4 相比出现红移；铁盐 PL4A 的特征峰相比 PL4a 出现了蓝移。

PL4b 的主要特征峰（cm^{-1}）为：810（茂环—C—H—），1100（茂环—C—C—），2920、2845（$—CH_3$），1606（—HC ═N—），1711（—C ═O）；PL4B 的主要特征峰（cm^{-1}）为：816（茂环—C—H—），1115（茂环—C—C—），2977、2898（$—CH_3$），1653（—HC ═N—），1750（—C ═O）；聚 Schiff 碱 PL4b 的特征峰与 L4 相比出现了红移；铁盐 PL4B 的特征峰相比 PL4b 出现了蓝移，如图 5-24 所示。

PL4c 的主要特征峰（cm^{-1}）为：810（茂环—C—H—），1100（茂环—C—C—），2920、2845（$—CH_3$），1628（—HC ═N—），1711（—C ═O）；PL4C

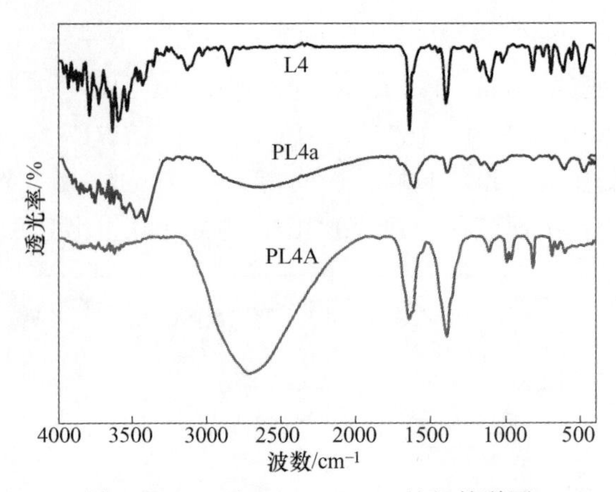

图 5-23　L4 及 PL4a、PL4A 的红外谱图

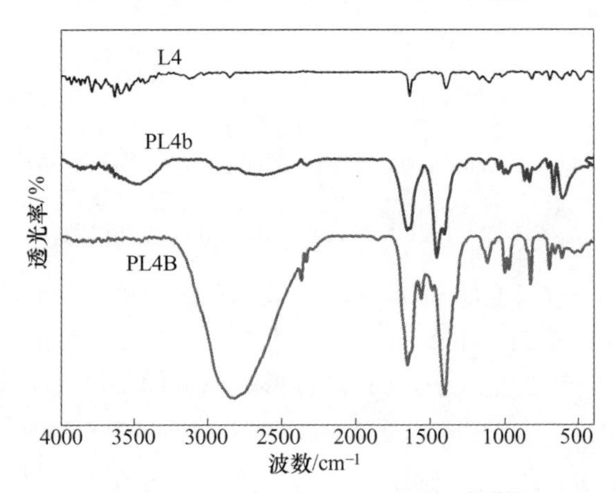

图 5-24　L4 及 PL4b、PL4B 的红外谱图

的主要特征峰（cm^{-1}）为：816（茂环—C—H—），1115（茂环—C—C—），2977、2898（—CH_3），1643（—HC ═N—），1750（—C ═O）；聚 Schiff 碱 PL4c 的特征峰与 L4 相比出现了红移；铁盐 PL4C 的特征峰相比 PL4c 出现了蓝移，如图 5-25 所示。

由以上红外分析可知，手性聚 Schiff 碱 PL1a～c 和 PL3a～c 分别与相应的双 Schiff 碱 L1 和 L3 相比均发生了蓝移，铁盐 PL1A～C 和 PL3A～C 分别与相应的聚 Schiff 碱 PL1a～c 和 PL3a～c 相比发生了红移；手性聚 Schiff 碱 PL2a～c 和 PL4a～c 分别与相应的双 Schiff 碱 L2 和 L4 相比发生了不同程度的红移，而铁盐 PL2A～C 和 PL4A～C 分别与相应的聚 Schiff 碱 PL2a～c 和 PL4a～c 相比发生了蓝移；非手性聚 Schiff 碱 PDL1b 和 PDL3b 分别与相应的双 Schiff 碱 DL1 和 DL3 相比均发生了蓝移，铁盐 PDL1B 和 PDL3B 分别与相应的聚 Schiff 碱 PDL1b 和 PDL3b 相比发生了红移；而非手性聚 Schiff 碱 PDL2b 与相应的双 Schiff 碱 DL2 相比发生了红

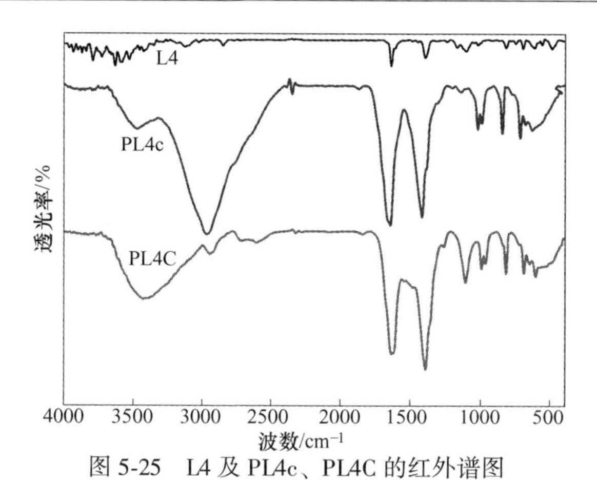

图 5-25 L4 及 PL4c、PL4C 的红外谱图

移，铁盐 PDL2B 与聚 Schiff 碱 PDL2b 相比发生了蓝移。手性与非手性的聚 Schiff 碱与其对应的双 Schiff 碱相比均有不同程度的蓝移或者红移，这些红外的差异是由于生成了聚 Schiff 碱而引起的；手性与非手性的铁盐与其对应的聚 Schiff 碱产生了一定的红移或者蓝移，说明聚 Schiff 碱与其铁盐发生了配位[36]。非手性聚 Schiff 碱及其铁盐与对应的手性聚 Schiff 碱及其铁盐的红外移动方向相同。

5.2.2.5 元素分析

分别测定二茂铁甲醛类聚 Schiff 碱 C、H、N 元素（见表 5-6），对比各元素含量的测量值，与计算值接近，表明聚合物具有反应式所确定的结构。对 3 种非手性双 Schiff 碱及其 3 种非手性聚 Schiff 碱进行了 C、H、N 元素分析（见表 5-7）。各元素含量的测量值与计算值相比，均在误差范围内，表明聚合物具有反应式所确定的结构。

表 5-6 手性 Schiff 碱及聚 Schiff 碱的元素分析

聚合物	分子式	测量值（计算值）		
		C/%	H/%	N/%
双 Schiff 碱（L1）	$C_{25}H_{26}N_2Fe_2$	64.20	5.68	6.33
		(64.38)	(5.58)	(6.01)
PL1a	$(C_{33}H_{28}O_2N_2Fe_2)_n$	66.54	4.78	4.52
		(66.44)	(4.70)	(4.70)
PL1b	$(C_{31}H_{32}O_2N_2Fe_2)_n$	64.86	5.44	4.60
		(64.59)	(5.56)	(4.87)
PL1c	$(C_{35}H_{40}O_2N_2Fe_2)_n$	66.84	6.59	4.63
		(66.46)	(6.33)	(4.43)

续表 5-6

聚合物	分子式	测量值（计算值）		
		C/%	H/%	N/%
双 Schiff 碱（L2）	$(C_{28}H_{30}N_2Fe_2)_n$	66.88	5.26	5.65
		(66.40)	(5.53)	(5.53)
PL2a	$(C_{36}H_{32}O_2N_2Fe_2)_n$	67.40	5.15	4.22
		(67.92)	(5.03)	(4.40)
PL2b	$(C_{34}H_{36}O_2N_2Fe_2)_n$	66.58	5.47	4.16
		(66.23)	(5.84)	(4.54)
PL2c	$(C_{38}H_{44}O_2N_2Fe_2)_n$	67.66	6.92	4.18
		(67.86)	(6.55)	(4.17)
双 Schiff 碱（L3）	$(C_{42}H_{32}N_2Fe_2)_n$	74.88	6.26	4.65
		(74.56)	(6.21)	(4.14)
PL3a	$(C_{36}H_{32}O_2N_2Fe_2)_n$	75.40	6.15	3.32
		(75.18)	(6.27)	(3.37)
PL3b	$(C_{34}H_{36}O_2N_2Fe_2)_n$	74.58	6.47	3.16
		(74.07)	(6.17)	(3.45)
PL3c	$(C_{38}H_{44}O_2N_2Fe_2)_n$	74.66	6.51	3.18
		(74.82)	(6.23)	(3.23)
双 Schiff 碱（L4）	$(C_{36}H_{32}N_2Fe_2)_n$	71.85	5.66	4.65
		(71.52)	(5.96)	(4.64)
PL4a	$(C_{36}H_{32}O_2N_2Fe_2)_n$	71.40	5.75	3.22
		(71.54)	(5.96)	(3.79)
PL4b	$(C_{34}H_{36}O_2N_2Fe_2)_n$	71.58	5.47	3.58
		(70.59)	(5.88)	(3.92)
PL4c	$(C_{38}H_{44}O_2N_2Fe_2)_n$	71.74	5.81	3.18
		(71.69)	(5.97)	(3.63)

表 5-7 非手性 Schiff 碱及聚 Schiff 碱的元素分析

聚合物	分子式	测量值（计算值）		
		C/%	H/%	N/%
双 Schiff 碱（DL1）	$C_{25}H_{26}N_2Fe_2$	64.47	5.38	6.29
		(64.38)	(5.58)	(6.01)

续表 5-7

聚合物	分子式	测量值（计算值）		
		C/%	H/%	N/%
PDL1b	$(C_{31}H_{32}O_2N_2Fe_2)_n$	64.99	5.74	4.61
		(64.59)	(5.56)	(4.87)
双 Schiff 碱（DL2）	$(C_{28}H_{30}N_2Fe_2)_n$	66.54	5.28	5.37
		(66.40)	(5.53)	(5.53)
PDL2b	$(C_{34}H_{36}O_2N_2Fe_2)_n$	66.49	5.43	4.32
		(66.23)	(5.84)	(4.54)
双 Schiff 碱（DL3）	$(C_{42}H_{32}N_2Fe_2)_n$	74.62	6.39	4.28
		(74.56)	(6.21)	(4.14)
PDL3b	$(C_{34}H_{36}O_2N_2Fe_2)_n$	74.35	6.29	3.33
		(74.07)	(6.17)	(3.45)

5.2.2.6 分子量

取一定量的样品，按 1mg/mL 的浓度溶于 HPLC 级的 THF 中，测试样品的分子量，根据重均分子量（Mn）计算聚合度。

表 5-8 给出了手性及非手性聚 Schiff 碱的数均分子量（Mw）、重均分子量（Mn）、分散系数（PDI）和聚合度。聚 Schiff 碱 PL1a、PL2a、PL3a、PL4a 分别与 PL1b~1c、PL2b~2c、PL3b~3c、PL4b~4c 相比，测试的重均分子量较低，聚合度仅为 2.4、12.2、3.4、8.6，这可能是由于这四类聚席夫碱在 THF 溶剂中溶解性较差；在 PL1b~4b 和 PL1c~4c 中分别引入已二酰氯和葵二酰氯，增加聚合物链的柔性，增大了聚合物溶解性，PL1b~4b 的聚合度分别为 22.7、15.4、25.9、22.5；PL1c~4c 的聚合度分别为 24.1、43.4、17.1、27.5；说明 PL1b~4b 和 PL1c~4c 的聚合程度较好。3 种非手性聚二茂铁甲醛 Schiff 碱中，PDL1b 和 PDL2b 的重均分子量分别高于 PL1b 和 PL2b，而 PDL3b 的重均分子量低于 PL3b，三者的聚合度分别为 21.8、26.6 和 22.9。

表 5-8 聚 Schiff 碱的分子量与分散系数

聚合物	Mn	Mw	PDI	聚合度
PL1a	1250	1460	1.17	2.4
PL1b	13033	13121	1.17	22.7
PL1c	15136	15217	1.04	24.1
PL2a	7564	7815	1.03	12.2

续表 5-8

聚 合 物	Mn	Mw	PDI	聚合度
PL2b	9476	9488	1.00	15.4
PL2c	25556	29190	1.14	43.4
PL3a	2882	2896	1.00	3.4
PL3b	20986	21031	1.00	25.9
PL3c	14861	14867	1.00	17.1
PL4a	6650	6682	1.00	8.6
PL4b	15901	16001	1.09	22.5
PL4c	20336	20339	1.00	27.5
PDL1b	12530	12609	1.00	21.8
PDL2b	16100	16414	1.00	26.6
PDL3b	18754	18821	1.00	22.9

5.2.2.7 离子含量

用 $FeSO_4 \cdot 7H_2O$ 配制 Fe^{2+} 的标准液，标准液的浓度为 0mg/L、2mg/L、4mg/L、6mg/L、8mg/L、10mg/L，然后进行吸光度测试，绘制 Fe^{2+} 的标准曲线。将样品配制成一定浓度的溶液，测量吸光度，根据 Fe^{2+} 标准曲线计算得到各类聚 Schiff 碱铁盐中的 Fe^{2+} 的含量和单体配位 Fe^{2+} 的个数，见表 5-9。

表 5-9 聚 Schiff 碱铁盐中 Fe^{2+} 含量

聚 Schiff 碱铁盐	Fe^{2+} 的含量	单体配位 Fe^{2+} 的个数
PL1A	22.87%	0.43
PL1B	26.29%	0.70
PL1C	27.92%	1.15
PL2A	24.64%	0.79
PL2B	24.48%	0.69
PL2C	31.59%	1.79
PL3A	32.80%	2.86
PL3B	24.53%	1.54
PL3C	25.16%	1.89
PL4A	29.09%	1.83
PL4B	26.90%	1.42

续表 5-9

聚 Schiff 碱铁盐	Fe^{2+}的含量	单体配位 Fe^{2+}的个数
PL4C	24.98%	1.43
PDL1B	26.90%	0.76
PDL2B	25.34%	0.78
PDL3B	22.37%	1.24

从表 5-9 可以看出，手性二茂铁甲醛类聚 Schiff 碱与铁盐进行了配位，手性类聚 Schiff 碱铁盐中 Fe^{2+} 的含量在 22.87%～32.80%，单体配位 Fe^{2+} 的个数在 0.43～1.89 个。3 个非手性聚 Schiff 碱铁盐的单体配位 Fe^{2+} 的个数分别为 0.76，0.78 和 1.24。

5.2.2.8 电导率的测定

把样品粉末用粉末压片机在 10MPa 下，保持 2min，压制成厚度均匀的圆形薄片（直径 13mm，厚度≤2mm），用 RTS-8 四探针电导率仪（电导率在 10^{-5}～10^{4}S/cm）和 Lake Shore CRX-4K 四探针测试仪（10^{-12}～10^{-6}S/cm）测试样品的电导率。

表 5-10 和表 5-11 分别列出了二茂铁甲醛类聚 Schiff 碱及其铁盐的颜色及电导率。从表中可以看出，二茂铁甲醛类聚 Schiff 碱铁盐的颜色普遍要比聚 Schiff 碱的颜色深，表明铁离子与聚 Schiff 碱进行了配位反应；二茂铁甲醛类聚 Schiff 碱的电导率比相应的铁盐低 1～3 个数量级，Schiff 碱中的氮原子含有孤对电子，可以作为电子给体，与铁离子配位后形成电荷转移络合物，正、负电荷通过双键的重组可以很容易地沿着分子的共轭键移动，从而使铁盐电导率升高；手性对聚 Schiff 碱的电导率没有明显的影响。

表 5-10 二茂铁甲醛类聚 Schiff 碱的颜色和电导率

聚 Schiff 碱	颜 色	电导率/$S \cdot cm^{-1}$
PL1a	褐色	2.2×10^{-10}
PL1b	灰色	3.4×10^{-11}
PL1c	棕色	1.5×10^{-11}
PL2a	棕色	2.0×10^{-10}
PL2b	棕色	1.8×10^{-11}
PL2c	棕色	3.3×10^{-10}
PL3a	褐色	2.4×10^{-11}

续表 5-10

聚 Schiff 碱	颜　色	电导率/S · cm^{-1}
PL3b	棕色	3.8×10^{-10}
PL3c	褐色	7.5×10^{-10}
PL4a	褐色	5.3×10^{-11}
PL4b	褐色	3.4×10^{-10}
PL4c	深棕色	3.5×10^{-11}
PDL1b	灰色	3.3×10^{-10}
PDL2b	灰色	3.7×10^{-10}
PDL3b	褐色	2.9×10^{-11}

表 5-11　二茂铁甲醛类聚 Schiff 碱铁盐的颜色和电导率

聚 Schiff 碱铁盐	颜　色	电导率/S · cm^{-1}
PL1A	黑色	4.2×10^{-7}
PL1B	黑色	2.4×10^{-8}
PL1C	黑色	2.3×10^{-8}
PL2A	黑色	3.5×10^{-9}
PL2B	黑色	3.6×10^{-8}
PL2C	黑色	1.2×10^{-8}
PL3A	黑色	2.4×10^{-8}
PL3B	黑色	5.8×10^{-9}
PL3C	黑色	7.5×10^{-9}
PL4A	黑色	7.2×10^{-9}
PL4B	黑色	8.4×10^{-9}
PL4C	黑色	1.3×10^{-8}
PDL1B	黑色	6.8×10^{-7}
PDL2B	黑色	6.8×10^{-8}
PDL3B	黑色	5.1×10^{-9}

5.2.3　小结

以(R)-1,2-丙二胺,(1R,2R)-(−)-1,2-环己二胺,(R)-1,1′-联萘-2,2′-二胺和(1R,2R)-(+)-1,2-二苯基乙二胺为手性源合成了 12 种二茂铁甲醛类手性聚 Schiff 碱，在这基础上与 $FeSO_4\cdot7H_2O$ 反应合成出 12 种二茂铁甲醛类手性聚 Schiff 碱铁盐；以同样的方法选取 DL-1,2-丙二胺，DL-1,2-环己二胺，DL-1,1′-联萘-2,2′-二胺合成 3 种非手性的聚 Schiff 碱及其铁盐，通过熔点、旋光性、红外光谱、元素分析等对这些聚合物进行表征，其中二茂铁甲醛类手性聚 Schiff 碱的旋光度均大于手性胺的旋光度，表明经过缩聚反应形成手性聚 Schiff 碱后，手性聚合物的手性特征加强。测定了二茂铁甲醛类手性聚 Schiff 碱铁盐中铁离子的含量，其中缩(R)-1,1′-联萘-2,2′-二胺二茂铁甲醛聚 Schiff 碱铁盐（PL3A）的配位 Fe^{2+} 的个数最高，达到 2.38 个；对比聚合物的电导率，二茂铁甲醛类聚 Schiff 碱铁盐相对于本征态聚 Schiff 碱电导率提升 1~3 个数量级。

5.3 1,1′-二乙酰基二茂铁类手性聚 Schiff 碱及其铁盐的合成与表征

本节主要用 1,1′-二乙酰基二茂铁和 4 种不同的手性二氨基化合物反应制备了 4 种二茂铁基手性聚 Schiff 碱及其铁盐，通过红外、元素分析等手段对聚 Schiff 碱的结构进行表征，通过比旋光度表征二茂铁基手性聚 Schiff 碱的旋光性，通过原子吸收光谱对 1,1′-二乙酰基二茂铁聚 Schiff 碱铁盐铁离子的含量进行测定，最后对 1,1′-二乙酰基二茂铁类聚 Schiff 碱铁盐的导电性进行测试分析。选取其中 3 种手性二胺合成其对应的 3 种非手性聚 Schiff 碱及其铁盐，分析手性对 1,1′-二乙酰基二茂铁类聚 Schiff 碱导电性能的影响。

5.3.1 实验部分

5.3.1.1 缩(R)-1,2-丙二胺聚 1,1′-二乙酰基二茂铁 Schiff 碱及其铁盐的合成

（1）缩(R)-1,2-丙二胺聚 1,1′-二乙酰基二茂铁 Schiff 碱及其铁盐的合成。缩(R)-1,2-丙二胺聚 1,1′-二乙酰基二茂铁 Schiff 碱（P-1a）的合成：称取(R)-1,2-丙二胺双-(−)酒石酸盐 1.24g(5.6mmol)和 0.52g(11.2mmol) K_2CO_3 倒入 250mL 三口瓶中，用少量去离子水溶解，随后倒入 50mL 三氯甲烷，升温至 50℃；称取 1.51g(5.6mmol)1,1′-二乙酰基二茂铁，用 20mL DMF 溶解，滴入三口瓶内，升温至 82℃反应 8h；过滤，干燥，得到褐色固体：1.25g，产率：72.55%，测得其熔点大于 300℃。

缩(R)-1,2-丙二胺聚 1,1′-二乙酰基二茂铁 Schiff 碱铁盐（P-1A）的合成：取 250mL 三口瓶，向其中放入缩(R)-1,2-丙二胺聚 1,1′-二乙酰基二茂铁 Schiff 碱 0.846g(3mmol)和 30mL DMF，搅拌溶解；称取 0.834g(3mmol) $FeSO_4 \cdot 7H_2O$，用少量蒸馏水溶解，随后滴入烧瓶中，升温至 60℃反应 24h，过滤，干燥，得到黑色固体：0.65g，产率：64.10%，测得其熔点大于 300℃。

缩(R)-1,2-丙二胺聚 1,1′-二乙酰基二茂铁 Schiff 碱及其铁盐的合成，如图 5-26 所示。

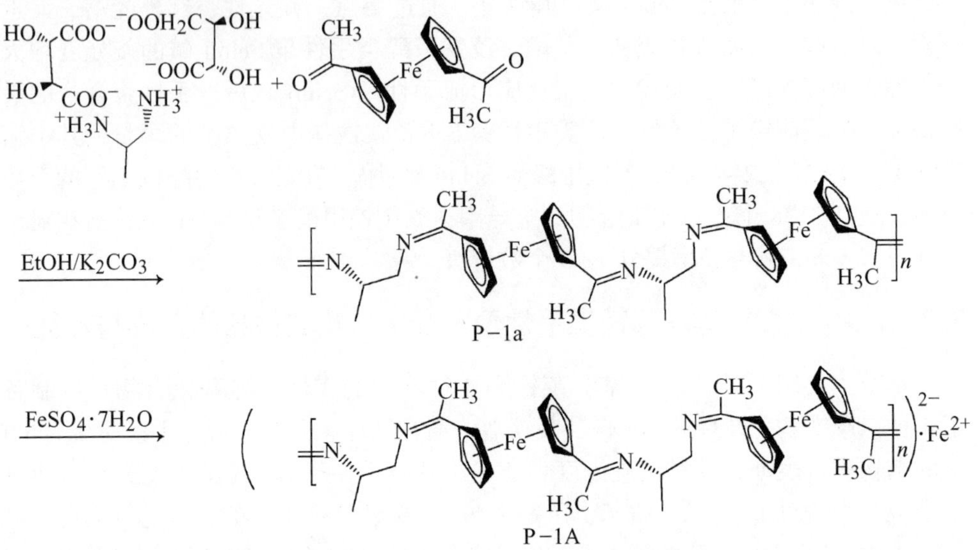

图 5-26 缩(R)-1,2-丙二胺聚 1,1′-二乙酰基二茂铁 Schiff 碱及其铁盐的合成

（2）缩 DL-1,2-丙二胺聚 1,1′-二乙酰基二茂铁 Schiff 碱及其铁盐的合成。缩 DL-1,2-丙二胺聚 1,1′-二乙酰基二茂铁 Schiff 碱（P-D1a）的合成：取 250mL 三口瓶，向其中放入 DL-1,2-丙二胺 0.2mL（2mmol）和 30mL DMF，回流升温至 75℃，滴入 0.54g(2mmol)1,1′-二乙酰基二茂铁（已用 20mL 三氯甲烷溶解），升温至 100℃反应 12h，过滤，干燥，得到褐色固体：0.36g，产率：58.44%，测得其熔点大于 300℃。

缩 DL-1,2-丙二胺聚 1,1′-二乙酰基二茂铁 Schiff 碱铁盐（P-D1A）的合成：取 250mL 三口瓶，加入缩 DL-1,2-丙二胺聚 1,1′-二乙酰基二茂铁 Schiff 碱 0.564g (2mmol)和 30mL DMSO，搅拌溶解；称取 0.556g(2mmol)$FeSO_4 \cdot 7H_2O$，用少量蒸馏水溶解，滴入烧瓶中，升温至 60℃反应 24h；过滤，干燥，得到黑色固体：0.42g，产率：61.22%，测得其熔点大于 300℃。

缩 DL-1,2-丙二胺聚 1,1′-二乙酰基二茂铁 Schiff 碱及其铁盐的合成，如图 5-27 所示。

5.3.1.2 缩(1R,2R)-(−)-1,2-环己二胺聚 1,1′-二乙酰基二茂铁 Schiff 碱及其铁盐的合成

（1）缩(1R,2R)-(−)-1,2-环己二胺聚 1,1′-二乙酰基二茂铁 Schiff 碱及其铁盐的合成。缩(1R,2R)-(−)-1,2-环己二胺聚 1,1′-二乙酰基二茂铁 Schiff 碱（P-2a）的合成：向 250mL 三口瓶中加入 1.14g（10mmol）(R,R)-(−)-1,2-环己二胺和 40mL 无水乙醇，搅拌溶解；将 20mL 溶有 2.7g(10mmol)1,1′-二乙酰基二茂铁的 DMF 溶液滴入三口瓶中，升温至 100℃回流 24h；过滤，干燥，得到棕色粉末

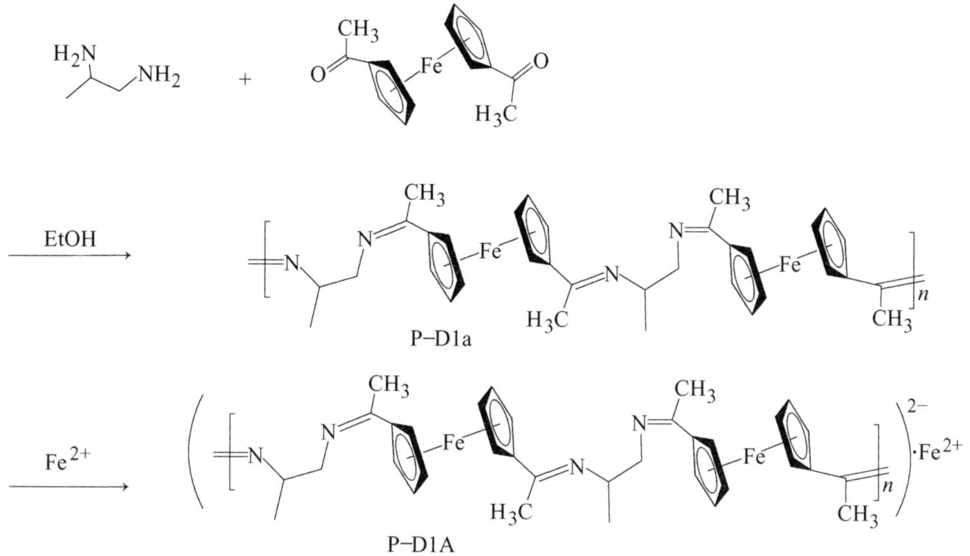

图5-27 缩DL-1,2-丙二胺聚1,1′-二乙酰基二茂铁Schiff碱及其铁盐的合成

2.95g。产率：84.77%，熔点大于300℃。

缩(R,R)-(−)-1,2-环己二胺聚1,1′-二乙酰基二茂铁Schiff碱铁盐（P-2A）的合成：向250mL三口瓶中倒入0.664g(2mmol)(R,R)-(−)-1,2-环己二胺聚1,1′-二乙酰基二茂铁Schiff碱和40mL DMSO，升温至60℃搅拌溶解，随后加入5mL溶有0.556g(2mmol)$FeSO_4 \cdot 7H_2O$的水溶液，继续反应6h；过滤，干燥，得到黑色粉末0.34g，产率：49.56%，熔点大于300℃。

缩(1R,2R)-(−)-1,2-环己二胺聚1,1′-二乙酰基二茂铁Schiff碱及其铁盐的合成，如图5-28所示。

（2）缩DL-1,2-环己二胺聚1,1′-二乙酰基二茂铁Schiff碱及其铁盐的合成。缩DL-1,2-环己二胺聚1,1′-二乙酰基二茂铁Schiff碱及其铁盐的合成路线与缩(1R,2R)-(−)-1,2-环己二胺聚1,1′-二乙酰基二茂铁Schiff碱及其铁盐的合成路线相同。

缩DL-1,2-环己二胺聚1,1′-二乙酰基二茂铁Schiff碱（P-D2a）的合成如下：向250mL三口瓶中放入0.6mL(5mmol)DL-1,2-环己二胺和40mL无水乙醇，室温下搅拌溶解；将30mL溶有1.35g(5mmol)1,1′-二乙酰基二茂铁的DMF溶液滴入三口瓶中，升温至80℃回流24h；过滤，滤饼用DMF洗涤3次，干燥，得到褐色粉末0.97g。产率：55.74%，熔点大于300℃。

缩DL-1,2-环己二胺聚1,1′-二乙酰基二茂铁Schiff碱铁盐（P-D2A）的合成如下：向250mL三口瓶中放入0.644g(2mmol)DL-1,2-环己二胺聚1,1′-二乙酰基二茂铁Schiff碱和40mL DMSO，60℃下搅拌溶解，之后加入5mL溶有0.556g

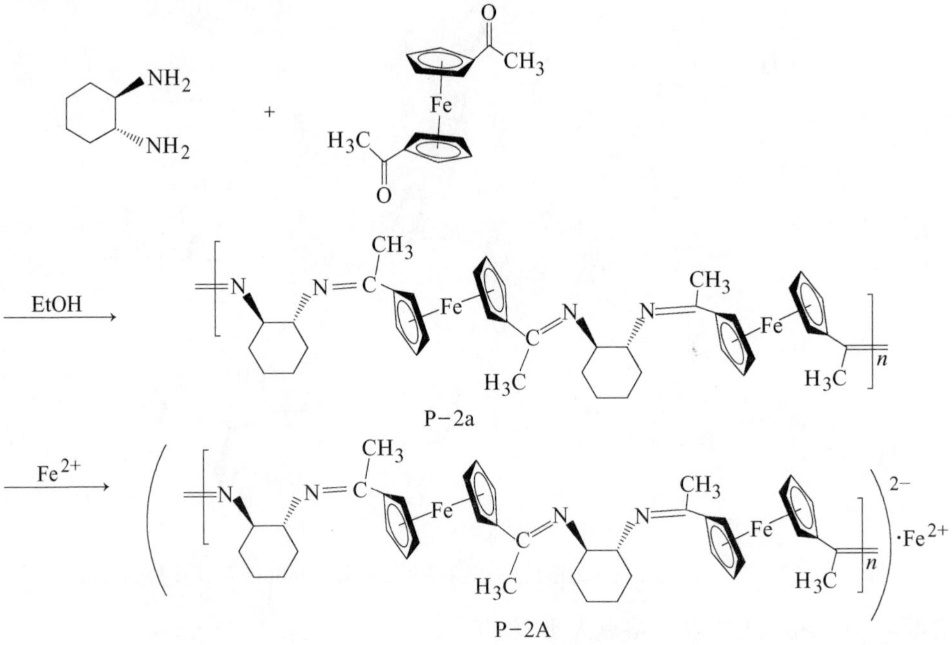

图 5-28 缩(1R,2R)-(-)-1,2-环己二胺聚 1,1′-二乙酰基二茂铁 Schiff 碱及其铁盐的合成

(2mmol) $FeSO_4 \cdot 7H_2O$ 的水溶液，继续反应 6h；过滤，干燥，得到黑色粉末 0.43g，产率：56.87%，熔点大于 300℃。

5.3.1.3 缩(R)-1,1′-联萘-2,2′-二胺聚 1,1′-二乙酰基二茂铁 Schiff 碱及其铁盐的合成

(1) 缩(R)-1,1′-联萘-2,2′-二胺聚 1,1′-二乙酰基二茂铁 Schiff 碱及其铁盐的合成。缩(R)-1,1′-联萘-2,2′-二胺聚 1,1′-二乙酰基二茂铁 Schiff 碱（P-3a）的合成：向 250mL 三口瓶中放入 2.84g(10mmol)(R)-1,1′-联萘-2,2′-二胺和 40mL 三氯甲烷，60℃下搅拌溶解；将 30mL 溶有 2.7g(10mmol)1,1′-二乙酰基二茂铁的 DMF 溶液滴入到三口瓶中，升温至 80℃回流 20h；过滤，滤饼用三氯甲烷洗涤 3 次，干燥，得到红棕色粉末 3.22g。产率：62.16%，熔点大于 300℃。

缩(R)-1,1′-联萘-2,2′-二胺聚 1,1′-二乙酰基二茂铁 Schiff 碱铁盐（P-3A）的合成：向 250mL 三口瓶中放入 0.984g(2mmol)缩(R)-1,1′-联萘-2,2′-二胺聚 1,1′-二乙酰基二茂铁 Schiff 碱和 40mL DMF，60℃下搅拌溶解，加入 5mL 溶有 0.556g(2mmol) $FeSO_4 \cdot 7H_2O$ 的水溶液，继续反应 6h；过滤，干燥，得到产物 0.70g，产率：63.86%，熔点大于 300℃。

缩(R)-1,1′-联萘-2,2′-二胺聚 1,1′-二乙酰基二茂铁 Schiff 碱及其铁盐的合

成，如图5-29所示。

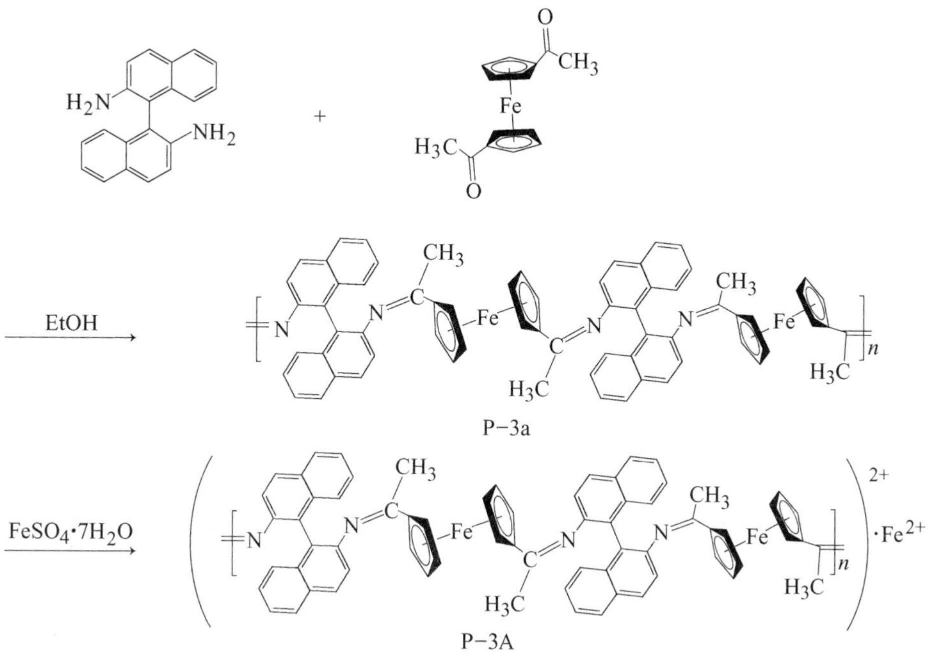

H_2N NH_2 + CH_3 Fe H_3C O O

EtOH

CH_3 N N Fe C N H_3C CH_3 N Fe H_3C n

P-3a

$FeSO_4 \cdot 7H_2O$

CH_3 N N Fe C N H_3C CH_3 N Fe H_3C n $2+$ $\cdot Fe^{2+}$

P-3A

图5-29 缩(R)-1,1′-联萘-2,2′-二胺聚1,1′-二乙酰基二茂铁Schiff碱及其铁盐的合成

（2）缩DL-1,1′-联萘-2,2′-二胺聚1,1′-二乙酰基二茂铁Schiff碱及其铁盐的合成。缩DL-1,1′-联萘-2,2′-二胺聚1,1′-二乙酰基二茂铁Schiff碱及其铁盐的合成路线与图5-29一样。

缩DL-1,1′-联萘-2,2′-二胺聚1,1′-二乙酰基二茂铁Schiff碱（P-D3a）的合成如下：250mL三口瓶中放入1.42g(5mmol)DL-1,1′-联萘-2,2′-二胺和40mL三氯甲烷中，60℃下搅拌溶解；将30mL溶有1.35g(5mmol)1,1′-二乙酰基二茂铁的DMF溶液滴入到三口瓶中，升温至80℃回流24h；过滤，滤饼用无水乙醇洗涤3次，干燥，得到棕色粉末1.22g。产率：47.10%，熔点大于300℃。

缩DL-1,1′-联萘-2,2′-二胺聚1,1′-二乙酰基二茂铁Schiff碱铁盐（P-D3A）的合成如下：取250mL三口瓶，放入1.476g(3mmol)缩DL-1,1′-联萘-2,2′-二胺聚1,1′-二乙酰基二茂铁Schiff碱和40mL DMSO中，60℃下搅拌溶解，加入5mL溶有0.834g(3mmol)$FeSO_4 \cdot 7H_2O$的水溶液，继续反应6h。过滤，干燥，得到黑色粉末1.11g，产率：67.51%，熔点大于300℃。

5.3.1.4 缩(1R,2R)-(+)-1,2-二苯基乙二胺聚1,1′-二乙酰基二茂铁Schiff碱及其铁盐的合成

（1）缩(1R,2R)-(+)-1,2-二苯基乙二胺聚1,1′-二乙酰基二茂铁Schiff碱及

其铁盐的合成。缩(1R,2R)-(+)-1,2-二苯基乙二胺聚 1,1′-二乙酰基二茂铁 Schiff 碱（P-4a）的合成：取 250mL 三口瓶，放入 2.12g(10mmol)(1R,2R)-(+)-1,2-二苯基乙二胺和 40mL 无水乙醇，室温下搅拌溶解；将 30mL 溶有 2.7g(10mmol)1,1′-二乙酰基二茂铁的无水乙醇溶液滴入到三口瓶中，升温至 60℃ 回流 20h；过滤，滤饼用无水乙醇洗涤 3 次，干燥，得到灰色粉末 3.0g。产率：67.26%，熔点大于 300℃。

（2）缩(1R,2R)-(+)-1,2-二苯基乙二胺聚 1,1′-二乙酰基二茂铁 Schiff 碱铁盐的合成（P-4A）。缩(1R,2R)-(+)-1,2-二苯基乙二胺聚 1,1′-二乙酰基二茂铁 Schiff 碱铁盐（P-4A）的合成：取 250mL 三口瓶，放入 0.836g(2mmol)(1R,2R)-(+)-1,2-二苯基乙二胺聚 1,1′-二乙酰基二茂铁 Schiff 碱和 40mL DMSO，升温至 60℃ 搅拌溶解；再加入 5mL 溶有 0.556g(2mmol)$FeSO_4 \cdot 7H_2O$ 的水溶液，继续反应 6h；过滤，干燥，得到黑色粉末 0.59g，产率：62.23%，熔点大于 300℃。

缩(1R,2R)-(+)-1,2-二苯基乙二胺聚 1,1′-二乙酰基二茂铁 Schiff 碱及其铁盐的合成，如图 5-30 所示。

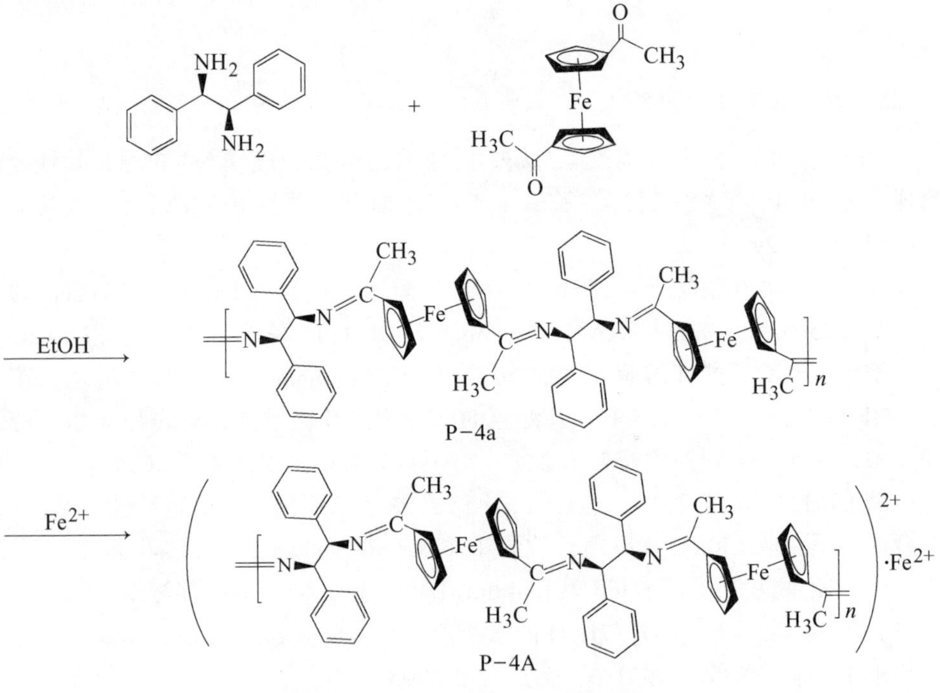

图 5-30　缩(1R,2R)-(+)-1,2-二苯基乙二胺聚 1,1′-二乙酰基二茂铁 Schiff 碱及其铁盐的合成

5.3.2 结果讨论

5.3.2.1 比旋光度

取长度 d 为 1dm 的样品管，装好待测物需要溶解的溶剂，放入旋光仪中进行零点校正；称取一定量的样品配置成一定浓度的溶液，先用待测溶液将样品管润洗三次，然后放入旋光仪中测定其旋光度，再根据公式$[\alpha]=\alpha/(l\times C)$ 计算比旋光度。式中，C 为溶液的浓度，g/mL；l 为旋光管长度，dm。

从表 5-12 中可以看出，合成出来的手性聚 Schiff 碱的比旋光度都比手性二胺要大，说明手性聚 Schiff 碱的旋光方向与手性原料的旋光方向相同，且四种手性二胺与 1,1′-二乙酰基二茂铁缩聚成手性聚 Schiff 碱后，手性特征加强。3 种非手性聚 Schiff 碱及其铁盐的比旋光度均为 0，说明它们不具备手性。

表 5-12 1,1′-二乙酰基二茂铁类聚 Schiff 碱及其铁盐的比旋光度

聚 Schiff 碱及其铁盐	比旋光度$[\alpha]_D$ 室温	溶剂和浓度
P-1a	−103°	DMF，0.080mg/mL
P-1A	−287°	DMF，0.020mg/mL
P-2a	−175°	DMF，0.020mg/mL
P-2A	−436°	DMF，0.020mg/mL
P-3a	+204°	DMF，0.025mg/mL
P-3A	+452°	DMF，0.025mg/mL
P-4a	+211°	DMF，0.025mg/mL
P-4A	+359°	DMF，0.080mg/mL
P-D1a	0	DMF，0.025mg/mL
P-D1A	0	DMF，0.025mg/mL
P-D2a	0	DMF，0.020mg/mL
P-D2A	0	DMF，0.020mg/mL
P-D3a	0	DMF，0.025mg/mL
P-D3A	0	DMF，0.025mg/mL

5.3.2.2 红外光谱

将溴化钾在 120℃的条件下干燥 3h，随后把要测试的样品与干燥好的溴化钾按 1∶50~1∶300 的比例放入研钵中进行充分的研磨，将研磨好的样品放入红外专用磨具中压成片状并进行测试，得到红外谱图后可对样品的结构进行表征。

（1）缩(R)-1,2-丙二胺-1,1′-二乙酰基二茂铁聚 Schiff 碱及其铁盐的红外光谱。图 5-31 分别为(R)-1,2-丙二胺-1,1′-二乙酰基二茂铁聚 Schiff 碱（P-1a）和其铁盐（P-1A）的红外光谱，P-1a 的主要特征峰有（cm^{-1}）：810（茂环—C—H—），1100（茂环—C—C—），2920、2845（—CH_3），1657（—HC ═N—）；P-1A 的主要特征峰（cm^{-1}）为：816（茂环—C—H—），1115（茂环—C—C—），2977、2898（—CH_3），1652（—HC ═N—）。P-1A 与 P-1a 相比出现了红移，表明 P-1a 与铁离子进行了配位。

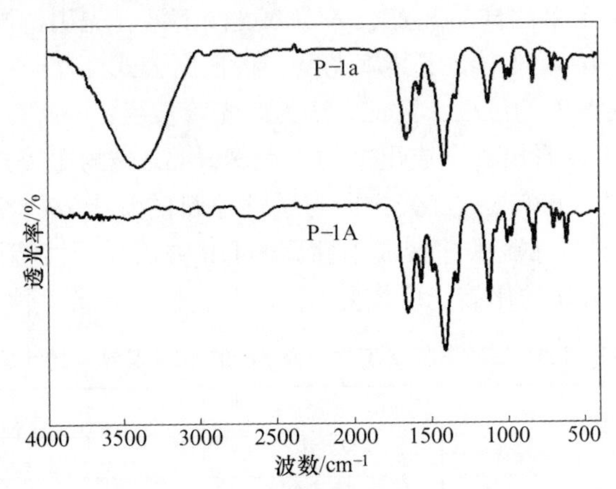

图 5-31　(R)-1,2-丙二胺-1,1′-二乙酰基二茂铁聚 Schiff 碱及其铁盐的红外光谱

（2）缩 DL-1,2-丙二胺-1,1′-二乙酰基二茂铁聚 Schiff 碱及其铁盐的红外光谱。图 5-32 为 DL-1,2-丙二胺-1,1′-二乙酰基二茂铁聚 Schiff 碱（P-D1a）和其铁盐（P-D1A）的红外光谱，P-D1a 主要特征峰有（cm^{-1}）：810（茂环—C—H—），1100（茂环—C—C—），2922、2855（—CH_3），1615（—HC ═N—）；P-D1A 的主要特征峰（cm^{-1}）为：816（茂环—C—H—），1115（茂环—C—C—），2977、2898（—CH_3），1620（—HC ═N—）。P-D1A 与 P-D1a 相比出现了蓝移，表明 P-D1a 与铁离子进行了配位。

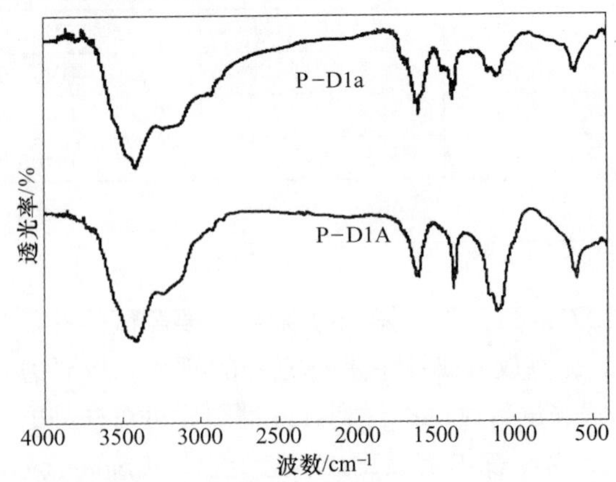

图 5-32　DL-1,2-丙二胺-1,1′-二乙酰基二茂铁聚 Schiff 碱（P-D1a）及其铁盐（P-D1A）的红外光谱

（3）缩(1R,2R)-(-)-1,2-环己二胺-1,1′-二乙酰基二茂铁聚Schiff碱及其铁盐的红外光谱。图5-33分别为(1R,2R)-(-)-1,2-环己二胺-1,1′-二乙酰基二茂铁聚Schiff碱(P-2a) 和其铁盐（P-2A）的红外光谱，P-2a主要特征峰有（cm^{-1}）：854（茂环—C—H—），1100（茂环—C—C—），2923、2859（—CH_3），1610（—HC ═N—）；P-2A的主要特征峰（cm^{-1}）为：816（茂环—C—H—），1115（茂环—C—C—），2977、2898（—CH_3），1652（—HC ═N—）。P-2A与P-2a相比出现了蓝移，表明P-2a与铁离子进行了配位。

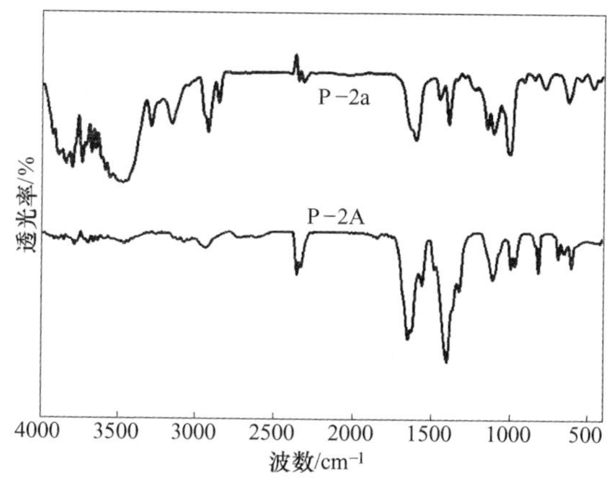

图5-33 缩(1R,2R)-(-)-1,2-环己二胺-1,1′-二乙酰基二茂铁聚Schiff碱及其铁盐的红外光谱

（4）缩DL-1,2-环己二胺-1,1′-二乙酰基二茂铁聚Schiff碱及其铁盐的红外光谱。图5-34为缩DL-1,2-环己二胺-1,1′-二乙酰基二茂铁聚Schiff碱（P-D2a）和其铁盐（P-D2A）的红外光谱，P-D2a主要特征峰有（cm^{-1}）：854（茂环—C—H—），1100（茂环—C—C—），2923、2843（—CH_3），1620（—HC ═N—）；P-D2A的主要特征峰（cm^{-1}）为：816（茂环—C—H—），1115（茂环—C—C—），2977、2898（—CH_3），1615（—HC ═N—）。P-D2A与P-D2a相比出现了红移，表明P-D2a与铁离子进行了配位。

（5）缩(R)-1,1′-联萘-2,2′-二胺-1,1′-二乙酰基二茂铁聚Schiff碱及其铁盐的红外光谱。图5-35分别为(R)-1,1′-联萘-2,2′-二胺-1,1′-二乙酰基二茂铁聚Schiff碱（P-3a）和其铁盐（P-3A）的红外光谱，P-3a主要特征峰有（cm^{-1}）：830（茂环—C—H—），1126（茂环—C—C—），2923、2843（—CH_3），1647（—HC ═N—）；P-3A的主要特征峰（cm^{-1}）为：816（茂环—C—H—），1115（茂环—C—C—），2977、2898（—CH_3），1626（—HC ═N—）。P-3A与P-3a相比出现了红移，表明P-3a与铁离子进行了配位。

（6）缩DL-1,1′-联萘-2,2′-二胺-1,1′-二乙酰基二茂铁聚Schiff碱及其铁盐的

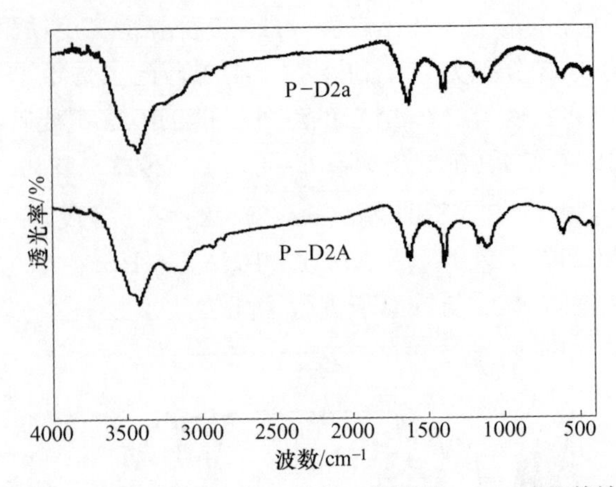

图 5-34 缩 DL-1,2-环己二胺-1,1′-二乙酰基二茂铁聚 Schiff 碱及其铁盐的红外光谱

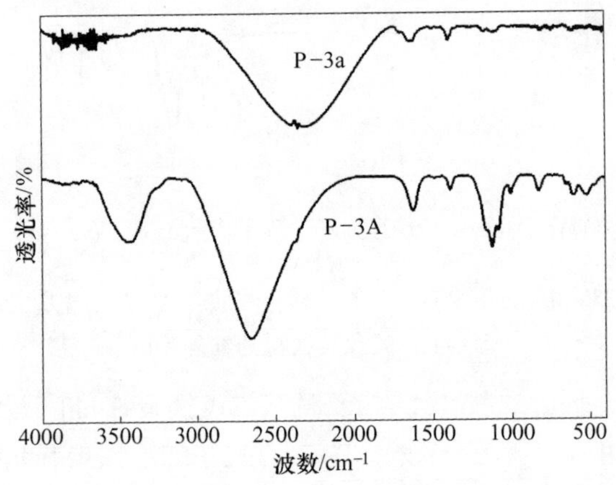

图 5-35 缩(R)-1,1′-联萘-2,2′-二胺-1,1′-二乙酰基二茂铁聚 Schiff 碱及其铁盐的红外光谱

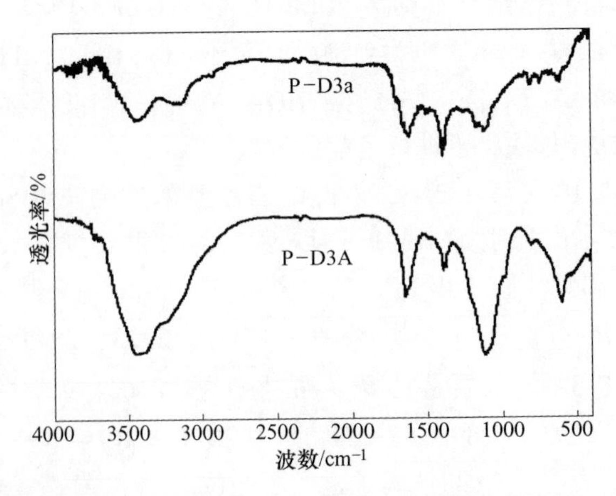

图 5-36 缩 DL-1,1′-联萘-2,2′-二胺-1,1′-二乙酰基二茂铁聚 Schiff 碱及其铁盐的红外光谱

红外光谱。图5-36分别为DL-1,1′-联萘-2,2′-二胺-1,1′-二乙酰基二茂铁聚Schiff碱（P-D3a）和其铁盐（P-D3A）的红外光谱，P-D3a主要特征峰有（cm^{-1}）：817（茂环—C—H—），1121（茂环—C—C—），2923、2854（—CH_3），1620（—HC ═N—）；P-D3A的主要特征峰（cm^{-1}）为：816（茂环—C—H—），1115（茂环—C—C—），2977、2898（—CH_3），1655（—HC ═N—）。P-D3A与P-D3a相比出现了蓝移，表明P-D3a与铁离子进行了配位。

（7）缩(1R,2R)-(+)-1,2-二苯基乙二胺-1,1′-二乙酰基二茂铁聚Schiff碱及其铁盐的红外光谱。图5-37分别为(1R,2R)-(+)-1,2-二苯基乙二胺-1,1′-二乙酰基二茂铁聚Schiff碱（P-4a）和其铁盐（P-4A）的红外光谱，P-4a的主要特征峰有（cm^{-1}）：833（茂环—C—H—），1104（茂环—C—C—），2923、2843（—CH_3），1652（—HC ═N—）；P-4A的主要特征峰（cm^{-1}）为：816（茂环—C—H—），1115(茂环—C—C—)，2977、2898(—CH_3)，1647(—HC ═N—)。P-4A与P-4a相比出现了红移，表明P-4a与铁离子进行了配位。

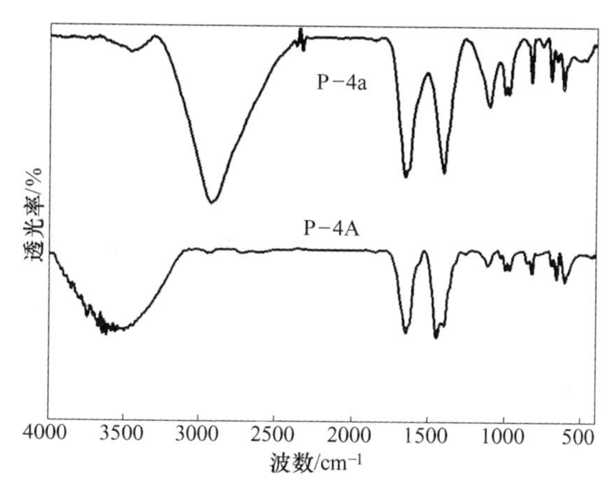

图5-37 缩(1R,2R)-(+)-1,2-二苯基乙二胺-1,1′-二乙酰基二茂铁聚Schiff碱及其铁盐的红外光谱

由以上红外分析可知，手性聚Schiff碱铁盐P-1A，P-3A和P-4A与相应的聚Schiff碱相比都发生了红移，而P-2A与聚Schiff碱P-2a相比则发生了蓝移；非手性聚Schiff碱铁盐P-D1A和P-D3A与相应的聚Schiff碱相比发生蓝移，P-D2A与聚Schiff碱P-D2a则发生了红移。

5.3.2.3 元素分析

测定1,1′-二乙酰基二茂铁类聚Schiff碱的C、H、N元素含量（见表5-13）。各元素含量的测量值与计算值相比，均在误差范围内，表明聚合物具有反应式所确定的结构。

表 5-13　1,1′-二乙酰基二茂铁类聚 Schiff 碱的元素分析

聚 Schiff 碱	分子式	测量值（计算值）		
		C/%	H/%	N/%
P-1a	$(C_{15}H_{18}N_2Fe)_n$	63.44	5.10	9.62
		(63.83)	(5.31)	(9.93)
P-D1a	$(C_{15}H_{18}N_2Fe)_n$	63.52	5.07	10.31
		(63.83)	(5.31)	(9.93)
P-2a	$(C_{18}H_{22}N_2Fe)_n$	67.34	5.10	8.87
		(67.08)	(5.59)	(8.70)
P-D2a	$(C_{18}H_{22}N_2Fe)_n$	67.50	5.43	8.39
		(67.08)	(5.59)	(8.70)
P-3a	$(C_{32}H_{24}N_2Fe)_n$	78.13	6.40	5.82
		(78.05)	(6.50)	(5.69)
P-D3a	$(C_{32}H_{24}N_2Fe)_n$	78.21	6.42	5.87
		(78.05)	(6.50)	(5.69)
P-4a	$(C_{26}H_{22}N_2Fe)_n$	74.23	6.66	6.95
		(74.64)	(6.22)	(6.70)

5.3.2.4　分子量

取一定量的样品粉末，按 1mg/mL 的浓度溶解在 THF 溶剂中（HPLC），测试样品的分子量，并计算样品聚合物。

表 5-14 给出了手性聚 Schiff 碱及非手性聚 Schiff 碱的数均分子量（Mw）、重均分子量（Mn）、分散系数（PDI）和聚合度。由表中数据可知，聚 Schiff 碱的重均分子量在 7555～23526 之间，P-4a 的重均分子量（Mn）最小，可能是由于其空间位阻较大影响了分子间的聚合。另外，手性聚 Schiff 碱与非手性聚 Schiff 碱的重均分子量没有明显的差异。

表 5-14　1,1′-二乙酰基二茂铁类聚 Schiff 碱的分子量与分散系数

聚合物	Mn	Mw	PDI	聚合度
P-1a	11200	11284	1.0	40.0
P-D1a	9948	9875	1.0	35.0
P-2a	15967	20168	1.2	57.9
P-D2a	20133	21230	1.0	61.0
P-3a	23399	23526	1.0	47.8
P-D3a	15471	15349	1.0	31.1
P-4a	3094	7555	2.44	18.0

5.3.2.5 离子含量

用$FeSO_4 \cdot 7H_2O$配制Fe^{2+}的标准液，标准液的浓度为0mg/L、2mg/L、4mg/L、6mg/L、8mg/L、10mg/L，然后进行吸光度测试，绘制Fe^{2+}的标准曲线。将样品配制成一定浓度的溶液，测量吸光度，根据Fe^{2+}标准曲线计算得到各1,1′-二乙酰基二茂铁类聚Schiff碱铁盐中的Fe^{2+}的含量和单体配位Fe^{2+}的个数，见表5-15。

表5-15 1,1′-二乙酰基二茂铁类聚Schiff碱铁盐中Fe^{2+}的含量

1,1′-二乙酰基二茂铁类聚Schiff碱铁盐	Fe^{2+}的含量	单体配位Fe^{2+}的个数
P-1A	50.69%	1.55
P-D1A	40.55%	1.04
P-2A	36.61%	0.93
P-D2A	38.36%	1.20
P-3A	17.58%	0.5
P-D3A	23.13%	1.03
P-4A	23.14%	0.72

从表5-15可以看出，1,1′-二乙酰基二茂铁类聚Schiff碱配体与铁盐进行了配位，1,1′-二乙酰基二茂铁类聚Schiff碱铁盐中Fe^{2+}的含量在17.58%~50.69%，单体配位Fe^{2+}的个数在0.5~1.55个。

5.3.2.6 电导率

把样品粉末用粉末压片机在10MPa下，保持2min，压制成厚度均匀的圆形薄片（直径13mm，厚度≤2mm），用RTS-8四探针电导率仪（电导率在10^{-5}~10^4S/cm）和Lake Shore CRX-4K四探针测试仪（10^{-12}~10^{-6}S/cm）测试样品的电导率。

表5-16列出了1,1′-二乙酰基二茂铁类聚Schiff碱及其铁盐的颜色与电导率，从表中可以看出1,1′-二乙酰基二茂铁类聚Schiff碱与铁离子配位后颜色变深；本征态的聚Schiff碱电导率仅为10^{-10}~10^{-9}S/cm，而聚Schiff碱铁盐的电导率比相应的聚Schiff碱高3~4个数量级，手性对聚Schiff碱的电导率没有明显的影响。

表5-16 1,1′-二乙酰基二茂铁类聚Schiff碱及其铁盐的颜色与电导率

聚Schiff碱及其铁盐	颜　色	电导率/$S \cdot cm^{-1}$
P-1a	褐色	3.3×10^{-10}
P-1A	黑色	1.2×10^{-6}
P-D1a	褐色	8.6×10^{-10}

续表 5-16

聚 Schiff 碱及其铁盐	颜　色	电导率/$S \cdot cm^{-1}$
P-D1A	黑色	4.1×10^{-7}
P-2a	棕色	4.2×10^{-9}
P-2A	黑色	5.0×10^{-6}
P-D2a	褐色	1.2×10^{-12}
P-D2A	黑色	4.2×10^{-9}
P-3a	红棕色	5.0×10^{-10}
P-3A	黑色	1.2×10^{-7}
P-D3a	棕色	1.3×10^{-11}
P-D3A	黑色	1.4×10^{-6}
P-4a	灰色	2.6×10^{-10}
P-4A	黑色	3.5×10^{-6}

5.3.3　小结

以(R)-1,2-丙二胺，(1R,2R)-(-)-1,2-环己二胺，(R)-1,1′-联萘-2,2′-二胺和(1R,2R)-(+)-1,2-二苯基乙二胺为手性源合成了 4 种 1,1′-二乙酰基二茂铁类手性聚 Schiff 碱，在这基础上与 $FeSO_4 \cdot 7H_2O$ 反应合成出 4 种 1,1′-二乙酰基二茂铁类手性聚 Schiff 碱铁盐；以同样的方法选取 DL-1,2-丙二胺，DL-1,2-环己二胺，DL-1,1′-联萘-2,2′-二胺合成 3 种相应的非手性聚 Schiff 碱及其铁盐；通过熔点、旋光性、红外光谱、元素分析、GPC 等对上述聚合物进行表征，其中 1,1′-二乙酰基二茂铁类手性聚 Schiff 碱的旋光度均大于手性胺的旋光度，表明手性二胺与二羰基化合物缩聚反应形成手性聚 Schiff 碱后，手性特征加强。测定了 1,1′-二乙酰基二茂铁类手性聚 Schiff 碱铁盐中铁离子的含量，其中缩(R)-1,2-丙二胺-1,1′-二乙酰基二茂铁聚 Schiff 碱铁盐配位 Fe^{2+} 的个数最高，达到 1.55 个；对比聚合物的电导率，1,1′-二乙酰基二茂铁类聚 Schiff 碱铁盐相对于本征态聚 Schiff 碱电导率至少提升 3 个数量级。1,1′-二乙酰基二茂铁类聚 Schiff 碱铁盐的电导率要比二茂铁甲醛类聚 Schiff 碱铁盐的电导率高 1~2 个数量级，二羰基化合物中含有更多的 N^+ 醌式结构，与铁离子配位后更有利于提高 1,1′-二乙酰基二茂铁聚 Schiff 碱的导电性能。

5.4　手性聚 Schiff 碱铁盐复合材料的制备与性能研究

良好的吸波性能应考虑两个方面：阻抗匹配与衰减特性。将不同损耗机制的吸波材料复合化，可以调节电磁参数，减少界面反射、增强其对电磁波的衰减损耗能力。本节采用机械研磨的方法：（1）制备 12 种手性及 3 种非手性二茂铁甲醛类聚 Schiff 碱铁盐/RGO 复合材料；（2）制备了 4 种手性及 3 种非手性 1,1-二乙酰基二茂铁类聚 Schiff 碱铁盐/RGO 复合材料。研究空间位阻及聚 Schiff 碱链长对复合材料导电、吸波性能的影响，着重对同一厚度下手性材料与非手性材料的吸波性能进行比较。

5.4.1 复合材料的制备

5.4.1.1 还原氧化石墨烯的制备

氧化石墨（GO）通过改良 Hummer 法[37]制备，取 46mL 浓 H_2SO_4 装入 400mL 烧杯中，冰浴下持续搅拌冷却，向烧杯中放入 2.0g 石墨粉，控制溶液反应温度为 0℃左右；缓慢向该混合液加入 6g $KMnO_4$，搅拌 2h 并控制反应温度在 20℃左右，再升温至 35℃持续搅拌 30min；然后倒入 230mL 去离子水，升温 98℃，水浴搅拌 30min；迅速将该混合液转移到 1000mL 大烧杯中，并稀释至 700mL，滴入一定量 30%H_2O_2，趁热过滤，然后用 5%稀盐酸溶液洗涤至滤液中无 SO_4^{2+}（$BaCl_2$检验），再用去离子水洗涤至 pH 值为 5 左右，离心，真空干燥，得到氧化石墨（GO）。取制备好的 GO 50mg，放入烧杯中，倒入 40mL 去离子水，超声分散，再倒入 50mL 水热反应釜中，180℃下高温反应 12h 后过滤，真空干燥，得到还原氧化石墨烯（RGO）。

5.4.1.2 聚 Schiff 碱铁盐/RGO 复合材料

取 0.8g(R)-1,2-丙二胺二茂铁甲醛聚 Schiff 碱铁盐（PL1A）和 0.2g RGO 置于烧杯中，加入无水乙醇超声 6h，加热蒸干溶剂，放入烘箱中 60℃下干燥 10h，然后放入研钵中研磨 30min 得到产物，获得质量比为 m(聚 Schiff 碱铁盐)：m(RGO)=x：y（文中 x 与 y 值均为固定值）的复合材料，简称 CM-PL1A。根据上述方法，加入不同的聚 Schiff 碱铁盐获得手性二茂铁甲醛类复合材料 CM-PL1A ~1C，CM-PL2A~2C，CM-PL3A~3C 和 CM-PL4B；获得非手性二茂铁甲醛类复合材料 CM-PDL1B，CM-PDL2B 和 CM-PDL3B；获得手性 1,1′-二乙酰基二茂铁类复合材料 CM-P-1A，CM-P-2A，CM-P-3A 和 CM-P-4A；获得非手性 1,1′-二乙酰基二茂铁类复合材料 CM-P-D1A，CM-P-D2A 和 CM-P-D3A。

5.4.2 结果与分析

5.4.2.1 X 射线衍射分析

图 5-38 为氧化石墨（GO）和还原氧化石墨烯（RGO）的 XRD 图，GO 的 X

射线衍射图案显示在 2θ= 11. 1°的尖峰对应于 GO 的衍射峰（001）。从图中可以看出，纯 RGO 的 X 射线衍射图显示出较宽峰在约 2θ= 25. 4°，对应的是六边形平面碳结构（002），表明 GO 全部被还原为 RGO。

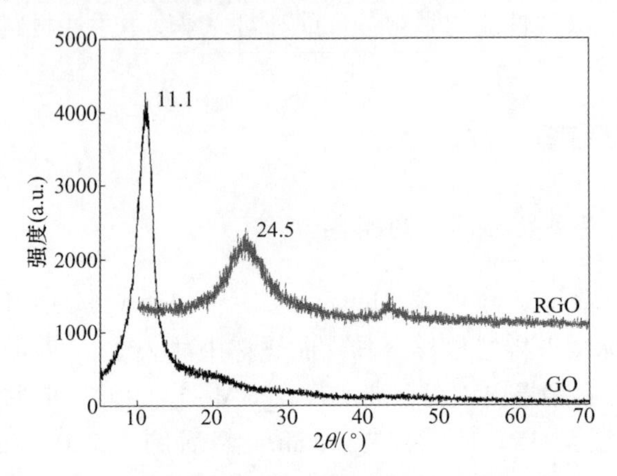

图 5-38　氧化石墨和还原氧化石墨烯 XRD 分析图

5. 4. 2. 2　电导率分析

表 5-17 给出了二茂铁甲醛类复合材料的电导率，RGO 的电导率为 10～15S/cm。由第二节及第三节内容可知，聚 Schiff 碱铁盐电导率较低，由此可见聚 Schiff 碱铁盐作为吸波材料的电损耗能力较差，需要导电材料与其复合。跟 RGO 掺杂后，复合材料电导率得到提升。非手性的复合材料与复合材料的比例相同而电导率均在 10^{-2}～10^{-1}S/cm 数量级，表明手性特征对于复合材料电导率的影响不大。

表 5-17　二茂铁甲醛类复合材料的电导率

复 合 材 料	电导率/S · cm^{-1}
RGO	10～15
CM-PL1A	2.0×10^{-1}
CM-PL1B	3.3×10^{-2}
CM-PL1C	9.5×10^{-2}
CM-PL2A	9.7×10^{-2}
CM-PL2B	8.0×10^{-2}
CM-PL2C	2.2×10^{-2}
CM-PL3A	1.42×10^{-1}
CM-PL3B	2.5×10^{-1}
CM-PL3C	1.6×10^{-1}
CM-PL4B	3.0×10^{-1}
CM-PDL1B	2.6×10^{-1}
CM-PDL2B	1.3×10^{-1}
CM-PDL3B	1.29×10^{-2}

表5-18给出了1,1′-二乙酰基类复合材料的电导率。CM-P-1A~4A和CM-P-D1A~D3A的电导率均在10^{-2}~10^{-1}S/cm范围内。

表5-18 1,1′-二乙酰基二茂铁类复合材料的电导率

复合材料	电导率/$S\cdot cm^{-1}$
CM-P-1A	2.0×10^{-1}
CM-P-2A	3.3×10^{-2}
CM-P-3A	9.5×10^{-2}
CM-P-4A	9.7×10^{-2}
CM-P-D1A	8.0×10^{-2}
CM-P-D2A	9.9×10^{-2}
CM-P-D3A	1.4×10^{-1}

5.4.2.3 电磁参数分析

将待测的样品和石蜡按3∶7的质量比均匀混合，在专用模具中压制成外径7mm、内径3mm、厚度2mm的圆环，用矢量网络分析测定其电磁参数（1~18GHz）。介电常数和磁导率是影响材料吸波性能的两个基本参数，在交变电磁场中它们都具有复数的形式，表示的形式为$\varepsilon_r=\varepsilon'-j\varepsilon''$和$\mu_r=\mu'-j\mu''$，实部$\varepsilon'$和$\mu'$代表着存储电能和磁能的能力，虚部$\varepsilon''$和$\mu''$反映了介电损耗和磁损耗能力。

（1）还原石墨烯（RGO）的电磁参数分析。图5-39给出了纯RGO在1~18GHz的复介电常数实部ε'和虚部ε''、复磁导率实部μ'和虚部μ''、介电损耗角正切$\tan\delta_E$和磁损耗角正切$\tan\delta_M$。由图5-39a可以看出，RGO的ε''值在20~140之间，在1~18GHz之间呈现下降的趋势。由图5-39b可以看出RGO的ε''值处在6~15之间，在1~6GHz之间呈现下降的趋势，在6~8GHz内上升，随后一直随着频率的升高而下降，表明RGO的介电存储及损耗能力随着频率增加总体呈现降低的趋势。

图5-39c中，RGO的μ'值在1~3GHz内上升至峰值约0.92，在3~8GHz内呈下降趋势，由0.92降至约0.78，随后μ'在8~18GHz有平缓的趋势。图5-39d RGO的μ''值在1~3GHz内由最大值0.12降低至最小值0.016，在频率3~6GHz和7.5~9.5GHz之间上升，在频率6~7.5GHz和11~15.2GHz之间下降，在频率10~11GHz和15.2~18GHz之间呈现平缓趋势。

图5-39e中，RGO的$\tan\delta_E$值在1~18GHz上升，由0.4升高至1.8。图5-39f中RGO的$\tan\delta_M$曲线与μ''曲线变化相似，$\tan\delta_M$值在0.02~0.18之间。RGO的$\tan\delta_E$值在1~18GHz内均高于其$\tan\delta_M$值，说明RGO的电磁匹配能力差。

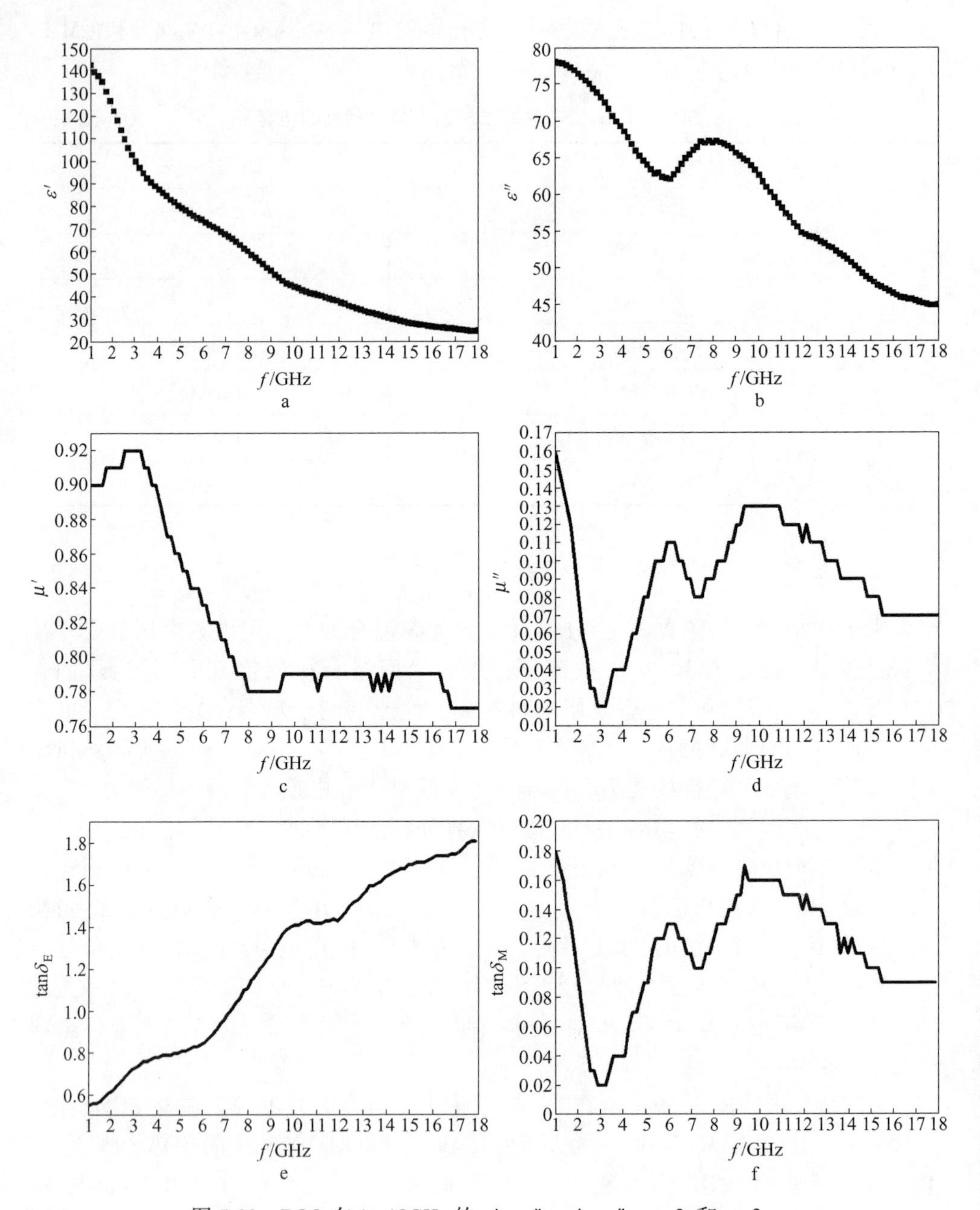

图 5-39　RGO 在 1~18GHz 的 ε'、ε''、μ'、μ''、$\tan\delta_E$ 和 $\tan\delta_M$

（2）二茂铁甲醛类复合材料的电磁参数分析。图 5-40 给出了复合材料 CM-PL1A、CM-PL1B、CM-PL1C 在 1~18GHz 的复介电常数实部 ε' 和虚部 ε''、复磁导率实部 μ' 和虚部 μ''、介电损耗角正切 $\tan\delta_E$ 和磁损耗角正切 $\tan\delta_M$。由图 5-40a 可知，CM-PL1A~1C 的 ε' 值在 1~18GHz 内随频率的升高而下降，分别在 9~

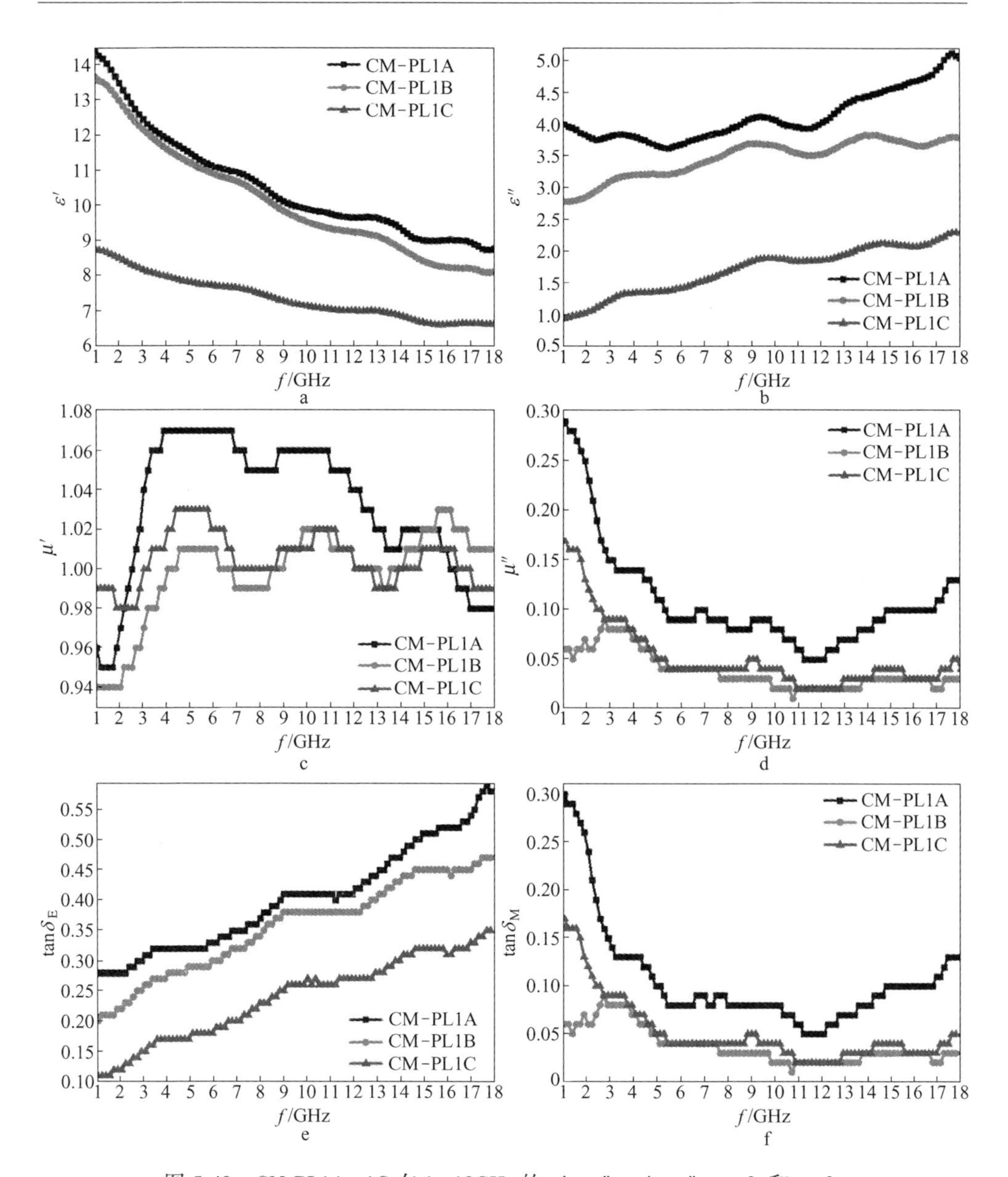

图 5-40　CM-PL1A～1C 在 1～18GHz 的 ε'、ε''、μ'、μ''、$\tan\delta_E$ 和 $\tan\delta_M$

14.5，8.3～13.6，5.5～9 之间。图 5-40b 中，CM-PL1A 的 ε''曲线在 1～5GHz 缓慢下降，然后随频率增加而上升，并且有波动的趋势，CM-PL1B 和 CM-PL1C 的 ε''曲线在 1～18GHz 内平缓上升，有波动趋势；三者的 ε''值分别在 3.0～5.0，2.5～3.6，0.8～2.0 之间，说明 3 种材料的介电储存能力随着频率增加而降低，而介电损耗能力随着频率增加有升高的趋势。图 5-40c 中，CM-PL1A 的 μ'值在1～4GHz 内上升至峰值约 1.07，在 3～12GHz 内 μ'值在 1.04～1.07 之间波动，随后在 12~18GHz 内下降，总体μ'值在 0.95~1.07 之间；CM-PL1B 和 CM-PL1C 的μ'曲线比较相似，在 1~4.5GHz 内分别上升至峰值 1.01 和 1.03，随后μ'值都在 0.99~1.03 之间波动。图 5-40d 中 CM-PL1A 和 CM-PL1C 的μ''曲线比较相似，分别在 1~11.1GHz 和 1~10.8GHz 内下降，随后μ''值升高，其中 CM-PL1C 的升高趋势比较平缓；两者的μ''值分别在 0.05~0.30 和 0.02~0.16 之间。CM-PL1B 的μ''值在 0.02~0.08 之间。图 5-40e 和 f 可以看出 CM-PL1A~1C 的 $\tan\delta_E$值在 1~18GHz 波段逐渐上升，分别为在 0.27~0.57，0.20~0.45，0.10~0.35。CM-PL1A~1C 的 $\tan\delta_M$曲线和μ''曲线相似，其 $\tan\delta_M$值分别为 0.05~0.30，0.02~0.08 和 0.02~0.16。

图 5-41 给出了复合材料 CM-PL2A、CM-PL2B、CM-PL2C 在 1~18GHz 的复介电常数实部ε'和虚部ε''、复磁导率实部μ'和虚部μ''、介电损耗角正切 $\tan\delta_E$和磁损耗角正切 $\tan\delta_M$。由图 5-41a 可知，CM-PL2A~2C 的ε'值在 1~18GHz 内随频率的升高而降低，分别在 13~28，10.5~23，11.2~16.0 之间。图 5-41b 中，CM-PL2A 的ε''曲线在 1~5GHz 缓慢下降，ε''值由 11.3 降低至 9.0，随后在 5~18GHz 内，ε'值在 9.0 左右呈现波动的趋势；CM-PL2B 和 CM-PL2C 的ε''曲线在 1~18GHz 内平缓上升，有波动趋势；三者的ε''值分别在 8.5~11.3，6.4~8.5，2.1~4.6 之间。图 5-41c 中，CM-PL2A 的μ'曲线呈现波动上升的趋势，总体μ'值在 0.95~1.02 之间；CM-PL2B 的μ'值在 1~4GHz 内先上升至 1.00，随后在 4~18GHz 呈现波动趋势，并降低至 0.94，总体μ'值在 0.95~1.02 之间；CM-PL2C 的μ'值在 1~3.5GHz 内先下降至 1.00（2.56GHz）后上升至峰值约 1.05（3.5GHz），在 3.5~12.6GHz 内μ'值下降至 0.96，随后在 12.6~18GHz 内上升，总体μ'值在 0.97~1.05 之间。图 5-41d 中，CM-PL2A~2C 的μ''曲线比较相似，分别在 1~4.9GHz、1~5.2GHz、1~4.2GHz 内先下降；随后分别在 4.9~14.3GHz、5.2~11.5GHz、4.2~9.1GHz 内出现一段平缓的趋势，最后随着频率的增加而上升，CM-PL2A~2C 的μ''值分别在 0.01~0.06，0.03~0.14、0.05~0.20 之间。图 5-41e 中可以看出 CM-PL2A~2C 的 $\tan\delta_E$值在 1~18GHz 波段逐渐上升，分别在 0.40~0.67，0.13~0.40，0.30~0.81。图 5-41f 中，CM-PL2A~2C 的 $\tan\delta_M$曲线和μ''曲线相似，其 $\tan\delta_M$值分别为 0.01~0.06，0.03~0.14，0.05~0.20。

图 5-42 给出了复合材料 CM-PL3A~3C 在 1~18GHz 的复介电常数实部ε'和虚部ε''、复磁导率实部μ'和虚部μ''、介电损耗角正切 $\tan\delta_E$和磁损耗角正切 $\tan\delta_M$。由图 5-42a 可知，CM-PL3A~3C 的ε'值在 1~18GHz 内随频率的升高而降低，分别在 7~13.5，8.2~14.5，8.0~14.6 之间。图 5-42b 中 CM-PL3A 的ε''值在 3.0~3.97 之间呈现波动趋势，在 9.0GHz 处达到峰值；CM-PL3B 和 CM-PL3C 的ε''曲线在 1~18GHz 呈现波动上升的趋势，总体ε''值分别在 1.0~4.2 和 3.5~4.7 之间，CM-PL3C 的ε''值在 1~18GHz 内均高于 CM-PL3A 和 CM-PL3B 的ε''值。

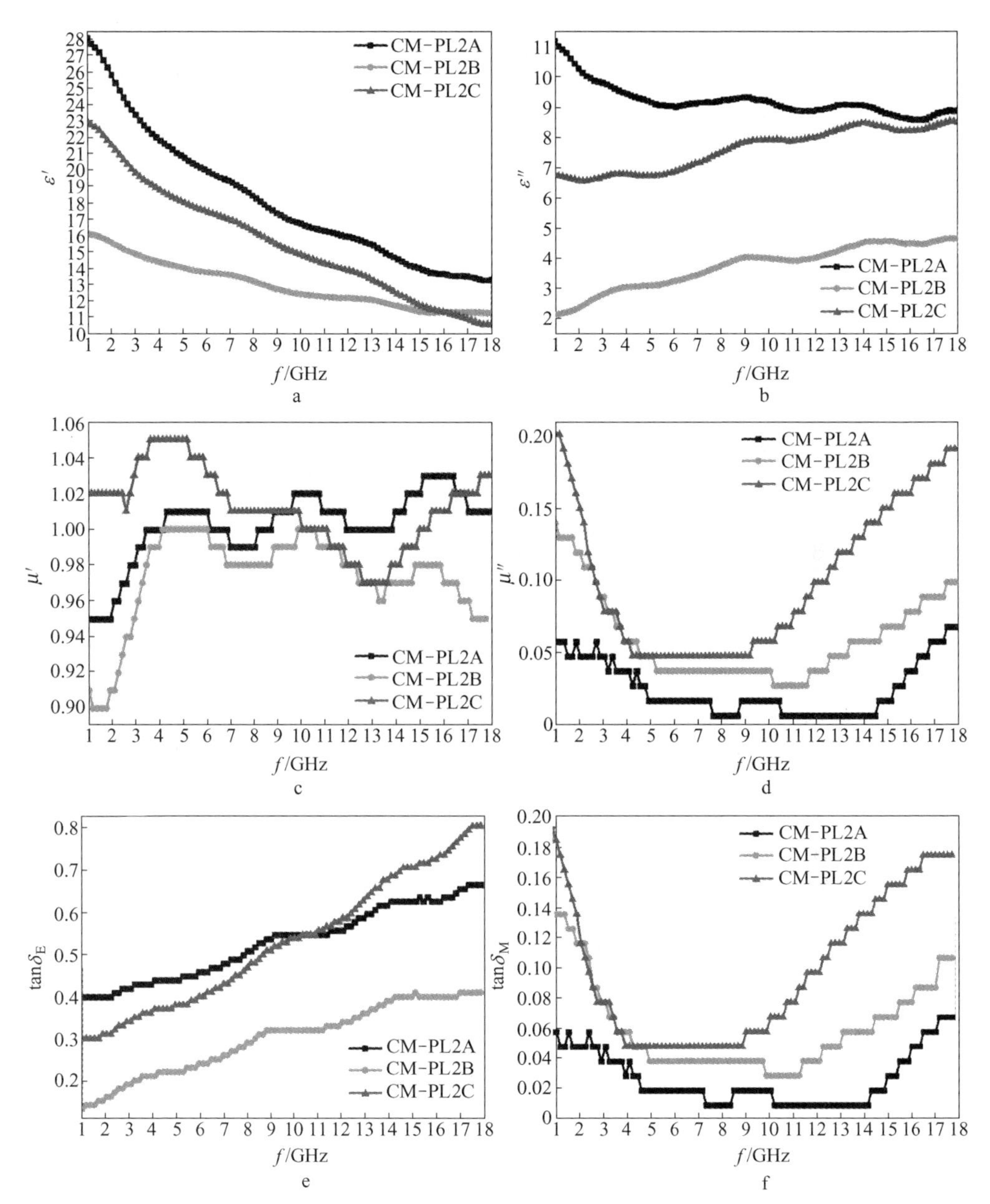

图 5-41 CM-PL2A~2C 在 1~18GHz 的 ε'、ε''、μ'、μ''、$\tan\delta_E$ 和 $\tan\delta_M$

图 5-42c 中，CM-PL3A 和 CM-PL3C 的 μ' 曲线比较相似，分别在 1~4.2GHz 和 1~4.6GHz 内上升，随后 μ' 值在 0.96~1.0 之间波动；总体来看，两者的 μ' 值分别在 0.91~0.98 和 0.9~1.0 之间。CM-PL3C 的 μ' 值在 1~4.5GHz 内先下降至 0.90 (1.2GHz) 后上升至峰值约 0.98，在 4.5~14GHz 内 μ' 值下降至 0.93，随后在14~18GHz 内先上升至 0.97(15.3GHz) 后下降，总体 μ' 值在 0.90~0.98 之间。图 5-

42d 中，CM-PL3A～3C 的 μ'' 曲线比较相似，分别在 1～5.3GHz、1～5.5GHz、1～5.3GHz 内先下降；然后随着频率的增加呈现波动上升的趋势，总体 μ'' 值分别在 0.01～0.12、0.04～0.20、0.01～0.20 之间。图 5-42e 中可以看出 CM-PL3A～3C 的 $\tan\delta_E$ 值在1～18GHz 波段逐渐上升，分别在 0.21～0.50，0.20～0.47，0.21～0.59。图 5-42f 中，CM-PL3A～3C 的 $\tan\delta_M$ 曲线和 μ'' 曲线相似，其 $\tan\delta_M$ 值分别为 0.01～0.13，0.01～0.26，0.04～0.22。

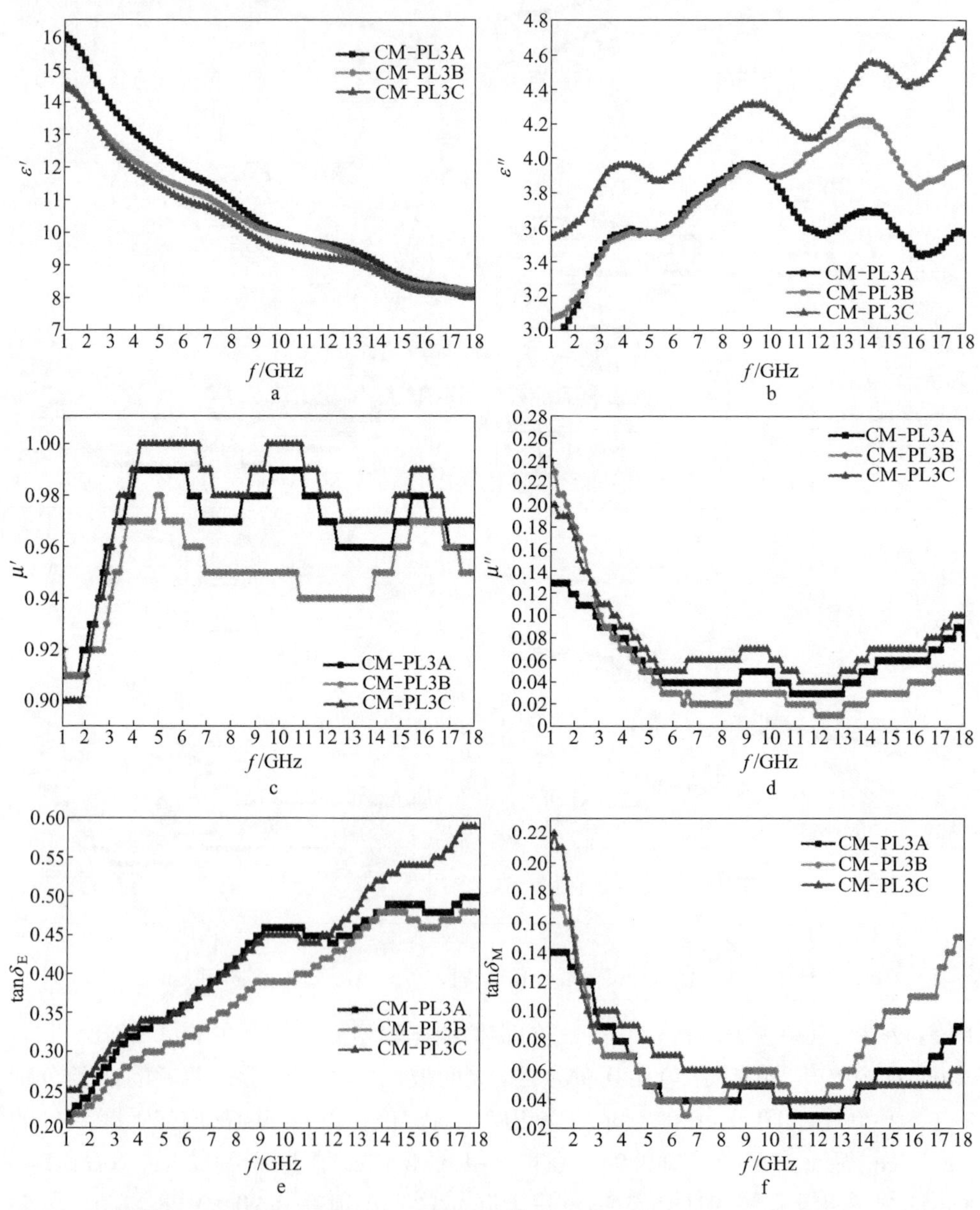

图 5-42　CM-PL3A～3C 在 1～18GHz 的 ε'、ε''、μ'、μ''、$\tan\delta_E$ 和 $\tan\delta_M$

图 5-43 给出了复合材料 CM-PDL1B、CM-PDL2B、CM-PDL3B 在 1~18GHz 的复介电常数实部 ε' 和虚部 ε''、复磁导率实部 μ' 和虚部 μ''、介电损耗角正切 $\tan\delta_E$ 和磁损耗角正切 $\tan\delta_M$。图 5-43a 可以看出，三种非手性复合材料的 ε' 值在 1~18GHz 内随频率的升高而降低，分别在 7.0~9.7，9.0~12，5.8~7.8 之间。图 5-43b 中，CM-PDL1B、CM-PDL2B 和 CM-PDL3B 的 ε'' 曲线比较相似，其 ε'' 值在 1~18GHz 内随频率的增加而上升，分别在 1.0~2.2，1.0~2.4，0.88~1.90 之间。

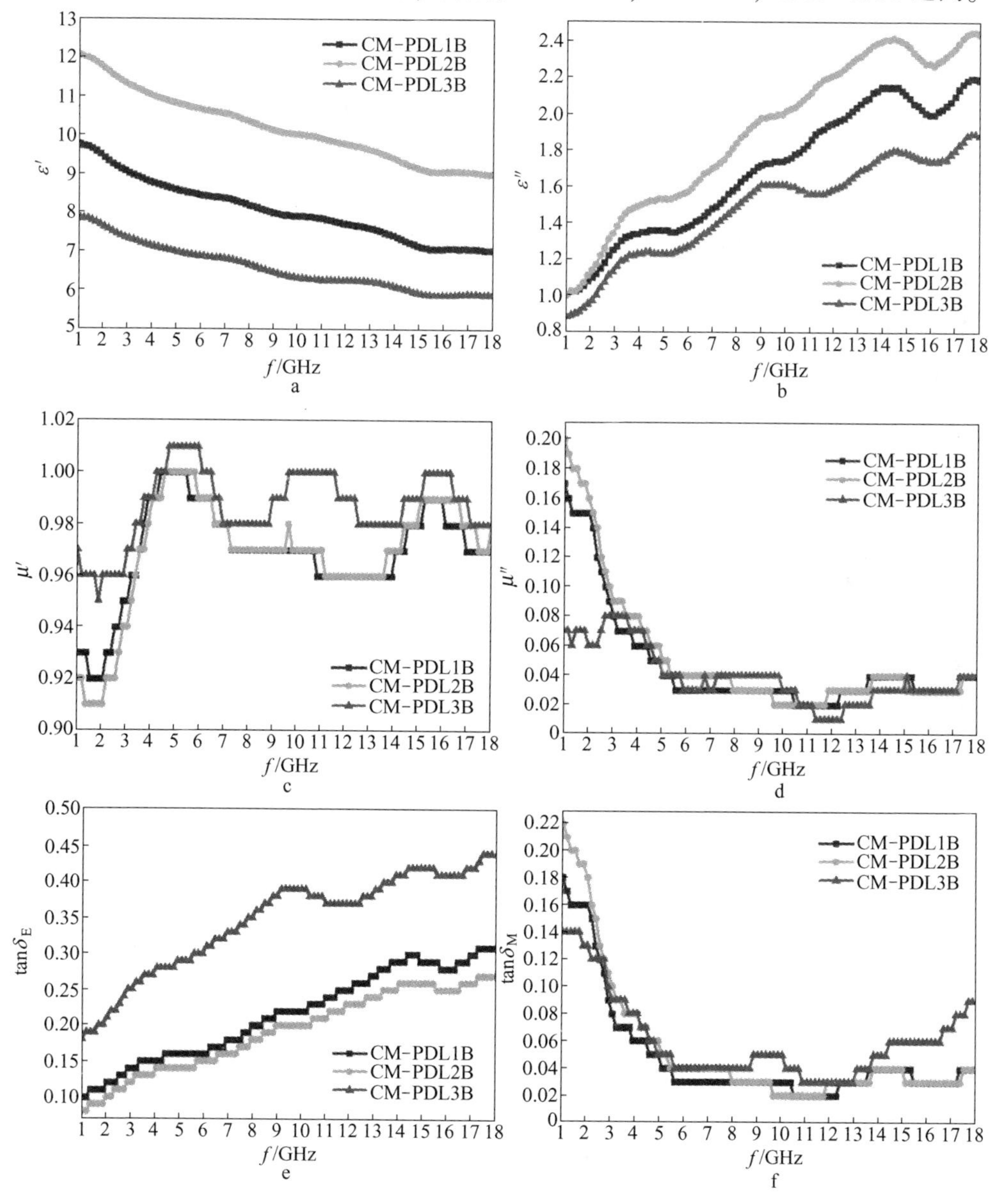

图 5-43 CM-PDL1B~3B 在 1~18GHz 的 ε'、ε''、μ'、μ''、$\tan\delta_E$ 和 $\tan\delta_M$

图 5-43c 中，CM-PDL1B 和 CM-PDL2B 的 μ'曲线比较相似，分别在 1～4.2GHz 和 1～4.6GHz 内先下降后上升，随后 μ'值在 0.96～1.0 之间波动；总体来看，两者的 μ'值分别在 0.92～0.98 和 0.9～1.0 之间；CM-PDL3B 的 μ'值在 0.96～1.01 之间呈现波动趋势。图 5-43d 中，CM-PDL1B 和 CM-PDL2B 的 μ''曲线比较相似，分别在 1～5.4GHz 和 1～5.5GHz 内下降，随后呈现平缓趋势，总体 μ''值在 0.02～0.17 和 0.02～0.20 之间；CM-PDL3B 的 μ''值在 0.01～0.08 之间波动。图 5-43e 中，CM-PDL1B、CM-PDL2B、CM-PDL3B 的 $\tan\delta_E$值在 1～18GHz 波段逐渐上升，分别在 0.10～0.30，0.07～0.26，0.18～0.44 之间。图 5-43f 中，三种非手性材料的 $\tan\delta_M$ 曲线和 μ'' 曲线相似，其 $\tan\delta_M$ 值分别为 0.02～0.18，0.02～0.22，0.03～0.14。

在二茂铁甲醛类手性材料中的电磁参数中观察到，CM-PL1A、CM-PL2A、CM-PL3A 的 ε''曲线比较特别，在 1～18GHz 内 CM-PL1A 先下降后上升，CM-PL2A 呈现下降趋势，CM-PL3A 则是先上升后下降的趋势；而 CM-PL1B～1C，CM-PL2B～2C，CM-PL3B～3C 的 ε''曲线却总体呈现了上升的趋势，在选取同种手性胺作为手性源的情况下，CM-PL1A、CM-PL2A、CM-PL3A 选取的是与对苯二甲酰氯聚合，这有可能是聚合物主链中含有的苯环对复合材料的介电损耗产生了一定的影响。主链中分别选取己二酰氯和癸二酰氯时，相应复合材料的 ε''曲线比较相似。

（3）1,1′-二乙酰基类复合材料的电磁参数分析。图 5-44 给出了复合材料 CM-P-1A、CM-P-2A、CM-P-3A 和 CM-P-4A 在 1～18GHz 的复介电常数实部 ε'和虚部 ε''、复磁导率实部 μ'和虚部 μ''、介电损耗角正切 $\tan\delta_E$和磁损耗角正切 $\tan\delta_M$。由图 5-44a 可以看出，CM-P-1A～4A 的 ε'值在 1～18GHz 内随频率的升高而降低，分别在 7.9～14.6，6.4～10.5，7.4～13.5 和 7.5～14.4 之间。图 5-44b 中，在 1～18GHz 内，CM-P-1A 的 ε''值呈现波动下降的趋势，CM-P-2A 的 ε''值呈现波动状态，上升趋势不明显，CM-P-3A 和 CM-P-4A 呈现波动上升的趋势；CM-P-1A～4A 的 ε''值分别在 3.9～4.4，2.1～3.2，3.5～4.4 和 4.1～4.5 之间。图 5-44c 中，CM-P-1A～4A 的 μ'曲线比较相似，分别在 1～4.0GHz、1～5.7GHz、1～3.7GHz 和 1～4.3GHz 之间上升，随后呈现波动趋势；CM-P-1A～4A 的 μ'值分别在 0.95～1.03，0.92～1.02，0.99～1.04 和 0.89～1.00 之间。图 5-44d 中，在 1～18GHz 内，CM-P-1A、CM-P-3A 和 CM-P-4A 的 μ''曲线先下降后上升，三者的 μ''值分别在 0.01～0.06，0.02～0.14，0.03～0.23 之间；CM-P-2A 的 μ''值在 0.01～0.06 之间波动。图 5-44e 中，CM-P-1A～4A 的 $\tan\delta_E$值在 1～18GHz 波段逐渐上升，分别在 0.27～0.51，0.20～0.49，0.26～0.60 和 0.30～0.60 之间。图 5-44f 中，CM-P-1A～4A 的 $\tan\delta_M$曲线和 μ''曲线相似，其 $\tan\delta_M$值分别为 0.01～0.06，0.02～0.15，0.01～0.07 和 0.03～0.26。

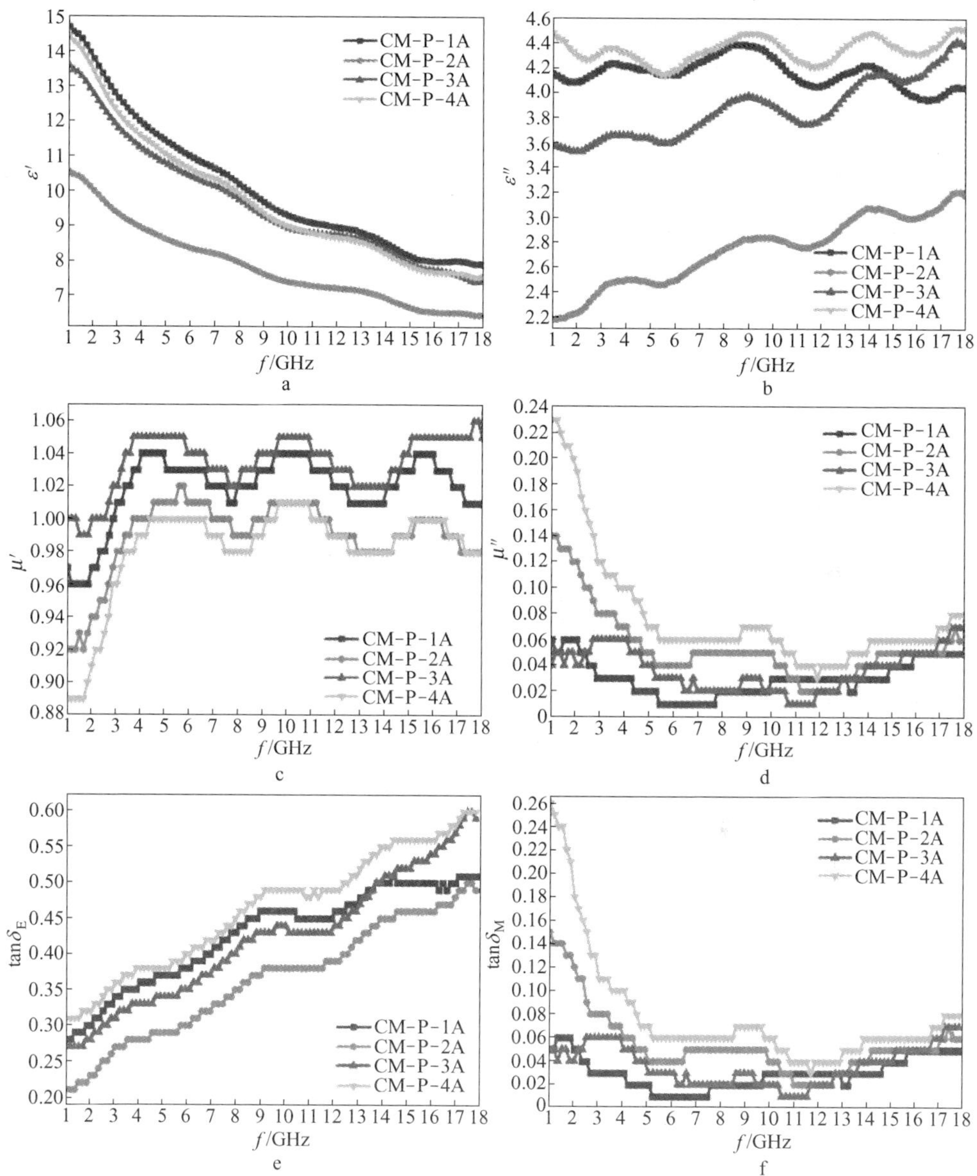

图 5-44 手性复合材料 CM-P-1A～4A 在 1～18GHz 的 ε'、ε''、μ'、μ''、$\tan\delta_E$ 和 $\tan\delta_M$

图 5-45 给出了非手性复合材料 CM-P-D1A、CM-P-D2A，CM-P-D3A 在 1～18GHz 的复介电常数实部 ε' 和虚部 ε''、复磁导率实部 μ' 和虚部 μ''、介电损耗角正切 $\tan\delta_E$ 和磁损耗角正切 $\tan\delta_M$。由图 5-45a 可以看出，CM-P-D1A～D3A 的 ε' 值在 1～18GHz 内随频率的升高而降低，分别在 8.0～16.0，6.2～8.6，10.5～24.3 之间。图 5-45b 中，CM-P-D1A 和 CM-P-D3A 的 ε'' 曲线呈现上升趋势，CM-P-D2A 的 ε'' 曲线则比较平缓；三者的 ε'' 值分别在 3.7～5.3，8.1～8.5，1.0～2.2 之间。

图 5-45c 中，CM-P-D1A～D3A 的 μ' 曲线比较相似，它们的 μ' 值分别在 0.91～0.98，0.92～1.00 和 0.96～1.03 之间波动；在图 5-45d 中，CM-P-D1A～D3A 的 μ'' 曲线在 1～18GHz 内先下降后上升，总体 μ'' 值分别在 0.02～0.13，0.02～0.17，0.04～0.21 之间。图 5-45e 中，CM-P-D1A～D3A 的 $\tan\delta_E$ 值在 1～18GHz 波段逐渐上升，分别在 0.22～0.66，0.35～0.84，0.12～0.36 之间。图 5-45f 中，三种非手性材料的 $\tan\delta_M$ 曲线和 μ'' 曲线相似，其 $\tan\delta_M$ 值分别在 0.02～0.14，0.03～0.18，0.04～0.22 之间。

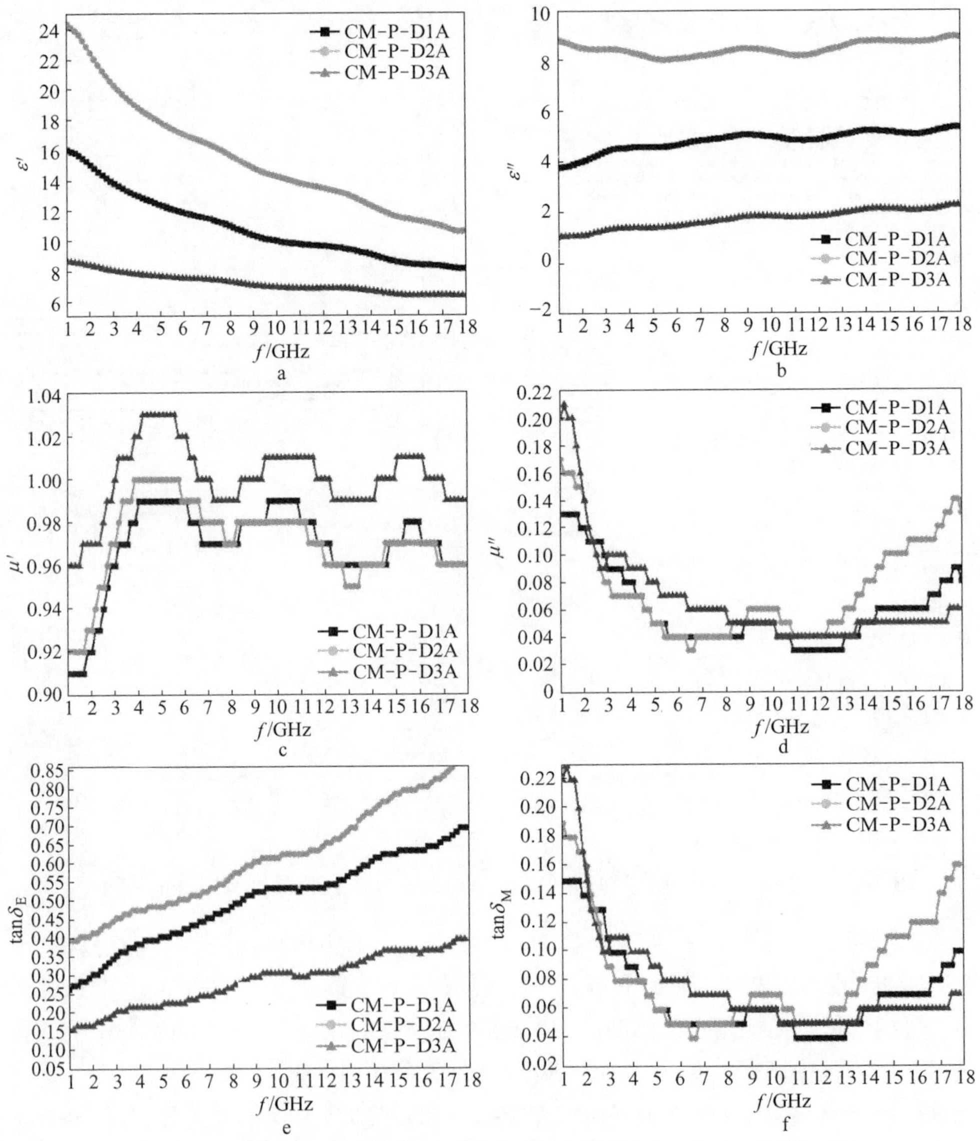

图 5-45　CM-P-D1A～D3A 在 1～18GHz 的 ε'、ε''、μ'、μ''、$\tan\delta_E$ 和 $\tan\delta_M$

由以上电磁参数分析可知，所有复合材料的 ε' 和 ε'' 值比 RGO 要低，这是因为聚 Schiff 碱铁盐的电导率较低，与 RGO 复合后使其介电损耗下降；手性材料本身具备一定的磁性[38]，因而提高了手性材料复合材料的电磁匹配能力。

5.4.2.4 吸波性能分析

根据传输线理论计算反射率：

$$R = 20\lg\left|\frac{Z - Z_0}{Z + Z_0}\right| \quad \left(Z_0 = \sqrt{\frac{\mu_0}{\varepsilon_0}} \quad Z = Z_0\sqrt{\frac{\mu}{\varepsilon}}\tanh\left(i\frac{2\pi fd}{c}\sqrt{\mu\varepsilon}\right)\right)$$

式中，Z_0表示自由空间对电磁波的阻抗；Z 表示单层吸波介质对电磁波的阻抗；ε_0为自由空间的复介电常数；μ_0为自由空间的复磁导率；ε 为单层吸波介质相对的复介电常数；μ 为单层吸波介质相对的复磁导率；d 为吸波样品层的厚度；f 为电磁波频率；c 为光速；h 为普朗克常数。

（1）二茂铁甲醛类复合材料。RGO，手性复合材料 CM-PL1A～1C，CM-PL2A～2C，CM-PL3A～3C，CM-PL4B；非手性复合材料 CM-PDL1B，CM-PDL2B 和 CM-PDL3B 在厚度 1～5.5mm 下、频率 1～18GHz 的反射损耗曲线参见附录 6。

表 5-19 给出了 RGO、10 种手性和 3 种非手性二茂铁甲醛类复合材料的最大反射损耗及其厚度和频带宽度。由表中数据可知，RGO 在 2.5mm 时最大吸波损耗仅为-3.0dB，加入聚 Schiff 碱铁盐后，复合材料的吸波效果得到不同程度的提升，其中复合材料 CM-PL1B 在厚度为 2.5mm 时达到了-52.6dB 的吸收。对比 CM-PL1A～1C，CM-PL2A～2C 和 CM-PL3A～3C 这 9 种复合材料，当使用同种手性源时，CM-PL1B，CM-PL2B 和 CM-PL3B 的吸波性能是最好的，这有可能是在三种二酰氯化合物中（对苯二甲酰氯、己二酰氯、葵二酰氯），采用己二酰氯与 Schiff 碱进行聚合时，己二酰氯比对苯二甲酰氯更容易聚合；与葵二酰氯相比，己二酰氯碳链长度适中，聚合物主链中缺陷较少，这样有利于复合材料中的电磁阻抗匹配。对比 CM-PL1B～4B 这 4 类材料发现，吸波强度：CM-PL1B>CM-PL3B>CM-PL2B>CM-PL4B，这是由手性胺的不同引起的差异。分别将 CM-PL1B、CM-PL2B、CM-PL3B 与 CM-PDL1B、CM-PDL2B、CM-PDL3B 进行对比，发现手性材料的吸波强度明显要高于非手性材料。

表 5-19 二茂铁甲醛类复合材料吸波性能

复合材料及 RGO	最大反射损失/dB	厚度/mm	频率/GHz
RGO	-3.0	2.5	2.6
CM-PL1A	-33.3	2.0	5.6
CM-PL1B	-52.6	2.5	10.0
CM-PL1C	-19.8	2.0	14.8

续表 5-19

复合材料及 RGO	最大反射损失/dB	厚度/mm	频率/GHz
CM-PL2A	−12.6	3.0	5.5
CM-PL2B	−37.0	2.0	11.0
CM-PL2C	−15.9	4.0	4.32
CM-PL3A	−34.2	4.0	6.28
CM-PL3B	−40.9	5.0	4.57
CM-PL3C	−28.7	4.5	5.05
CM-PL4B	−35.4	3.0	7.8
CM-PDL1B	−16.5	2.0	14.8
CM-PDL2B	−14.7	2.0	12.9
CM-PDL3B	−14.5	2.0	17.3

(2) 1,1′-二乙酰基二茂铁类复合材料。手性复合材料 CM-P-1A～4A 和非手性复合材料 CM-P-D1A～D3A 在厚度 1～5.5mm 下、频率 1～18GHz 的反射损耗曲线参见附录 7。表 5-20 给出了 CM-P-1A～4A 和 CM-P-D1A～D3A 最大反射损耗及其厚度和频带宽度。由实验数据可知，加入聚 Schiff 碱铁盐后，复合材料吸波性能得到有效的提升，其中复合材料 CM-P-1A 在厚度为 4.0mm 时达到了−40.9dB 的吸收。吸波强度：CM-P-1A>CM-P-3A>CM-P-2A>CM-P-4A。由表 5-20 可以看出，三种手性材料的吸波强度要明显优于对应的非手性材料。

表 5-20　1,1′-二乙酰基二茂铁类复合材料吸波性能

复 合 材 料	最大反射损失/dB	厚度/mm	频率/GHz
CM-P-1A	−40.9	4.0	5.72
CM-P-2A	−31.7	2.0	15.29
CM-P-3A	−37.5	5.0	4.59
CM-P-4A	−22.1	4.0	5.92
CM-P-D1A	−22.1	4.0	5.60
CM-P-D2A	−12.0	3.5	5.15
CM-P-D3A	−15.5	5.5	17.8

(3) 同厚度吸波对比。图 5-46 选取了 3 种手性二茂铁甲醛类聚 Schiff 碱复合材料与其对应非手性复合材料在同一厚度进行强度与频带宽（低于−10dB）的对比，其中分别选取 1.5mm、2.0mm、2.5mm、3.0mm。当厚度 d 为 1.5mm 时，由

图5-46a可知，三种手性材料的最大强度明显高于非手性材料；其中，CM-PL1B、CM-PL2B、CM-PL3B低于-10dB的带宽分别为2.6GHz（15.4~18）、4.5GHz（13.2~17.7）和2.2GHz（15.8~18），而它们分别对应的非手性材料CM-PDL1B、CM-PDL2B和CM-PDL3B低于-10dB的带宽分别为0.6GHz（17.4~18）、0.6GHz（17.4~18）和0GHz，手性材料吸波性能要优于相对应的非手性材料。

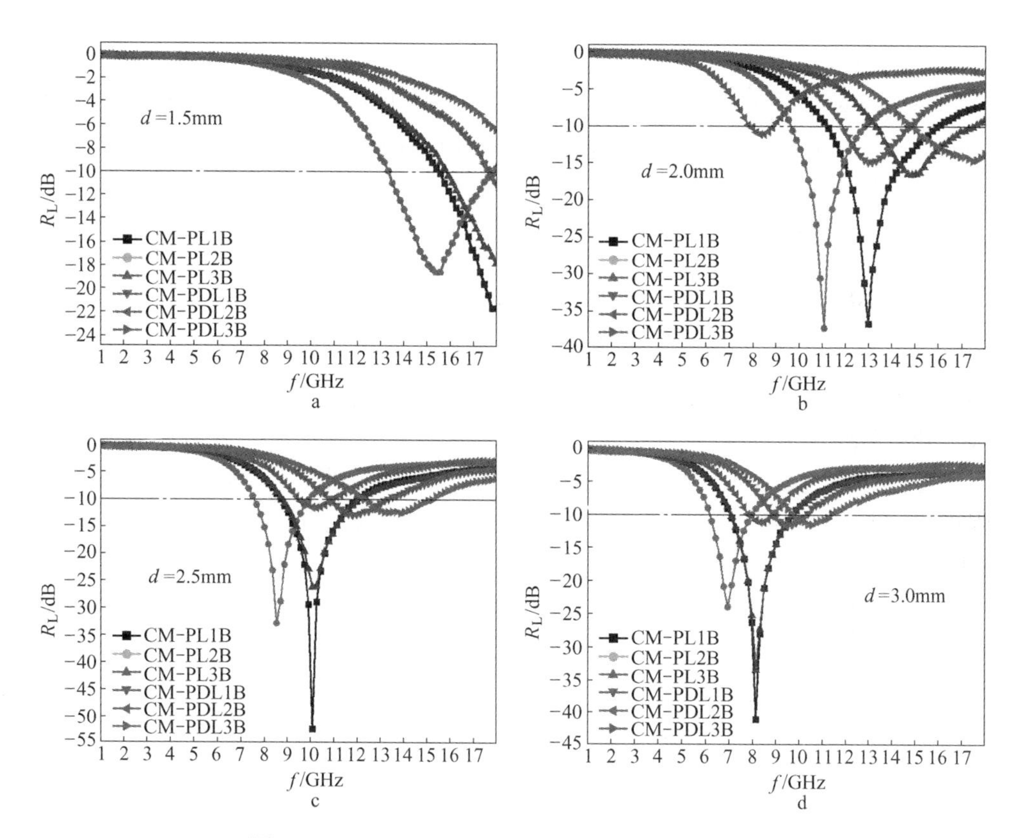

图5-46 CM-PL1B~3B和CM-PDL1B~3B在厚度为1.5mm、2.0mm、2.5mm和3.0mm时的反射损耗

当厚度d为2.5mm时，由图5-46c可知，三种手性材料的最大强度明显高于非手性材料。手性材料CM-PL1B~3B低于-10dB的带宽分别为3.2GHz（8.5~11.7）、2.3GHz（7.5~9.8）和3.1GHz（8.7~11.8），而对应的非手性材料CM-PDL1B~3B则为2.5GHz（10.6~13.1）、1.4GHz（9.4~10.8）和2.7GHz（12.2~14.9）；手性材料CM-PL1B~3B的带宽均比相应的非手性材料CM-PDL1B~3B要大。

当厚度d为2.0mm时，由图5-46b可知，三种手性材料CM-PL1B~3B的最大强度明显高于非手性材料 CM-PDL1B～3B；手性材料 CM-PL1B～3B 低于-10dB 的带宽分别为 4.6GHz（11.1～15.7）、3.1GHz（9.6～12.7）和 4.1GHz（13.2～17.3），而对应的非手性材料 CM-PDL1B～3B 则为 3.0GHz（11.7～14.7）、1.0GHz（7.8～8.8）和 3.3GHz（14.7～18.0）。手性材料 CM-PL1B～3B 的带宽均比相应的非手性材料 CM-PDL1B～3B 要大。

当厚度 d 为 3.0mm 时，由图 5-46d 可知，三种手性材料 CM-PL1B～3B 的最大强度明显高于非手性材料 CM-PDL1B～3B；手性材料 CM-PL1B～3B 低于-10dB 的带宽分别为 2.6GHz（7.1～9.7）、1.5GHz（6.2～7.9）和 2.6GHz（7.1～9.7），而对应的非手性材料 CM-PDL1B～3B 则为 1.7GHz（8.8～10.5）、1.0GHz（7.8～8.8）和 1.6GHz（9.7～11.3）；手性材料 CM-PL1B～3B 的带宽均比相应的非手性材料 CM-PDL1B～3B 要大。

图 5-47 选取了三种手性 1,1′-二乙酰基二茂铁类聚 Schiff 碱复合材料（CM-P-1A～3A）分别与其对应非手性复合材料（CM-P-D1A～D3A）在同一厚度进行强度与频带宽（低于-10dB）的对比，其中分别选取 1.5mm、2.0mm、2.5mm、3.0mm。由图 5-47a 可知，在厚度为 1.5mm 时，手性材料 CM-P-1A～3A 的最大强度分别为-10.3dB，-18.8dB 和-15.7dB，对应的非手性材料 CM-P-D1A～D3A 最大吸收强度均未达到-10dB。

当厚度 d 为 2.0mm 时，由图 5-47b 可知，三种手性材料 CM-P-1A～3A 最大强度（-16.3dB、-24.5dB、-22.9dB）分别高于对应的非手性材料 CM-P-D1A～D3A（-15.8dB、-10.3dB、-10.9dB）；手性材料 CM-P-1A～3A 的带宽分别为 5.2GHz（12.1～17.3）、4.3GHz（10.0～14.3）和 5.2GHz（11.3～16.1），而对应的非手性材料 CM-P-D1A～D3A 则为 4.2GHz（10.8～15.0）、1.0GHz（9.6～10.6）和 1.0GHz（17.0～18）；由以上数据可以看出，手性材料 CM-P-1A～D3A 在 2.0mm 时的吸波性能比相应的非手性材料 CM-P-D1A～D3A 更好。

当厚度 d 为 2.5mm 时，由图 5-47c 可知，三种手性材料 CM-P-1A～3A 最大强度（-29.8dB、-22.4dB、-29.4dB）分别高于对应的非手性材料 CM-P-D1A～D3A（-16.0dB、-11.4dB、-9.5dB）；手性材料 CM-P-1A～3A 的带宽分别为 4.2GHz（9.4～13.6）、2.9GHz（7.7～10.6）和 3.5GHz（8.6～12.1），而对应的非手性材料 CM-P-D1A～D3A 则为 3.3GHz（8.2～11.5）、1.3GHz（6.9～8.2）和 0GHz；手性材料 CM-P-1A～3A 在 2.5mm 时的吸波性能比相应的非手性材料 CM-P-D1A～D3A 更好。

当厚度 d 为 3.0mm 时，由图 5-47d 可知，三种手性材料 CM-P-1A～3A 最大强度（-22.8dB、-25.9dB、-30.0dB）分别高于对应的非手性材料 CM-P-D1A～D3A（-17.8dB、-12.1dB、-7.5dB）；手性材料 CM-P-1A～3A 的带宽分别为 3.6GHz（7.5～11.1）、2.0GHz（6.2～8.4）和 2.9GHz（7.0～9.9），而对应的非

手性材料CM-P-D1A～D3A则为2.6GHz（6.7～9.3）、1.3GHz（5.5～6.8）和0GHz；由以上数据可以看出，手性材料CM-P-1A～3A在3.0mm时的吸波性能比相应的非手性材料CM-P-D1A～D3A更好。

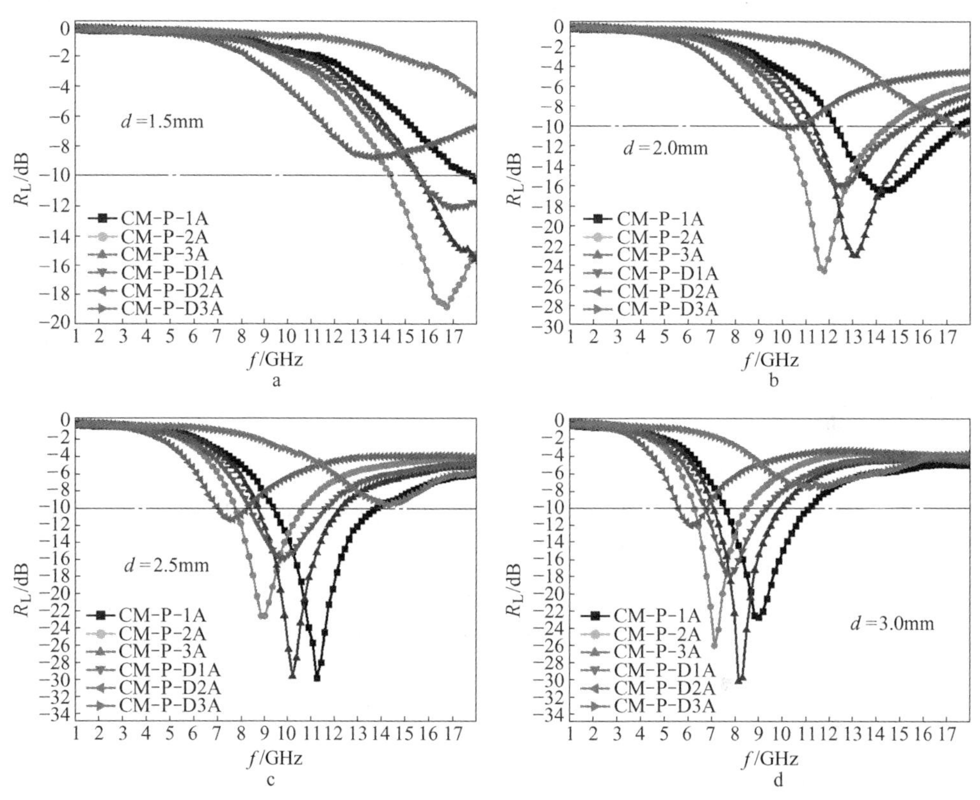

图5-47　CM-P-1A～3A和CM-P-D1A～D3A在厚度为1.5mm、2.0mm、2.5mm和3.0mm时的反射损耗

5.4.3　小结

将聚Schiff碱铁盐与RGO进行复合，制备了10种手性和3种非手性二茂铁甲醛类复合材料，4种手性和3种非手性1,1′-二乙酰基二茂铁类复合材料，这些材料的电导率均在10^{-1}～10^{-2}S/cm。在手性二茂铁甲醛类复合材料的电磁参数分析中发现，聚合物主链中含有苯环可能会对复合材料的介电损耗产生影响。研究复合材料的吸波性能发现，加入聚席夫碱铁盐后，复合材料性能得到了不同程度的提升，这是由于二茂铁基聚席夫碱铁盐具有一定的磁性[31]，与石墨烯复合后，电磁阻抗匹配效果得到提升。当选取相同的二酰氯化合物合成手性聚Schiff碱铁盐复合材料时，采用己二酰氯的手性聚Schiff碱铁盐（CM-PL1B、CM-PL2B、CM-PL3B）分别获得了最佳的吸波效果，这可能是由于适当的碳链长度有利于吸

波性能的提升。4 种手性 1,1′-二乙酰基二茂铁类复合材料中，CM-P-1A 获得了最佳吸波效果，在厚度为 4.0mm，频率 5.72GHz 处可达到-40.9dB 的吸收。

分别选取手性的 CM-PL1B~3B 与非手性的 CM-PDL1B~3B，手性的 CM-P-1A~3A 与非手性的 CM-P-D1A~D3A 在同一厚度下进行吸波强度与带宽的对比。实验结果表明，在厚度为 1.5~3.0mm 之间时，手性材料（CM-PL2B~3B、CM-P-1A~3A）的最大吸收强度及带宽均优于相对应的非手性材料（CM-PDL2B~3B、CM-P-D1A~D3A）。由此可知，手性特征在吸波材料中具有显著的优势。

5.5　本章小结

本章利用二茂铁甲醛、1,1′-二乙酰基二茂铁与二氨基化合物合成出 16 种手性和 6 种非手性聚 Schiff 碱及其铁盐，对其进行了红外、元素分析、导电性能等测试。将聚 Schiff 碱铁盐与还原石墨烯（RGO）复合，得到 14 种手性和 6 种非手性复合材料；分析了复合材料的电导率与电磁参数，通过模拟计算其吸波性能。主要有以下几个方面的工作[39]：

(1) 得到了 12 种二茂铁甲醛类手性聚 Schiff 碱，并与 $FeSO_4 \cdot 7H_2O$ 反应合成出 12 种聚 Schiff 碱铁盐；选取其中 3 种制备非手性聚 Schiff 碱及其铁盐。测定了聚 Schiff 碱及其铁盐的旋光度、红外光谱、元素分析和聚合度；测定了聚 Schiff 碱铁盐中铁离子的含量和电导率。通过对比实验发现，在聚合物主链中引入柔链可以增加聚合物的溶解性；聚 Schiff 碱铁盐的电导率相比聚 Schiff 碱提高了 1~3 个数量级；手性特征对聚合物的聚合程度、离子配位数和电导率没有直接的影响。

(2) 得到了 4 种 1,1′-二乙酰基二茂铁类手性聚 Schiff 碱，并与 $FeSO_4 \cdot 7H_2O$ 反应合成出 4 种 1,1′-二乙酰基二茂铁类手性聚 Schiff 碱铁盐，选取其中 3 种制备非手性聚 Schiff 碱及其铁盐。测定了聚 Schiff 碱及其铁盐的旋光度、红外光谱、元素分析和聚合度；测定了该类聚 Schiff 碱铁盐中铁离子的含量和电导率。实验结果表明，1,1′-二乙酰基二茂铁类聚 Schiff 碱铁盐的电导率比相应的聚 Schiff 碱提高了至少 3 个数量级。

(3) 得到了 10 种二茂铁甲醛类手性聚 Schiff 碱铁盐/RGO 复合材料，并用相同的方法制备 3 种非手性聚 Schiff 碱铁盐/RGO 复合材料用于对比分析。研究发现，与 RGO 相比，复合材料的吸波性能均得到不同程度的提升，当采用同种手性二胺与不同酰氯聚合时，使用己二酰氯合成的 Schiff 碱铁盐复合材料获得了最佳的吸波效果；其中，手性 1,2-丙二胺与己二酰氯合成的聚 Schiff 碱铁盐复合材料（CM-PL1B）在厚度为 2.5mm、频率为 10.1GHz 时达到反射损耗-52.6dB，而相应的非手性材料（CM-PDL1B）最强反射损耗只有-16.5dB。

(4) 得到了 4 种 1,1′-二乙酰基二茂铁类手性聚 Schiff 碱铁盐/RGO 复合材料和 3 种非手性聚 Schiff 碱铁盐/RGO 复合材料。研究发现，当采用手性 1,2-丙二胺与 1,1′-二乙酰基二茂铁合成的聚 Schiff 碱铁盐（P-1A）与 RGO 制备的复合材料 CM-P-1A 在厚度为 4. 0mm、频率为 5. 72GHz 时达到反射损耗-40. 9dB，而非手性 CM-P-D1A 最强反射损耗只有-22. 1dB。

在不同的厚度（1. 5mm，2. 0mm，2. 5mm，3. 0mm）将手性与非手性材料对比发现，手性材料的吸波性能总体上要优于对应的非手性材料。将手性聚 Schiff 碱铁盐与 RGO 复合制备的手性吸波材料 CM-PL1B，与报道过的视黄基席夫碱相比，吸波强度有了极大的提升，同时频带也相应的有所扩大；与本课题组之前合成的手性聚 Schiff 碱银配合物吸波材料（-45. 9dB、厚度 5. 0mm、带宽 1. 0GHz）相比，CM-PL1B 的吸波性能更优异（-52. 6dB、厚度 2. 5mm、带宽 3. 2GHz）；CM-PL1B 不仅厚度降低，其最大吸收与频带宽均得到提升，获得了预期的吸收强度高，吸波频带宽的新型手性吸波材料。

参 考 文 献

[1] Pan D Y, Zhang J C, Li Z, et al. Hydrothermal route for cutting graphene sheets into blue-luminescent graphene quantum dots [J]. Advanced Materials 2010, 22: 734~738.

[2] Chang H X, Wang G F, Yang A, et al. Flexible, low-temperature, and solution-processible graphene composite electrode [J]. Advanced Functional Materials, 2010, 20: 2893~2902.

[3] Schedin F, Geim A K, Morozov S V, et al. Detection of individual gas molecules adsorbed on graphene [J]. Nature Materials, 2007, 6: 652~655.

[4] Mikhailov S A. Electromagnetic response of electrons in graphene: Non-liner effects [J]. Physical E, 2008, 40 (7): 2626~2629.

[5] Kuila, Tapas, Bose, et al. Effect of functionalized graphene on the physical properties of linear low density polyethylene nanocomposites [J]. Polymer Testing, 2012, 31 (1): 31~38.

[6] Giovanni D B, Alessio T, Adrian D, et al. Electromagnetic properties of composites containing graphite nanoplatelets at radio frequency [J]. Carbon, 2011, 49 (13): 4291~4300.

[7] Fan W, Yuan W, Ming W. Using organic solvent absorption as a self-assembly method to synthesize three-dimensional (3D) reduced graphene oxide (RGO)/poly (3,4-ethylenedioxythiophene)(PEDOT) architecture and its electromagnetic absorption properties [J]. RSC Advances, 2014, 4: 49780~49782.

[8] 袁冰清，郁黎明，盛雷梅，等 . 石墨烯/聚苯胺复合材料的电磁屏蔽性能 [J]. 复合材料学报，2013，30 (1)：22~26.

[9] Liu P B, Huang Y, Wang L, et al. Synthesis and excellent electromagnetic absorption propertiesof reduced graphere oxide-polypyrrole with $NiFe_2O_4$ particles prepared with simple hydrothermal [J]. Material Letters, 2014, 120: 144~146.

[10] Meng Z, Ying H, Yang Z, et al. Facile preparation, high microwave absorption and microwave absorbing mechanism of RGO-Fe_3O_4 composites [J]. RSC Advances, 2013, 3: 23638~23648.

[11] Hui Z, Xing T, Cui W, et al. Facile synthesis of RGO/NiO composites and their excellent electromagnetic wave absorption properties [J]. Applied Surface Science, 2014, 314: 228~232.

[12] Zhao X, Zhang Z, Wang L, et al. Excellent microwave absorption property of grapheme-coated Fe nanocomposites [J]. Science Report, 2013, 3: 3421.

[13] Meng Z, Ying H, Xiao D, et al. One-step hydrothermal synthesis and microwave electromagnetic properties of RGO/$NiFe_2O_4$ composite [J]. Ceramics International, 2014, 40: 6821~6828.

[14] Yan W, Xin W, Wen Z, et al. Facile synthesis of Ni/PANI/RGO composites and their excellent electromagnetic wave absorption properties [J]. Synthetic Metals, 2015, 210: 165~170.

[15] Tinoco I, Freeman P. The optical of oriented copper helices [J]. Journal of Physical Chemistry, 1957, 61: 1196~2000.

[16] 康青，姜双斌，赵明凯．手性吸波混凝土电磁屏蔽性能的实验研究［J］. 后勤工程学院学报，2005，2：47~49.

[17] Sun G C, Yao K L, Liao H X, et al. Microwave absorbing characteristics of chiral materials with Fe_3O_4-polyaniline composite matrix [J]. International Journal of Electronics, 2000, 87 (6): 735~740.

[18] 章平．螺旋结构手性材料的研制及性能测量［D］. 武汉：华中师范大学，2006.

[19] Zheng T, Wang Y, Zheng K, et al. Electromagnetism and absorptivity of the modified micro-coiled chiral carbon fibers [J]. Chinese Journal of Aeronautics, 2007, 20: 559~563.

[20] Lei L, Ke Z, Ping H, et al. Synthesis and microwave absorption properties of carbon coil-carbon fiber hybrid materials [J]. Materials Letters, 2013, 110: 76~79.

[21] 朱俊廷，黄艳，周祚万．手性聚苯胺的制备及电磁学性能研究［J］. 材料导报，2009，23 (5)：32~35.

[22] Li H N, Liu C B, Dai B, et al. Synthesis, conductivity, and electromagnetic wave absorption properties of chiral poly Schiff bases and their silver complexes [J]. Journal of Appllied Polymer Science, 2015: 42498.

[23] Xu F F, Ma L, Gan M Y, et al. Preparation and characterization of chiral polyaniline/barium hexaferrite composite with enhanced microwave absorbing properties [J]. Journal of Alloys and Compounds, 2014, 593: 24~29.

[24] Wilkinson G, Woodward R B. The structure of iron bis-cyclopentadienyl [J]. Journal of American Chemistry Society, 1952, 74: 2125~2126.

[25] 国际英，张教强，庞维强，等．二茂铁及其衍生物的应用［J］. 化学工业与工程技术，2005，26 (2)：45~46.

[26] Zahid H C, Claudiu T S. Organometallic compounds with biologically active molecules in vitro-antibacterial and antifungal activity of some 1,1′-(dicarbohydrzono) ferrocenes and their cobalt (Ⅱ), copper (Ⅱ), nickel (Ⅱ) and zinc (Ⅱ) complexes [J]. Applied Organometallic

Chemistry, 2005, 19: 1207~1214.

[27] Liu Y T, Lian G D, Yin D W, et al. Synthesis, characterization and biological activity of ferrocene-based Schiff base ligands and their metal (Ⅱ) complexes [J]. Spectrochimica Acta Part A, 2013, 100: 131~137.

[28] Tridib K, Goswami M R, Munirathinam N, et al. Photoinduced DNA and protein cleavage activity of ferrocene-appendedl-methionine reduced schiff base copper (Ⅱ) complexes of phenanthroline bases [J]. Organometallics, 2009, 28 (7): 1992~1994.

[29] Shraddha R G, Punita M, Singh M M. Synthesis, structural, electrochemical and corrosion inhibition properties of two new ferrocene Schiff bases derived from hydrazides [J]. Journal of Organometallic Chemistry, 2014, 767: 136~143.

[30] 刘卫东, 熊国宣, 黄海清. 二茂铁基 Schiff 碱及盐的合成与导电性能 [J]. 化工学报, 2007, 58 (5): 1331~1336.

[31] 熊小青, 周瑜芬. 新型聚二茂铁基 Schiff 碱及其盐的合成与性能 [J]. 江西师范大学学报 (自然科学版), 2009, 32 (6): 641~644.

[32] 熊国宣, 曾东海, 周瑜芬, 等. 含二茂铁和双噻唑的聚合 Schiff 碱的合成与性能研究 [J]. 材料工程, 2008, 11: 4.

[33] 王少敏, 高建平, 于九皋, 等. 大分子视黄基席夫碱盐微波吸收剂的制备 [J]. 宇航材料工艺, 2000, 15 (2): 41~43.

[34] 王少敏, 高建平, 于九皋, 等. 小分子视黄基席夫碱盐的合成及其微波吸收性能 [J]. 南昌大学学报, 2000, 24 (1): 55~59.

[35] Francis P D, Francis L G, Albert S. Stereospecific Znfluences in Metal Complexes Containing Optically Active Ligands. Part Ⅰ. Some of the Optical Isomers of Tris-(propylene diamine)-cobalt (Ⅱ1) Ion [J]. Journal of American Chemistry Society, 1959, 81: 290~294.

[36] 刘辉林. 长键共轭聚席夫碱及其盐的合成与性能研究 [D]. 南昌: 南昌航空大学, 2012.

[37] Hummers J W S, Offeman R E. Preparation of graphitic oxide [J]. Journal of American Chemistry Society, 1958, 80 (6): 1339.

[38] Varadan V V, Ro R, Varadan V K. Measurement of the electromagnetic properties of chiral composite materials in the 8~40GHz range [J]. Radio Science, 1994, 29: 9~22.

[39] 李琳. 二茂铁基手性聚 Schiff 碱的合成与表征及吸波性能研究 [D]. 南昌: 南昌航空大学, 2016.

附　　录

附录 1　手性单胺类 Schiff 碱的质谱图

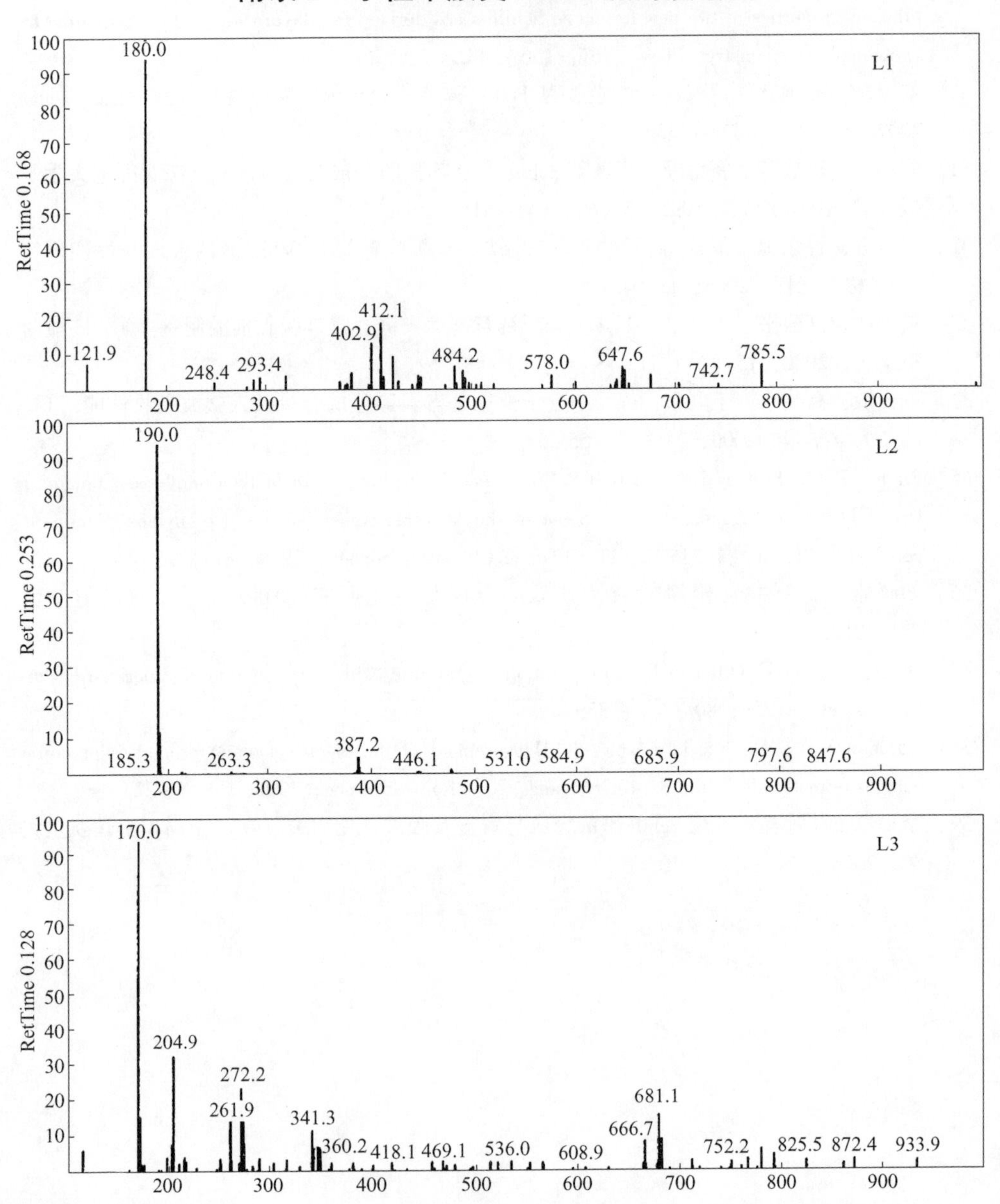

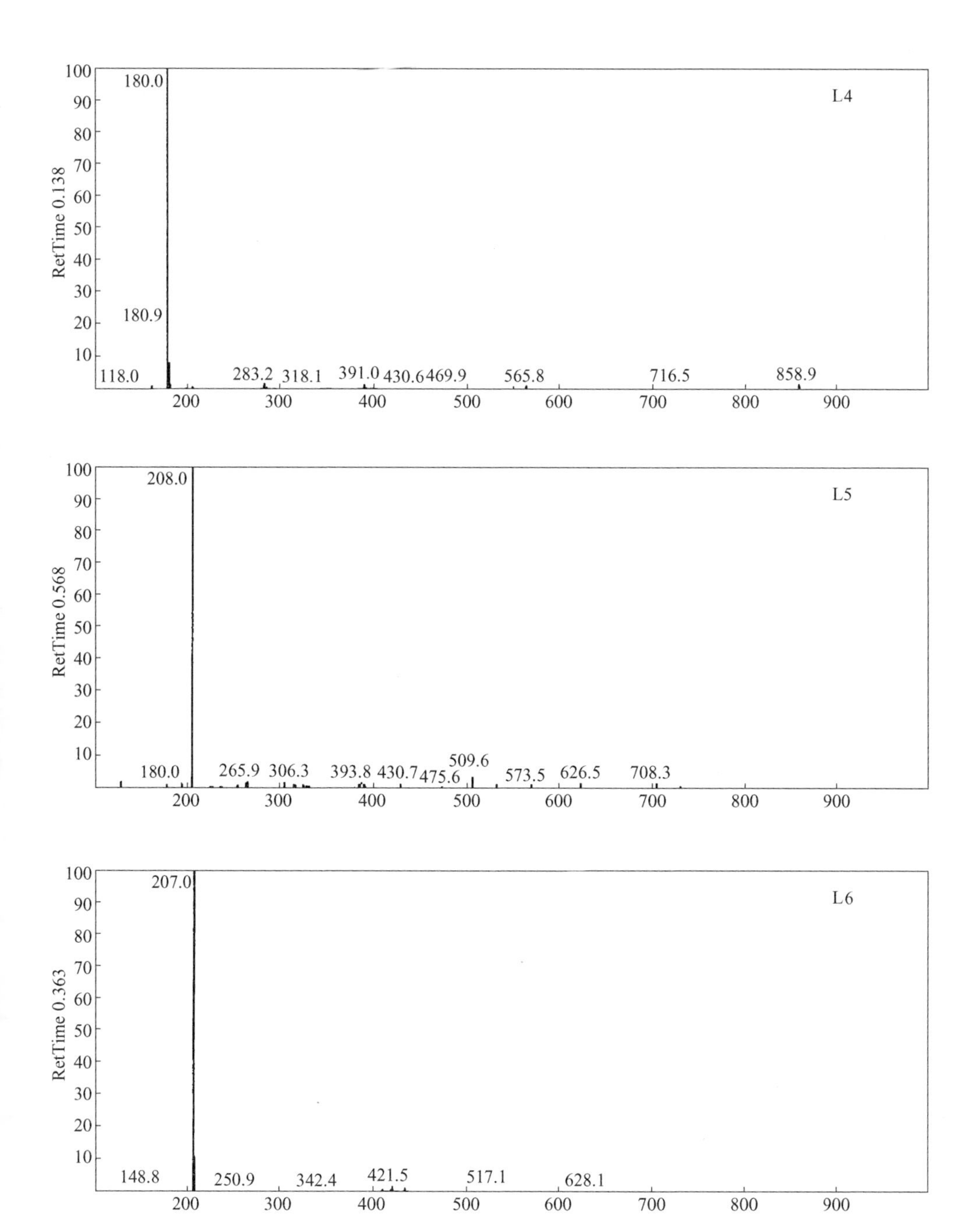
L4
RetTime 0.138
180.0
180.9
118.0
283.2
318.1
391.0
430.6
469.9
565.8
716.5
858.9
L5
RetTime 0.568
208.0
180.0
265.9
306.3
393.8
430.7
475.6
509.6
573.5
626.5
708.3
L6
RetTime 0.363
207.0
148.8
250.9
342.4
421.5
517.1
628.1

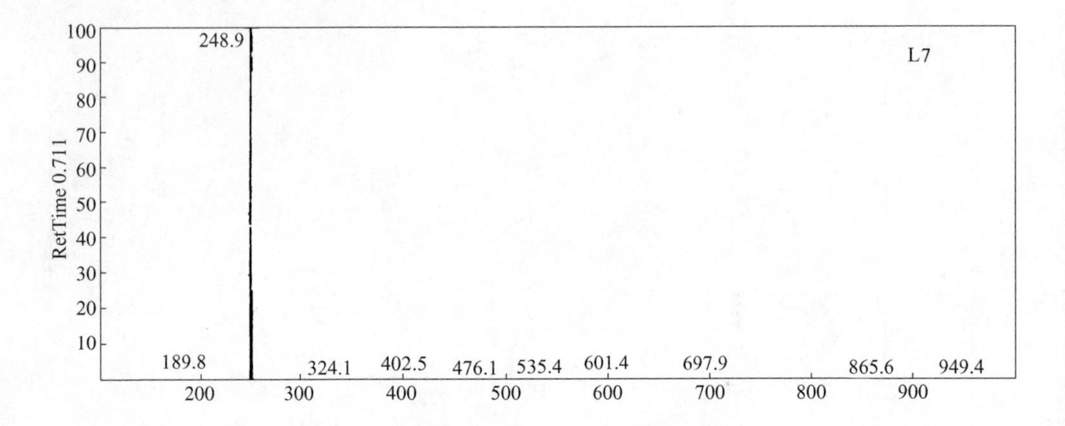
L7
RetTime 0.711
248.9
189.8
324.1
402.5
476.1
535.4
601.4
697.9
865.6
949.4
100
90
80
70
60
50
40
30
20
10
200
300
400
500
600
700
800
900

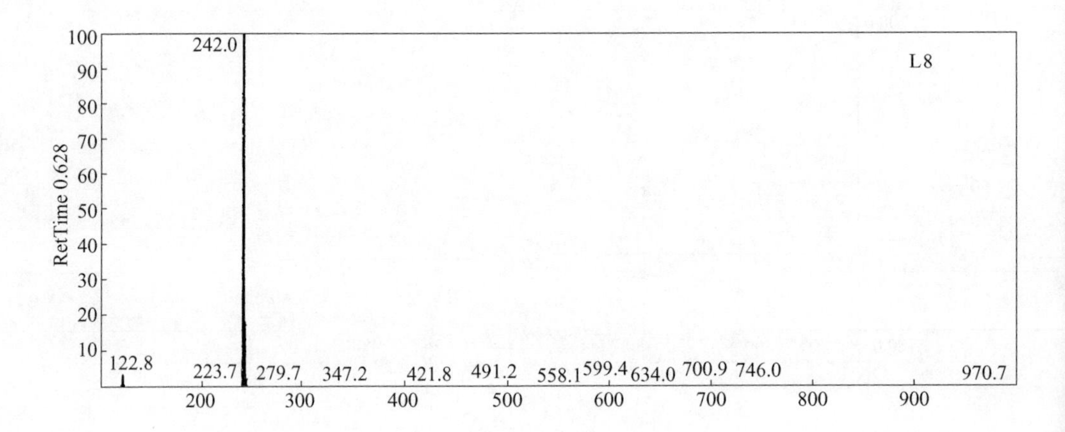
L8
RetTime 0.628
242.0
122.8
223.7
279.7
347.2
421.8
491.2
558.1
599.4
634.0
700.9
746.0
970.7
100
90
80
70
60
50
40
30
20
10
200
300
400
500
600
700
800
900

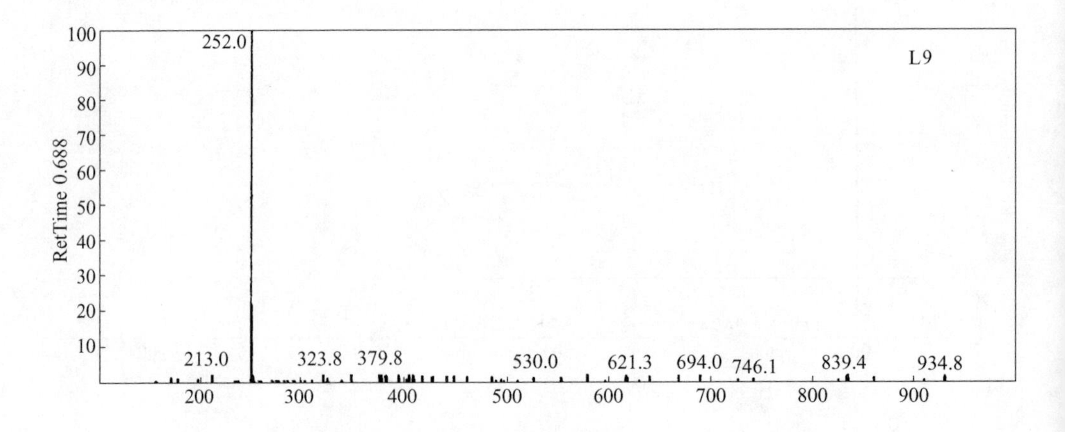
L9
RetTime 0.688
252.0
213.0
323.8
379.8
530.0
621.3
694.0
746.1
839.4
934.8
100
90
80
70
60
50
40
30
20
10
200
300
400
500
600
700
800
900

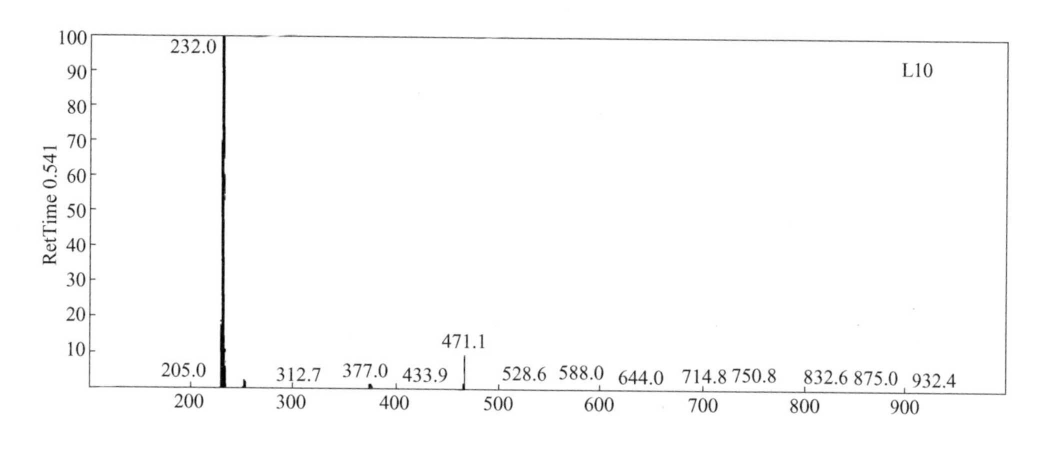
L10
RetTime 0.541
232.0
205.0
312.7
377.0
433.9
471.1
528.6
588.0
644.0
714.8
750.8
832.6
875.0
932.4

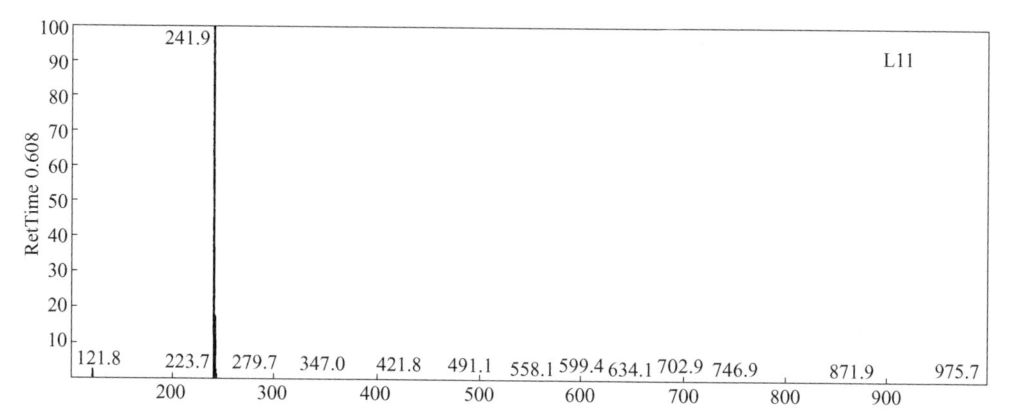
L11
RetTime 0.608
241.9
121.8
223.7
279.7
347.0
421.8
491.1
558.1
599.4
634.1
702.9
746.9
871.9
975.7

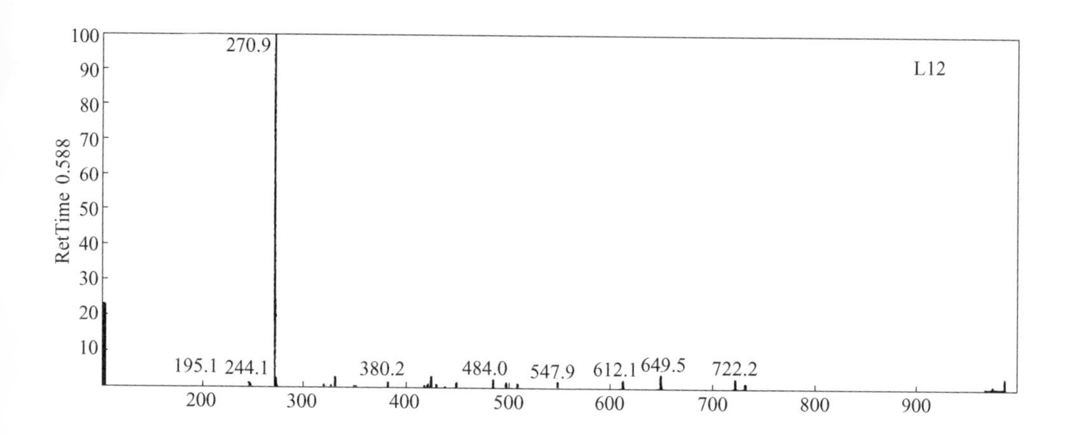
L12
RetTime 0.588
270.9
195.1
244.1
380.2
484.0
547.9
612.1
649.5
722.2

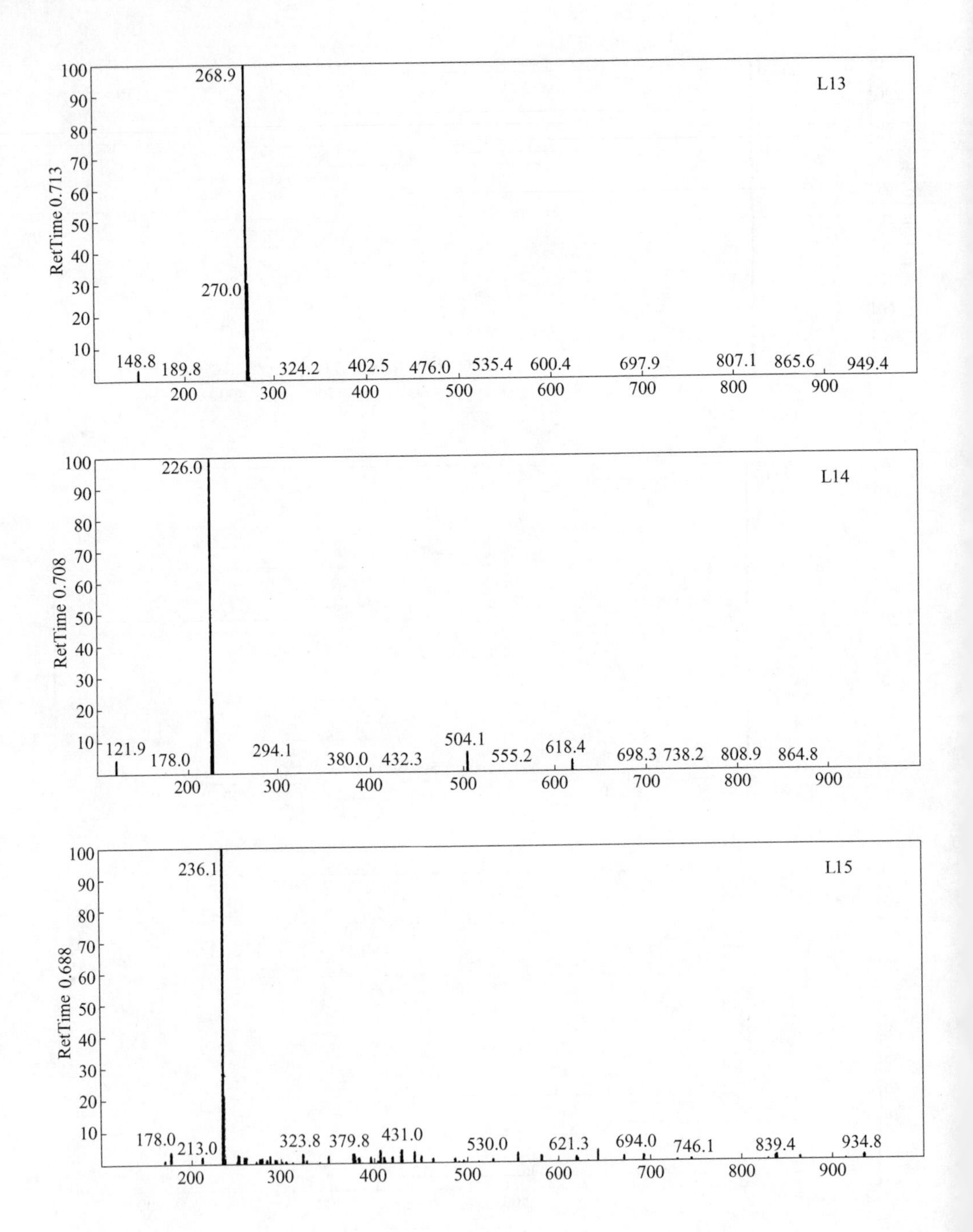

L13
RetTime 0.713
268.9
270.0
148.8
189.8
324.2
402.5
476.0
535.4
600.4
697.9
807.1
865.6
949.4
L14
RetTime 0.708
226.0
121.9
178.0
294.1
380.0
432.3
504.1
555.2
618.4
698.3
738.2
808.9
864.8
L15
RetTime 0.688
236.1
178.0
213.0
323.8
379.8
431.0
530.0
621.3
694.0
746.1
839.4
934.8

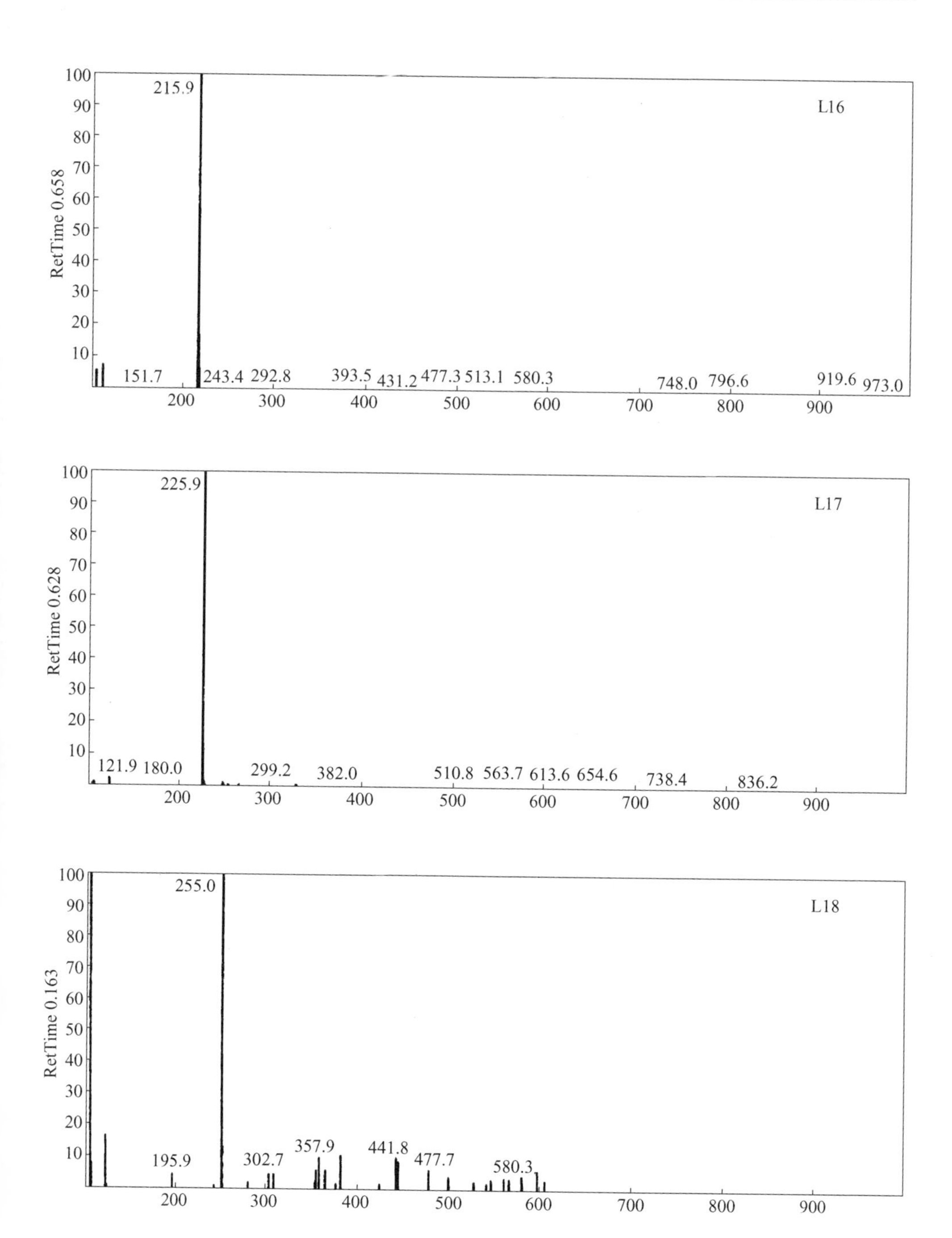
L16
RetTime 0.658
215.9
151.7
243.4 292.8
393.5 431.2 477.3 513.1 580.3
748.0 796.6
919.6 973.0
L17
RetTime 0.628
225.9
121.9 180.0
299.2
382.0
510.8 563.7 613.6 654.6
738.4
836.2
L18
RetTime 0.163
255.0
195.9
302.7
357.9
441.8
477.7
580.3

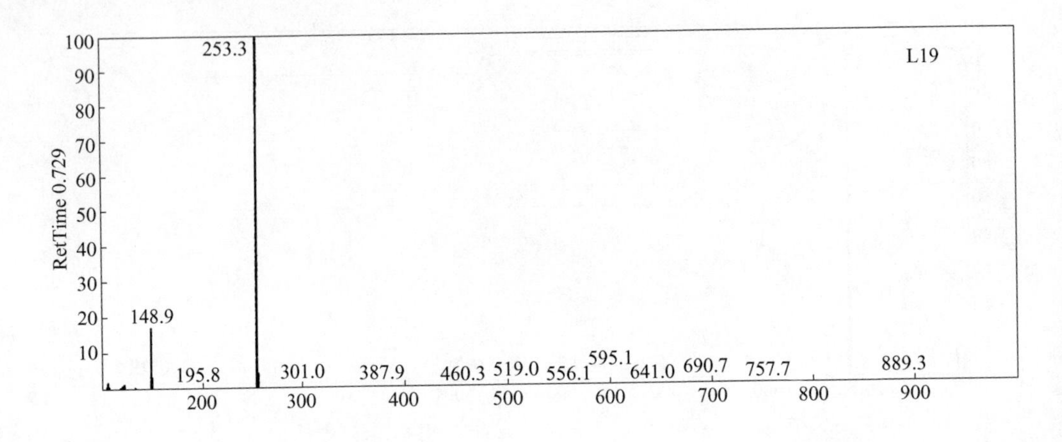
L19
RetTime 0.729
253.3
148.9
195.8
301.0
387.9
460.3
519.0
556.1
595.1
641.0
690.7
757.7
889.3
100
90
80
70
60
50
40
30
20
10
200
300
400
500
600
700
800
900

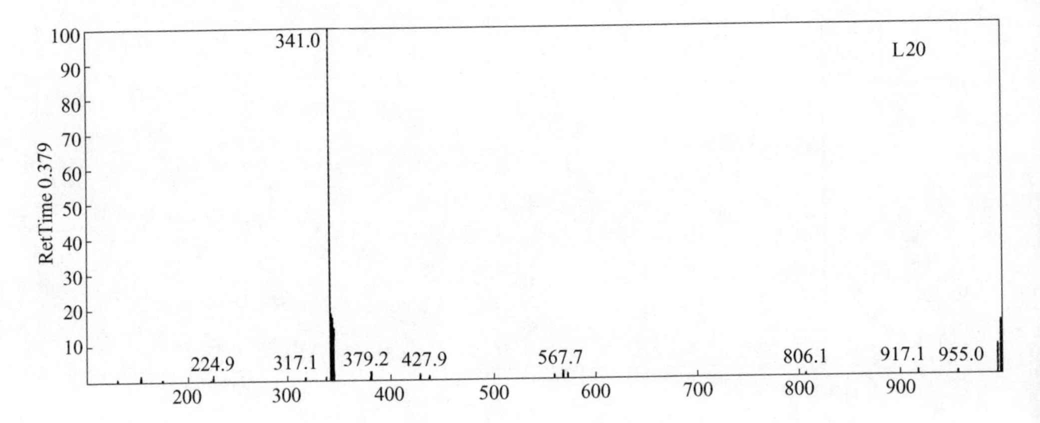
L20
RetTime 0.379
341.0
224.9
317.1
379.2
427.9
567.7
806.1
917.1
955.0
100
90
80
70
60
50
40
30
20
10
200
300
400
500
600
700
800
900

附录 2　手性单胺类 Schiff 碱的核磁图

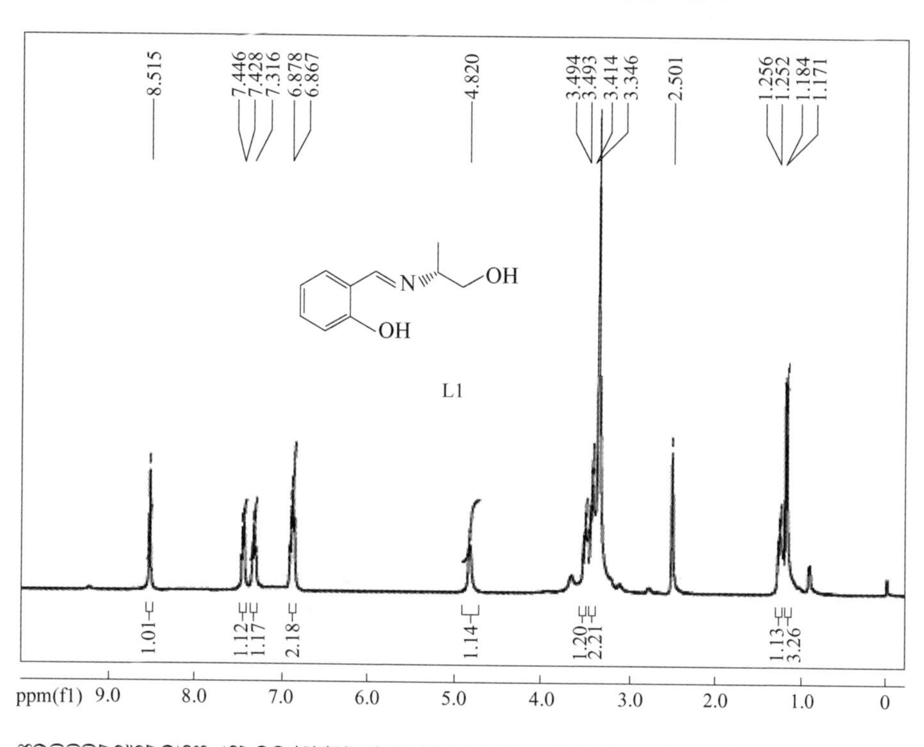

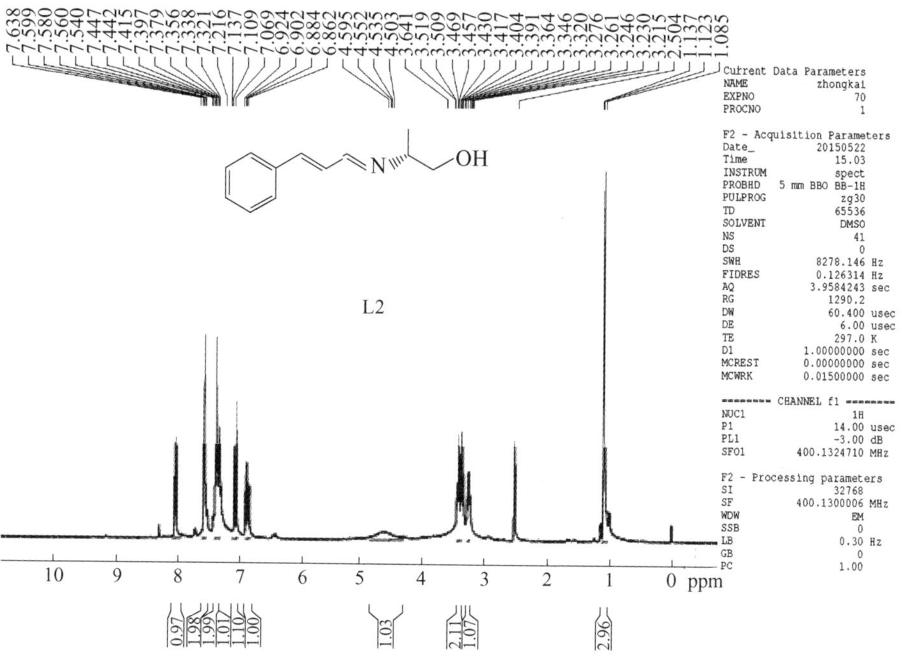

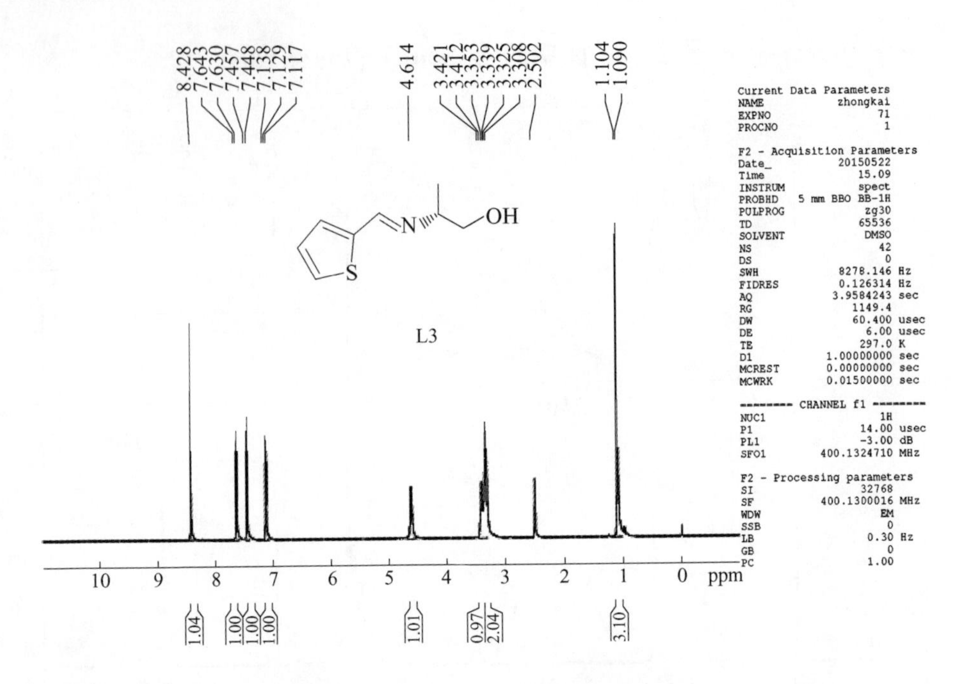
8.428
7.643
7.630
7.457
7.448
7.138
7.129
7.117
4.614
3.421
3.412
3.353
3.339
3.325
3.308
2.502
1.104
1.090
OH
N
S
L3
Current Data Parameters
NAME zhongkai
EXPNO 71
PROCNO 1
F2 - Acquisition Parameters
Date_ 20150522
Time 15.09
INSTRUM spect
PROBHD 5 mm BBO BB-1H
PULPROG zg30
TD 65536
SOLVENT DMSO
NS 42
DS 0
SWH 8278.146 Hz
FIDRES 0.126314 Hz
AQ 3.9584243 sec
RG 1149.4
DW 60.400 usec
DE 6.00 usec
TE 297.0 K
D1 1.00000000 sec
MCREST 0.00000000 sec
MCWRK 0.01500000 sec
======== CHANNEL f1 ========
NUC1 1H
P1 14.00 usec
PL1 -3.00 dB
SFO1 400.1324710 MHz
F2 - Processing parameters
SI 32768
SF 400.1300016 MHz
WDW EM
SSB 0
LB 0.30 Hz
GB 0
PC 1.00
10 9 8 7 6 5 4 3 2 1 0 ppm
1.04
1.00
1.00
1.00
1.01
0.97
2.04
3.10

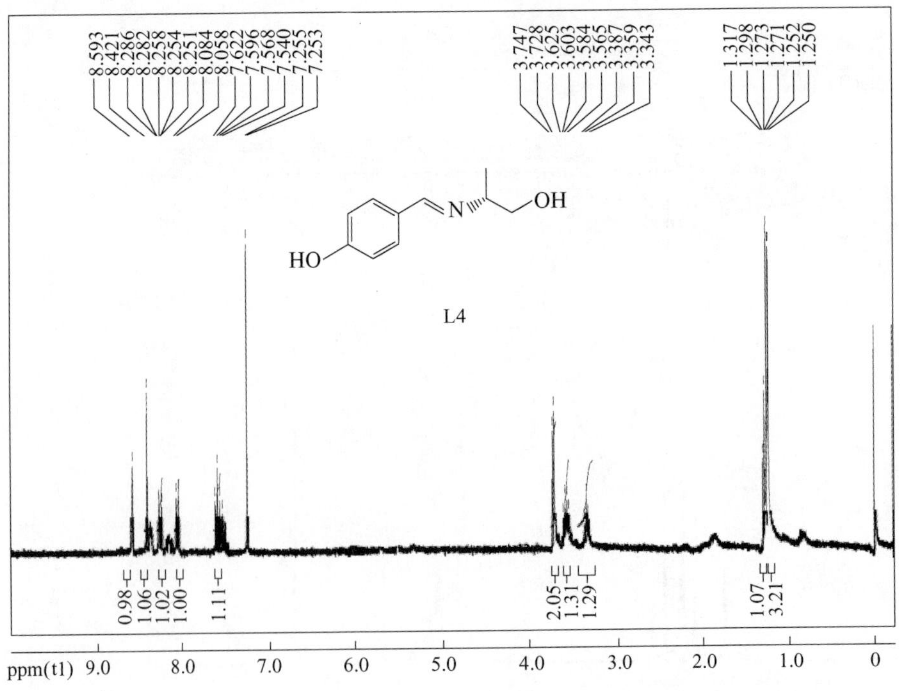
8.593
8.421
8.286
8.282
8.258
8.254
8.251
8.084
8.058
7.622
7.596
7.568
7.540
7.255
7.253
3.747
3.728
3.625
3.603
3.584
3.565
3.387
3.359
3.343
1.317
1.298
1.273
1.271
1.252
1.250
OH
N
HO
L4
0.98
1.06
1.02
1.00
1.11
2.05
1.31
1.29
1.07
3.21
ppm(t1) 9.0 8.0 7.0 6.0 5.0 4.0 3.0 2.0 1.0 0

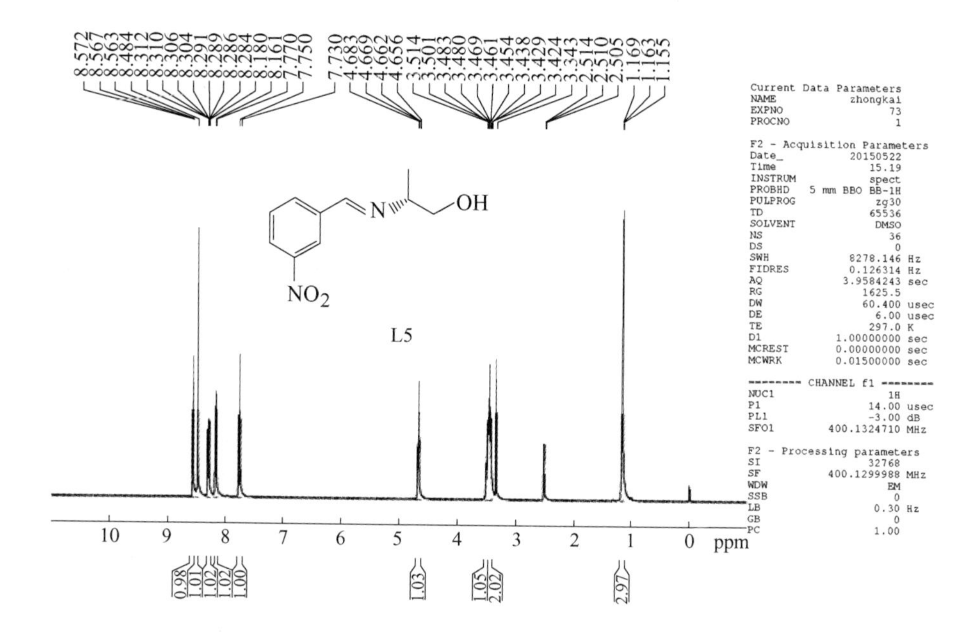
8.572
8.567
8.563
8.484
8.312
8.310
8.306
8.304
8.291
8.289
8.286
8.284
8.180
8.161
7.770
7.750
7.730
4.683
4.669
4.662
4.656
3.514
3.501
3.483
3.480
3.469
3.461
3.454
3.438
3.429
3.424
3.343
2.514
2.510
2.505
1.169
1.163
1.155
N
OH
NO_2
L5
Current Data Parameters
NAME zhongkai
EXPNO 73
PROCNO 1
F2 - Acquisition Parameters
Date_ 20150522
Time 15.19
INSTRUM spect
PROBHD 5 mm BBO BB-1H
PULPROG zg30
TD 65536
SOLVENT DMSO
NS 36
DS 0
SWH 8278.146 Hz
FIDRES 0.126314 Hz
AQ 3.9584243 sec
RG 1625.5
DW 60.400 usec
DE 6.00 usec
TE 297.0 K
D1 1.00000000 sec
MCREST 0.00000000 sec
MCWRK 0.01500000 sec
======== CHANNEL f1 ========
NUC1 1H
P1 14.00 usec
PL1 -3.00 dB
SFO1 400.1324710 MHz
F2 - Processing parameters
SI 32768
SF 400.1299988 MHz
WDW EM
SSB 0
LB 0.30 Hz
GB 0
PC 1.00
10 9 8 7 6 5 4 3 2 1 0 ppm
0.98
1.01
1.02
1.02
1.00
1.03
1.05
2.02
2.97

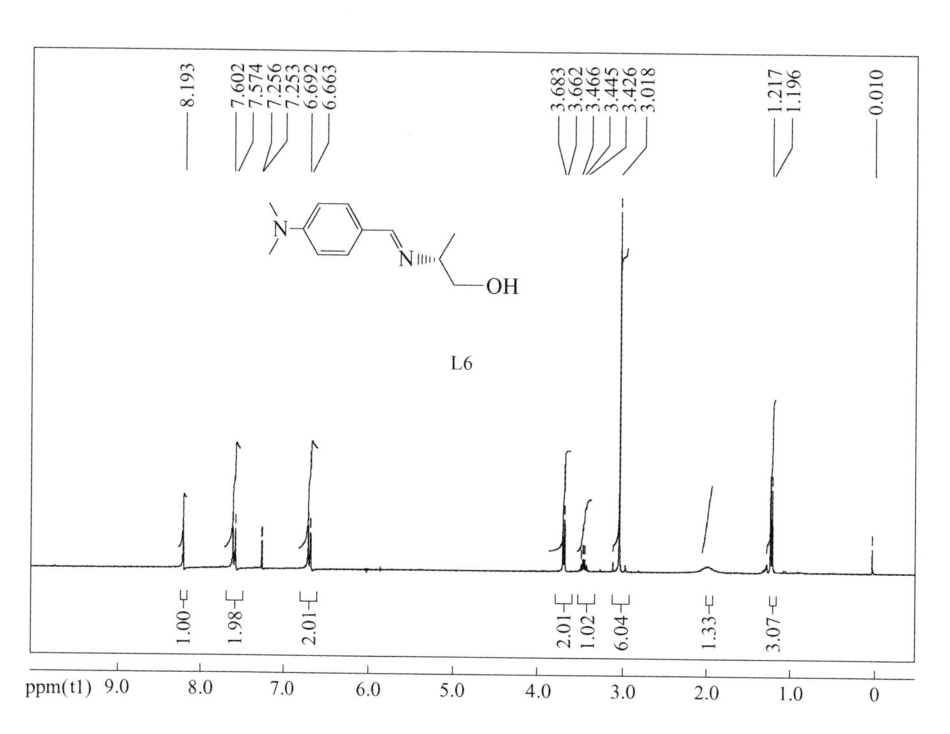
8.193
7.602
7.574
7.256
7.253
6.692
6.663
3.683
3.662
3.466
3.445
3.426
3.018
1.217
1.196
0.010
N
N
OH
L6
1.00
1.98
2.01
2.01
1.02
6.04
1.33
3.07
ppm(t1) 9.0 8.0 7.0 6.0 5.0 4.0 3.0 2.0 1.0 0

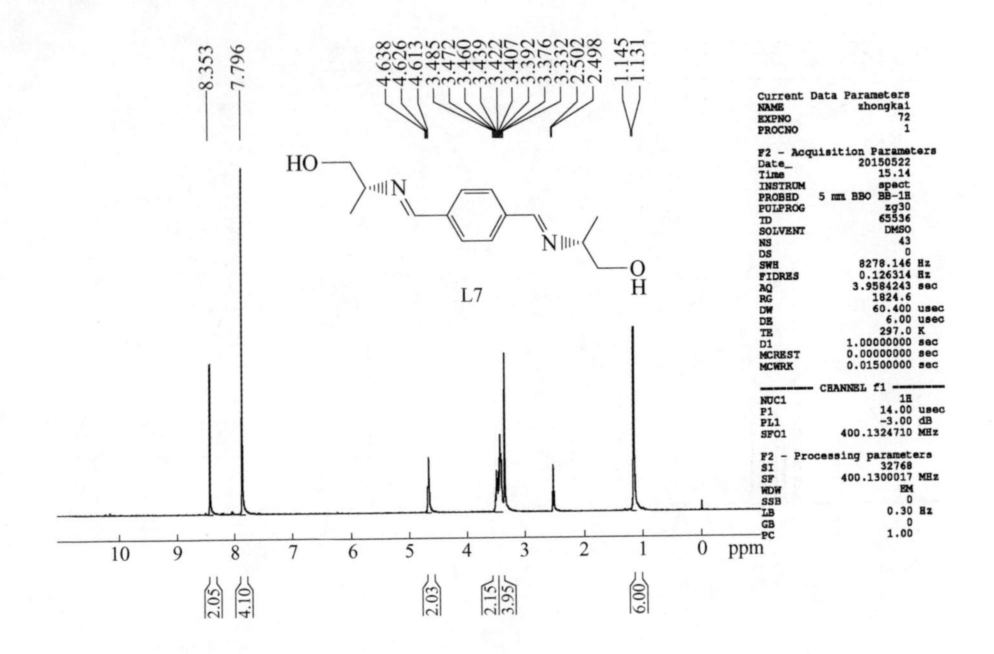
8.353
7.796
4.638
4.626
4.613
3.485
3.472
3.460
3.439
3.422
3.407
3.392
3.376
3.332
2.502
2.498
1.145
1.131
HO
N
N
OH
L7
Current Data Parameters
NAME zhongkai
EXPNO 72
PROCNO 1
F2 - Acquisition Parameters
Date_ 20150522
Time 15.14
INSTRUM spect
PROBHD 5 mm BBO BB-1H
PULPROG zg30
TD 65536
SOLVENT DMSO
NS 43
DS 0
SWH 8278.146 Hz
FIDRES 0.126314 Hz
AQ 3.9584243 sec
RG 1824.6
DW 60.400 usec
DE 6.00 usec
TE 297.0 K
D1 1.00000000 sec
MCREST 0.00000000 sec
MCWRK 0.01500000 sec
CHANNEL f1
NUC1 1H
P1 14.00 usec
PL1 -3.00 dB
SFO1 400.1324710 MHz
F2 - Processing parameters
SI 32768
SF 400.1300017 MHz
WDW EM
SSB 0
LB 0.30 Hz
GB 0
PC 1.00
10 9 8 7 6 5 4 3 2 1 0 ppm
2.05
4.10
2.03
2.15
3.95
6.00

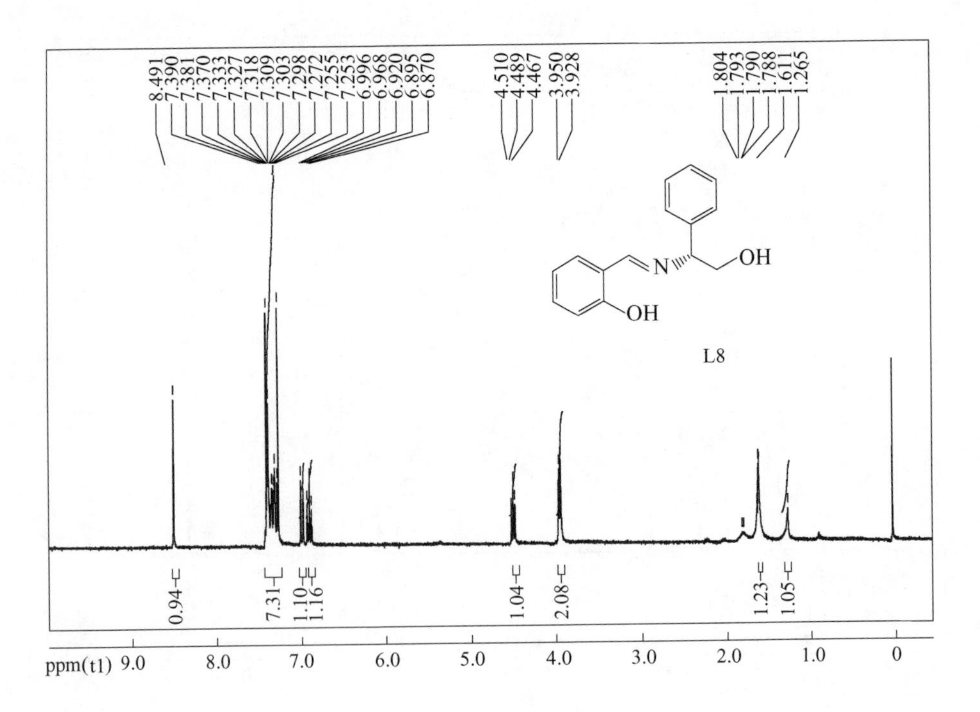
8.491
7.390
7.381
7.370
7.333
7.327
7.318
7.309
7.303
7.298
7.272
7.255
7.253
6.996
6.968
6.920
6.895
6.870
4.510
4.489
4.467
3.950
3.928
1.804
1.793
1.790
1.788
1.611
1.265
N
OH
OH
L8
0.94
7.31
1.10
1.16
1.04
2.08
1.23
1.05
ppm(t1) 9.0 8.0 7.0 6.0 5.0 4.0 3.0 2.0 1.0 0

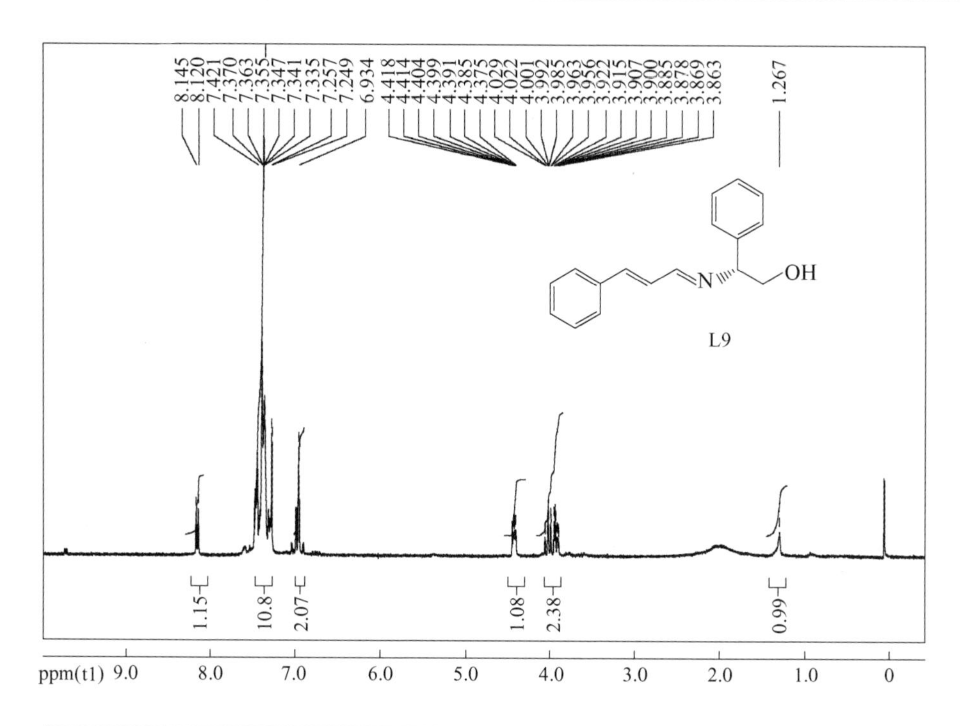
8.145
8.120
7.421
7.370
7.363
7.355
7.347
7.341
7.335
7.257
7.249
6.934
4.418
4.414
4.404
4.399
4.391
4.385
4.375
4.029
4.022
4.001
3.992
3.985
3.963
3.956
3.922
3.915
3.907
3.900
3.885
3.878
3.869
3.863
1.267
OH
N
L9
1.15
10.8
2.07
1.08
2.38
0.99
ppm(t1) 9.0
8.0
7.0
6.0
5.0
4.0
3.0
2.0
1.0
0

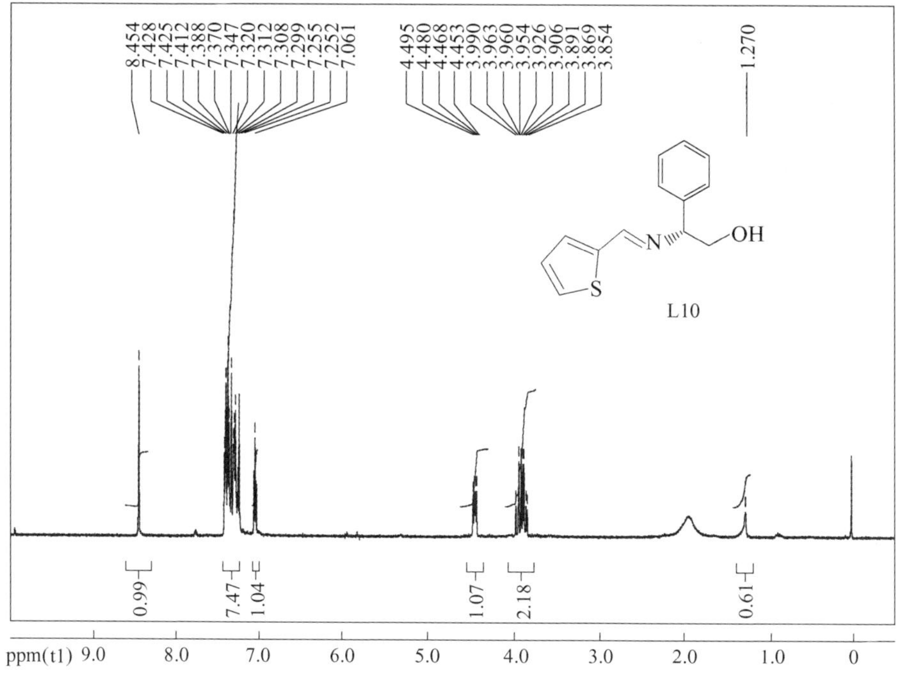
8.454
7.428
7.425
7.412
7.388
7.370
7.347
7.320
7.312
7.308
7.299
7.255
7.252
7.061
4.495
4.480
4.468
4.453
3.990
3.963
3.960
3.954
3.926
3.906
3.891
3.869
3.854
1.270
OH
N
S
L10
0.99
7.47
1.04
1.07
2.18
0.61
ppm(t1) 9.0
8.0
7.0
6.0
5.0
4.0
3.0
2.0
1.0
0

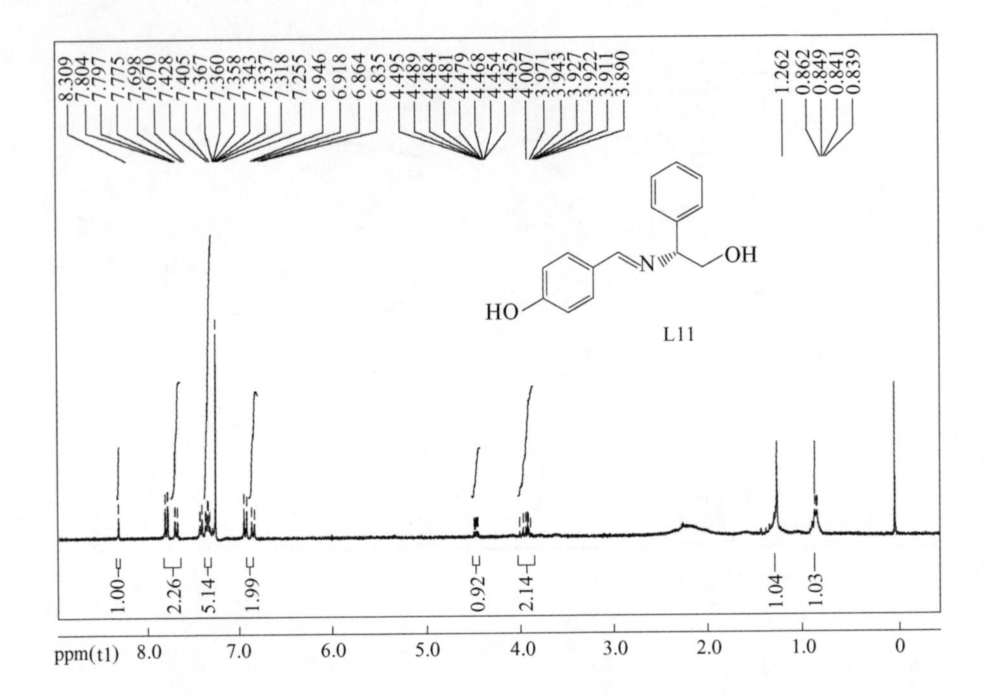
8.309
7.804
7.797
7.775
7.698
7.670
7.428
7.405
7.367
7.360
7.358
7.343
7.337
7.318
7.255
6.946
6.918
6.864
6.835
4.495
4.489
4.484
4.481
4.479
4.468
4.454
4.452
4.007
3.971
3.943
3.927
3.922
3.911
3.890
1.262
0.862
0.849
0.841
0.839
HO
N
OH
L11
1.00
2.26
5.14
1.99
0.92
2.14
1.04
1.03
ppm(t1) 8.0 7.0 6.0 5.0 4.0 3.0 2.0 1.0 0

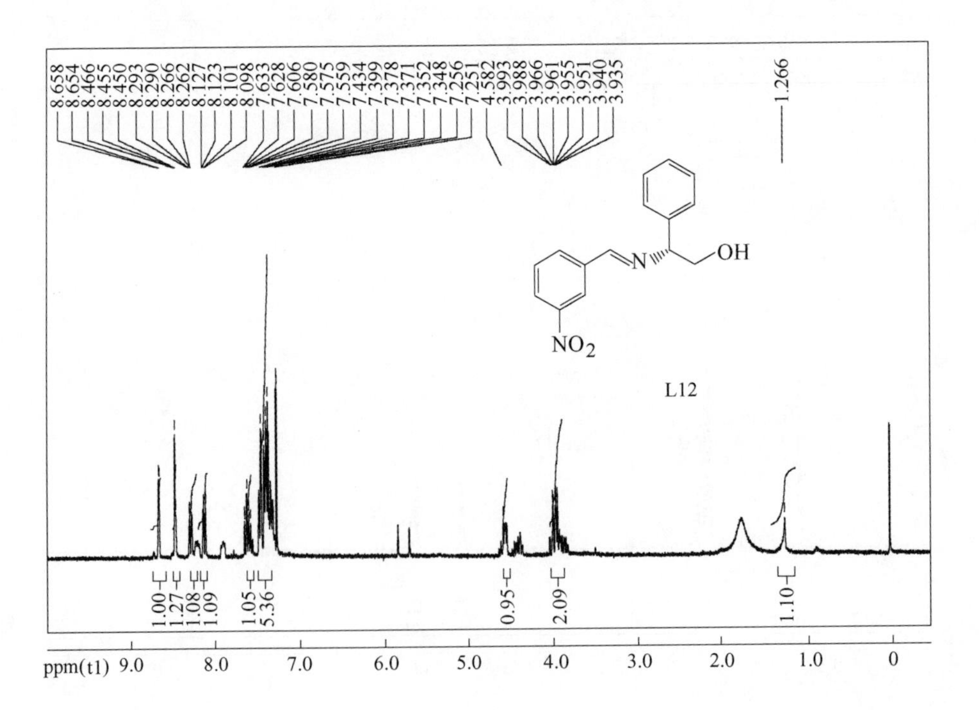
8.658
8.654
8.466
8.455
8.450
8.293
8.290
8.266
8.262
8.127
8.123
8.101
8.098
7.633
7.628
7.606
7.580
7.575
7.559
7.434
7.399
7.378
7.371
7.352
7.348
7.256
7.251
4.582
3.993
3.988
3.966
3.961
3.955
3.951
3.940
3.935
1.266
N
OH
NO2
L12
1.00
1.27
1.08
1.09
1.05
5.36
0.95
2.09
1.10
ppm(t1) 9.0 8.0 7.0 6.0 5.0 4.0 3.0 2.0 1.0 0

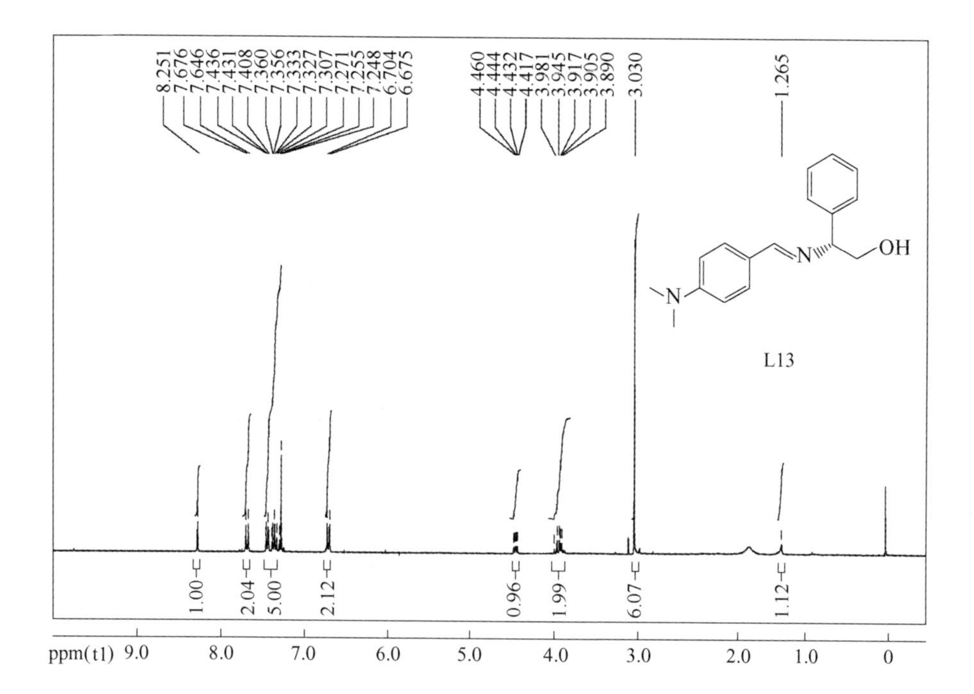
8.251
7.676
7.646
7.436
7.431
7.408
7.360
7.356
7.333
7.327
7.307
7.271
7.255
7.248
6.704
6.675
4.460
4.444
4.432
4.417
3.981
3.945
3.917
3.905
3.890
3.030
1.265
OH
N
L13
1.00
2.04
5.00
2.12
0.96
1.99
6.07
1.12
ppm(t1) 9.0
8.0
7.0
6.0
5.0
4.0
3.0
2.0
1.0
0

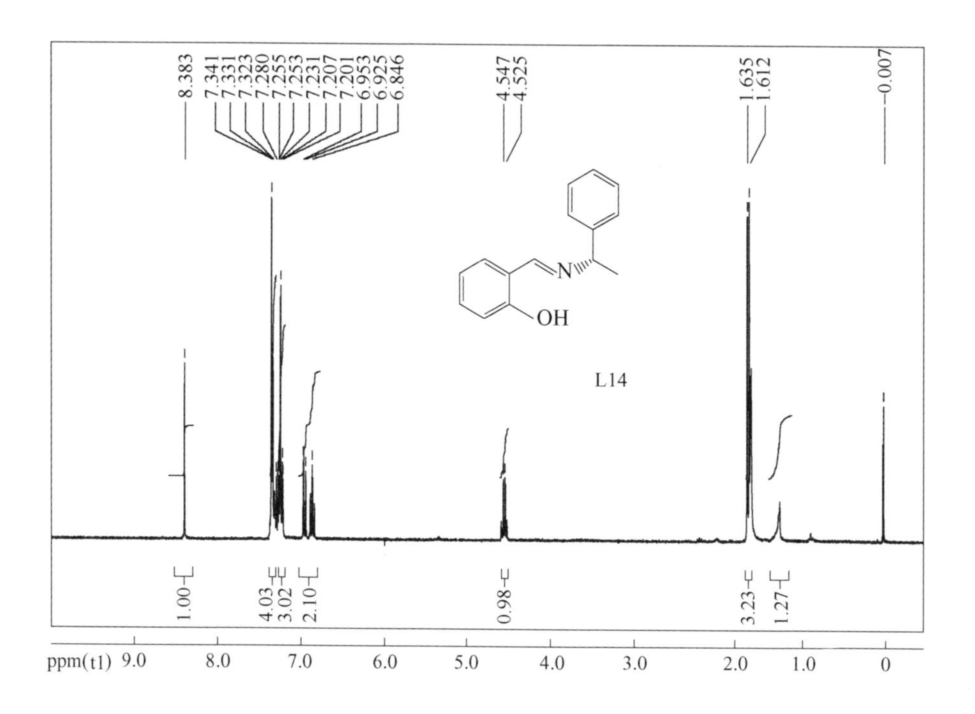
8.383
7.341
7.331
7.323
7.280
7.255
7.253
7.231
7.207
7.201
6.953
6.925
6.846
4.547
4.525
1.635
1.612
-0.007
N
OH
L14
1.00
4.03
3.02
2.10
0.98
3.23
1.27
ppm(t1) 9.0
8.0
7.0
6.0
5.0
4.0
3.0
2.0
1.0
0

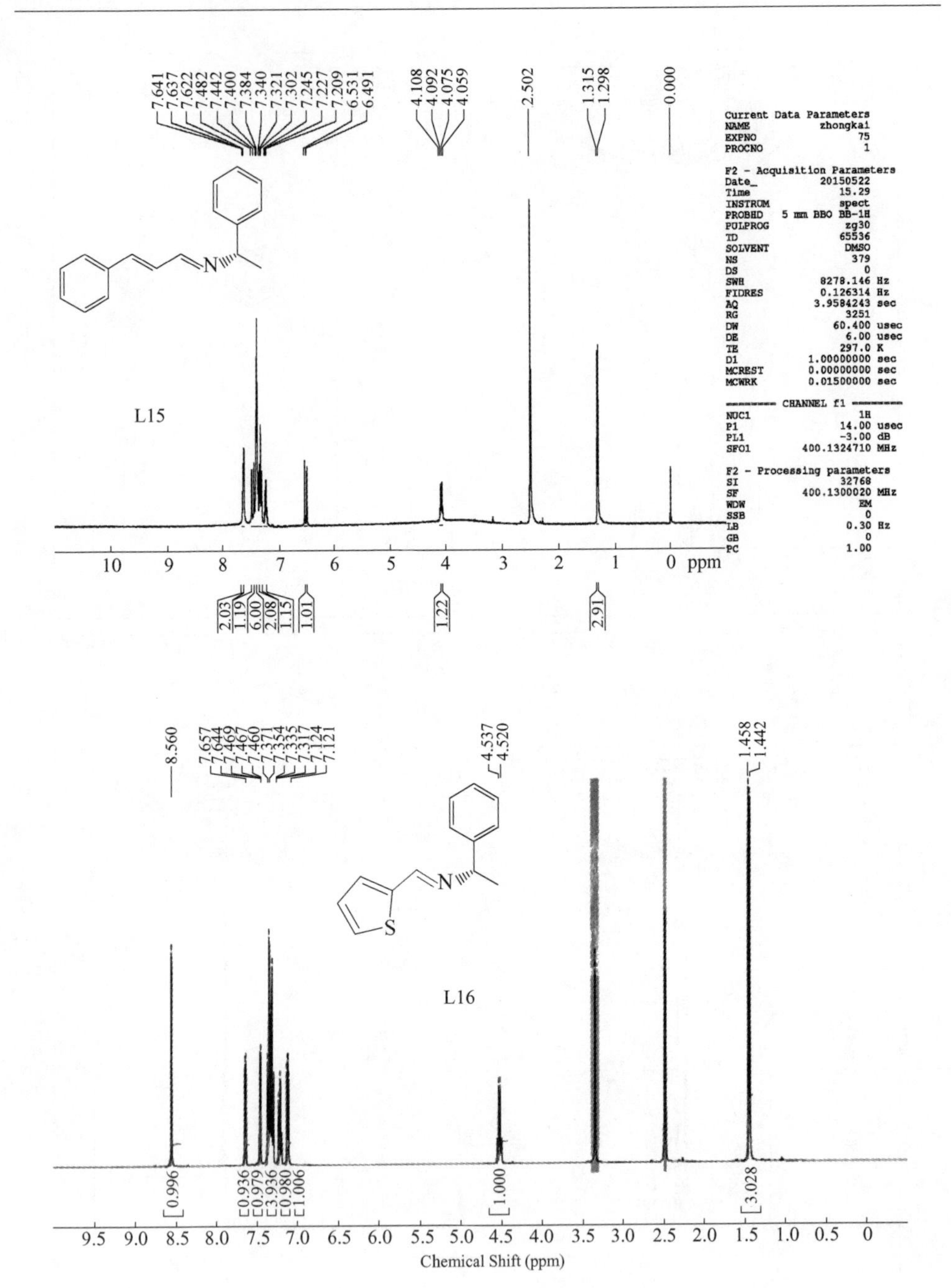
L15
N
10 9 8 7 6 5 4 3 2 1 0 ppm
Current Data Parameters
NAME zhongkai
EXPNO 75
PROCNO 1
F2 - Acquisition Parameters
Date_ 20150522
Time 15.29
INSTRUM spect
PROBHD 5 mm BBO BB-1H
PULPROG zg30
TD 65536
SOLVENT DMSO
NS 379
DS 0
SWH 8278.146 Hz
FIDRES 0.126314 Hz
AQ 3.9584243 sec
RG 3251
DW 60.400 usec
DE 6.00 usec
TE 297.0 K
D1 1.00000000 sec
MCREST 0.00000000 sec
MCWRK 0.01500000 sec
CHANNEL f1
NUC1 1H
P1 14.00 usec
PL1 -3.00 dB
SFO1 400.1324710 MHz
F2 - Processing parameters
SI 32768
SF 400.1300020 MHz
WDW EM
SSB 0
LB 0.30 Hz
GB 0
PC 1.00
L16
N
S
9.5 9.0 8.5 8.0 7.5 7.0 6.5 6.0 5.5 5.0 4.5 4.0 3.5 3.0 2.5 2.0 1.5 1.0 0.5 0
Chemical Shift (ppm)

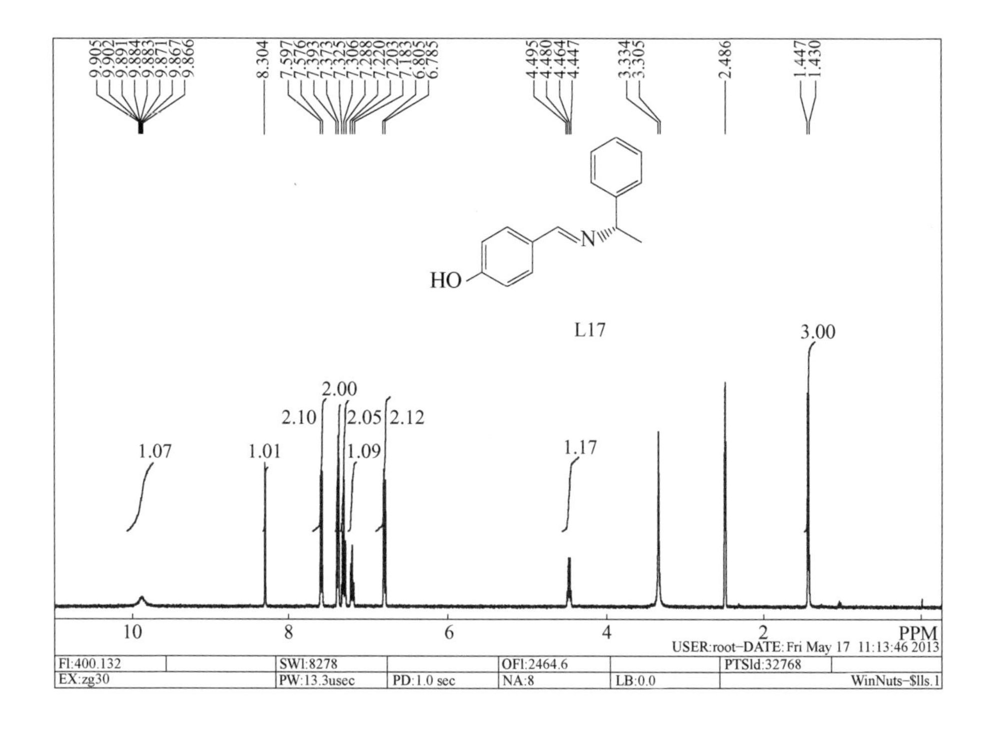
HO
N
L17

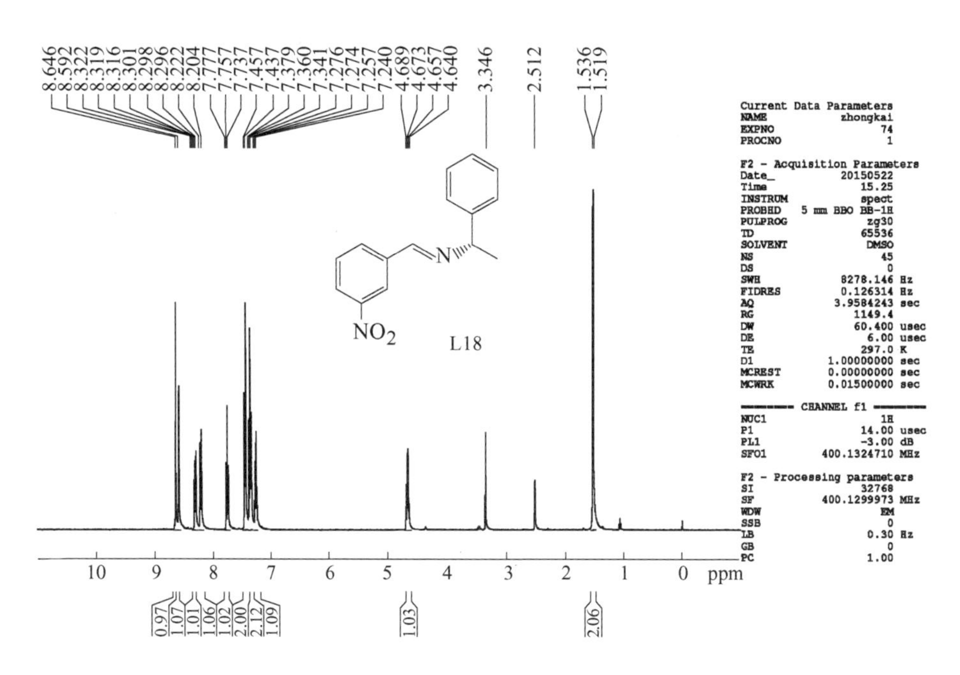
NO2
N
L18

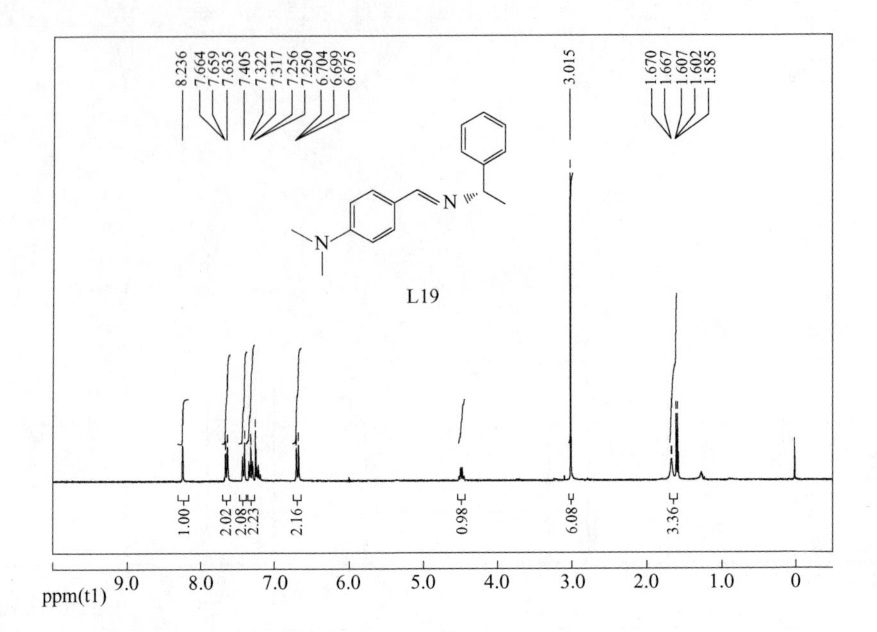
8.236
7.664
7.659
7.635
7.405
7.322
7.317
7.256
7.250
6.704
6.699
6.675
3.015
1.670
1.667
1.607
1.602
1.585
N
N
L19
1.00
2.02
2.08
2.23
2.16
0.98
6.08
3.36
ppm(t1)
9.0
8.0
7.0
6.0
5.0
4.0
3.0
2.0
1.0
0

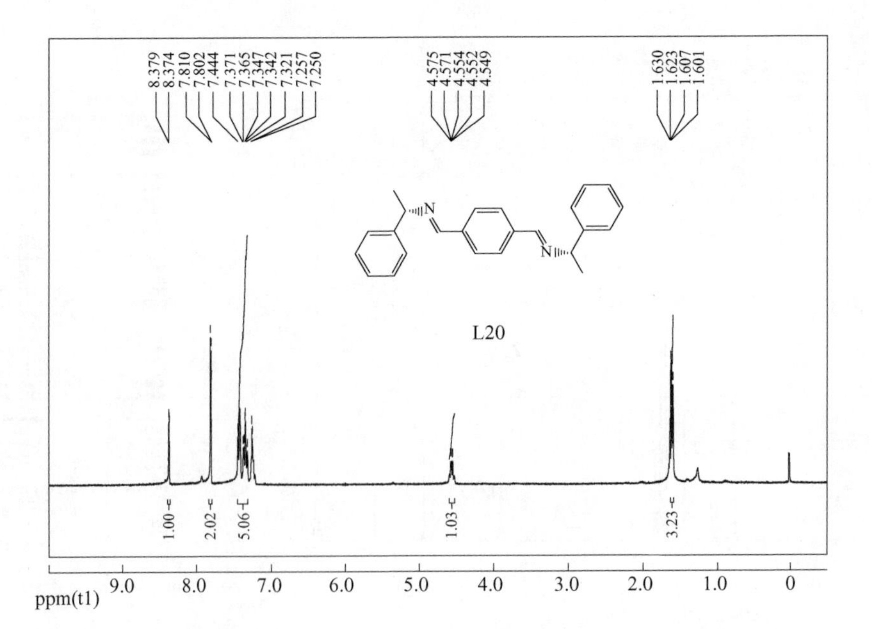
8.379
8.374
7.810
7.802
7.444
7.371
7.365
7.347
7.342
7.321
7.257
7.250
4.575
4.571
4.554
4.552
4.549
1.630
1.623
1.607
1.601
N
N
L20
1.00
2.02
5.06
1.03
3.23
ppm(t1)
9.0
8.0
7.0
6.0
5.0
4.0
3.0
2.0
1.0
0

附录 3　手性单胺类 Schiff 碱配体及配合物的红外光谱图

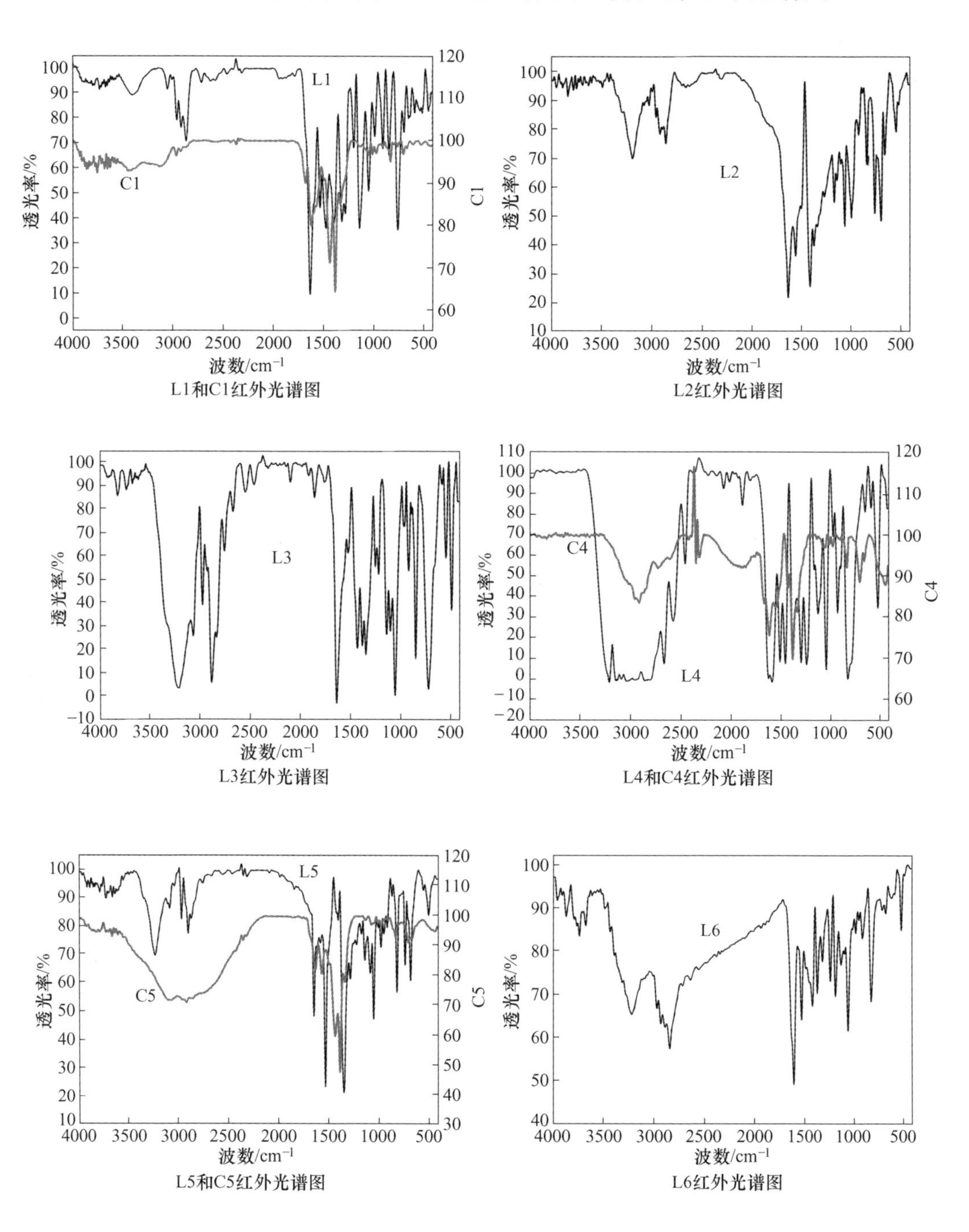

L1和C1红外光谱图

L2红外光谱图

L3红外光谱图

L4和C4红外光谱图

L5和C5红外光谱图

L6红外光谱图

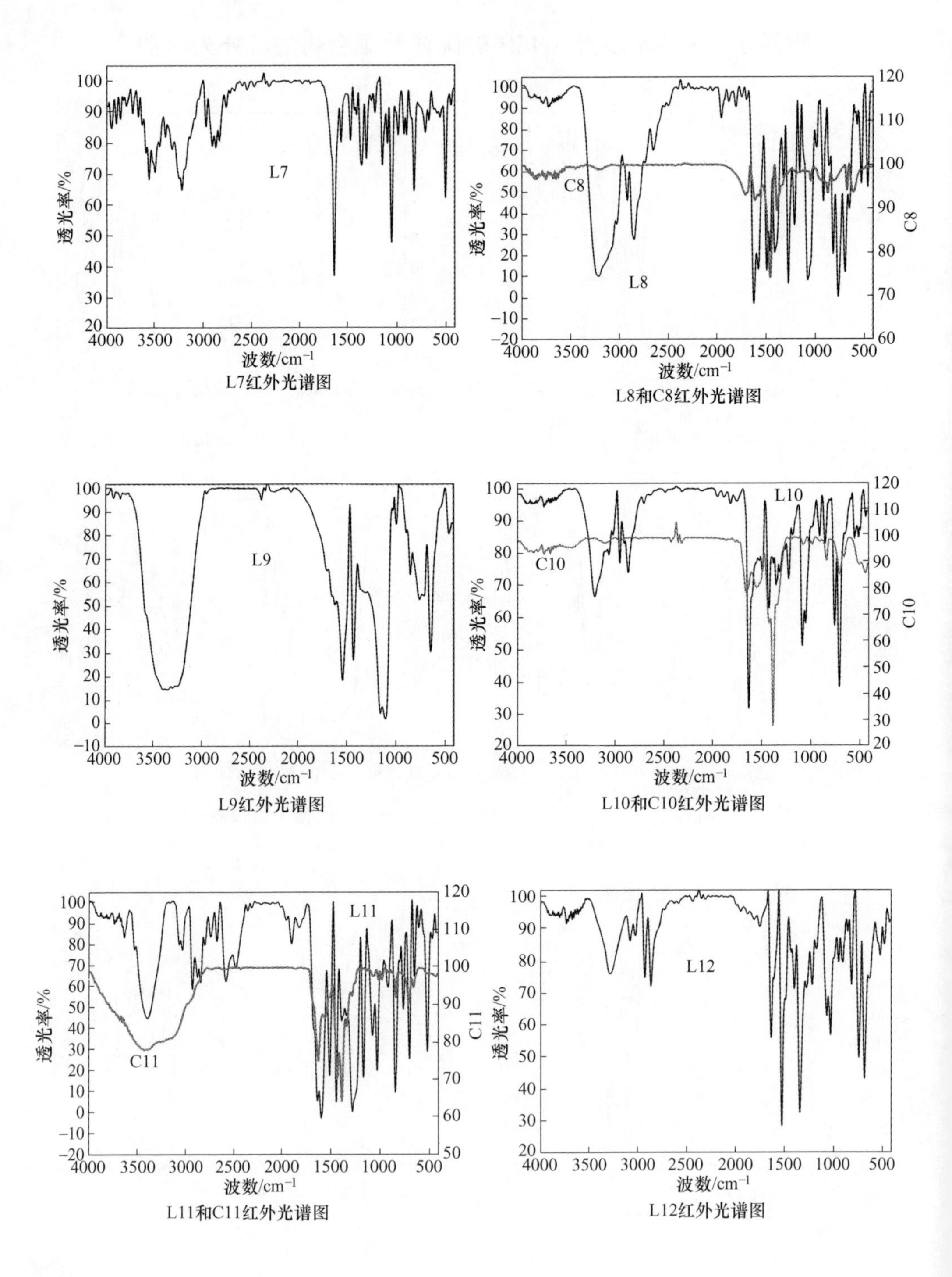

L7红外光谱图

L8和C8红外光谱图

L9红外光谱图

L10和C10红外光谱图

L11和C11红外光谱图

L12红外光谱图

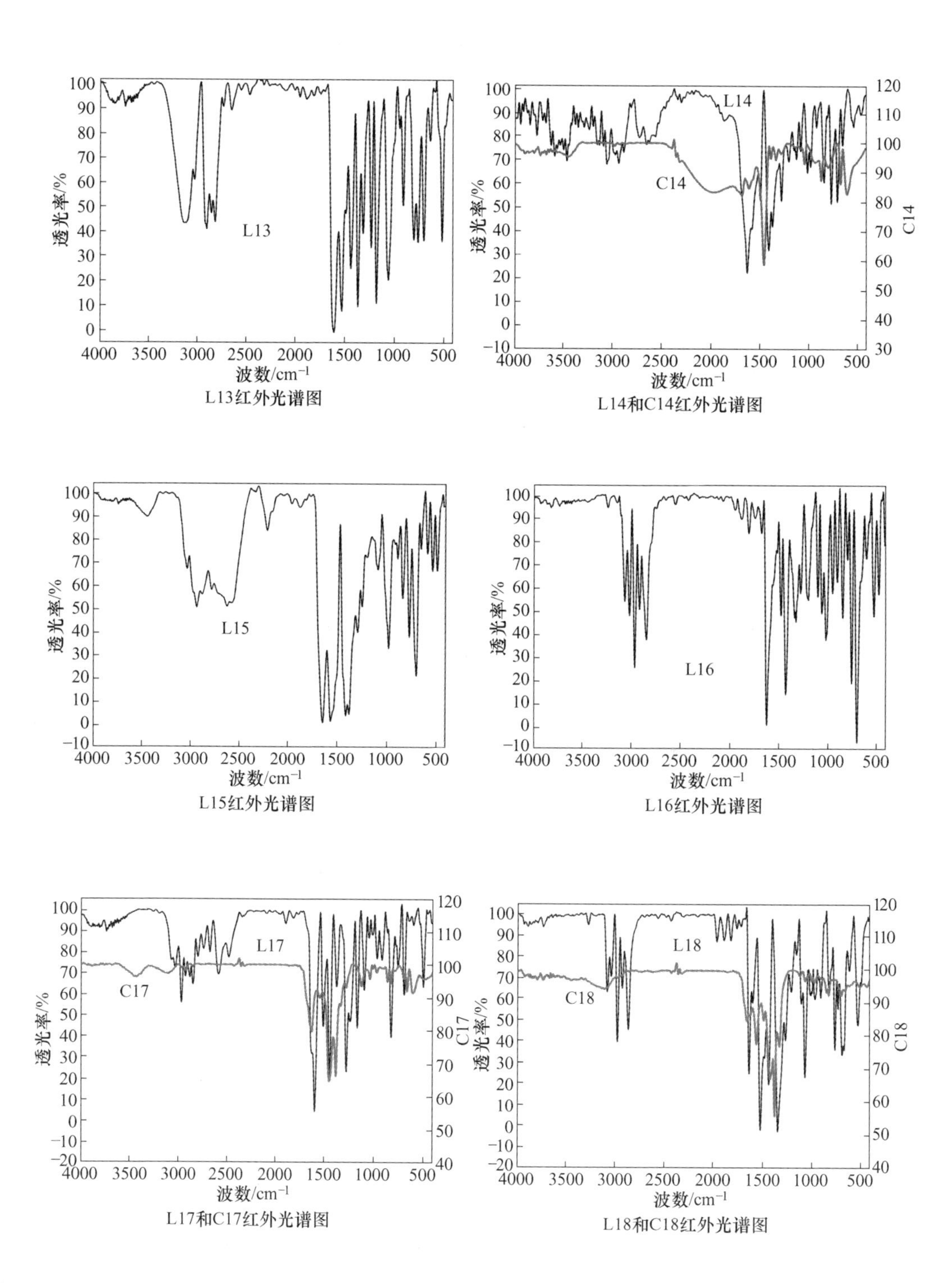

透光率/%
L13
波数/cm⁻¹
L13红外光谱图
L14
C14
透光率/%
C14
波数/cm⁻¹
L14和C14红外光谱图
透光率/%
L15
波数/cm⁻¹
L15红外光谱图
透光率/%
L16
波数/cm⁻¹
L16红外光谱图
L17
C17
透光率/%
C17
波数/cm⁻¹
L17和C17红外光谱图
L18
C18
透光率/%
C18
波数/cm⁻¹
L18和C18红外光谱图

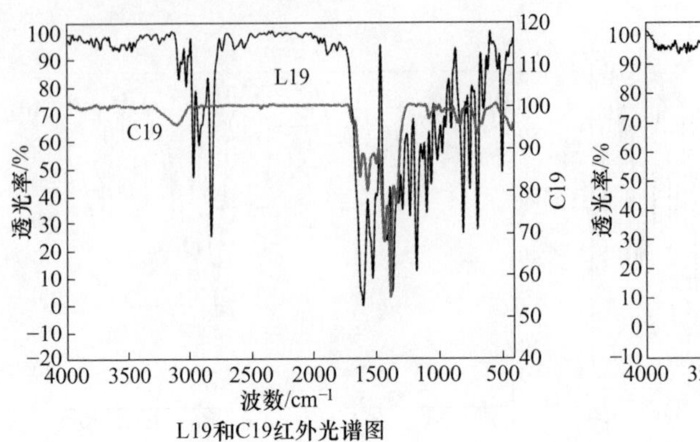

L19和C19红外光谱图

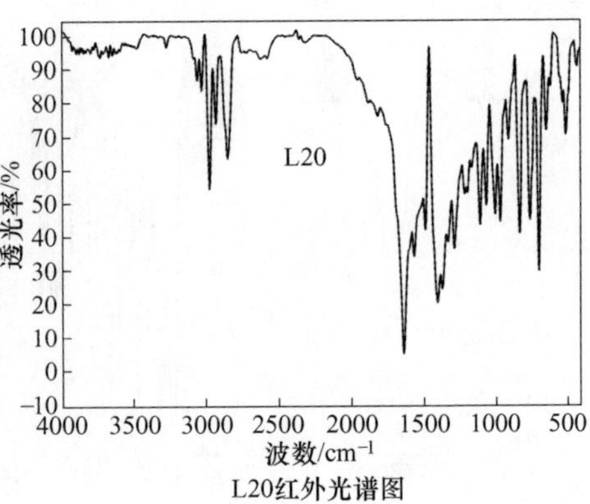

L20红外光谱图

附录 4　二茂铁基双 Schiff 碱的质谱图

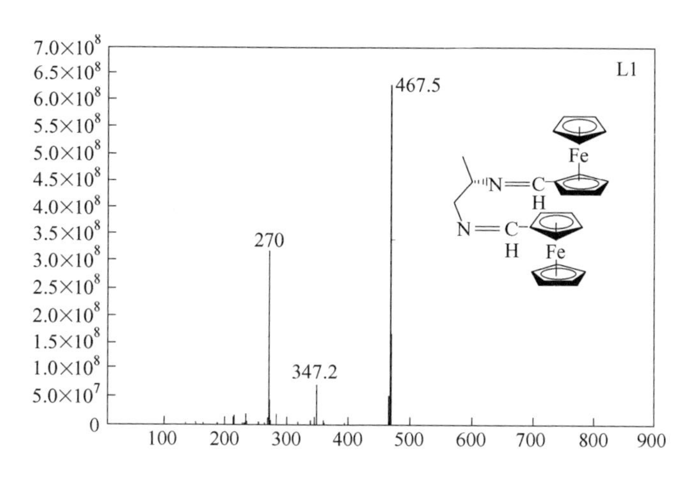

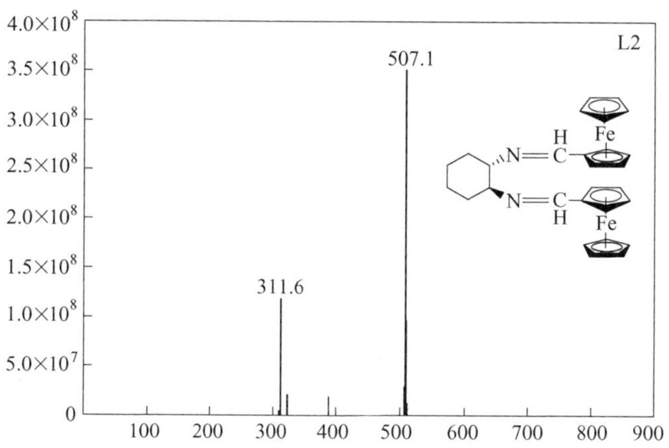

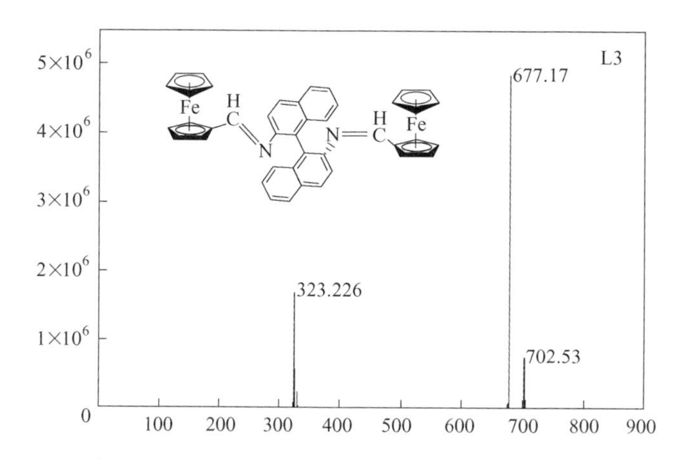

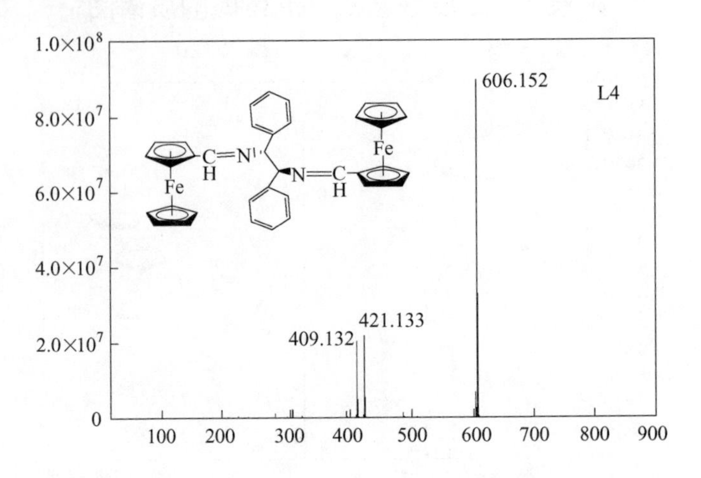
1.0×10^8
8.0×10^7
6.0×10^7
4.0×10^7
2.0×10^7
0
100 200 300 400 500 600 700 800 900
606.152
L4
421.133
409.132
Fe
Fe
C=N
H
N=C
H

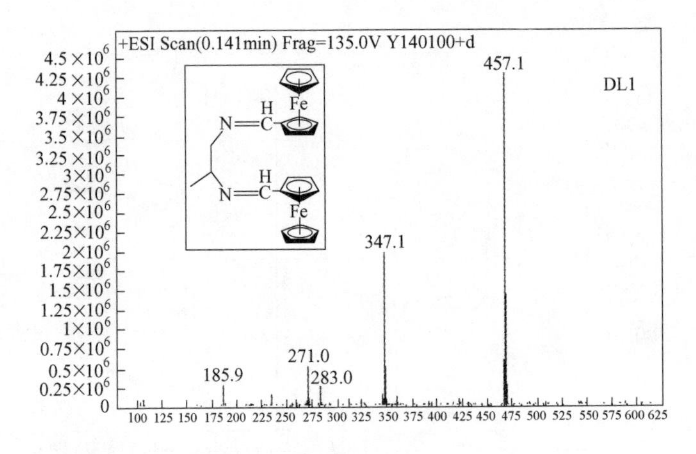
+ESI Scan(0.141min) Frag=135.0V Y140100+d
457.1
DL1
347.1
271.0
283.0
185.9
Fe
Fe
N=C
H
N=C
H
100 125 150 175 200 225 250 275 300 325 350 375 400 425 450 475 500 525 550 575 600 625

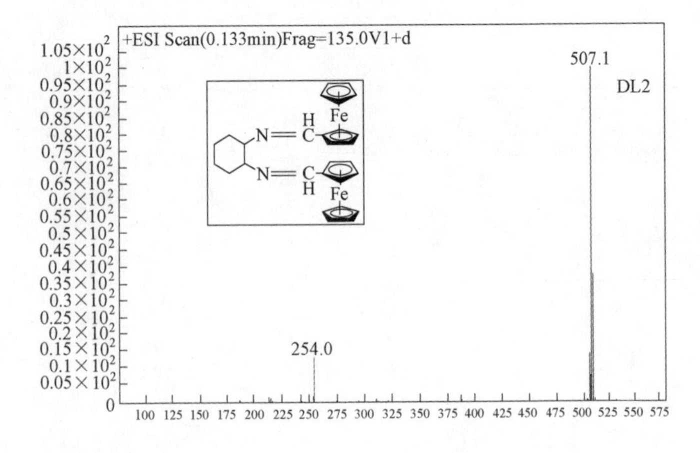
+ESI Scan(0.133min)Frag=135.0V1+d
507.1
DL2
254.0
Fe
Fe
N=C
H
N=C
H
100 125 150 175 200 225 250 275 300 325 350 375 400 425 450 475 500 525 550 575

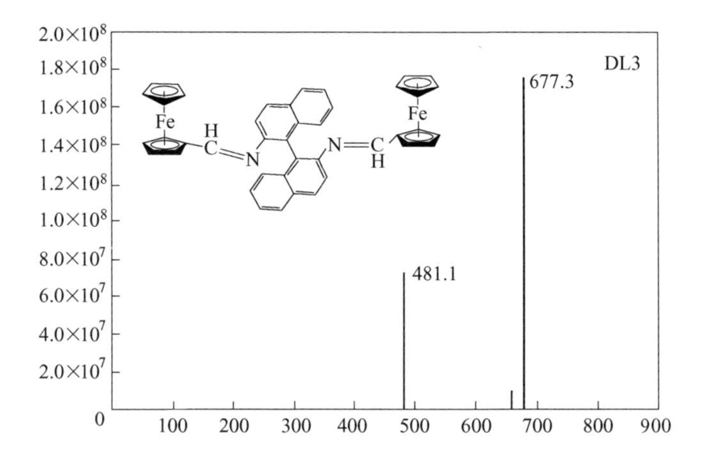
DL3
677.3
481.1
Fe
H
C
N
N
C
H
Fe
2.0×10^8
1.8×10^8
1.6×10^8
1.4×10^8
1.2×10^8
1.0×10^8
8.0×10^7
6.0×10^7
4.0×10^7
2.0×10^7
0
100
200
300
400
500
600
700
800
900

附录 5　二茂铁基双 Schiff 碱的核磁图

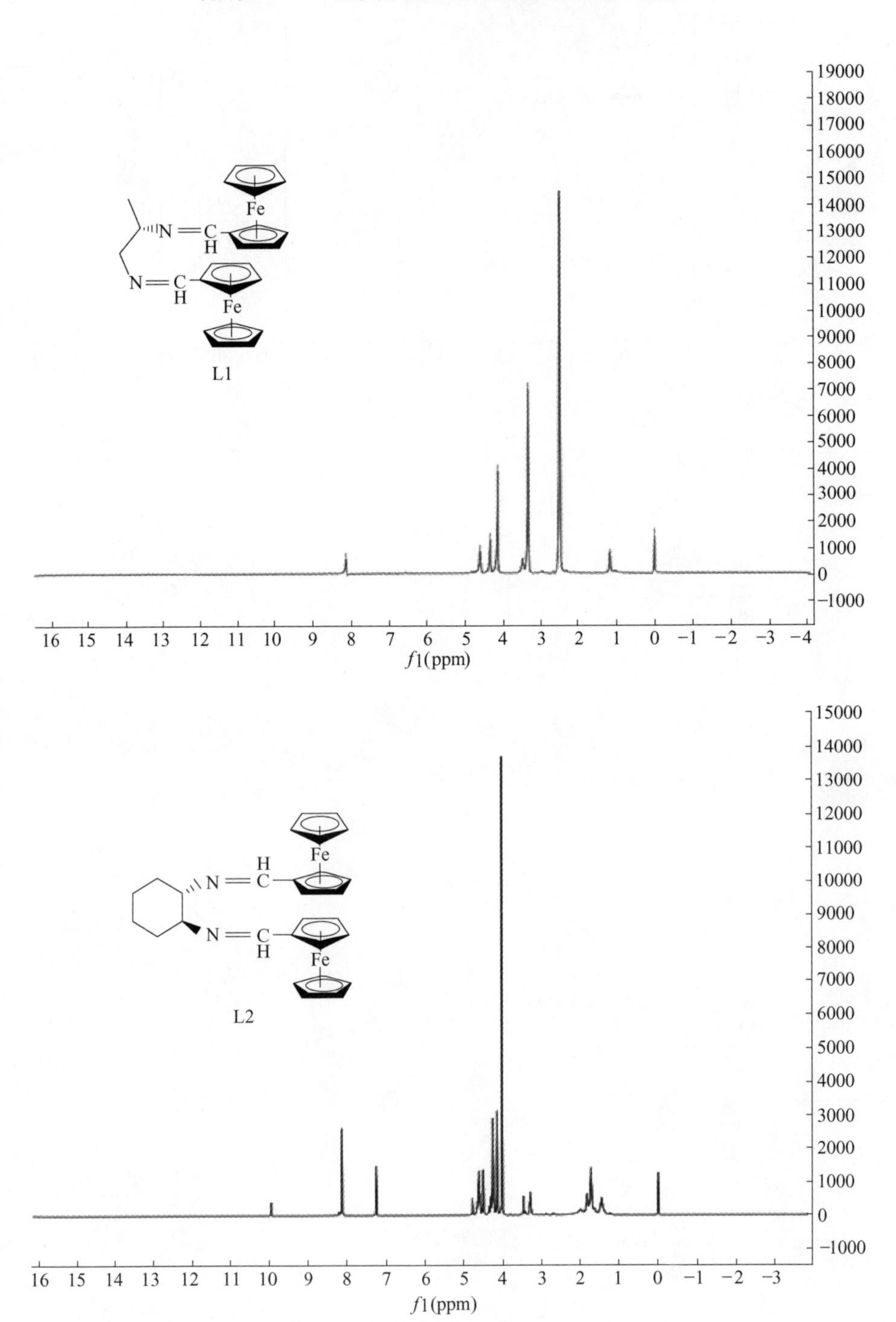

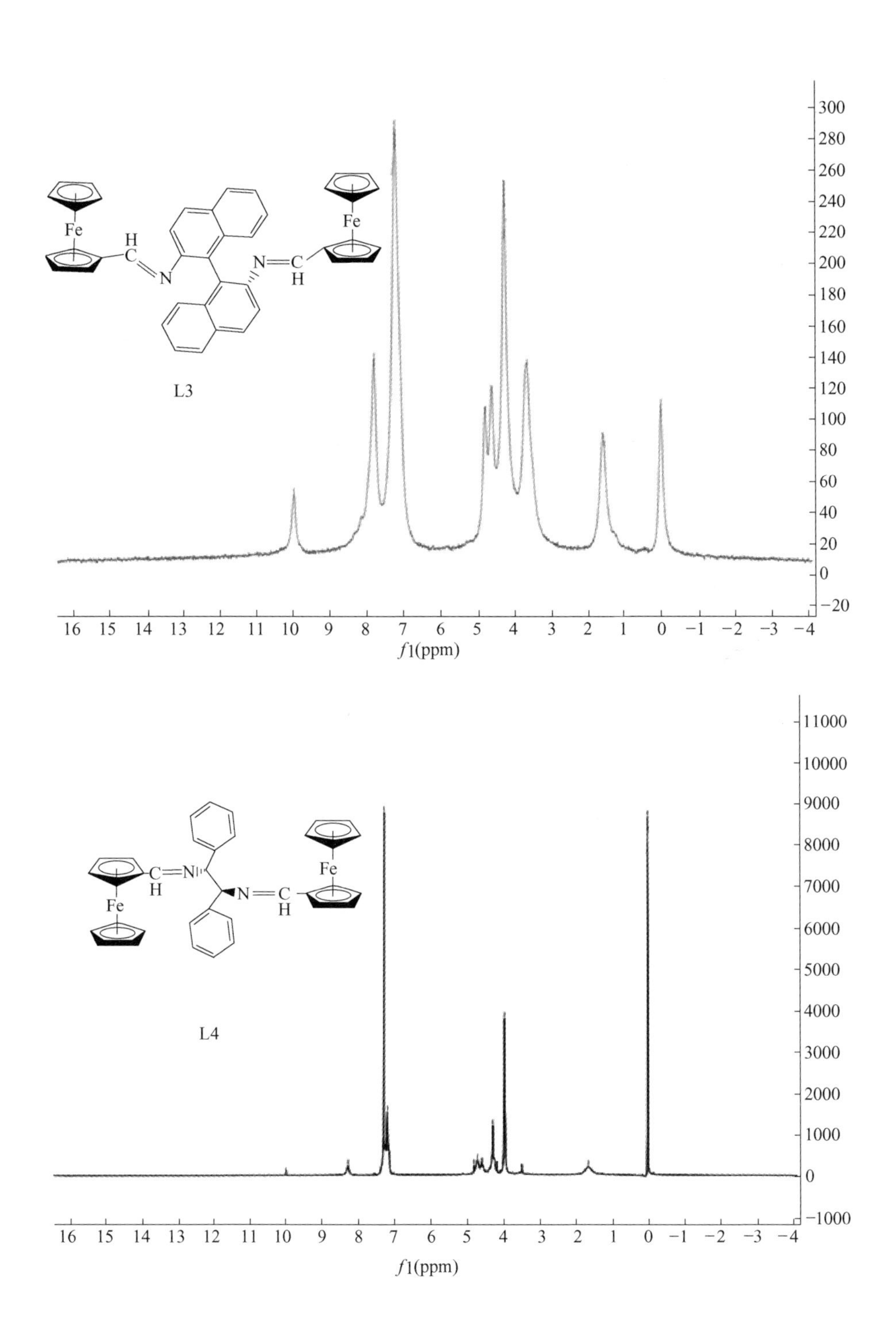

Fe
H
C
N
N
C
H
Fe
L3
f1(ppm)
Fe
C
N
H
Fe
N
C
H
L4
f1(ppm)

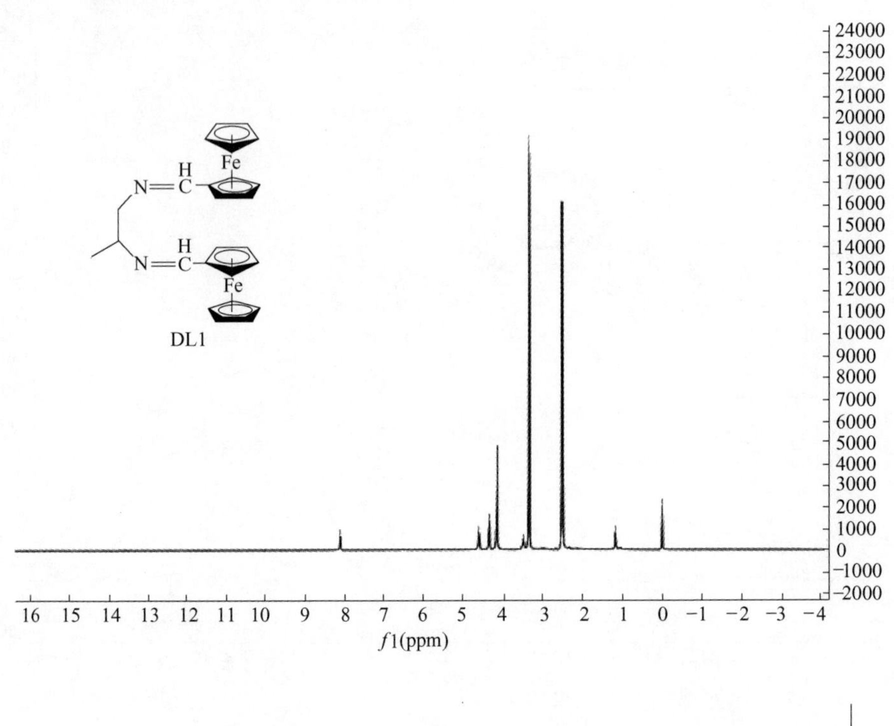

H
N=C
Fe
H
N=C
Fe
DL1
24000
23000
22000
21000
20000
19000
18000
17000
16000
15000
14000
13000
12000
11000
10000
9000
8000
7000
6000
5000
4000
3000
2000
1000
0
−1000
−2000
16 15 14 13 12 11 10 9 8 7 6 5 4 3 2 1 0 −1 −2 −3 −4
f1(ppm)

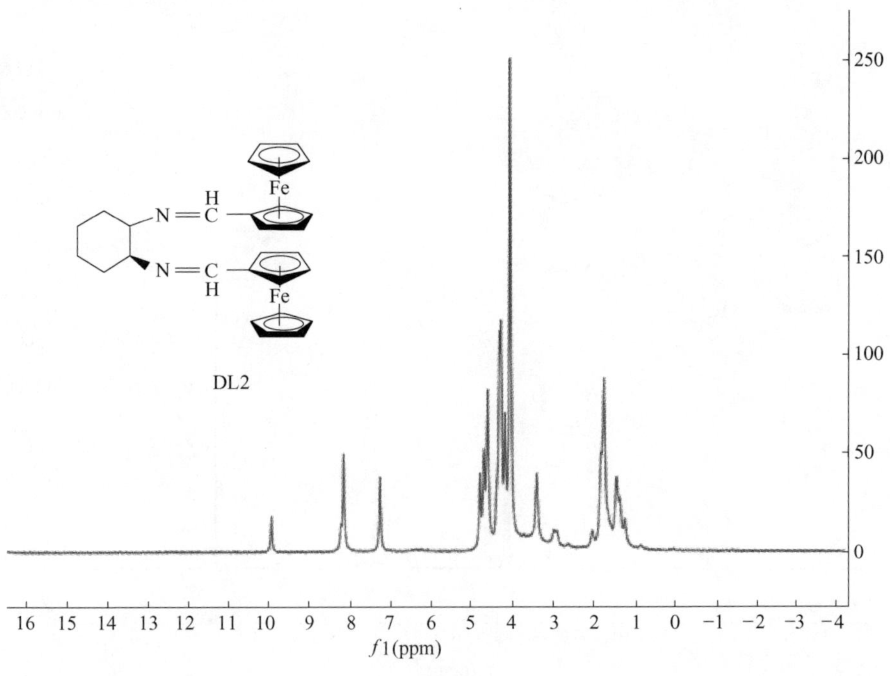

Fe
H
N=C
N=C
H
Fe
DL2
250
200
150
100
50
0
16 15 14 13 12 11 10 9 8 7 6 5 4 3 2 1 0 −1 −2 −3 −4
f1(ppm)

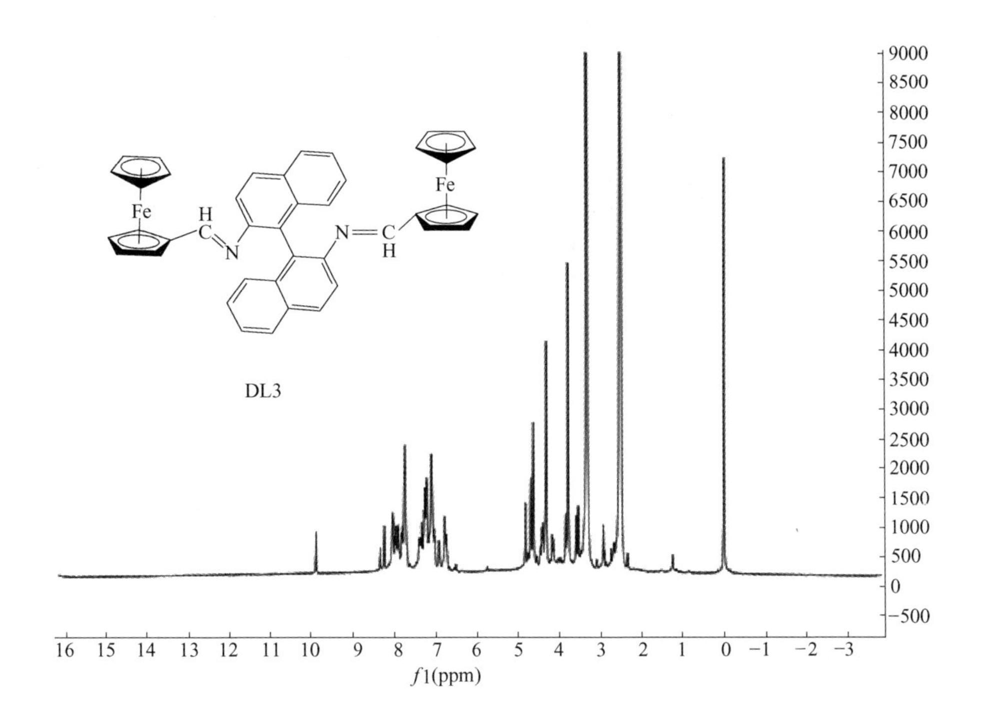
Fe
H
C
N
N
C
H
Fe
DL3
9000
8500
8000
7500
7000
6500
6000
5500
5000
4500
4000
3500
3000
2500
2000
1500
1000
500
0
−500
16 15 14 13 12 11 10 9 8 7 6 5 4 3 2 1 0 −1 −2 −3
f1(ppm)

附录 6　二茂铁甲醛类复合材料吸波性能图

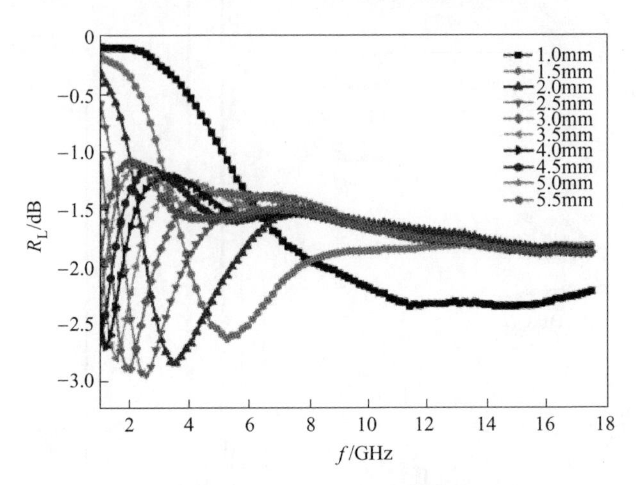

RGO 在 1～18GHz 的吸波情况

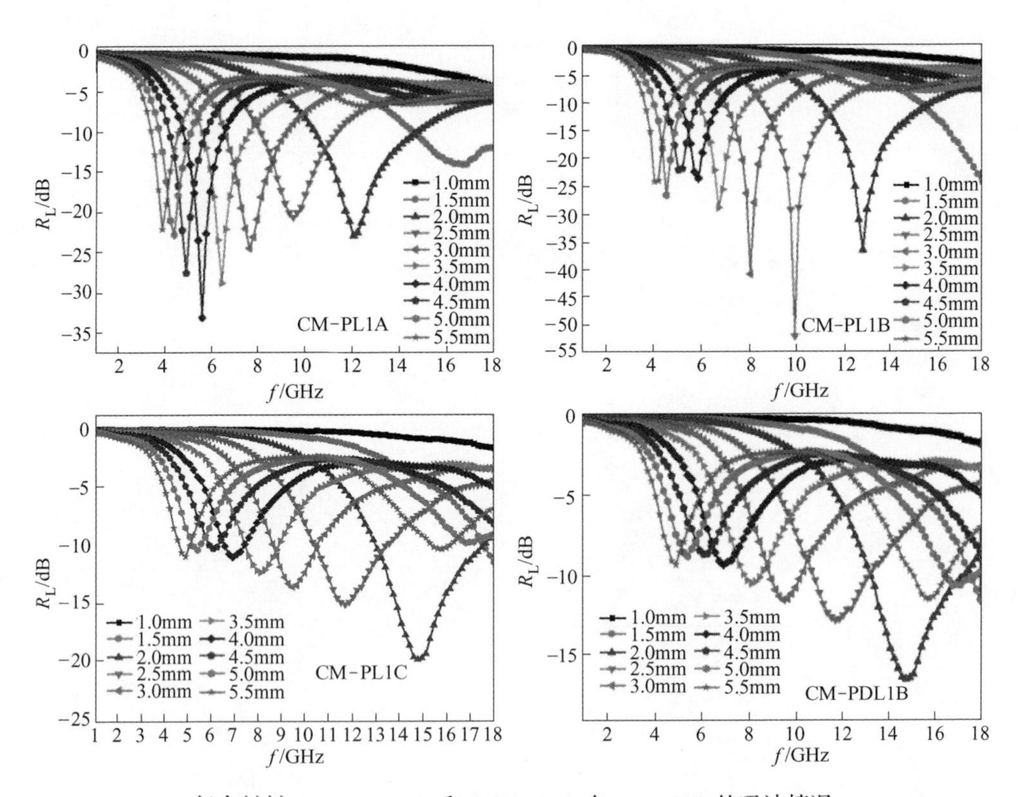

复合材料 CM-PL1A～1C 和 CM-PDL1B 在 1～18GHz 的吸波情况

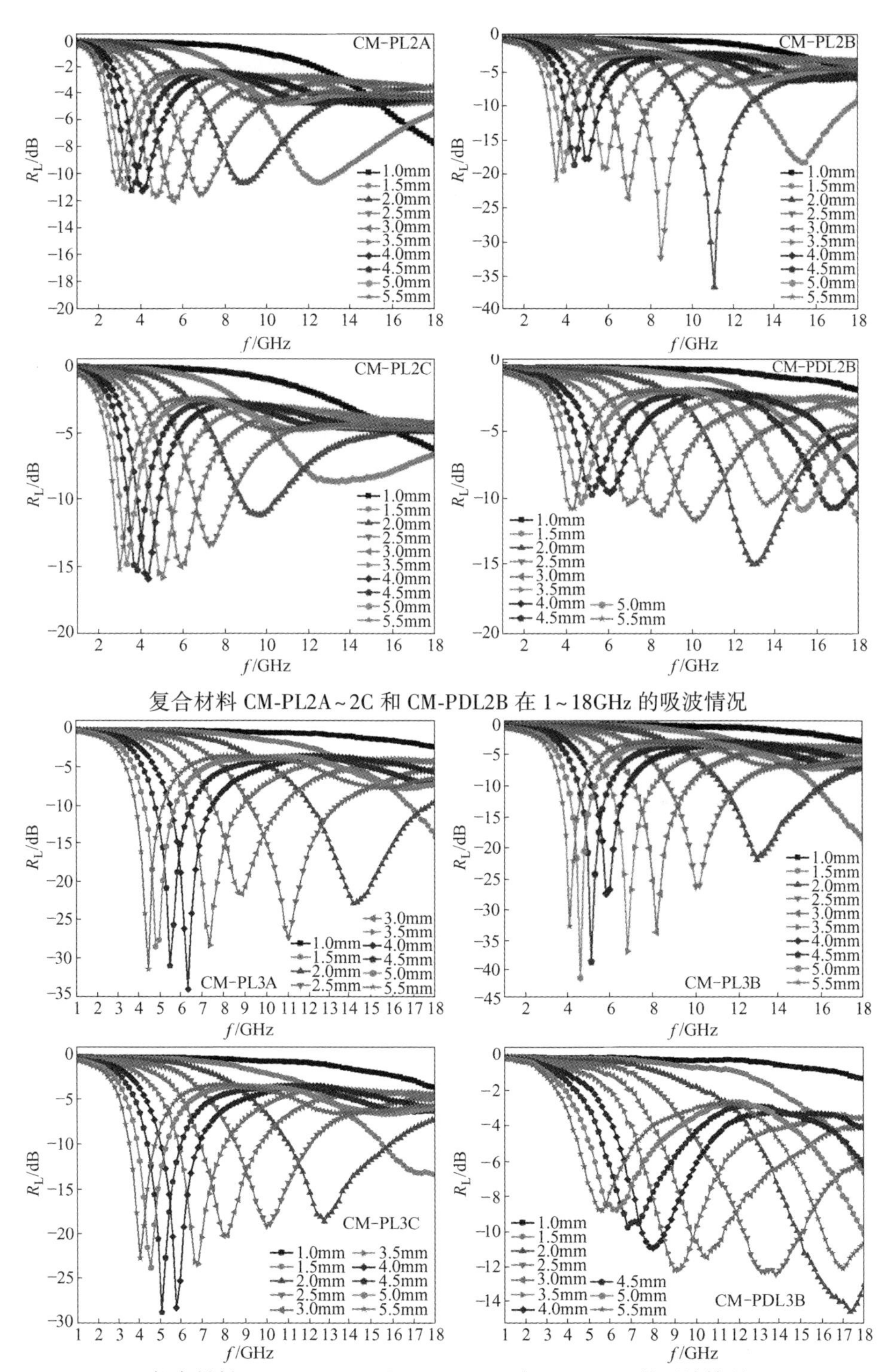

复合材料 CM-PL2A～2C 和 CM-PDL2B 在 1～18GHz 的吸波情况

复合材料 CM-PL3A～3C 和 CM-PDL3B 在 1～18GHz 的吸波情况

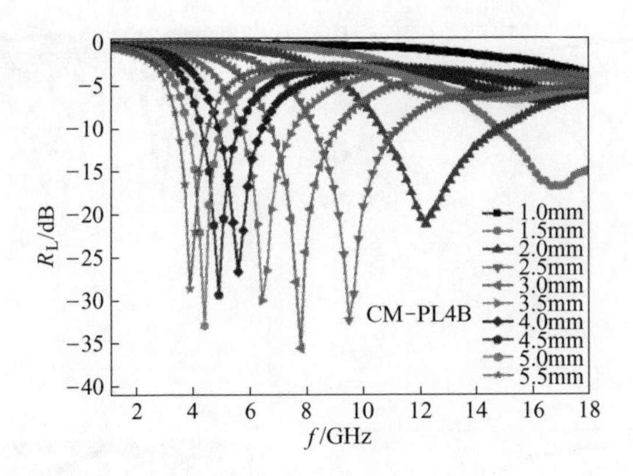

复合材料 CM-PL4B 在 1～18GHz 的吸波情况

附录7　1,1′-二乙酰基二茂铁类复合材料吸波性能图

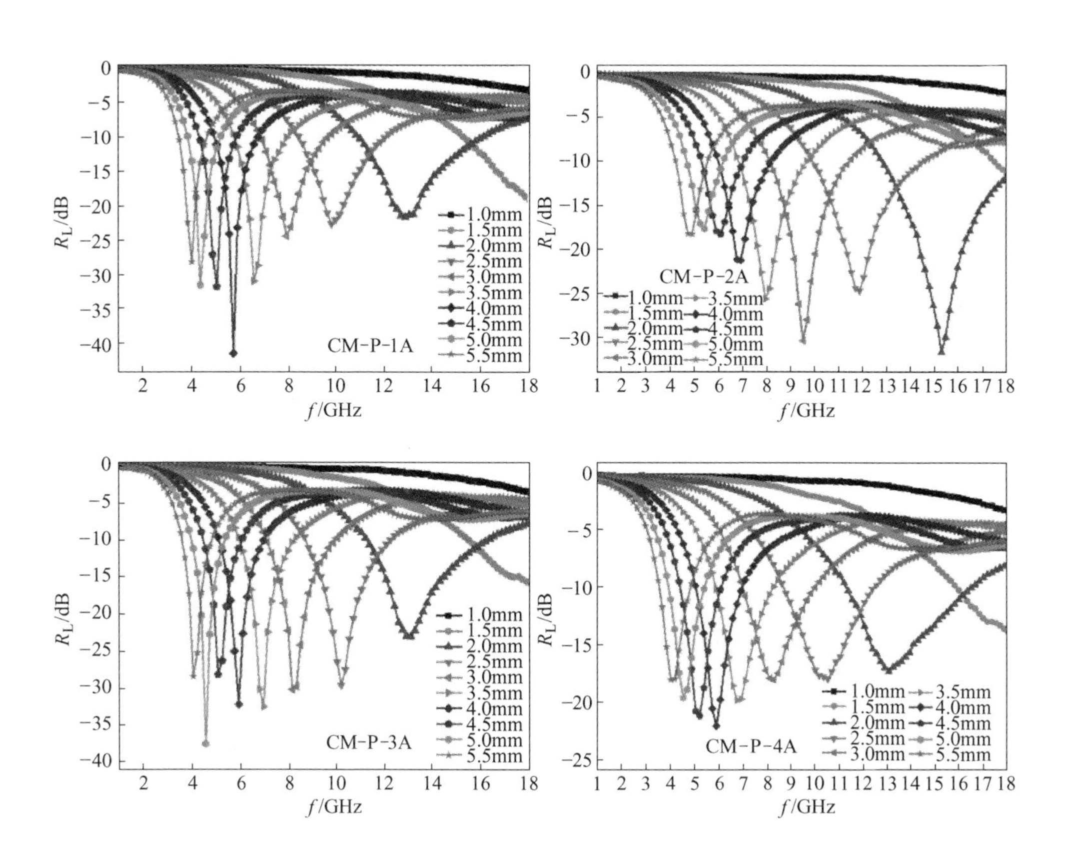

复合材料 CM-P-1A～4A 在 1～18GHz 的吸波情况

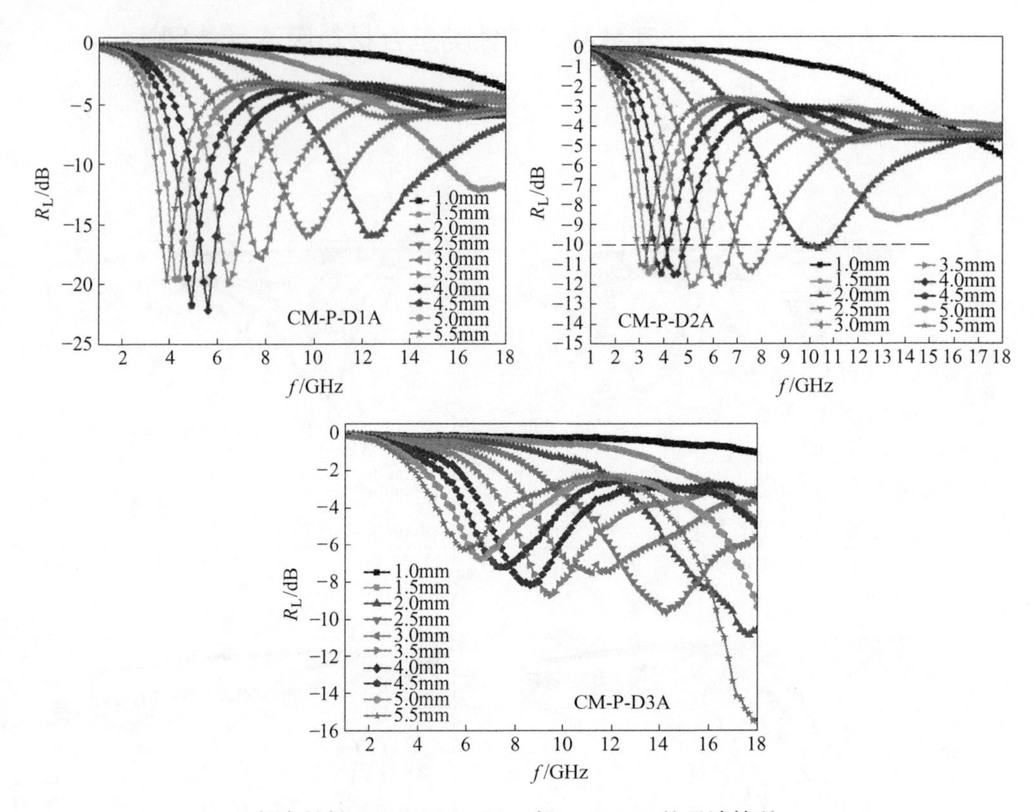

复合材料 CM-P-D1A～D3A 在 1～18GHz 的吸波情况

附录8 相关成果

1. Chongbo Liu, Lin Li, Xiang Zhang, et al. Synthesis, characterization of chiral poly (ferrocenyl-Schiff base) iron (Ⅱ) complexes/RGO composites with enhanced microwave absorption properties [J]. Polymer, 2018, 150: 301~310.

2. Hengnong Li, Chongbo Liu, Bing Dai, et al. Synthesis, conductivity and electromagnetic wave absorption properties of chiral poly Schiff bases and their silver complexes [J]. Journal of Applied Polymer Science, 2015, 132, Issue 36, start page 10815. DOI: 10. 1002/app. 42498.

3. 刘崇波，刘辉林，徐荣臻．一种石墨掺杂聚Schiff/羰基铁粉复合隐身材料. 专利授权号：ZL201210151456. 9，授权公告号：CN102660221B，公告日期：2014-01-15.

4. 刘崇波，刘辉林，徐荣臻．一种石墨掺杂聚席夫碱/铁氧体复合隐身材料. 专利授权号：ZL201210151458. 8，授权公告号：CN102660222B，公告日期：2013-12-11.

5. 刘崇波，刘辉林，丁兆平，熊志强．一种碳纳米管掺杂聚Schiff/铁氧体复合隐身材料. 专利授权号：ZL201210003229. 1，专利公告号：CN102532889B，公告日期：2013-10-30.

6. 刘崇波，刘辉林，徐荣臻．一种碳纳米管掺杂聚席夫碱/羰基铁粉复合隐身材料. 专利授权号：ZL201210151472. 8，授权公告号：CN102675876B，公告日期：2014-06-18.

7. 刘崇波，刘辉林，黄得和，熊志强．一种高氯酸掺杂聚苯胺/羰基铁粉复合吸波材料. 专利授权号：ZL201210003241. 2，授权公告号：CN102585497B，公告日期：2014-01-15.

8. 刘崇波，刘辉林，吁安山．一种缩联苯胺对苯醌聚席夫碱金属配合物导电材料. 专利授权号：ZL201210003445. 6，授权公告号：CN102585217B，公告日期：2014-03-12.

9. 刘崇波，刘辉林，吁安山．一种缩对苯二胺对苯醌聚席夫碱金属配合物导电材料. 专利授权号：ZL201210003230. 4，授权公告号：CN102532536B，公告日期：2014-03-12.

10. 刘崇波，李恒农，徐荣臻．一种(R)-1,2-丙二胺手性聚Schiff银配合物材料. 专利授权号：ZL201310470428. 8，授权公告号：CN103483518B，公告日期：2015-02-18.

11. 刘崇波，李恒农，徐荣臻．一种(R)-环己二胺手性聚Schiff银配合物材料. 专利授权号：ZL201310470381. 5，授权公告号：CN103483517，公告日期：2015-02-18.

12. 刘崇波，李恒农，熊志强．一种手性聚Schiff银盐/铁氧体吸波材料及其制备方法．专利授权号：ZL201310546076. X，授权公告号：CN103555270B，公告日期：2015-04-15.

13. 刘崇波，李恒农，熊志强．一种手性聚席夫碱配合物材料. 专利授权号：ZL201310546283. 5，授权公告号：CN103554483B，公告日期：2015-12-30.

14. 刘崇波，李琳，李恒农，唐星华．一种手性聚Schiff碱盐三元复合吸波材料. 专利申请号：CN201510468104. X，申请日期：2015-08-04，授权日期：2017-06-16.

15. 刘崇波，李琳，李恒农．一种二茂铁基手性聚席夫碱盐/石墨烯复合吸波材料. 专利申请号：ZL201510482592. X，申请日期：2015-08-04，授权日期：2017-02-06.

16. 刘崇波，李琳，李恒农．一种二茂铁基手性聚席夫碱盐/石墨烯复合吸波材料. 专利申请号：ZL201510466074. 9，申请日期：2015-08-10，授权日期：2017-02-06.